·四川大学精品立项教材·

创新基础力学
——理论力学卷

CHUANGXIN JICHU LIXUE
——LILUN LIXUE JUAN

王晓春　主编

四川大学出版社

项目策划：王　锋
责任编辑：蒋姗姗
责任校对：周维彬
封面设计：墨创文化
责任印制：王　炜

图书在版编目（CIP）数据

创新基础力学．理论力学卷 / 王晓春主编．— 成都：四川大学出版社，2020.12（2023.1 重印）

ISBN 978-7-5690-3267-3

Ⅰ．①创… Ⅱ．①王… Ⅲ．①力学②理论力学 Ⅳ．①O3 ②O31

中国版本图书馆 CIP 数据核字（2020）第 004741 号

书名　创新基础力学——理论力学卷

CHUANGXIN JICHU LIXUE——LILUN LIXUE JUAN

主　　编	王晓春
出　　版	四川大学出版社
地　　址	成都市一环路南一段 24 号（610065）
发　　行	四川大学出版社
书　　号	ISBN 978-7-5690-3267-3
印前制作	四川胜翔数码印务设计有限公司
印　　刷	成都市新都华兴印务有限公司
成品尺寸	185mm×260mm
印　　张	18.75
字　　数	452 千字
版　　次	2020 年 12 月第 1 版
印　　次	2023 年 1 月第 2 次印刷
定　　价	75.00 元

◆ 读者邮购本书，请与本社发行科联系。
电话：(028)85408408/(028)85401670/
(028)86408023　邮政编码：610065
◆ 本社图书如有印装质量问题，请寄回出版社调换。
◆ 网址：http://press.scu.edu.cn

四川大学出版社
微信公众号

前　言

本教材是四川大学创新基础力学课程的配套教材，面向参加全国大学生力学竞赛的学生，也可以作为高年级理工科大学生理论力学课程考研复习的参考用书。

本教材对理论力学的研究对象和方法体系进行了简要论述，其特点是从读者的角度出发，对一些重要问题和方法进行了全新的阐述，从研究模型入手由浅入深地引出问题，突出基本定理、方法、解题思路和解题技巧，所选的很多例题来自历届全国大学生力学竞赛的题目。通过例题分析，特别强调了知识点的运用和系统分析方法的重要性。考虑到理论力学解题方法的多样性，其中若干题目在本教材中进行了重新解答。此外，每章后面均有习题供学生练习，书后还附有参考答案。

除了编者自己编写的例题和习题外，本教材还精选了部分国内外相关教材的例题和习题，有出处的标明了出处，但仍有部分例题和习题无法查到其出处，谨向这些题目的作者表示感谢！本教材还采用了来自互联网的图片，在此也向这些图片的作者表示感谢！

本教材是2018年12月获得四川大学批准的精品立项教材，在此感谢四川大学教务处和教材建设委员会以及四川大学建筑与环境学院对本教材出版的大力支持。限于编者的水平，错误和疏漏在所难免，欢迎同行专家和读者批评指正。

编　者

2020年12月于四川大学

目　录

第1章 理论力学的研究对象与方法体系

【本章内容提要】本章概要介绍理论力学的研究对象与方法体系，内容涉及由碰撞模型推导著名的相对论质能公式 $E=mc^2$。虽然理论力学只讨论低速宏观力学问题，但由此可见，理论力学的基本动力学定律与狭义相对论有着深刻的内在联系。理论力学只研究质点和刚体的运动规律，碰撞和振动是两个仅有的涉及变形的问题。刚体动力学问题的分析求解，依赖于对问题的受力分析和运动分析，当然也离不开对动力学定律的灵活运用。画受力图，建立运动参数的关系，写出动力学方程构成了分析刚体动力学问题缺一不可的三个步骤。质点系的动量定理、动量矩定理和动能定理（机械能守恒定律是其特殊形式）构成了动力学普遍定理，这些定理可以看成是基于牛顿定律，并运用由质点到质点系的系统分析方法得出的直接结果。

1.1 力学世界与力学模型

茫茫宇宙广袤无垠，物质世界多姿多彩，我们人类赖以生存的这个独特的星球上更是气象万千！远古时代，人类的祖先就一直通过观察天象来认识自然和顺应自然。天地玄黄，宇宙洪荒，日月盈昃，辰宿列张。云腾致雨，露结为霜，寒来暑往，秋收冬藏。天体的运动，四季的更替是人类最早观察到的自然现象。20世纪美国著名物理学家费曼写了一套物理学通识教材，分两卷出版，即《力学世界》和《力学以外的世界》，他将力学专门写成一卷，可见力学学科的基础性和重要性。事实上，力学是最早以完整的系统的数学定律表述出来的物理学的一个分支。早期的物理学以力学研究为主，它建立在实验科学的基础之上，后来逐渐形成了力、热、声、光、电、磁、原子核等庞大的学科体系，并且力学的发展也促进了物理学其他分支学科的研究和发展，力学自身最终从物理学体系中分离出来，发展成为一门独立的与物理学并列的基础学科。当然，某些以力学命名的分支学科，例如统计力学、量子力学、电动力学等，仍然习惯上被划归为物理学。

那么，什么是力学呢？探索和揭示运动速度远低于光速的一切宏观物体的机械运动规律及其变形的规律构成了力学的研究内容。机械一词来源于机器，机器是指一切人造的可以移动或转动的装置的统称。机械运动是指物体之间或物体内各部分之间相对位置发生改变的运动。两个物体之间相对位置的改变叫做位移，例如骏马奔驰、鸿雁南飞，前者描述位移的速率，后者指出位移的方向。单个物体内各部分之间由于相对位置的变化而发生的几何尺寸的改变叫做变形，例如弹簧的拉伸和压缩，因充气而使气球膨胀，等等。如果在研究物体受力或位移时，可以忽略物体自身的变形而不显著影响研究结论，那么这样的物体可以叫做刚体。刚体是指在受力或位移的过程中不发生变形的物体，显然，这样的物体实际上是不存在的。因此，刚体是为了简化所研究的问题而提出的一个力学模型。此外，如果在研究物体的受力或位移时，可以忽略物体自身的形状大小而简化为一个点，由于它仍然具有物体原有的质量，那么这样的点就叫做质点。刚体可以看成是由质点组成的特殊的质点系，刚体在运动过程中，其内部任意两个质点的距离保持不变。简单地说，质点是指具有质量而没有形状大小的点。显然，质点是力学中为了简化研究问题而提出的又一个力学模型。在力学研究中，还使用其他一些简化的力学模型，例如弹性力学中的线弹性体，流体力学中的理想流体，以及作为一般变形体力学的连续介质模型，等等。作为力学分支学科的理论力学是以质点和作为质点系的刚体的机械运动（包括平衡）规律为研究对象和研究内容。简言之，理论力学是关于质点系和刚体系统的力学，绝大部分情况下不涉及物体的变形，然而也存在少数的例外情况。

1.2　两种涉及变形的问题：碰撞和振动

明确了力学的研究对象，我们再来看看力这个概念是怎样定义的。力是物体之间的机械作用，按照牛顿第三定律，这种作用是相互的，有作用和反作用，而且作用和反作用同时出现、同时消失，大小相等，方向相反，分别施加在两个物体上。物体之间的接触是最直接的相互作用。从动力学原理来看，力又是改变物体运动状态的原因。在高速公路上发生的严重交通事故，多半是车辆之间发生了剧烈碰撞，伴随着可怕的声响，其结果往往是车辆毁坏和人员伤亡。碰撞是物体之间剧烈的机械作用，这种作用力非常大，持续时间短，通常发生动量交换和能量的耗散。如果两个物体发生碰撞后，没有能量的损失，它们的总动能保持不变，则这种碰撞称为弹性碰撞；如果碰撞之后，两个物体的总动能减少了，则这种碰撞称为非弹性碰撞。无论是弹性碰撞还是非弹性碰撞，在发生碰撞的极短暂的时间里，两个物体都不同程度产生了变形，在发生非弹性碰撞之后，还会留下残余的永久变形。因此，研究碰撞问题是无法回避变形因素的，这是理论力学涉及的一种例外情况。

碰撞理论是从普通的质点力学中抽象出来的，不仅在经典力学里有广泛的应用，而且在发展相对论力学方面也有其独特的价值。20 世纪初，阿尔伯特·爱因斯坦在其提出的狭义相对论中给出了著名的质能公式 $E=mc^2$，也正是因为这个公式的发现，使人类社会进入了核能时代。毫不夸张地说，$E=mc^2$ 这个公式早已经家喻户晓，但是对于非物理专业的理工科大学生来说，很少有人知道这个公式竟然可以借由弹性碰撞理论和相对论质量的概念推导出来，当然，在推导这个公式的时候，需要用到下面将要介绍的洛伦兹变换公式。

1.2.1　洛伦兹变换

根据相对论，不存在绝对的时间参数和绝对的空间坐标参数，连续的时空参数（x，y，z，t）构成一个四维度空间，时空参数不是独立的，而是相互依赖的。

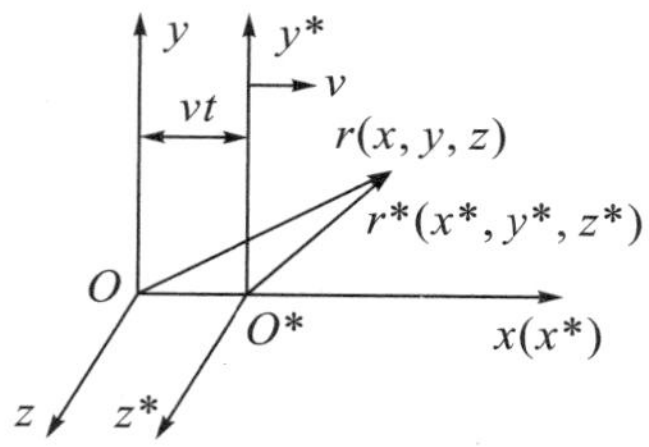

图 1—2—1　**平移坐标系**

如图 1—2—1 所示，设有两套惯性参照系 S 和 S^*，S^* 相对于 S 以匀速 v 沿 x 轴正方向平行移动，当 $t=0$ 时，S 和 S^* 的原点重合。给出四维度空间参数（x，y，z，t）和（x^*，y^*，z^*，t^*）之间变换关系的洛伦兹公式如下：

$$\begin{cases} x^* = \dfrac{x-vt}{\sqrt{1-v^2/c^2}} \\ y^* = y \\ z^* = z \\ t^* = \dfrac{t-\dfrac{v}{c^2}x}{\sqrt{1-v^2/c^2}} \end{cases} \tag{1-2-1}$$

式中，c 为真空中光的传播速度。对于较小的 v/c 值来说，公式（1—2—1）可近似地变为伽利略变换方程：

$$\begin{cases} x^* = x-vt \\ y^* = y \\ z^* = z \\ t^* = t \end{cases}$$

需要强调的是，公式（1—2—1）中运动（相对 S^* 静止）的时钟参数 t^* 与静止的时钟参数 t 和运动方向的空间参数 x 之间满足线性关系，即 t^* 是时空参数（x，t）的线性函数。如果 $v=0$，则 $t^*=t$，因此 t^* 与空间参数无关，无论时钟放在哪里都一样，即相对静止的所有时钟的时率都相同。如果从公式（1—2—1）中解出四维度空间参数（x，y，z，t），则得到逆变换公式如下：

$$\begin{cases} x = \dfrac{x^* + vt^*}{\sqrt{1-v^2/c^2}} \\ y = y^* \\ z = z^* \\ t = \dfrac{t^* + \dfrac{v}{c^2}x^*}{\sqrt{1-v^2/c^2}} \end{cases} \tag{1-2-2}$$

显然，公式（1-2-2）很好地体现出运动的相对性，这时 S 可以理解为运动参照系。从 S^* 观察 S，好像它在以速率 v 沿 x 轴负方向平行移动，因此，简单地将公式（1-2-1）中的速率 v 用 $-v$ 代入，并将带 $*$ 的字母和不带 $*$ 的字母交换位置就可以得到公式（1-2-2）。

现在，让我们考虑 $t=0$ 时刻一个球面电磁波在真空里以光速 c 从 S 的原点（此时 S 和 S^* 的原点重合）开始传播。在时刻 t，在参照系 S 里，波阵面是一个半径为 ct 的球面，其方程为

$$x^2 + y^2 + z^2 = c^2t^2 \tag{1-2-3}$$

将公式（1-2-2）的各式代入上式，得到

$$x^{*2} + y^{*2} + z^{*2} = c^2t^{*2} \tag{1-2-4}$$

这表明在运动参照系 S^* 里，波阵面也是一个球面，传播速率也是 c，这就是光速不变原理。

事实上，洛伦兹公式可以利用下列时空参数互为线性关系的假设：

$$\begin{cases} x^* = a(x - vt) \\ y^* = y \\ z^* = z \\ t^* = b(t - ex/c) \end{cases} \tag{1-2-5}$$

以及真空中光速 c 相对于一切惯性参照系里的值都相等的性质（狭义相对论的基本假定）进行推导。注意，只要令其中 $a=b=1$，$e=0$，式（1-2-5）给出的就是伽利略变换方程。如果将式（1-2-5）代入式（1-2-4）展开，并与式（1-2-3）比较，即可确定其中参数 $a=b=1/\sqrt{1-e^2}$，$e=v/c$，这里的无量纲参数 $1/a=\sqrt{1-e^2}$ 通常称为运动刚尺的长度收缩因子，而参数 $b=1/\sqrt{1-e^2}$ 称为时间膨胀因子，下面给出简要说明。

利用公式（1-2-2）的第四式，可以得到运动时钟（其相对位置固定，即 x^* 不变）与静止时钟的关系：

$$\Delta t = b\Delta t^* = \frac{\Delta t^*}{\sqrt{1-e^2}} > \Delta t^*$$

对于较小的 $e=v/c$ 值，这种差别可以忽略。但当 v 越来越接近于 c 的时候，这种差别就会变得十分明显。例如，当 $e^2=9999/10000$ 时，$\Delta t=100\Delta t^*$，这就是说，当 $b=100$ 时，运动时钟比静止时钟竟然慢了 99 倍，真有天宫一年，人间百年的感觉！同样，利用洛伦兹变换公式（1-2-1）的第一式，可以比较相对静止刚尺（其端点分别为 x_1^*，x_2^*）与运动刚尺（在 S 中同一时刻 t，测量端点参数 x_1，x_2）的长度关系：

$$l = x_2 - x_1 = (x_2{}^* - x_1{}^*)\sqrt{1-e^2} < x_2{}^* - x_1{}^* = l^*$$

因此 $l<l^*$，这表明在 S 中看到的运动刚尺长度 l 比在 S^* 中看到的相对静止的刚尺长度 l^* 短。

应该说明的是，上面讨论的两个效应，钟慢效应和缩尺效应都只具有相对意义，关键要看是相对静止还是相对运动，只有相对观察者运动的时钟和刚尺，并且刚尺沿运动方向，才会显现这种相对论效应。洛伦兹变换公式（1—2—1）和（1—2—2）在逻辑上成立还必须满足一个条件，即参照系 S^* 的平行移动速率 v 必须小于光速 c，由此得出一个推论：光在真空中的传播速度是一切物体的运动速度的极限。那么有没有可能通过速度叠加，使得合成以后的速度超过光速呢？根据经典力学的速度合成定律 $v=v_r+v_e$，当相对速度和牵连速度同方向时，确实可能出现速度相加大于光速的情况，尽管相对速度和牵连速度分别都没有达到光速值。这就解释了为什么经典力学只适用于运动速度远小于光速的情景，甚至只要达到光速值的一半都会出现问题。

那么，在相对论中情况又如何呢？下面设 y^* 和 z^* 为常数，根据式（1—2—2），容易得到相对论速度合成定律：

$$w = \frac{u^* + v}{1 + \dfrac{vu^*}{c^2}} \tag{1—2—6}$$

式中，$u^* = \mathrm{d}x^*/\mathrm{d}t^*$ 是质点的相对速率。根据式（1—2—2），有

$$\begin{cases} \mathrm{d}x = \dfrac{\mathrm{d}x^* + v\mathrm{d}t^*}{\sqrt{1-e^2}} = \dfrac{u^*+v}{\sqrt{1-e^2}}\mathrm{d}t^* \\[2ex] \mathrm{d}t = \dfrac{\mathrm{d}t^* + \dfrac{v}{c^2}\mathrm{d}x^*}{\sqrt{1-e^2}} = \dfrac{1+\dfrac{vu^*}{c^2}}{\sqrt{1-e^2}}\mathrm{d}t^* \end{cases} \tag{1—2—7}$$

将式（1—2—7）中的第一式除以第二式即得到式（1—2—6）。可以证明，只要速率 u^* 和 v 的值都小于光速值，那么，由式（1—2—6）合成后的速度 $w=\mathrm{d}x/\mathrm{d}t$ 必然小于光速。因为根据式（1—2—6），当 $u^*<c$ 和 $v<c$ 时，必有

$$c - w = \frac{c}{1+\dfrac{vu^*}{c^2}}\left(1 + \frac{vu^*}{c^2} - \frac{u^*+v}{c}\right) = \frac{c(c-u^*)(c-v)}{c^2+vu^*} > 0$$

即 $w<c$，所以由洛伦兹变换公式得到的速度合成定律不会出现因速度合成而大于光速的情况，这个结论对于相对速度存在 y^* 和 z^* 方向的分量的情况同样成立。有了洛伦兹变换公式，再借助碰撞理论和相对论质量的概念，就可以推导爱因斯坦质能公式了。事实上，洛伦兹变换公式是狭义相对论的理论核心，虽然洛伦兹为了完全不同的目的（研究麦克斯韦电磁方程）提出了这个变换公式，已经接近狭义相对论的边缘，但最终与之失之交臂。

1.2.2　弹性碰撞与爱因斯坦质能公式 $E=mc^2$ 的推导

在经典力学里，物体的质量与运动状态无关，是一个常量，这只在物体的运动速率远小于光速的情况下近似成立。相对论的研究发现，物体的质量随运动状态变化而变化，它是物体运动速率的函数。因此，我们可以定义质点的相对论动量如下：

$$\boldsymbol{p} = m(u)\boldsymbol{u} \tag{1-2-8}$$

式中，$m(u)$ 称为质点的相对论质量，它是速率 u 的待定函数。对于纯力学过程，物体能量的变化 $\mathrm{d}E$ 体现为动能的改变 $\mathrm{d}T$，根据质点的动能定理和动量定理，有

$$\mathrm{d}E = \mathrm{d}T = \boldsymbol{F} \cdot \boldsymbol{u}\mathrm{d}t = (\boldsymbol{F}\mathrm{d}t) \cdot \boldsymbol{u} = (\mathrm{d}\boldsymbol{p}) \cdot \boldsymbol{u}$$

因为 $\boldsymbol{p} = m(u)\boldsymbol{u}$，所以 $\boldsymbol{p} \cdot \mathrm{d}\boldsymbol{u} = p\mathrm{d}u$，即有

$$\mathrm{d}E = (\mathrm{d}\boldsymbol{p}) \cdot \boldsymbol{u} = \mathrm{d}(\boldsymbol{p} \cdot \boldsymbol{u}) - \boldsymbol{p} \cdot \mathrm{d}\boldsymbol{u} = \mathrm{d}(pu) - p\mathrm{d}u = u\mathrm{d}p$$

两端除以 $\mathrm{d}t$，并将式（1-2-8）代入，得到

$$\frac{\mathrm{d}E}{\mathrm{d}t} = u\frac{\mathrm{d}}{\mathrm{d}t}[m(u)u] \tag{1-2-9}$$

从上式看出，只要确定了标量函数 $m(u)$，就可以通过积分得到质点的能量函数 E。

下面我们通过研究弹性碰撞过程来推导 $m(u)$ 的函数式，并最终得到爱因斯坦质能公式。如图 1-2-2 所示，设 $t=0$ 时刻两个质量完全相同的质点以相同的速率在参考系 S 的原点发生弹性斜碰撞，它们在碰撞后 y 轴方向的速度分量改变了方向，x 轴方向的速度分量保持不变，另外假设参考系 S^* 跟随质点 A 沿 x 轴正方向平行移动，在 $t=0$ 时刻 S^* 的原点与 S 的原点重合。

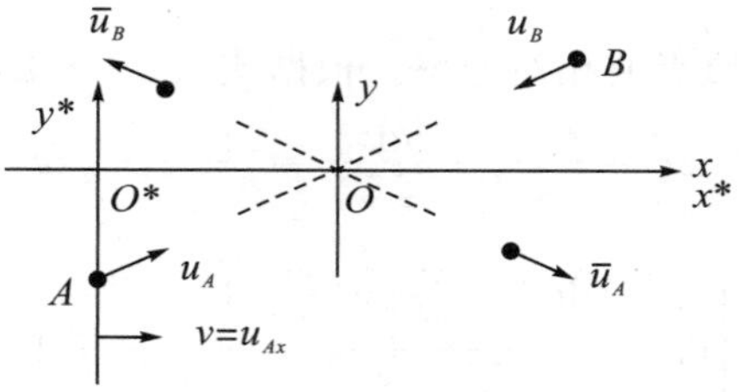

图 1-2-2　弹性斜碰撞

设两质点以速度

$$\boldsymbol{u}_A = -\boldsymbol{u}_B = a\boldsymbol{i} + b\boldsymbol{j}$$

于 $t=0$ 时刻在参考系 S 的原点发生弹性碰撞，碰撞之后它们的速度为

$$\bar{\boldsymbol{u}}_A = -\bar{\boldsymbol{u}}_B = a\boldsymbol{i} - b\boldsymbol{j}$$

在参考系 S 中，碰撞前它们的运动方程为

$$\begin{cases} x_A = -x_B = at \\ y_A = -y_B = bt \end{cases} \quad (t < 0)$$

碰撞后的运动方程为

$$\begin{cases} \bar{x}_A = -\bar{x}_B = at \\ \bar{y}_A = -\bar{y}_B = -bt \end{cases} \quad (t > 0)$$

因为参考系 S^* 的平移速率 $v=a$，根据洛伦兹变换，在参考系 S^* 中，上述运动方程成为

（1）碰撞前（$t^* < 0$）：

$$x_A^* = 0,\ y_A^* = y_A = \frac{bt^*}{\sqrt{1-a^2/c^2}}$$

$$x_B^* = -\frac{2at^*}{1+a^2/c^2}$$

$$y_B^* = y_B = -\frac{\sqrt{1-a^2/c^2}}{1+a^2/c^2}bt^*$$

（2）碰撞后（$t^*>0$）：

$$\bar{x}_A^* = 0,\ \bar{y}_A^* = \bar{y}_A = \frac{-bt^*}{\sqrt{1-a^2/c^2}}$$

$$\bar{x}_B^* = -\frac{2at^*}{1+a^2/c^2}$$

$$\bar{y}_B^* = \bar{y}_B = \frac{\sqrt{1-a^2/c^2}}{1+a^2/c^2}bt^*$$

由此可以计算两质点碰撞前后在参考系 S^* 中的速度如下：

（3）碰撞前：

$$u_{Ax}^* = 0,\ u_A^* = u_{Ay}^* = \frac{b}{\sqrt{1-a^2/c^2}}$$

$$u_{Bx}^* = -\frac{2a}{1+a^2/c^2},\ u_{By}^* = -\frac{\sqrt{1-a^2/c^2}}{1+a^2/c^2}b$$

$$u_B^* = \frac{\sqrt{4a^2+b^2(1-a^2/c^2)}}{1+a^2/c^2}$$

（4）碰撞后：

$$\bar{u}_{Ax}^* = 0,\ \bar{u}_{Ay}^* = \frac{-b}{\sqrt{1-a^2/c^2}},\ \bar{u}_A^* = u_A^*$$

$$\bar{u}_{Bx}^* = -\frac{2a}{1+a^2/c^2},\ \bar{u}_{By}^* = \frac{\sqrt{1-a^2/c^2}}{1+a^2/c^2}b$$

$$\bar{u}_B^* = \frac{\sqrt{4a^2+b^2(1-a^2/c^2)}}{1+a^2/c^2} = u_B^*$$

根据狭义相对论，动力学定律在一切惯性参考系里都成立，对于弹性碰撞，两质点的能量和总动量守恒，由于碰撞前后 x 轴方向总动量没有变化，所以碰撞前后 y 轴方向总动量也必然保持不变，即

$$\begin{aligned} p_y^* &= p_{Ay}^* + p_{By}^* = \frac{m(u_A^*)}{\sqrt{1-a^2/c^2}}b - \frac{m(u_B^*)\sqrt{1-a^2/c^2}}{1+a^2/c^2}b \\ &= \bar{p}_y^* = \bar{p}_{Ay}^* + \bar{p}_{By}^* = -p_y^* \end{aligned}$$

所以 $p_y^*=0$，即

$$m(u_A^*) - \frac{1-a^2/c^2}{1+a^2/c^2}m(u_B^*) = 0$$

$$u_A^* = \frac{b}{\sqrt{1-a^2/c^2}},\ u_B^* = \frac{\sqrt{4a^2+b^2(1-a^2/c^2)}}{1+a^2/c^2}$$

为了得到质量 m 的函数表达式，考虑以下 $b\to 0$ 的极限式

$$\begin{cases} m_0 - \dfrac{1-a^2/c^2}{1+a^2/c^2}m(u) = 0 \\ u = \dfrac{2a}{1+a^2/c^2} \end{cases} \tag{1-2-10}$$

式中，$m_0=m(0)$，它代表质点的相对速度为零时的静止质量，而 u 表示质点 B 在 $b=0$ 时相对于参考系 S^* 的速率。如果从（1—2—10）第二式中解出 a，再代入（1—2—10）第一式，即得到质点的相对论质量与其静止质量的关系式：

$$m = \frac{m_0}{\sqrt{1-u^2/c^2}} \tag{1-2-11}$$

这是因为

$$a = \frac{c^2}{u}(1 \pm \sqrt{1-u^2/c^2}),\ \frac{1-a^2/c^2}{1+a^2/c^2} = \sqrt{1-u^2/c^2}$$

现在已经得到相对论质量 $m(u)$ 的函数式（1—2—11），将其代入前述能量公式（1—2—9），有

$$\begin{aligned} \frac{\mathrm{d}E}{\mathrm{d}t} &= u\frac{\mathrm{d}}{\mathrm{d}t}\left(\frac{m_0 u}{\sqrt{1-u^2/c^2}}\right) = \frac{\mathrm{d}}{\mathrm{d}t}\left(\frac{m_0 u^2}{\sqrt{1-u^2/c^2}}\right) - \frac{m_0 u}{\sqrt{1-u^2/c^2}}\frac{\mathrm{d}u}{\mathrm{d}t} \\ &= \frac{\mathrm{d}}{\mathrm{d}t}\left(\frac{m_0 u^2}{\sqrt{1-u^2/c^2}}\right) + \frac{\mathrm{d}}{\mathrm{d}t}(m_0 c^2\sqrt{1-u^2/c^2}) \\ &= \frac{\mathrm{d}}{\mathrm{d}t}\left(\frac{m_0 u^2}{\sqrt{1-u^2/c^2}} + m_0 c^2\sqrt{1-u^2/c^2}\right) \end{aligned}$$

即

$$\frac{\mathrm{d}E}{\mathrm{d}t} = \frac{\mathrm{d}}{\mathrm{d}t}\left(\frac{m_0 c^2}{\sqrt{1-u^2/c^2}}\right)$$

两端对时间 t 积分，得到

$$E = \frac{m_0 c^2}{\sqrt{1-u^2/c^2}} + A \tag{1-2-12}$$

式中，A 为积分常数，根据进一步研究发现，这一积分常数应为零。因此，上式成为

$$E = mc^2 \tag{1-2-13}$$

这就是著名的质能公式。当质点的质量发生变化时，对应的能量变化为

$$\Delta E = (\Delta m)c^2$$

如果质点的相对速度 $u=0$，则质点的能量等于 m_0c^2，称为质点的静止能量。从式（1—2—13）中减去静止能量，可以定义相对论动能如下：

$$T = E - m_0c^2 = m_0c^2\left(\frac{1}{\sqrt{1-u^2/c^2}} - 1\right) \tag{1-2-14}$$

对于较小的 u/c 值，T 近似等于经典力学中质点的动能 $m_0u^2/2$。另外，容易验证

$$E^2 = p^2c^2 + m_0^2c^4 \tag{1-2-15}$$

这个公式给出的是质点的能量动量关系。

1.2.3 振动

振动是生产生活中常见的现象，振动与物体的弹性有关，无论是质量弹簧系统还是工程中的机械或房屋等建筑结构离开了物体的弹性就无法理解振动现象。弹性是很多物体具有的重要性质。当物体受力时会产生变形，并且大多数物体产生的变形与所受的力成正比，当去掉力时，变形会完全消失。物体的这种变形称为弹性变形。两个物体的碰撞通常伴随着振动，例如敲锣打鼓，通过锣锤、鼓锤的敲打引起锣、鼓表面振动，再带动附近空气振动形成声源。振动的发生并不必然与碰撞有关。物体的振动分为自由振动和受迫振动两种类型，对振动问题的研究已成为理论力学中又一个与变形相关的专题内容。由于振动系统内部存在阻力（通常称为阻尼），在缺少外部激励的情况下，物体的自由振动会很快衰减。质量弹簧系统是最简单的关于振动问题的研究模型。下面用这个模型简单介绍振动问题的有关概念。

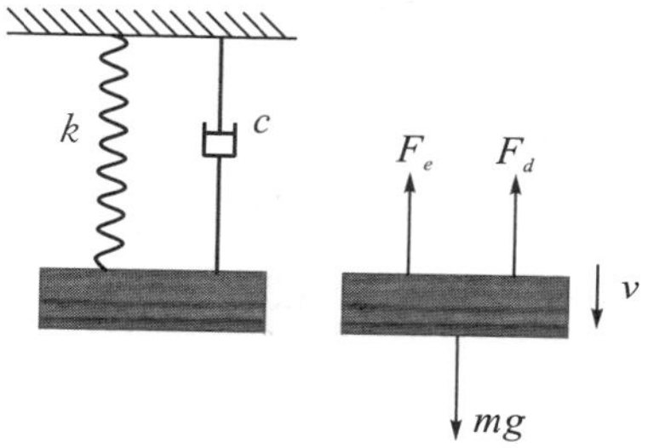

图 1—2—3　带阻尼器的弹簧系统

如图 1—2—3 所示，质量弹簧系统中有一个阻尼器，可用来模拟具有一个自由度的实际的自由振动系统。研究质量为 m 的物块的运动，选取系统静力平衡位置为坐标原点 O，x 轴正方向向下，弹性恢复力 $F_e=-kd$，k 为弹簧刚度系数，d 为弹簧变形量，弹性恢复力总是指向弹簧原长的位置。阻尼力 $F_d=-cv$，c 为系统的阻尼系数，负号表示阻尼力与速度方向相反。根据牛顿第二定律，有

$$m\ddot{x}=mg-kd-c\dot{x}$$

式中，$d=d_{st}+x$，$d_{st}=kmg$ 为弹簧的静伸长，代入上式得到

$$m\ddot{x}+c\dot{x}+kx=0$$

这就是单自由度系统的自由振动方程，通常将这个方程改写为下面的标准形式：

$$\ddot{x}+2\delta\dot{x}+\omega_0^2x=0 \tag{1—2—16}$$

式中，$\delta=\dfrac{c}{2m}$，而 $\omega_0^2=k/m$ 称为系统的固有圆频率。如果系统的阻尼很小可以忽略，则取 $c=0$，上式成为

$$\ddot{x}+\omega_0^2x=0 \tag{1—2—17}$$

它的解可以写为

$$x=A\sin(\omega_0t+\beta) \tag{1—2—18}$$

式中，A，β 分别称为振幅和初相位，由运动的初位移 x_0 和初速度 v_0 确定，由此给出的是具有周期的运动，这种运动通常称为简谐运动。关于周期的概念，下面用在圆周上

做匀速运动的质点来说明。

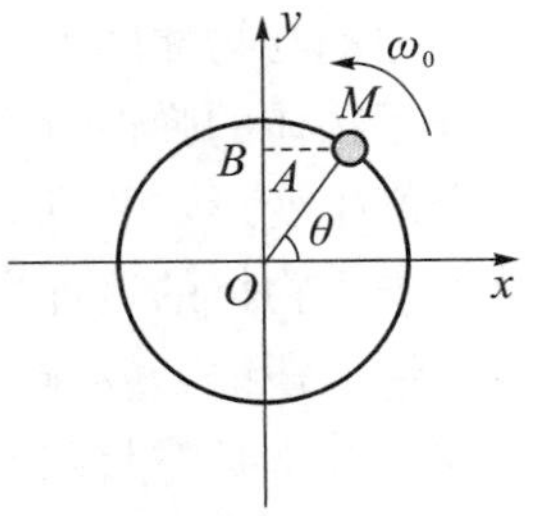

图 1-2-4　质点在圆周上的运动

选择式（1-2-18）中的振幅参数 A 为圆的半径，OM 随着质点以匀角速度 ω_0 绕圆心 O 转动，该半径在 y 轴上的投影为 OB，质点 M 从任意位置（图 1-2-4 所示位置）开始在圆周上运动一周回到原来的位置所用的时间称为一个周期，记为 T。如果观察 B 点在 y 轴上的位移，那么 $y_B = A\sin(\omega_0 t + \theta)$ 代表 B 点的运动方程，这个方程的函数式正好与式（1-2-18）相同，B 点在 y 轴上做往复的周期运动，圆的半径等于式（1-2-18）中的振幅 A，这正是 B 点偏离 O 点的最大距离。显然周期 T 满足 $\omega_0 T = 2\pi$，即

$$T = \frac{2\pi}{\omega_0} \tag{1-2-19}$$

如果系统的阻尼不能忽略，但满足条件 $\delta < \omega_0$（这种情况称为欠阻尼），则式（1-2-16）的通解为

$$x = A\mathrm{e}^{-\delta t}\sin(\omega_d t + \beta) \tag{1-2-20}$$

$\omega_d = \sqrt{\omega_0^2 - \delta^2}$ 表示有阻尼自由振动的固有圆频率。比较式（1-2-18）和式（1-2-20）可知，只要在式（1-2-20）中取 $\delta = \frac{c}{2m} = 0$，就得到无阻尼自由振动方程（1-2-18），但是实际系统都具有或大或小的阻尼，因此无阻尼自由振动是实际振动系统的一种简化。对于欠阻尼状态，系统的振幅不断衰减，直到系统的动能全部被消耗而停止振动。如果 $\omega_d = 0$，运动不再呈现周期性变化，此时 $\delta = \omega_0$，对应的阻尼称为临界阻尼。$\delta > \omega_0$ 对应的阻尼称为过阻尼。当 $\delta \geqslant \omega_0$ 时，如果没有持续的外界激励，运动将不再具有振动性质。在外界持续的激励作用下，系统发生的振动称为受迫振动。研究工程中的受迫振动在很多情况下是为了隔振或减振。外部激振分为激振力和位移形式的激振（例如实验用的振动台的运动和地震引起的建筑物的晃动就是一种位移形式的激振），其大小和方向呈周期性变化。下面研究激振力引起的受迫振动，采用图 1-2-5 所示模型：物块质量为 m，弹簧刚度系数为 k，阻尼器阻尼系数为 c，激振力 $F\sin\omega t$ 呈周期性变化，称为简谐激振力。

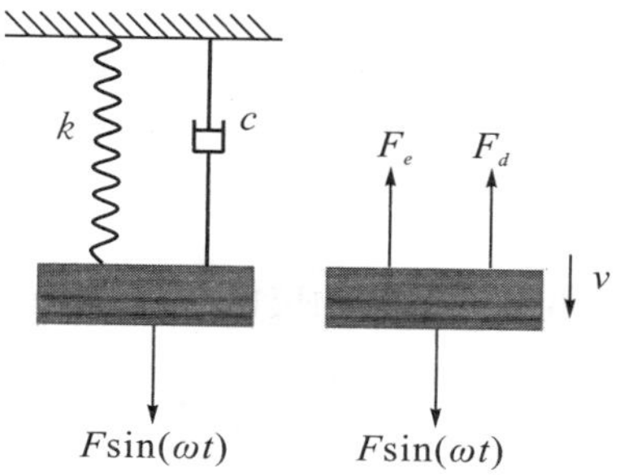

图 1-2-5 受迫振动

与前面的分析类似，可得到系统的运动微分方程如下：

$$\ddot{x} + 2\delta\dot{x} + \omega_0^2 x = f\sin(\omega t) \quad (1-2-21)$$

式中，$f = F/m$。与式（1-2-16）比较，其右端多了与简谐激振力有关的一项，如果是位移激振，则得到的方程与上式类似，只是其右端与简谐激振位移有关，$x=0$ 与系统只受外部重力作用时的静平衡点对应。根据微分方程理论，上式的解分为两部分 $x = x_1 + x_2$。其中 x_1 是与激振无关的通解，这部分位移因系统的阻尼很快衰减；x_2 是与方程右端项有关的特解：

$$x_2 = B\sin(\omega t + \alpha) \quad (1-2-22)$$

这部分位移就是激振引起的受迫振动的位移，式中

$$B = \frac{f}{(\omega_0^2 - \omega^2)^2 + 4\delta^2\omega^2} \quad (1-2-23)$$

由此可见，受迫振动的振幅 B 在激振频率等于系统的固有频率，即 $\omega = \omega_0$ 时达到最大值，如果系统的阻尼很小，此时振幅 B 将达到很大的值，这种现象称为共振。共振是指无阻尼系统在外界激振频率接近系统的固有频率时，系统的振幅趋于无穷大的现象。共振在很多情况下都是有害的，例如机械的共振，在持续的风载作用下桥梁和高层建筑物可能发生的共振，等等，应尽量采取适当措施加以避免，这正是研究共振现象的主要目的。一般来说，多自由度的系统具有多个固有频率。例如，对于两个自由度的系统，具有两个固有频率，当外界的激振频率接近系统的任一固有频率时，都会发生共振，因此，两个自由度的系统具有两个共振频率。

前面曾提到，研究受迫振动还有一个重要目的是隔振和减振。隔振是将振源与需要防震的物体或基础用弹性元件和阻尼元件隔开，减振则是使振动物体或基础振动减弱。隔振分为两种类型，即主动隔振和被动隔振。主动隔振是指将振源与支撑振源的基础隔开，从而达到减小传递给基础的振动的目的；被动隔振是指将振源与需要防震的物体隔开，从而达到减小传递给物体的振动的目的。因此，隔振的目的是为了减振。无论是主动隔振还是被动隔振，采取的措施通常是增加弹性元件和阻尼元件作为隔振元件。在减振时，可考虑附加动力减振器（质量弹簧系统或质量弹簧—阻尼系统）来减小或消除主体质量的振动。对这些问题的研究和解决需要借助两个或多个自由度系统的振动模型，有兴趣的读者可查阅相关的参考书。

1.3 约束—梁杆结构简图

了解工程中各种常见约束的性质及其约束力的表示方法有利于对结构（或机构）进行正确的受力分析。下面对各种常见的约束以及梁杆的结构简图做简要介绍。

（1）柔绳约束：约束力为张力，不能承受压力、剪切，也不能抵抗弯曲的一类约束，工程中广泛使用的钢缆、链条以及皮带传动轮中的皮带等都可简化为这种约束。

（2）光滑接触面约束：两个物体的接触表面足够光滑，可以忽略摩擦力时，这样的接触表面称为光滑接触面，约束力为压力，沿接触面的公共法线方向。如果物块与接触表面的摩擦力可以忽略，则为光滑接触面约束，物块在接触表面受到法向约束力。

（3）光滑铰链约束：用小圆圈表示光滑圆柱铰链，例如图 1—3—1 的 A 和 B。用光滑铰链联结的两个物体，允许有相对转动，但不能发生分离，除特殊情况外（例如：若与二力杆联结，则约束力沿二力杆方向），约束力方向不确定，但可沿坐标轴方向分解为两个或三个未知力（对于圆柱铰链分解为两个分量，对于球铰链分解为三个分量）。例如图 1—3—3 中，AB 杆在 A 端与固定支座用光滑圆柱铰相联接，通常将其约束力沿坐标轴方向分解为 F_{Ax} 和 F_{Ay} 两个未知力。

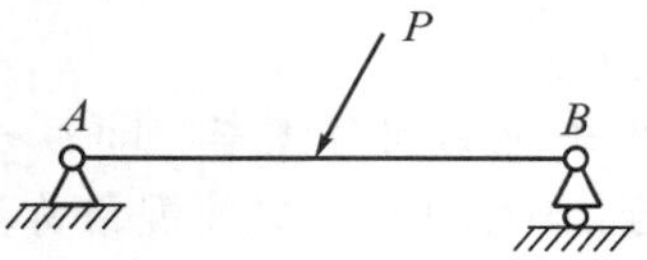

图 1—3—1　简支梁

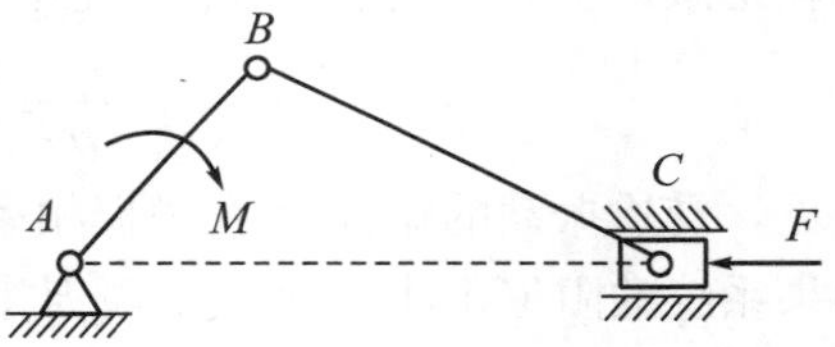

图 1—3—2　曲柄—连杆—滑块机构

在图 1—3—1 和图 1—3—2 中，用直线表示梁和杆，这样的图称为梁杆结构简图。实际上，如图 1—3—2 所示的系统称为机构，杆 AB 通过连杆 BC 与物块 C 相连，杆 AB 转动会带动物块 C 沿水平方向滑动（滑道接触面光滑），反之亦然。图中 A、B、C 处用小圆圈表示光滑铰链，其中梁（杆）AB 在 A 端与固定于基础的支座相连，这种约束称为固定铰链支座，而图 1—3—1 中与 B 端相连的支座可沿基础表面滑动，称为活动铰链支座，其约束力沿基础表面的法线方向，见图 1—3—3。像这样两端分别由固定铰链支座和活动铰链支座支承的梁 AB 称为简支梁。

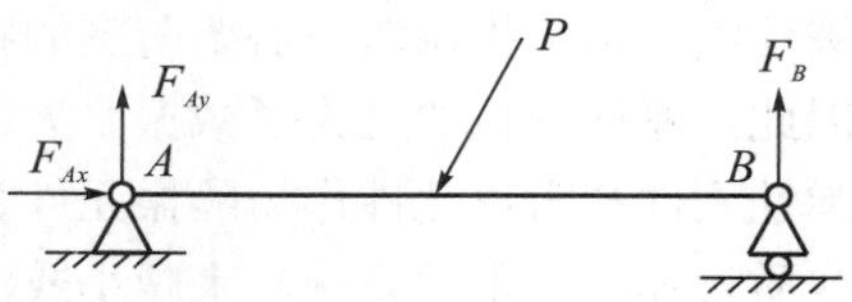

图 1—3—3　简支梁受力图

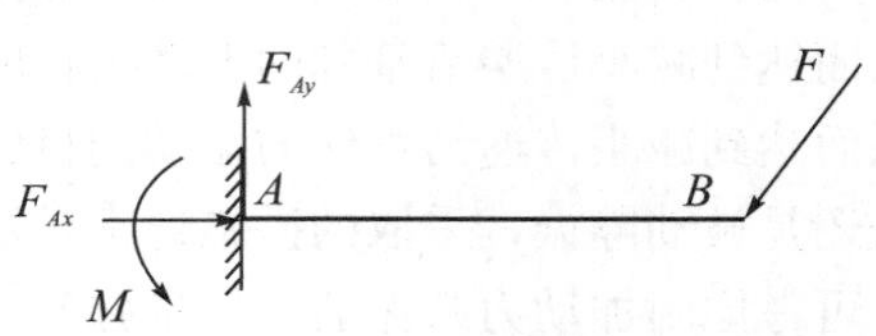

图 1—3—4　悬臂梁受力图

（4）固定端约束：既不能移动，也不能转动，完全使物体在一端固定的约束称为固定端约束。如图 1—3—4 所示，像这样一端固定，一端自由的梁 AB 称为悬臂梁。在固

定端 A 处受到的约束力可简化表示为一个力（分解为两个或三个分力）和一个力偶，如果只限制平面内的移动和转动，则称为平面固定端约束；如果限制物体沿空间任意方向移动和转动，这样的约束称为空间固定端约束。实际上，平面固定端是对真实的空间固定端的简化。固定端约束通常是全方位约束，但当作用的主动力（已知的力和力偶）系可以简化到一个平面内时，固定端约束可以作为平面固定端分析。图 1−3−4 中 A 端的受力图是平面固定端的约束力（分解为两个分量）和约束力偶的表示方法。

1.4　受力分析方法

受力分析是对物体进行静力分析的一项重要内容，也是对物体进行动力学计算的基础。受力分析成果的直观体现是画出物体的受力图。所谓受力图是指按规范或平衡规律，画出包括主动力（力偶）和约束力（力偶）的梁杆等的结构简图。图 1−3−3 是简支梁的受力图，图 1−3−4 是悬臂梁的受力图。这里的规范是指用带箭头的线段表示力，用带箭头的弧线表示力偶。在画受力图时，要用如下的平衡三原理指导作图。

平衡原理 1：二力平衡。

首先识别系统中的二力杆，这种杆件除了在端点受力外，没有别的力或力偶作用在杆件上，并且在两个端点受的力或合力的方向一定沿着杆件两个加力点的连线方向，如果是直杆，两端的力一定沿着杆件的方向。如图 1−4−1 所示，其中图 1−4−1（a）是系统整体受力图，图 1−4−1（b）是各杆件、节点（圆柱铰链）的受力图，图中忽略了各构件的自重，因此三根杆均是二力杆。在理论力学中，大部分情况下，都不考虑各构件的自重。

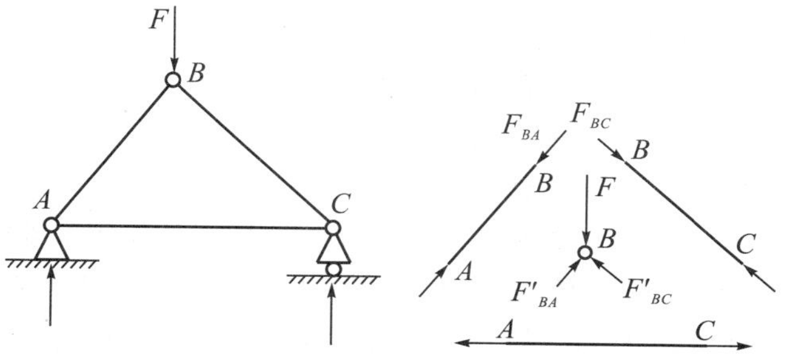

（a）**整体受力**　　（b）**构件受力**

图 1−4−1　**结构受力**

平衡原理 2：三力共面、平行或汇交。

当物体受到三个力作用而处于平衡状态时，那么这三个力位于同一个平面，或者相互平行（包括在同一条直线的情况）或者汇交于一点。在图 1−4−2 中，BC 受两个力作用而平衡为二力杆，AB 受三个力而平衡，三力汇交，其中整体受力图 1−4−1（a）也是三个力汇交（B 处的一对内力在整体图中不画）。

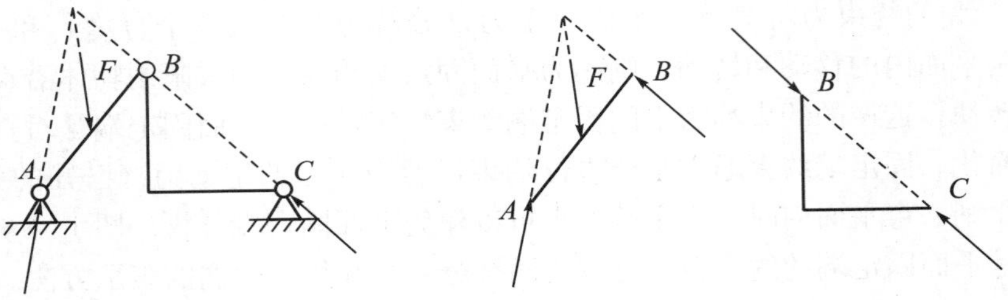

(a) 整体受力　　　　(b) 构件受力

图 1-4-2　结构受力

平衡原理 3：力偶只能与力偶平衡。

如果结构中某构件受到主动力偶的作用，那么该构件的约束力形成力偶与主动力偶平衡。在图 1-4-3（a）中，杆 AB 受主动力偶 M 的作用，A，B 两端点的约束力组成力偶，图 1-4-3（b）是 AB 受力图。在整体受力图 1-4-3（a）中也反映出力偶之间的平衡关系，作图时先由二力杆 BC 连线（图中虚线）确定 B 端或 C 端的受力方向，再平行画出 A 端的约束力。二力杆 BC 的受力图见图 1-4-3（c）。

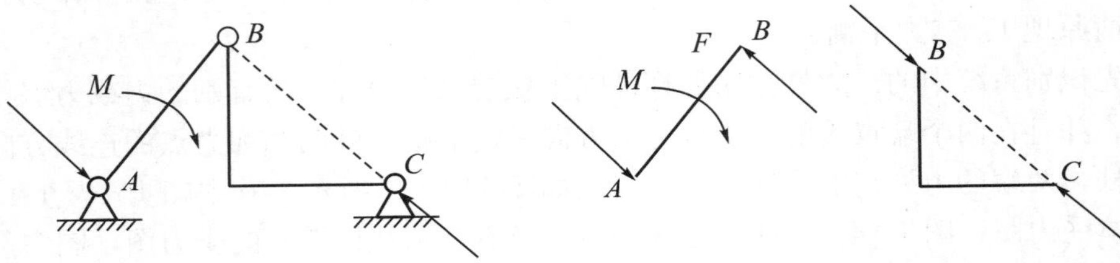

(a) 整体受力　　　　(b) AB 杆受力　　　　(c) BC 杆受力

图 1-4-3　结构受力

从上面的分析我们看到，画受力图时依据平衡三原理，可以在很多情况下确定圆柱铰链（包括固定铰链支座）约束力的方位，但二力杆中两个力的指向并不能由二力平衡原理本身确定，三力汇交也只能通过汇交点定出未知约束力的方位，力的指向仍然待定。下面给出解决这两个问题的方法。

（1）确定二力杆力的指向。根据二力杆在结构中所起的作用来确定力的指向。如果结构中某个二力杆起支撑其他构件的作用，那么该二力杆为压杆，两端受压力；反之，如果并不支撑而是拉住其他构件，则该二力杆为拉杆，两端受拉力。

（2）确定三力体力的指向。受三力作用平衡的物体简称为三力体，利用三力在同一平面内的几何关系，先将三力沿各自作用线移动到汇交点的同一侧，使得其中一个力被另外两个力夹在中间（如果已经有两个力将其中一个力夹在中间，则不需移动），那么夹在中间的那个力的指向与另外两个力的指向刚好相反（三平行力平衡时也是类似情况），利用这个特点可以轻松作图。在已定出三力汇交点并且已知其中任一个力的指向的前提下，可以确定另外两个力的指向。例如图 1-4-2（b）中，对于三力杆 AB，中间的力 F 离开汇交点，A、B 两端点的约束力指向汇交点。

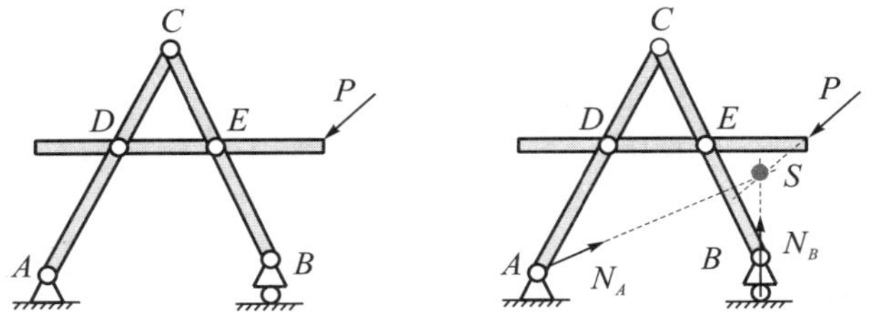

(a) **主动力**　　(b) **支座约束力**

例 1−1 **图　三杆结构加载情形**（一）

例 1−1　作出杆 AC、BC、DE 的受力图，并判定约束反力的方向，分析当力 P 作用点和方向发生变化时如何影响 A、B、C、D、E 各点约束力的方向。

分析如下：(1) 对于加载情形（一)，可以作出整体的受力图 (b)，S 是三力的汇交点。C、D、E 三处约束力的方向无法预先确定，原因是 AC、BC、DE 三根杆均为三力杆，无法通过定性分析找到它们的汇交点。在下面一些加载情形下，能够确定各点约束力的方向。

(2) 对于加载情形（二)，由整体分析可以判断 A、B 两处约束力沿竖直方向，再根据三杆三力平衡分析，C 处的约束力不能与 A 处或 B 处的约束力相交，只能是平行关系，进一步推知 D、E 两处的约束力也只能是平行关系，见图 (b)。

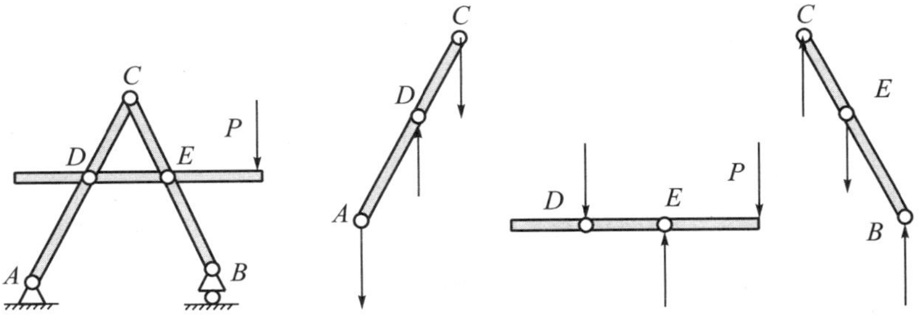

(a) 主动力　　(b) 构件受力

例 1−1 **图　三杆结构加载情形**（二）

(3) 对于加载情形（三)，当主动力 P 沿杆 DE 轴线方向时，图 (a) 为整体受力图，S 为整体、杆 AC、杆 BC 三力共同的汇交点，因为 D、E 两处的约束力只能沿杆 DE 轴线方向，故杆 DE 为三力共线平衡的情况，圆柱铰链 D 和 E 受力情况如图 (c) 所示。

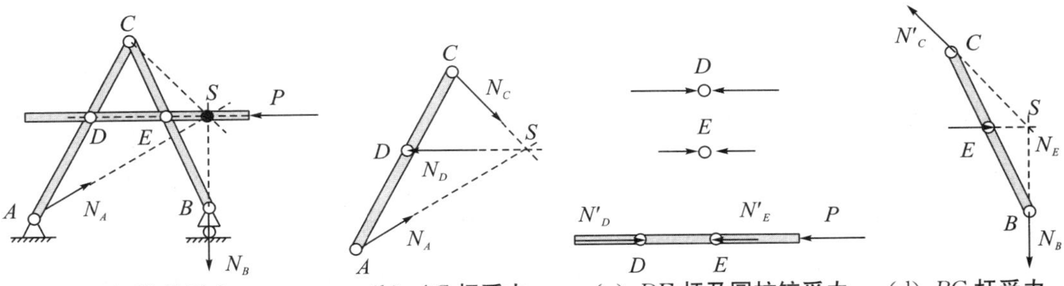

(a) **整体受力**　　(b) AC **杆受力**　　(c) DE **杆及圆柱铰受力**　　(d) BC **杆受力**

例 1−1 **图　三杆结构加载情形**（三）

(4) 对于加载情形（四），当主动力 P 加在 C 点且竖直向下时，整体的受力情况如图（a）所示，为三平行力的平衡，杆 DE 为二力杆，杆 AC、杆 BC 为三力杆，K，S 分别为杆 AC、杆 BC 三力汇交点，图（c）为圆柱铰链 C 和二力杆 DE 的受力图。

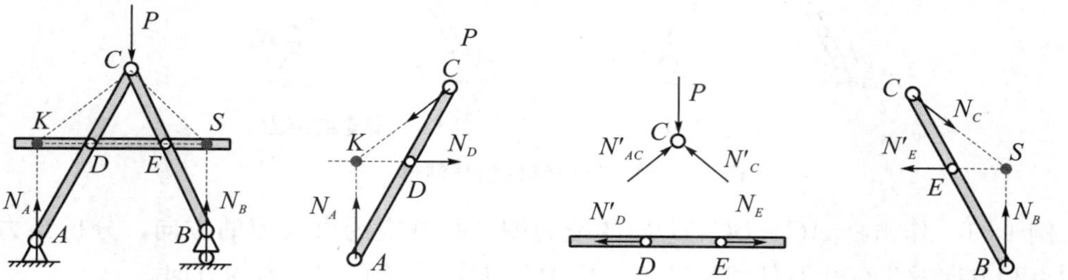

(a) 整体受力　(b) AC 杆受力　(c) DE 杆及铰链 C 受力　(d) BC 杆受力

例 1－1 图　三杆结构加载情形（四）

(5) 对于加载情形（五），当主动力 P 加在 DE 的中点且竖直向下时，利用对称性可确定圆柱铰链 C 的约束力沿水平方向，整体的受力情况如图（a）所示，为三平行力的平衡，三根杆均为三力汇交。

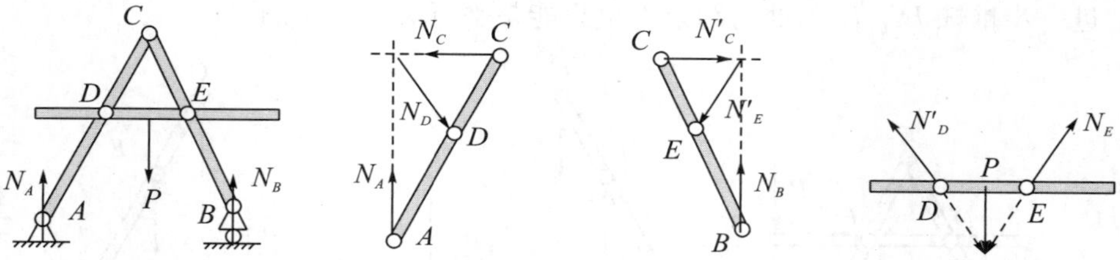

(a) 整体受力　(b) AC 杆受力　(c) BC 杆受力　(d) DE 杆受力

例 1－1 图　三杆结构加载情形（五）

(6) 对于加载情形（六），当主动力 P 竖直向下，其作用线通过 B 点时，由整体受力分析可知 A 处约束力为零，杆 AC 只在 C、D 两处受力，为二力杆，图（a）为整体受力图，图中 S 为杆 DE、杆 BC 三力共同的汇交点。

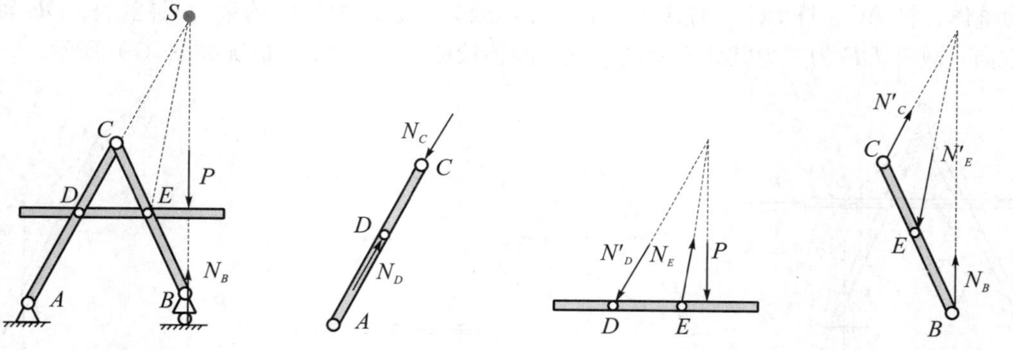

(a) 整体受力　(b) AC 杆受力　(c) DE 杆受力　(d) BC 杆受力

例 1－1 图　三杆结构加载情形（六）

在进行受力分析时，寻找二力杆或三力体是重要的分析技巧。在画受力图时，选好研究对象，注意分析的三个层次，同样也很重要。对于某些情况，将三个层次的分析结合起来，会收到比较好的效果。这三个层次如下：

（1）整体分析，以整体为研究对象，画整体的受力图；

（2）单体分析，以单体为研究对象，画单个物体的受力图；

（3）部分分析，以部分为研究对象，画部分构件的受力图。

例 1—2　作出杆 AB、CD 的受力图并判定约束反力的方向，D 处为光滑接触。

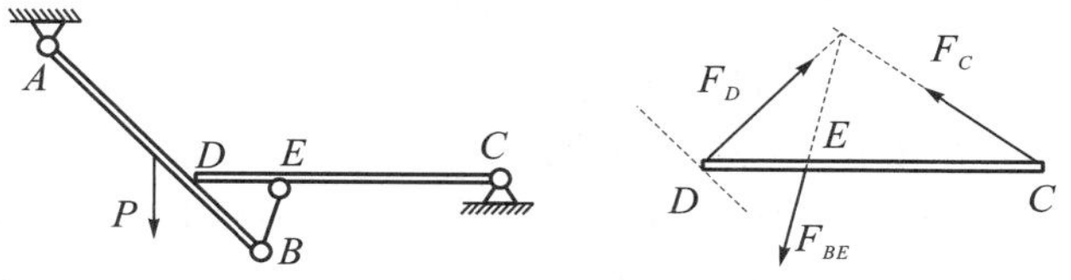

例 1—2 图　两杆结构

分析：取出杆 CD，D 处为光滑接触，B、E 受链杆（二力杆）约束，据此找到杆 CD 三力的汇交点，画出 C 处约束力。

如果取出杆 AB，则无法确定 A 处约束力的方向，因此，研究整体的受力情况，由三力汇交确定方向，画出 A 处约束力。

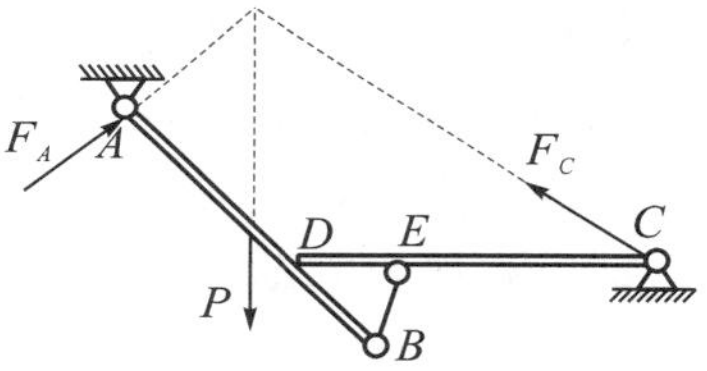

例 1—3　作出杆 AB、CO、BC 以及滑轮 O 的受力图，并判定约束力的方向。

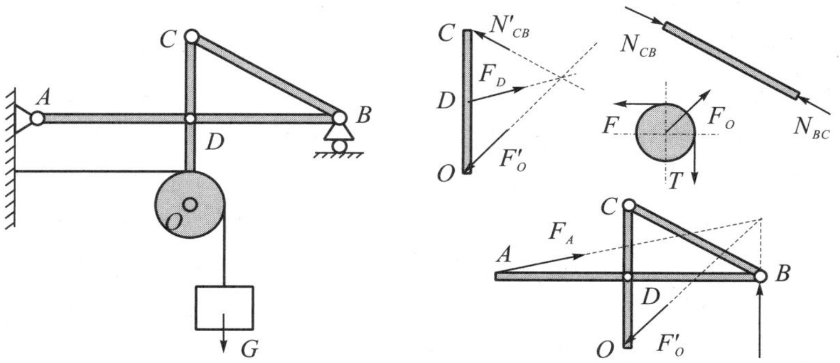

例 1—3 图　承重结构

分析：BC 为二力杆，滑轮 O 和杆 CO 受三力平衡，如图。如果取出杆 AB 或者研究整体，则不便判定圆柱铰链 A 处约束力的方向。但是可以从整体中取出 $ABCO$ 部分，根据 B、O 两处受力方向定出两力作用线交点，由三力平衡汇交条件，画出 A 处约束力的方向。

在受力分析中，整体分析或部分分析有时是非常必要的，这种分层次的分析求解策略在动力学计算中也常常采用。

1.5 运动学分析的几何方法

运动学研究的是刚体上点的位置参数的变化，速度和加速度的计算方法以及刚体上不同的点之间运动参数的关系，其中关于点的位置参数变化的研究实质上可归结为几何参数的适当表达，利用速度和加速度的定义以及微积分运算，得到相关参数的定量结果。这里关键的步骤是建立适当的坐标系，例如在大多数情况下采用直角坐标系，根据问题的已知条件写出点的各位置参数与时间 t 或某一变量的关系式，即通常所说的运动方程。一旦得到运动方程，速度和加速度的计算就成为纯粹的求导数运算。点的运动轨迹要么为直线，要么为曲线。圆周运动是比较常见的曲线运动，例如绕固定轴转动的刚体上各点的运动轨迹，就是半径不等的同心圆周曲线。当点在圆周上运动时，加速度计算较为简单，法向加速度可以直接用速度的大小和圆的半径参数计算，而切向加速度分量往往是未知量，除非事先已知点运动的速率—时间函数式或相关角加速度的大小。了解刚体的两种简单运动是学习刚体平面运动的基础。关于刚体平行移动和绕固定轴转动的运动学特点总结如下。

（1）平行移动刚体的运动学特点：做平行移动的刚体上任意两点的运动轨迹形状相同，在任意时刻任意两点具有相同的速度矢量和相同的加速度矢量，简称为三个相同。因此，只要知道了平行移动刚体上任意点的运动参数（包括轨迹、速度和加速度），就从整体上了解了刚体的运动学规律。在研究其动力学规律时，平行移动刚体可以抽象为一个质点来分析处理。

（2）定轴转动刚体的运动学特点：绕固定轴（简称转轴）转动刚体上的点各自在半径不等的同心圆周上运动，这些圆周所在的平面与转轴垂直，圆周的半径等于点到转轴的距离。因此，转动刚体的运动学计算可简化为点的圆周运动的相关计算，刚体转动的角速度和角加速度成为计算的重要参数，转角方程成为基本的运动方程，这是因为转角函数对时间的一阶和二阶导数分别与转动刚体的角速度和角加速度对应。

研究刚体平面运动的基本方法是运动分解与合成的方法，这种方法的本质仍然是几何的方法。速度合成定理实际上是位移合成的推论，因为在无穷小时间 $\mathrm{d}t$ 内物体的位移 $\mathrm{d}\boldsymbol{u}$ 可以用速度矢量 $\boldsymbol{v}$ 表示为 $\mathrm{d}\boldsymbol{u}=\boldsymbol{v}\mathrm{d}t$，即在 $\mathrm{d}t$ 时间内物体的位移方向与速度方向相同，位移相加转化为速度相加，这就是经典力学速度合成的本质。速度合成定理和加速度合成定理是计算平面运动刚体上点的运动参数的基本定理，在此基础上推出的基点法是求速度和加速度的重要方法。

例 1－4　如图，已知某时刻杆 AB 的角速度和角加速度，试求该时刻套在固定大圆环和杆 AB 的小圆环 M 的速度和加速度。

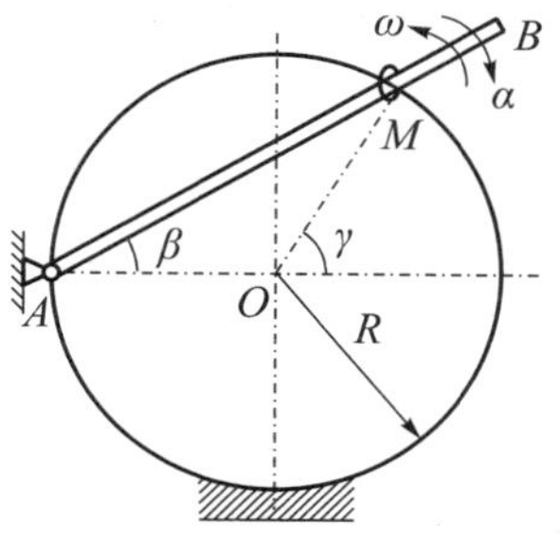

例 1—4 图　质点 M 的运动

解　运动分解与合成的方法在很多情况下是非常有效的，但该题用速度合成定理和加速度合成定理求解比较繁琐，直接利用几何关系计算则比较简便。因为小圆环 M 在固定大圆环上移动，将其简化为质点，是简单的圆周运动，欲计算质点 M 的速度和加速度，只需用到半径 OM 跟随质点 M 运动的角速度和角加速度。由几何关系，有 $\gamma = 2\beta$，半径 OM 的角速度和角加速度是杆 AB 的两倍，因此，质点 M 运动的速度和加速度分别为

$$v_M = 2\omega R$$

$$a_M = 2R\sqrt{4\omega^4 + \alpha^2}$$

加速度与半径 OM 的夹角为

$$\theta = \tan^{-1}\left(\frac{\alpha}{2\omega^2}\right)$$

指向半径 OM 的右下侧。

用几何方法分析运动学问题具有直观、简单的优点，对很多问题非常适用，是运动学分析的重要方法，只要有可能应该尽量采用。下面再举一例。

例 1—5　图示滑块受绳子的牵引沿水平导轨滑动，绳子的另一端缠绕在半径为 r 的鼓轮上，鼓轮以匀角速度 ω 转动，在计算绳子所受张力时需要分析滑块的运动。试求滑块移动的速度和加速度与距离参数 x 之间的关系。

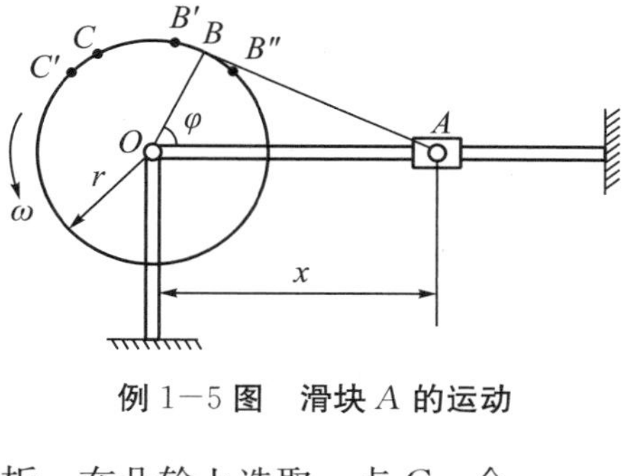

例 1—5 图　滑块 A 的运动

解　采用几何方法分析。在凸轮上选取一点 C，令

$$s = BC$$

B 点是某时刻绳子与凸轮相切的点，经过 $\mathrm{d}t$ 时刻，A 点移动到 A'，$\mathrm{d}x = AA'$，凸轮上的 B、C 两点分别移动到 B'、C'，同时绳子与凸轮相切的点移动到 B''，A 点到切

点绳子的长度是一个变量，令

$$b = AB$$

弧长 $B'B = C'C = r\omega \mathrm{d}t$，弧长 $BB'' = -r\mathrm{d}\varphi$，弧长 BC 的增量为 $B'B + BB''$，即

$$\mathrm{d}s = r\omega \mathrm{d}t + (-r\mathrm{d}\varphi) \tag{a}$$

式中，负号表示 φ 角变小。因为绳子长度 $AB + BC = AC = A'C'$ 为定值，即 $s + b =$ 常数，所以

$$\frac{\mathrm{d}s}{\mathrm{d}t} + \frac{\mathrm{d}b}{\mathrm{d}t} = 0 \tag{b}$$

将 $\mathrm{d}s = r\omega \mathrm{d}t - r\mathrm{d}\varphi$ 代入上式，得到

$$\frac{\mathrm{d}b}{\mathrm{d}t} = -\frac{\mathrm{d}s}{\mathrm{d}t} = r\frac{\mathrm{d}\varphi}{\mathrm{d}t} - r\omega \tag{c}$$

另外，由直角三角形 OAB 三边的关系，有

$$x^2 = b^2 + r^2 \tag{d}$$

上式两端对时间求导数并将式（c）代入，得到

$$x\frac{\mathrm{d}x}{\mathrm{d}t} = b\frac{\mathrm{d}b}{\mathrm{d}t} = b\left(r\frac{\mathrm{d}\varphi}{\mathrm{d}t} - r\omega\right) \tag{e}$$

因为 $x\cos\varphi = r$，该式两端对时间求导数注意到 r 为常数，有

$$\frac{\mathrm{d}x}{\mathrm{d}t}\cos\varphi - x\frac{\mathrm{d}\varphi}{\mathrm{d}t}\sin\varphi = 0 \tag{f}$$

由于 $x\sin\varphi = b = \sqrt{x^2 - r^2}$，上式可改写为

$$r\frac{\mathrm{d}x}{\mathrm{d}t} - xb\frac{\mathrm{d}\varphi}{\mathrm{d}t} = 0 \tag{g}$$

联立式（e）和式（g）

$$\frac{\mathrm{d}x}{\mathrm{d}t} = -\frac{r\omega}{\sin\varphi} = -\frac{xr\omega}{\sqrt{x^2 - r^2}} \tag{h}$$

这就是滑块 A 的速度表达式，式中负号表示速度沿 x 减小的方向。由此，容易得到滑块 A 的加速度表达式如下：

$$\frac{\mathrm{d}^2 x}{\mathrm{d}t^2} = -\frac{r^4\omega^2 x}{(x^2 - r^2)^2} \tag{i}$$

从上面的解题过程我们知道，本题的关键是求出速度的表达式。

采用几何方法分析求解，对于本题并不是必须的。本题与例 1-4 相反，如果采用运动分解与合成的方法求解本题，将比较简单，为此，在滑块 A 上建立随之平移的坐标系，将 B 点的绝对速度（大小为 $r\omega$）分解为牵连速度和垂直于绳子 AB 的相对速度，容易推出 B 点的绝对速度与牵连速度的关系式为

$$r\omega = v_a = v_e\sin\varphi = -\frac{\mathrm{d}x}{\mathrm{d}t}\frac{\sqrt{x^2 - r^2}}{x} \tag{j}$$

式中，v_e 代表牵连速度，亦即滑块 A 的速度大小，与前面得到的结果相同（参考式(h)）。上面关于相对速度垂直于绳子 AB 的说法，隐含了绳子 AB 的长度不变的假设，如果直接利用这个假设，就可推出绳子 AB 的两个端点的速度沿直线 AB 方向的投影值

相等。因为 B 点的速度沿直线 AB 方向，滑块 A 的速度水平向左，所以

$$r\omega = v_B = v_A \sin\varphi = -\frac{\mathrm{d}x}{\mathrm{d}t}\frac{\sqrt{x^2 - r^2}}{x} \tag{k}$$

这与式（j）给出的结果相同。

通常运动学题目有多种解法，在解题时用什么方法要具体问题具体分析，原则是什么方法简便就用什么方法。对于初学者来说，应尽量尝试采用不同的方法解同一个题目，积累经验后，自然能够找到简便适用的方法。熟练掌握静力分析和运动分析的方法，对于解动力学题目不仅是非常重要的，也是必需的基本功。

1.6　动力学分析的主要步骤

动力学主要研究物体运动状态的改变与物体所受外力之间的定量关系。动力学的基础是牛顿第二定律，在此基础上建立起来的动量定理、动量矩定理和动能定理是研究刚体动力学的普遍定理。动量、动量矩和动能都与物体的质量有关，因此，物体的质量以及与物体的质量有关的动量、动量矩和动能都是重要的动力学参数。根据相对论的观点，物体的质量与能量可以相互转换。根据经典力学的观点，物体的质量是不变量，与物体的运动状态无关，当物体的运动状态发生变化时，物体的质量并不改变，是一个与时间无关的守恒量。在动力学中，物体运动状态的改变通过动力学参数对时间的导数来表示。质点或质点系的动量对时间的一阶导数等于该质点或质点系所受到的外力的主矢，这就是动量定理。既然物体动量的改变与外力有关，那么物体的动量矩的改变必然与外力对同一点的矩存在定量关系，动量矩定理正是这样一个等量关系定理：质点或质点系对固定点或质心的动量矩对时间的一阶导数等于该质点或质点系所受到的外力对同一点的主矩。物体拥有一定的能量在很多情况下表现为对外做功的能力，外界对物体做功使物体的能量增加；反之，物体对外做功时，物体自身的能量会减少。在纯力学问题中，不考虑物体其他形式的能量转换，物体获得或失去的能量主要以动能形式表现出来，动能定理给出做功与物体动能增减的定量关系：质点或质点系的动能对时间的一阶导数等于该质点或质点系所受到的力做功的代数和。在机械能守恒的系统中，通过引进势能参数，使得对问题的分析得到简化，但是物体在某一位置的势能是一个相对参数，并且是通过重力或弹性力等所谓保守力做功来定义的，所以从本质上说，所谓机械能守恒仍然是通过做功与物体动能的增减来表现的。

求解任何一个动力学问题，主要包括三个步骤：①选择研究对象，根据问题选择并确定研究对象，做受力分析，画出受力图；②根据受力情况选用动力学定理，列出动力学方程；③根据运动分析写出补充方程，在必要的时候，用几何方法或其他方法对研究对象做运动分析，列出反映物体运动参数之间关系的方程式，这些方程式往往成为求解动力学问题不可缺少的补充方程。下面用例题具体说明。

例 1－6　图示滑块 A 的质量为 m，受绳子的牵引沿水平导轨滑动，绳子的另一端缠绕在半径为 r 的鼓轮上，如果鼓轮以匀角速度 ω 转动，缠绕在鼓轮上的绳子无相对

滑动，忽略绳子的质量和各处摩擦，试求绳子 AB 段的张力与距离参数 x 之间的关系。

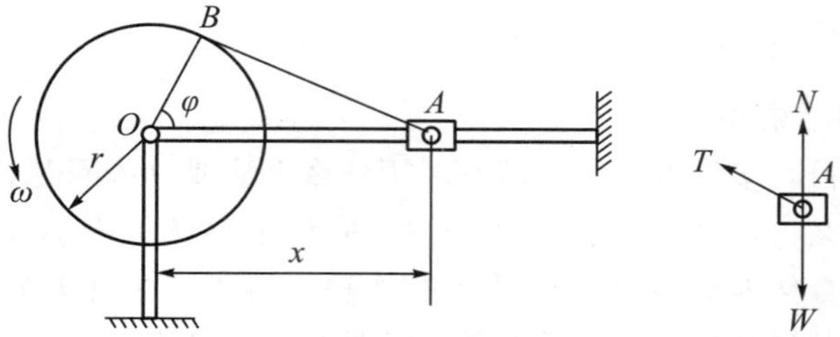

例 1－6 图　AB 绳的张力分析

解　(1) 选择研究对象，画受力图。以滑块为研究对象，在鼓轮转动时，滑块沿水平直线方向平行移动，可简化为一质点，受到绳子张力 T、重力 W 和法向约束力 N 的作用，如图所示。

(2) 列写动力学方程。根据牛顿第二定律，将滑块受到的各力投影到 x 轴（正方向朝右）上，得到

$$-T\sin\varphi = m\frac{\mathrm{d}^2x}{\mathrm{d}t^2},\ \sin\varphi = \frac{\sqrt{x^2 - r^2}}{x}$$

(3) 写出运动学补充方程。本题是已知运动求约束力，需要对滑块 A 做运动分析，求出加速度。将例 1－5 通过运动分析得到的滑块 A 的加速度表达式代入上式，最后得到绳子 AB 段的张力与距离参数 x 之间的关系式：

$$T = \frac{mr^4\omega^2x^2}{(x^2 - r^2)^{5/2}}$$

在动力学分析中，通常有两类问题：一类问题是像本题一样，已知物体的运动求约束力；另一类问题是已知物体受到的力，求物体的运动学参数（包括运动方程、速度和加速度）。在后一类问题中，由于已知物体受力，根据动力学定理，相当于已知物体运动状态的变化，亦即各动力学参数（动量、动量矩和动能）对时间的导数是已知量，由此，通过列写动力学方程可求出速度和加速度。如果已经求出加速度表达式，可通过积分运算得到物体的速度表达式，然后进一步得到物体的运动方程；反之，在已经得到速度的函数表达式的时候，通过导数运算可得到物体的加速度。但是必须注意，如果只是得到物体某一时刻的速度，则不能简单地通过导数运算得到物体的加速度，因为这种情况下得到的速度并不是时间的函数式。

有时可能会遇到所谓的“第三类”动力学问题，在这类问题中已知物体受到的主动力和运动的形式，求物体受到的约束力和运动参数。对这类问题的分析求解仍然需要三个步骤：①选择、确定研究对象，并画出受力图；②根据受力图和问题的已知条件写出动力学方程；③根据运动分析写出必要的反映运动参数关系的补充方程。完成这三个步骤，然后联立方程求解。

在动力学分析中，还会遇到动力学参数（动量、动量矩）守恒的情况。根据动力学定理，如果质点或质点系所受的外力系的主矢等于零或在某一轴上的投影为零，那么该质点或质点系的动量守恒或在该轴上的投影值保持不变；如果外力系对固定点的主矩等于零或在某一固定轴上的投影为零，那么质点或质点系对该固定点的动量矩守恒或在该

固定轴上的投影值保持不变。如果将固定点改为质心，固定轴改为质心轴，则前述结论同样成立，但对一般动点和动轴不成立。关于动力学问题的进一步介绍请参考本教材第4章的内容。

1.7 由质点到质点系的系统分析方法

从牛顿定律推导出来的动力学普遍定理可用于分析刚体动力学问题，是因为采用了从质点到质点系的系统分析方法，刚体被当作质量连续分布的特殊的质点系（其中任意两个质点的距离保持不变）。这里的一个重要概念是系统的质量中心（简称质心）。具有 n 个质点的质点系，相对于某个固定参考系，其质心 C 点的位置矢径 $\boldsymbol{r}_C$ 由下式确定：

$$\boldsymbol{r}_C = \frac{\sum_{i=1}^{n} m_i \boldsymbol{r}_i}{m},\ m = \sum_{i=1}^{n} m_i \tag{1-7-1}$$

式中，m_i，$\boldsymbol{r}_i$（$i=1$，…，n）分别是第 i 个质点的质量和位置矢径。对于质量均匀分布的刚体的质心，可以通过将上式中的求和运算改为积分运算来确定其质心的位置坐标（x_C，y_C，z_C）。容易证明，均质刚体的质心与其几何中心（简称形心）是重合的。利用这个性质，可以直接由式（1－7－1）确定刚体系统相对于某个固定参考系，其质量中心 C 点的位置矢径 $\boldsymbol{r}_C$，式中 m_i、$\boldsymbol{r}_i$（$i=1$，…，n）分别是第 i 个刚体的质量和形心矢径。将上式改写为

$$m\boldsymbol{r}_C = \sum_{i=1}^{n} m_i \boldsymbol{r}_i \tag{1-7-2}$$

式中，m 是质点系或刚体（系统）的总质量。对于动力学问题，因为系统中各质点的位置是随时变化的，所以系统的质心位置矢径 $\boldsymbol{r}_C$ 也是时间的函数。注意到相对于某个固定参考系，某点的矢径对时间的一阶导数就是该点的速度，式（1－7－2）两端对时间求导数，得到

$$m\boldsymbol{v}_C = \sum_{i=1}^{n} m_i \boldsymbol{v}_i \tag{1-7-3}$$

这个式子的右端给出的是系统的总动量 $\boldsymbol{p}$，因此，无论系统中各质点处于什么状态，系统的总动量都可以通过左端项进行计算，即系统的总动量 $\boldsymbol{p}$ 总是等于系统的总质量乘以质心的速度矢量。对于刚体系统的总动量 $\boldsymbol{p}$，也可以通过这个等量关系计算，将方程的右端理解为各个刚体的动量之和即可。例如，对于由两个刚体组成的系统，其总动量等于这两个刚体的动量之和：

$$\boldsymbol{p} = m\boldsymbol{v}_C = m_1\boldsymbol{v}_1 + m_2\boldsymbol{v}_2$$

这里 $\boldsymbol{v}_1$，$\boldsymbol{v}_2$ 分别是这两个刚体形心的速度矢量。如果对刚体系统的总动量 $\boldsymbol{p}$ 关于时间求导数，再利用动量定理，则得到

$$m\boldsymbol{a}_C = \sum_{i=1}^{n} m_i \boldsymbol{a}_i = \sum_{i=1}^{n} \boldsymbol{F}_i^e \tag{1-7-4}$$

这一形式的动力学方程称为质心运动定理。系统内各刚体的质量与其质心的加速度

矢量的乘积 $m_i\boldsymbol{a}_i$ 的总和等于系统所受的外力系的主矢。在求解刚体动力学问题时，运用系统的分析方法往往能够收到较好的效果。下面举例说明。

例 1－7　图（a）所示机构中，鼓轮 A 的质量为 m_1，转轴 O 通过其质心。重物 B 的质量为 m_2，重物 C 的质量为 m_3。斜面光滑，倾角为 θ。已知重物 B 的加速度为 a，绳与鼓轮无相对滑动，求轴承 O 处的约束反力。

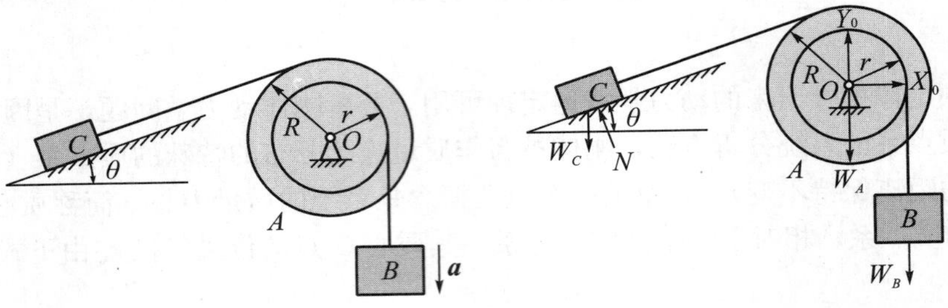

（a）**斜面滑轮系统**　　（b）**系统受力图**

例 1－7 **图**

解　（1）以系统为研究对象，画出系统的受力图，如图（b）所示。

（2）以水平向右为 x 轴正方向，竖直向上为 y 轴正方向，系统由三部分组成，滑块 C 的加速度记为 a_C，利用质心运动定理，将动力学方程分别投影到 x 轴、y 轴方向，有

$$m_3a_C\cos\theta = X_0 - N\sin\theta$$

$$-m_2a + m_3a_C\sin\theta = Y_0 - (m_1 + m_2 + m_3)g + N\cos\theta$$

另外，研究滑块 C，因为斜面光滑，滑块 C 只受重力、法向约束力和绳子张力的作用，将滑块动力学方程（牛顿方程）投影到斜面法线方向，得到

$$N = m_3g\cos\theta$$

（3）运动分析：绳子与鼓轮无相对滑动，所以

$$a_C = Ra/r$$

联立以上各式，最后得到

$$X_0 = m_3\cos\theta(g\sin\theta + Ra/r)$$

$$Y_0 = m_1g + m_2(g - a) + m_3\sin\theta(Ra/r + g\sin\theta)$$

本题也可以将系统中每个刚体取出，单独列出各个刚体的动力学方程，然后进行运动分析，列出运动学补充方程，最后得到问题的解答。读者可以自己列出这些方程做对比分析。通过比较，可以得出结论：系统分析方法的优点是方程较少，求解也相对简单，在条件具备的情况下应该优先考虑采用系统的分析方法。

例 1－8　证明：质量为 m 的质点从圆的最高点 O 由静止开始沿任一条光滑弦下滑到圆周上所需的时间相同。

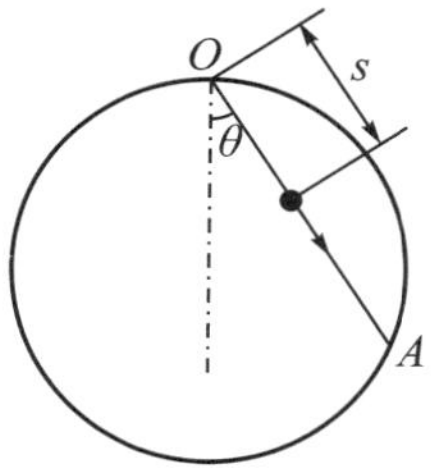

(a) 质点沿 OA 运动

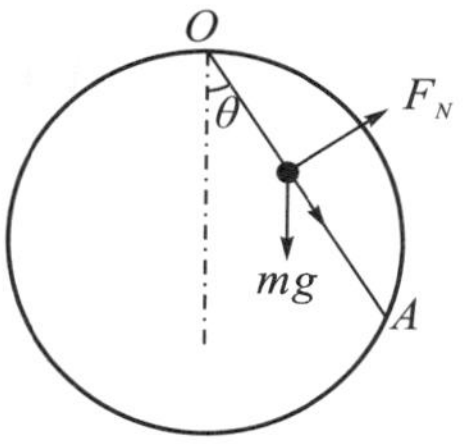

(b) 质点受力图

例 1-8 图

证明　考虑质点在一条与铅垂线夹角为 θ 的光滑弦上运动，参考图 (a)。

质点在任意位置的受力如图 (b) 所示。将质点的动力学基本方程（牛顿方程）沿弦的方向投影，得到质点加速度为

$$a = g\cos\theta$$

质点沿弦的方向做匀加速运动。因为质点初始静止，所以质点的运动方程为

$$s = \frac{1}{2}(g\cos\theta)t^2$$

根据圆的几何关系，弦长 OA 与 θ 角的关系为

$$OA = 2r\cos\theta$$

式中，r 为圆的半径。令 $s = OA$，得到当质点从圆的最高点 O 由静止开始沿光滑弦 OA 下滑到圆周上的 A 点所需的时间为

$$t = \sqrt{\frac{2s}{g\cos\theta}} = \sqrt{\frac{4r\cos\theta}{g\cos\theta}} = \sqrt{\frac{4r}{g}}$$

与 θ 无关，所以，质量为 m 的质点从圆的最高点 O 由静止开始沿任一条光滑弦（任意 θ 角）下滑到圆周上所需的时间相同，证毕。

例 1-9　已知：图示系统中，物块 A 质量为 $3m$，均质圆盘 B 与均质圆柱 C 质量均为 m，半径均为 R，弹簧刚度系数为 k。初始系统静止，此时弹簧为原长，圆柱 C 从静止开始做纯滚动。斜面倾角为 30°，弹簧与绳的倾斜段与斜面平行，忽略弹簧与绳的质量。求：当物块 A 下降距离为 s（未达最低位置）时的速度与加速度，以及两段绳中的拉力。

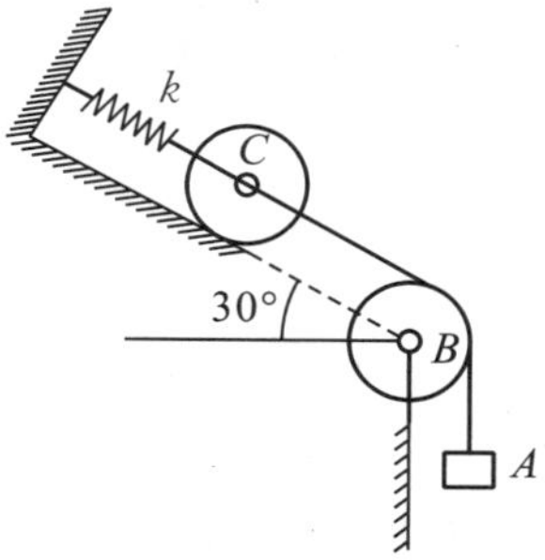

(a) 弹簧滑轮系统

例 1-9 图

解　(1) 用动能定理求物块 A 的速度。

系统初动能为 $T_1=0$，物块 A 相对于初始位置下降距离 s 时，系统的动能为

$$T_2=\frac{1}{2}(3m)v_A^2+\frac{1}{2}\left(\frac{1}{2}mR^2\right)\omega_B^2+\frac{1}{2}\left(\frac{3}{2}mR^2\right)\omega_C^2$$

将运动学关系

$$\omega_BR=\omega_CR=v_A$$

代入上式，得到 $T_2=\frac{5}{2}mv_A^2$；与此同时，系统只有重力和弹力做功：

$$W=3mgs+mg\sin30^\circ-\frac{1}{2}ks^2=\frac{7}{2}mgs-\frac{1}{2}ks^2$$

由动能定理的积分形式 $T_2-T_1=W$，得到

$$v_A^2=\frac{7}{5}gs-\frac{ks^2}{5m}$$

注意到 $a_A=\frac{\mathrm{d}v_A}{\mathrm{d}t}$，$v_A=\frac{\mathrm{d}s}{\mathrm{d}t}$，上式两端关于时间求导，有

$$2v_Aa_A=\frac{7}{5}gv_A-\frac{2ks}{5m}v_A$$

由此得到物块 A 的加速度

$$a_A=\frac{7}{10}g-\frac{ks}{5m}$$

(2) 分析物块 A，可得绳 AB 的张力 F_{T_1} 为

$$F_{T_1}=3mg-3ma_A=\frac{9}{10}mg+\frac{3ks}{5}$$

(3) 分析圆盘 B，求解绳 BC 的张力 F_{T_2}。由动量矩定理，有

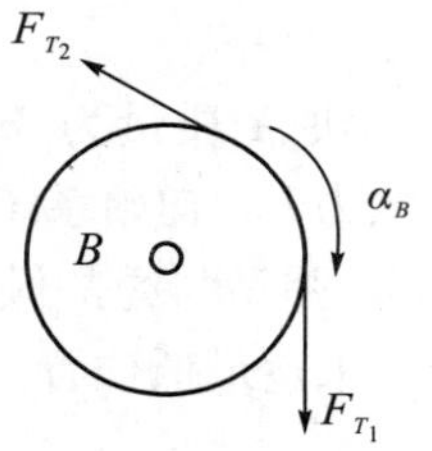

(b) B 轮受力图

例 1—9 图

$$\frac{1}{2}mR^2\alpha_B=F_{T_1}R-F_{T_2}R$$

注意到 $\alpha_BR=a_A$，代入上式得到

$$F_{T_2}=F_{T_1}-\frac{1}{2}ma_A=3mg-\frac{7}{2}ma_A$$

将 $a_A=\frac{7}{10}g-\frac{ks}{5m}$ 代入上式，得到绳 BC 的张力

$$F_{T_2}=\frac{11}{20}mg+\frac{7ks}{10}$$

例 1—10　如图所示，质量为 m 的两个相同的小球，串在质量为 M 的光滑圆环上，无初速地自高处滑下，圆环竖直地立在地面上。试求圆环可能从地面跳起时，圆环与小球的质量比。

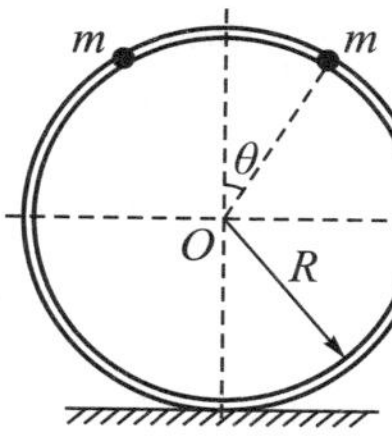

例 1—10 图（a）小球—圆环系统

解　设圆环半径为 R，在圆环跳离地面前，圆环静止，小球做圆周运动。以小球为研究对象，其受力如下图。由动能定理

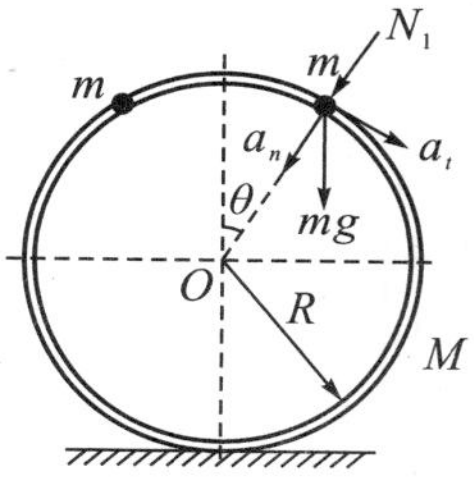

(b) 小球受力图

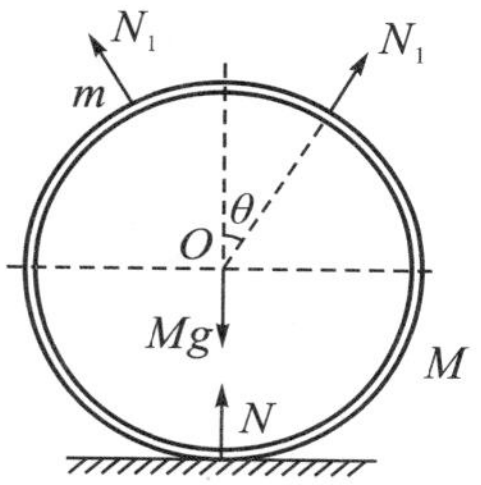

(c) 圆环受力图

例 1—10 图

$$\frac{1}{2}mv^2 = mgR(1-\cos\theta) \tag{1}$$

将 $v=R\dot{\theta}$ 代入式（1），得到

$$\dot{\theta}^2 = \frac{2g}{R}(1-\cos\theta) \tag{2}$$

小球的法向加速度为

$$a_n = R\dot{\theta}^2 = 2(1-\cos\theta)g \tag{3}$$

由动量定理，可得

$$ma_n = mg\cos\theta + N_1 \tag{4}$$

将式（3）代入式（4），得到

$$N_1 = (2-3\cos\theta)mg \tag{5}$$

再以圆环为研究对象，受力如图，由平衡条件得到

$$N + 2N_1\cos\theta - Mg = 0 \tag{6}$$

圆环能够脱离地面的临界条件是 $N=0$，亦即

$$2N_1\cos\theta - Mg = 0 \tag{7}$$

将式（5）代入式（7），并令 $\xi=\cos\theta$，可得

$$\left(\xi-\frac{1}{3}\right)^2-\frac{1}{9}-\frac{M}{6m}\geqslant 0 \tag{8}$$

由此可知，圆环能够脱离地面的条件是$\dfrac{M}{m}\leqslant\dfrac{2}{3}$。

本题也可以系统为研究对象，用列写动静法平衡方程求解，详见第5章。

例 1-11 （第六届四川省孙训方大学生力学竞赛试题，2016年11月）有不可伸长的均质细绳长为 l，质量为 m，搭在几何尺寸可忽略不计的光滑小钉子 O 上，设初始时绳两端位于同一高度且绳右端有铅垂向下的速度 $v_0=\dfrac{1}{3}\sqrt{\dfrac{gl}{2}}$（$g$ 为重力加速度）。

（1）求绳子未脱离小钉子时的速度和加速度大小与图示 x 的关系；

（2）求绳子未脱离小钉子时，小钉所受压力大小与图示 x 的关系；

（3）求从运动开始至绳子将要脱离小钉子时所需的时间。

解 （1）求绳子未脱离小钉子时的速度和加速度大小与图示 x 的关系。

设图示位置时，绳子的速度大小为 v，$x=0$ 处为零势能点，则根据机械能守恒定律，有

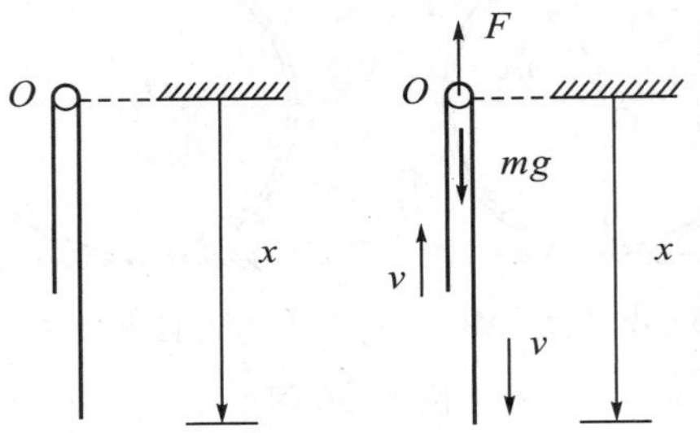

例 1-11 图　绳子的运动

$$\frac{1}{2}mv^2-\left(\frac{mg}{l}x\right)\frac{x}{2}-\frac{mg(l-x)}{l}\frac{l-x}{2}=\frac{1}{2}mv_0^2-\frac{1}{4}lmg$$

将 $v_0=\dfrac{1}{3}\sqrt{\dfrac{gl}{2}}$ 代入，解得绳子的速度为

$$v=\dot{x}=\sqrt{2gx\left(\frac{x}{l}-1\right)+\frac{5}{9}gl} \tag{a}$$

式（a）对时间求导，可得绳子的加速度为

$$a=\frac{\mathrm{d}v}{\mathrm{d}t}=\ddot{x}=g\left(\frac{2x}{l}-1\right) \tag{b}$$

（2）求绳子未脱离小钉子时，小钉子所受压力大小与图示 x 的关系。

对绳子应用动量定理的微分形式，并投影到 x 轴方向，有

$$(mg-F)\mathrm{d}t=\mathrm{d}p_{1x}-\mathrm{d}p_{2x} \tag{c}$$

式中，p_{1x}，p_{2x} 分别为左右两段绳子的动量在 x 轴方向（向下为正）的投影：

$$p_{1x}=-\frac{m}{l}(l-x)v,\ p_{2x}=\frac{m}{l}xv \tag{d}$$

将式（d）代入式（c）得

$$(mg-F)\mathrm{d}t=\frac{m}{l}(2x-l)\mathrm{d}v+\frac{2m}{l}v\mathrm{d}x$$

或者

$$mg-F=\frac{m}{l}(2x-l)a+\frac{2m}{l}v^2 \tag{e}$$

将式（a）、式（b）代入式（e）得小钉子对绳子的约束力

$$F=2mg\left[4\xi(1-\xi)-\frac{5}{9}\right] \tag{f}$$

式中 $\xi=\dfrac{x}{l}$，所以 $\mathrm{d}\xi=\dfrac{\mathrm{d}x}{l}$。将式（a）改写为

$$\mathrm{d}t=\sqrt{\frac{l}{2g}}\frac{\mathrm{d}\xi}{\sqrt{\left(\xi-\frac{1}{2}\right)^2+\frac{1}{36}}} \tag{g}$$

（3）求从运动开始至绳子将要脱离小钉子时所需的时间。

在式（f）中令 $F=0$，解得

$$\xi=\frac{1}{6}，或\ \xi=\frac{5}{6}$$

$\xi=\dfrac{1}{6}$不合要求，因为 $\xi=\dfrac{x}{l}\geqslant\dfrac{1}{2}$，所以当 $\xi=\dfrac{5}{6}$时，绳子脱离小钉子。考虑到初始条件 $t=0$，$\xi=\dfrac{1}{2}$，式（g）两端分别对时间 t 和 ξ 积分，ξ 的积分区间为$\left[\dfrac{1}{2}，\dfrac{5}{6}\right]$，由此得到从运动开始至绳子将要脱离小钉子时所需的时间为

$$t=\sqrt{\frac{l}{2g}}\int_{\frac{1}{2}}^{\frac{5}{6}}\frac{\mathrm{d}\xi}{\sqrt{\left(\xi-\frac{1}{2}\right)^2+\frac{1}{36}}}=\sqrt{\frac{l}{2g}}\ln(2+\sqrt{5})$$

将绳子的长度 l 及重力加速度 g 的数值代入，即可计算所需的时间 t。

思考题

1. 对于一般的质点系，系统受到的合外力等于零能保证系统平衡吗？为什么？
2. 刚体的平衡条件可以推广到一般的变形体吗？如果可以，这种推广受到什么限制？
3. 如何理解整体（单个物体或多个物体组成的系统）平衡和部分平衡的关系？
4. 在理论力学中，为什么通常不计杆、梁等构件的自重？
5. 二力杆通常是静力学的概念，在动力学问题中有时也采用二力杆的概念，条件是什么？
6. 除了考虑摩擦的平衡问题外，在静力学分析中，为什么常常忽略摩擦力？
7. 在哪些力学问题中，刚体可以简化为质点来分析？在哪些问题中，刚体不能简化为质点？

8. 如果说刚体是一种特殊的质点系，那么刚体的质点总数可数吗？在理论力学中采用刚体模型给分析带来了哪些好处？

9. 对于刚体的动力学分析，为什么除了少数简单的情况外，不能直接运用牛顿定律分析？

10. 为什么说对刚体做运动学分析其实就是几何分析？

11. 如何识别一个力学问题是运动学问题还是动力学问题？

12. 在研究与碰撞有关的问题时，为什么常常使用冲量形式的动力学方程？

13. 动能定理与机械能守恒定理有什么关系？在什么条件下两者得出的结论相同？

14. 存在摩擦力的系统中机械能是否守恒？为什么？

15. 单独使用动能定理，能够求解系统的约束力吗？为什么？

16. 在分析动力学问题时，画受力图有什么作用？受力分析对选用动力学定律有什么帮助？

17. 为什么运动分析常常是求解动力学问题的必要步骤？

18. 在刚体动力学问题中，质心是一个重要概念，质心一定是刚体上的一个点吗？

19. 在理论力学中，为什么要引入质心这个概念？

习　题

1−1　试根据相对论质量公式（1−2−11），证明：当质点的速度 u 远远小于光速 c 时，相对论动能公式（1−2−14）给出的恰好是经典力学中质点的动能 $T=\frac{mu^2}{2}$，这说明将质点的质量参数 m 看成与运动无关的常数，只在质点的速度 u 远小于光速时才成立。

1−2　重为 Q 的均质圆盘 C 置于粗糙水平面上，盘缘上绕有不可伸长的细绳并通过定滑轮 A 连在重为 P 的物块 B 上；盘心 C 与刚度系数为 k 的水平弹簧相连；不计滑轮 A、绳及弹簧的质量，圆盘 C 纯滚动，绳子与盘之间无相对滑动，忽略定滑轮轴处摩擦，系统自弹簧原长位置静止释放。试求：

（1）系统振动的固有频率；

（2）物块 B 的最大位移及该瞬时的加速度。

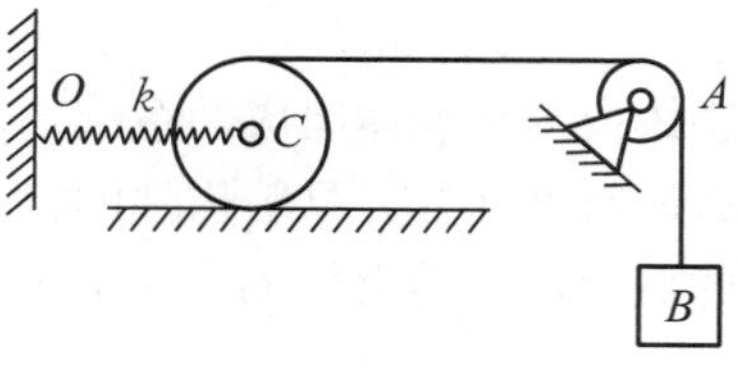

习题 1−2 图

（提示：利用机械能守恒定律求解）

1−3　均质刚杆 AB，重 $P=9.8\text{N}$，长 $L=1.22\text{m}$，杆与光滑墙面碰撞前做平动，

其速度 $v=3.05\text{m/s}$，方向垂直于 AB，恢复系数 $e=0.5$。试求碰撞结束瞬时：

（1）杆的质心速度；

（2）杆的角速度。

（提示：碰撞冲量沿墙面法线方向，恢复系数为碰撞点碰撞前后法向相对速度之比）

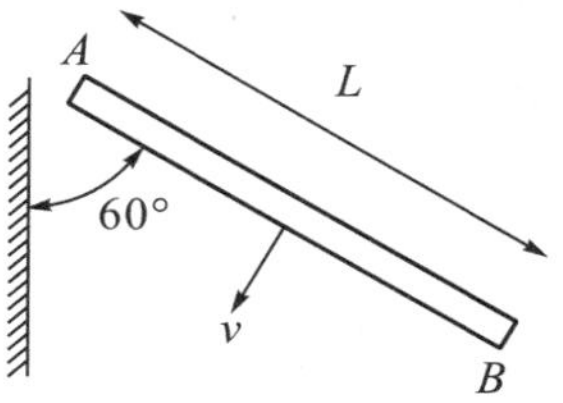

习题 1—3 图

1—4　如图所示机构，已知 $P=200\text{kN}$，$Q=200\text{kN}$，$L=0.5\text{m}$，接触面间的摩擦系数 $f=0.5$，不计杆及滑块自重。试求 $\theta=30°$时，滑块所受到的摩擦力 F_s。

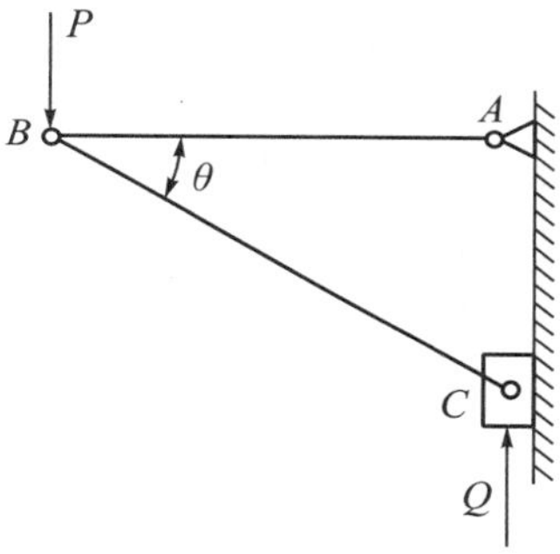

习题 1—4 图

1—5　在图示多跨梁中，各梁自重不计，已知：q，P，M，L。试求：

（1）图（1）中支座 A，B，C 的反力；

（2）图（2）中支座 A，B 的反力。

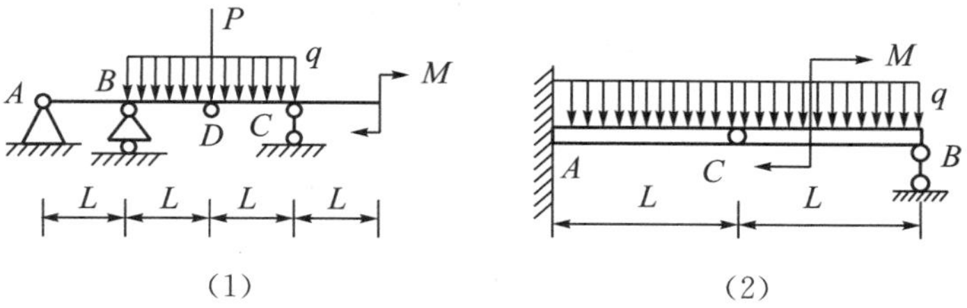

习题 1—5 图

1—6　图示构架由杆 AB，CD，EF 和滑轮、绳索等组成，H，G，E 处为铰链连接，固连在杆 EF 上的销钉 K 放在杆 CD 的光滑直槽上。已知水平力 Q 和物块 M 重 P，尺寸如图所示，若不计其余构件的自重和摩擦，试求支座 A 和 C 的反力以及杆 EF 上销钉 K 的约束力。

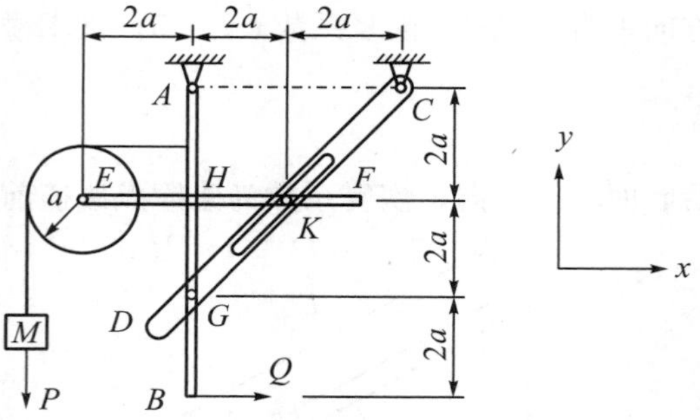

习题 1－6 图

1－7 滑轮支架系统如图所示。滑轮与支架 ABC 相连，AB 和 BC 均为折杆，B 为销钉。设滑轮上绳的拉力 $P=500\text{N}$，不计各构件的自重。求各构件给销钉 B 的力。

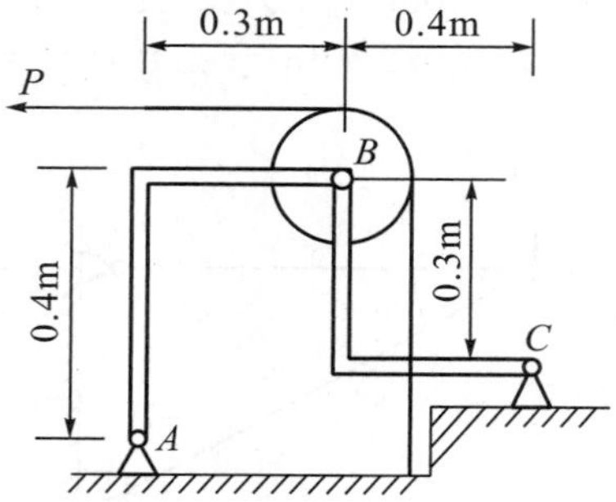

习题 1－7 图

1－8 图示构架中，物体 P 重 1200N，由细绳跨过滑轮 E 而水平系于墙上，$AD=DB=2\text{m}$，$CD=DE=1.5\text{m}$。不计各杆和滑轮的自重，求支承 A 和 B 处的约束力，以及杆 BC 的内力 F_{BC}。

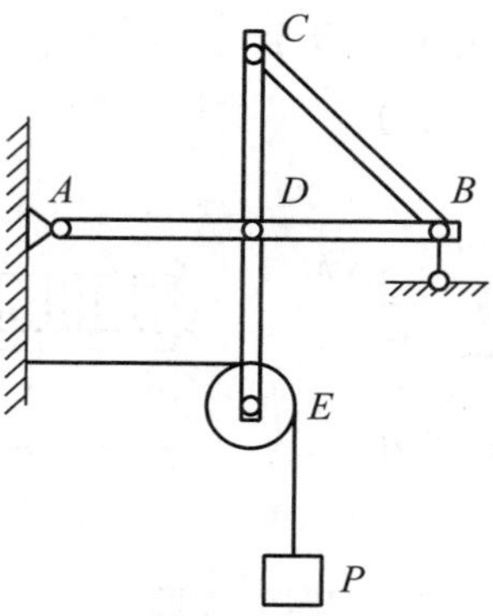

习题 1－8 图

1－9 在平面曲柄连杆滑块机构中，曲柄 OA 长 r，作用有一矩为 M 的力偶，小滑块 B 与水平面之间的摩擦系数为 f。OA 水平，连杆与铅垂线的夹角为 θ，力与水平面成 β 角，求机构在图示位置保持平衡时力 P 的值。（不计机构自重，$\theta>\varphi_m=\arctan f$）

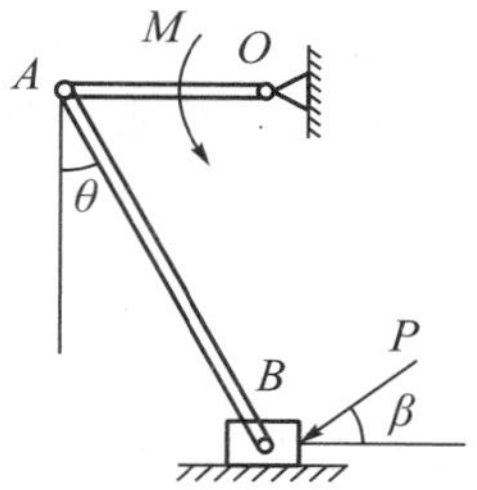

习题 1—9 图

1—10　一物块 A 初始放置于半径为 r 的光滑球面顶点，受到扰动后无初速地开始沿球面下滑，试确定物块 A 滑离球面的位置 B 所对应的角度 θ.

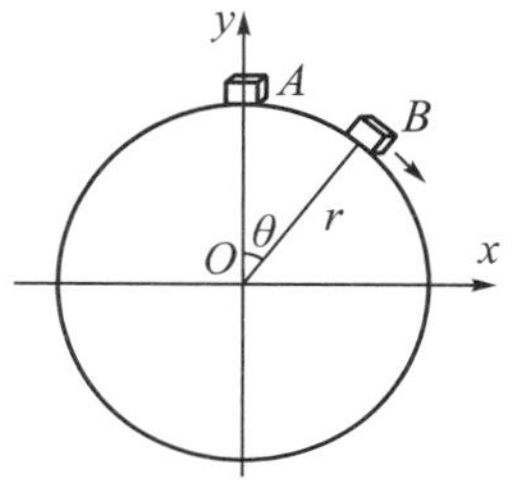

习题 1—10 图

1—11　图示平面结构中，各杆件自重不计。已知：$q=6\text{kN/m}$，$M=5\text{kN/m}$，$l=4\text{ m}$，C，D 为铰连。试求固定端 A 处的约束力。

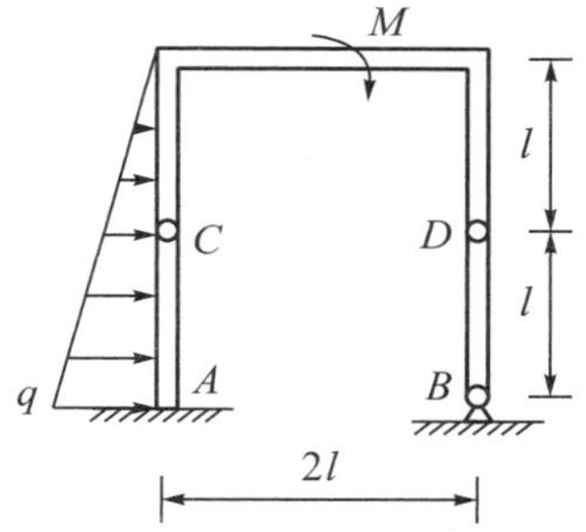

习题 1—11 图

1—12　不计图示构件的自重，已知 $M=80\sqrt{3}\text{kN}\cdot\text{m}$，$F=40\text{kN}$，$q=30\text{kN/m}$，$l=2\text{m}$，$BC$ 杆与水平方向夹角为 30°，求固定端 A 处的约束力。

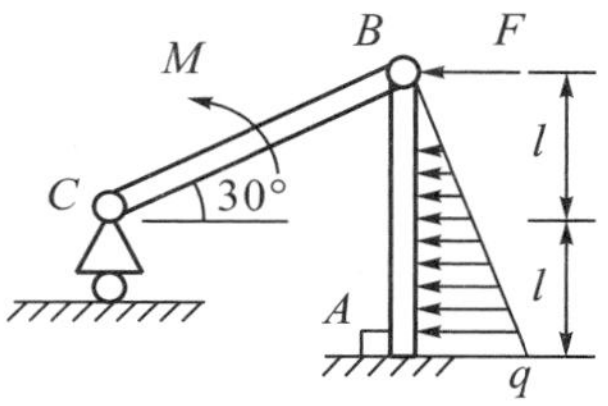

习题 1—12 图

1－13 物块 A 质量为 m_A，可沿光滑水平面自由滑动；铰接于其中心的均质杆 AB 质量为 m_B，长度为 l，如图所示。当杆 AB 从水平静止释放后至铅直位置时，求物块 A 的水平位移。

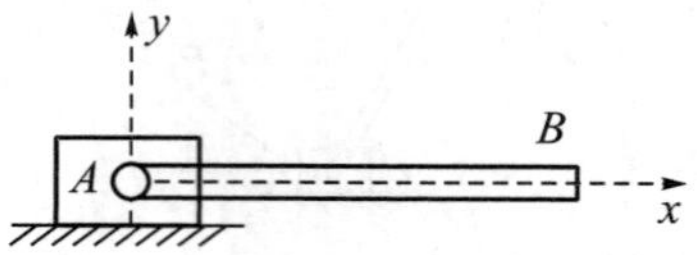

习题 1－13 图

第 2 章　运动学综合

【本章内容提要】本章内容包括点的运动学基础，刚体的两种简单运动（平动和定轴转动），运动分解与合成的方法，速度合成定理，加速度合成定理，刚体平面运动问题的求解方法，综合运动学问题的分析求解方法。本章内容丰富，解题方法灵活多样，是理论力学课程学习的难点。如果能在运动学综合分析能力的培养方面，自觉进行严格训练，那么对后面动力学内容的学习将是十分有利的。

2.1　点的运动学基础

运动学是从几何学的角度写出物体的运动方程，考察物体的位置变化，研究物体的运动轨迹，采用微分学计算变化率的求导数运算方法引入物体运动的速度和加速度概念。针对不同的运动形式，研究物体上各点的运动轨迹、运动速度之间的关系和各点加速度之间的关系。运动学方法属于纯粹的几何分析（关于物体的空间位置）和数学分析中的微分和积分方法，不涉及物体的质量等动力学参数，也不考虑引起物体运动状态改变的动力学因素。

运动和变化是物质世界的基本属性。宇宙中万事万物都在不停地运动和变化中。物体的动与静是相对的，关于这一点，凡是善于观察和思考的读者都是有切身体会的。在描述物体运动的时候，必须首先指定参照系。你如何回答下面的问题：在图 2－1－1 中，如果天空中万里无云，飞机中的乘客如何判断飞机的飞行方向？还有，乘座高铁的旅客，为什么有时候会在自己乘座的列车还未开车的时候，误认为列车已经启动了？

图 2－1－1　空中客机

参照系是为了研究某物体的位置变化而选定的作为参照的另一物体。

不指定参照系是无法研究物体的位置变化以及变化快慢的。为了研究公路上行驶的汽车的运动（见图 2－1－2），我们总是以地面上某个固定不动的物体（例如某个建筑物或某棵树）为参照系，从而了解汽车相对于参照系的运动方向、运动的速度和加速度。所谓“坐地日行八万里”，是指我们即使坐在地上一动不动，一天下来我们跟随地球在太空却移动了八万里路程。这里所说的一动不动，是以地面上某个固定不动的物体为参照系；如果以某颗恒星为参照系，我们无时无刻不在跟随地球在太空移动。当参照系选定以后，物体的运动就是相对于该参照系而言的。

图 2－1－2　行驶中的汽车

不仅在生活中，在工程上为了研究物体的运动，通常也是选择地面上某个相对地面固定不动的物体为参照系，并称这样的参照系为固定参照系。

如果在研究物体的运动时，暂时忽略物体的大小和形状，将物体的运动作为一个点的运动来描述，这样的点通常称为质点。下面关于点的运动是指某个物体或物体上某个点的位置变化。

研究地面上点的运动时，如无特别说明，通常取地面上固定不动的物体为参照系。数学上，可以采用不同的描述方法，即采用不同的坐标系来描述点的空间位置及其变化。这里，要注意参照系与坐标系两个概念的区别：参照系是物理概念，坐标系是数学概念。对于同一个参照系，可以选用不同的坐标系来描述物体的空间位置和运动，例如直角坐标系、柱坐标系、自然坐标系等。下面我们介绍几种常用的关于点的运动描述的数学方法。

自然坐标法　如图 2－1－3 所示，点从初始位置 A_0 沿一确定的轨迹移动，经过时间 t，到达新的位置 A，可以用运动方程 $s=s(t)$ 描述点的运动，这里 t 是时间参数，s 是点由初始时刻 t_0 到 t 时刻移动的路程，即运动轨迹 A_0A 的长度，称为点的弧长坐标。因为运动轨迹和初始位置是已知的，用弧长坐标 s 可以追踪点在任意时刻的位置，这种方法本质上是一种描述路程的方法，它关注的是点的当前位置和在一定的时间内通过的路程。

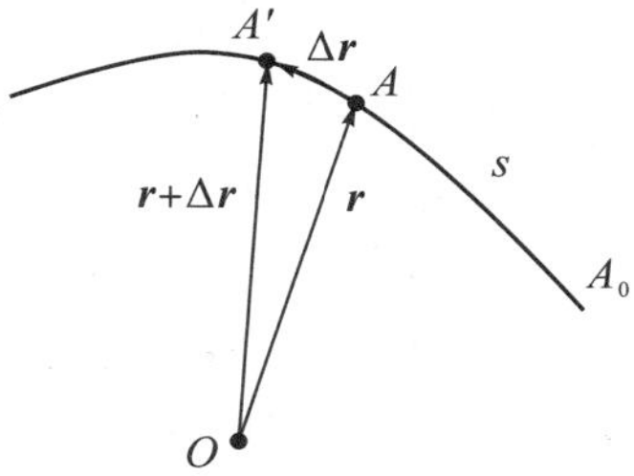

图 2－1－3　**质点的运动**

从点的运动轨迹的形状来看，点的运动有两种类型：直线运动和曲线运动。圆周运动是最常见、最简单的曲线运动形式。在已知点的运动轨迹形状时，采用自然坐标法的运动方程 $s=s(t)$ 计算点的速度和加速度比较方便。

直角坐标法　如图 2－1－4 所示建立固定直角坐标系，将点的运动进行分解，用运动方程 $x=x(t)$，$y=y(t)$，$z=z(t)$ 描述点沿坐标轴方向的运动，这里 x，y，z 是点在 t 时刻所占据的空间位置的直角坐标。点的位置改变通过 x，y，z 的改变来反映，这种位置的变化称为位移。在不同的时刻 t，点占据不同的位置，例如点在 t_0 时刻和 t 时刻分别占据 A_0 与 A，所以，直角坐标法是一种描述位移的方法，它关注的是点的当前位置和位置的改变。如果前后两个位置重合（例如点沿闭合曲线运动），则位移为零，但点一旦开始运动，它所通过的路程不会等于零。运用直角坐标法的运动方程 $x=x(t)$，$y=y(t)$，$z=z(t)$ 可以很方便地计算点沿三个坐标轴方向的分速度和分加速度。引入点的速度矢量和加速度矢量要用到下面将要介绍的矢径法。

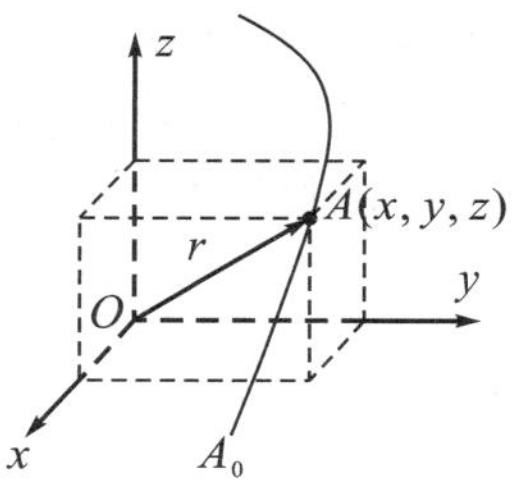

图 2－1－4　**直角坐标**

矢径法　用运动方程 $\boldsymbol{r}=x(t)\boldsymbol{i}+y(t)\boldsymbol{j}+z(t)\boldsymbol{k}$ 描述点的运动，这里 x，y，z 仍然是点在 t 时刻所占据的空间位置坐标，$\boldsymbol{i}$，$\boldsymbol{j}$，$\boldsymbol{k}$ 分别是沿固定直角坐标轴 x，y，z 方向的单位矢量，$\boldsymbol{r}$ 是从坐标原点 O 引出并指向动点的矢径，通过矢径 $\boldsymbol{r}$ 的端点的变化反映点的位置的变化。矢径 $\boldsymbol{r}$ 的端点描出的曲线，称为矢端曲线。显然，矢端曲线就是点运动的轨迹曲线。位移有大小和方向，与直角坐标法相比，由于利用了矢量概念，所以，矢径法是一种更直观的描述点的位移的方法。利用矢径法可以方便地给出速度和加速度的定义，在推导有关运动学公式时矢径法也是很有效的方法。

其他方法　根据具体情况选用极坐标、柱坐标、球坐标等其他坐标系描述点的运动，有时会很方便。

位移是运动学的基本概念。位移是指点在移动过程中，始末两个位置的改变。

考虑到移动具有一定的方向，所以位移必须用矢量来描述。简言之，位移是矢量，具有大小和方向。位移的大小等于点的始末两个位置之间的直线距离，方向由始末两点确定，从起点指向终点。注意位移与路程是有区别的，位移是矢量，路程是标量。点在运动过程中，路程总是大于零的正数，而位移却可能等于零，即只要点运动时，沿某个轨迹经过一定的路程又回到起点。显然，当点沿某个曲线轨迹运动时，点的位移矢量的大小并不等于点通过的路程（即轨迹的长度）。

描述点的位移最方便、最直观的方法就是上面介绍的第三种方法——矢径法。下面，利用矢径法给出点的速度和加速度的定义。

如果 $\boldsymbol{r}=\boldsymbol{r}(t)$，$\boldsymbol{r}'=\boldsymbol{r}(t+\Delta t)$ 分别表示点在 t 时刻和 $t+\Delta t$ 时刻所在的空间位置 A 和 B，那么点从位置 A 运动到位置 B 的位移可以用矢量差 $\boldsymbol{r}(t+\Delta t)-\boldsymbol{r}(t)$ 来表示，记为 $\Delta\boldsymbol{r}=\boldsymbol{r}'-\boldsymbol{r}$，也就是说，点的位移矢量可以用矢径的增量 $\Delta\boldsymbol{r}$ 来表示。对于一般的曲线运动，当时间间隔 Δt 很小时，位移矢量 $\Delta\boldsymbol{r}$ 也很小，并且几乎与点的运动轨迹重合，其大小几乎等于点通过的路程。物体移动的快慢，通常用物体在单位时间内通过的路程来量度，这就是速率的概念。物体移动越快，速率越大。物体移动不仅有快慢问题，还有方向问题。在中学物理课程中，用一个具有大小和方向的量来表示物体移动的快慢和方向，这就是速度。所以说，速度是有大小和方向的矢量，可以用 $\dfrac{\Delta\boldsymbol{r}}{\Delta t}$ 表示点在时间间隔 Δt，从 A 运动到 B 的平均速度，其方向为由 A 指向 B。显然，点在不同的位置或不同的瞬时有不同的速度。

速度定义　点在任意时刻 t 的瞬时速度，简称速度，记为 $\boldsymbol{v}(t)$，定义为

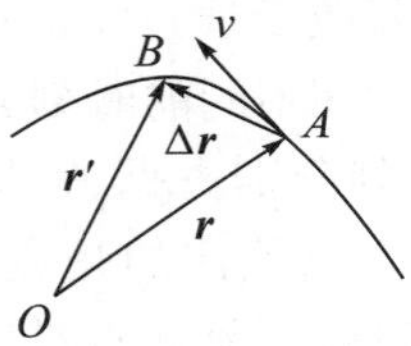

图 2—1—5　质点的位移与速度矢量

$$\boldsymbol{v}(t)=\lim_{\Delta t\to 0}\frac{\Delta\boldsymbol{r}}{\Delta t}=\frac{\mathrm{d}\boldsymbol{r}}{\mathrm{d}t} \tag{2—1—1a}$$

速度是一个矢量，它等于点的矢径 $\boldsymbol{r}$ 关于时间参数 t 的一阶导数，其方向沿矢端曲线或运动轨迹曲线的切线方向（$\Delta\boldsymbol{r}$ 的极限方向），速度矢量 $\boldsymbol{v}(t)$ 的大小代表运动的快慢（见图 2—1—5）。

如果将矢径 $\boldsymbol{r}$ 的表达式代入上式，根据矢量导数的性质，注意到 $\boldsymbol{i}$，$\boldsymbol{j}$，$\boldsymbol{k}$ 是单位常矢量（大小为 1，方向不变的矢量），则可得到速度矢量 $\boldsymbol{v}(t)$ 的表达式：

$$\boldsymbol{v}(t)=\frac{\mathrm{d}x}{\mathrm{d}t}\boldsymbol{i}+\frac{\mathrm{d}y}{\mathrm{d}t}\boldsymbol{j}+\frac{\mathrm{d}z}{\mathrm{d}t}\boldsymbol{k} \tag{2—1—1b}$$

速度沿某个坐标轴的投影值分别等于三个坐标 x，y，z 对时间的一阶导数，称为沿坐标轴方向的分速度，记为 v_x，v_y，v_z，因此，速度 $\boldsymbol{v}$ 可以用分速度简记为

$$\begin{aligned}\boldsymbol{v}&=v_x\boldsymbol{i}+v_y\boldsymbol{j}+v_z\boldsymbol{k}\\ v_x&=\dot{x},v_y=\dot{y},v_z=\dot{z}\end{aligned} \tag{2—1—1c}$$

式中，$\dot{x}$，$\dot{y}$，$\dot{z}$ 字母头上加一点表示相应量对时间的一阶导数，以下用加两点的字母 $\ddot{x}$，$\ddot{y}$，$\ddot{z}$ 表示相应量对时间的二阶导数。一般而言，对于不同的瞬时，速度的大小和

方向会发生变化，反映这种变化的量就是加速度。

加速度定义　点在任意时刻 t 的瞬时加速度简称加速度，记为 $\boldsymbol{a}(t)$，定义为

$$\boldsymbol{a}(t)=\lim_{\Delta t\to 0}\frac{\Delta \boldsymbol{v}}{\Delta t}=\frac{\mathrm{d}\boldsymbol{v}}{\mathrm{d}t}=\frac{\mathrm{d}^2\boldsymbol{r}}{\mathrm{d}t^2} \tag{2-1-2a}$$

加速度是一个矢量，它等于速度矢量 $\boldsymbol{v}$ 对时间的一阶导数或者矢径 $\boldsymbol{r}$ 对时间的二阶导数，其方向沿着速度改变 $\Delta\boldsymbol{v}$ 的极限方向。加速度的大小既与速度大小的变化有关，也与速度方向的变化有关。

将式（2—1—1c）代入，得到

$$\boldsymbol{a}(t)=\dot{v}_x\boldsymbol{i}+\dot{v}_y\boldsymbol{j}+\dot{v}_z\boldsymbol{k}=\ddot{x}\boldsymbol{i}+\ddot{y}\boldsymbol{j}+\ddot{z}\boldsymbol{k} \tag{2-1-2b}$$

加速度沿坐标轴的投影值等于分速度 v_x，v_y，v_z 对时间的一阶导数，或者等于点的坐标 x，y，z 对时间的二阶导数，称为沿坐标轴方向的分加速度，记为 a_x，a_y，a_z，于是，加速度 a 可以用分加速度简记为

$$\begin{aligned}&\boldsymbol{a}=a_x\boldsymbol{i}+a_y\boldsymbol{j}+a_z\boldsymbol{k}\\&a_x=\dot{v}_x=\ddot{x},a_y=\dot{v}_y=\ddot{y},a_z=\dot{v}_z=\ddot{z}\end{aligned} \tag{2-1-2c}$$

式（2—1—1c），（2—1—2c）分别为直角坐标系中速度和加速度计算公式。在国际单位制（SI）中，表示速度和加速度大小的常用单位分别是米/秒（记为 m/s）、米/秒^2（记为 m/s^2）。

例 2—1　已知在固定直角坐标系中，点的运动方程为

$$x=3\cos 2t,y=3\sin 2t,z=t^2$$

坐标 x，y，z 的单位为 m，时间 t 的单位为 s，试求：

（1）点的轨迹方程；

（2）t 时刻的速度；

（3）t 时刻的加速度。

解　（1）消去运动方程的时间参数，得到点的运动轨迹方程为

$$x=3\cos 2\sqrt{z},y=3\sin 2\sqrt{z},z\geqslant 0$$

点的运动轨迹曲线是半径为 3m，以 z 轴为轴线的圆柱面上的螺旋线。

（2）在时刻 t，点的速度分量为

$$v_x=-6\sin 2t,v_y=6\cos 2t,v_z=2t$$

速度矢量的大小为

$$v=\sqrt{v_x^2+v_y^2+v_z^2}=\sqrt{36+4t^2}$$

方向沿螺旋线的切线方向。

（3）在时刻 t，点的加速度分量为

$$a_x=-12\cos 2t,a_y=-12\sin 2t,a_z=2$$

加速度矢量的大小为常量

$$a=\sqrt{a_x^2+a_y^2+a_z^2}=\sqrt{148}\approx 12.165(\mathrm{m/s^2})$$

加速度矢量的方向余弦为

$$\cos(x,a)=\frac{a_x}{a}\approx-\cos 2t,\cos(y,a)=\frac{a_y}{a}\approx-\sin 2t,\cos(z,a)=\frac{a_z}{a}\approx 0.164$$

例 2-2　已知冰雹从高空云层中由静止开始垂直下落，受到的空气阻力与其下落的速度 v 的平方成正比，其比例系数为 β，假设冰雹的质量 m 和重力加速度 g 在下落过程中不变，求：

(1) 冰雹的速度 v 与其下落高度 h 的关系式以及可能达到的最大速度 $v_{\max}$；

(2) 经过多长时间，冰雹的速度达到 $v_{\max}/2$。

解　(1) 建立直角坐标系 $Oxyz$，并取重力加速度的方向为 z 轴的正方向。由已知条件，冰雹沿 z 轴正方向运动，在下落过程中同时受到重力和空气阻力的作用，$a_x=0$，$a_y=0$，将 v_z 简写为 v，根据牛顿第二定律有

$$m\frac{\mathrm{d}v}{\mathrm{d}t}=mg-\beta v^2,v=v_z=\frac{\mathrm{d}z}{\mathrm{d}t},\frac{\mathrm{d}v}{\mathrm{d}t}=v\frac{\mathrm{d}v}{\mathrm{d}z} \tag{a}$$

分离变量，将上式改写为

$$\frac{v\mathrm{d}v}{\lambda^2-v^2}=\frac{g}{\lambda^2}\mathrm{d}z,\lambda^2=mg/\beta$$

两端分别对速度 v 和位移 z 积分，利用初始条件 $z=0$，$v=0$ 得到

$$\ln\left(\frac{\lambda^2-v^2}{\lambda^2}\right)=-\frac{2g}{\lambda^2}z \tag{b}$$

亦即

$$v=\lambda\sqrt{1-\mathrm{e}^{-f(z)}},f(z)=\frac{2g}{\lambda^2}z$$

当冰雹下落高度为 h 时，将 $z=h$ 代入上式，得到此时冰雹的速度为

$$v=\lambda\sqrt{1-\mathrm{e}^{-f(h)}},f(h)=\frac{2g}{\lambda^2}h$$

当 $h\to\infty$，$\mathrm{e}^{-f(h)}\to 0$，此时冰雹的速度达到极限值，所以冰雹可能达到的最大速度为

$$v_{\max}=\lambda=\sqrt{mg/\beta} \tag{c}$$

由式（a）可知，这时对应的加速度等于零。

(2) 根据式（a），分离变量得到

$$\frac{\lambda\mathrm{d}v}{\lambda^2-v^2}=\frac{g}{\lambda}\mathrm{d}t,\lambda^2=mg/\beta \tag{d}$$

两端分别对速度 v 和时间 t 积分，利用初始条件 $t=0$，$v=0$ 得到

$$\ln\frac{\lambda+v}{\lambda-v}=\frac{2g}{\lambda}t \tag{e}$$

冰雹下落速度达到 $v_{\max}/2=\lambda/2$ 时，所需的时间为

$$t=\frac{\lambda}{2g}\ln 3=\sqrt{\frac{m}{\beta g}}\ln\sqrt{3}$$

另外，由式（b）可知，此时冰雹已下落的高度为

$$h=\frac{\lambda^2}{2g}\ln\frac{4}{3}=\frac{m}{2\beta}\ln\frac{4}{3}$$

【解题技巧分析】本题是已知质点作直线运动和它的加速度，通过积分求速度和通

过的路程，积分时用到了分离变量的技巧。

2.1.1　自然轴系中的速度公式

在研究点的圆周运动等曲线运动时，常常采用自然轴系计算点的速度和加速度。对于任意矢量 $\boldsymbol{A}$，都可以用其大小和表示其方向的单位矢量来表示，对于点的速度矢量 $\boldsymbol{v}$，也可以采用这种方法。根据速度的定义式（2－1－1a），利用复合函数求导数的方法，得到

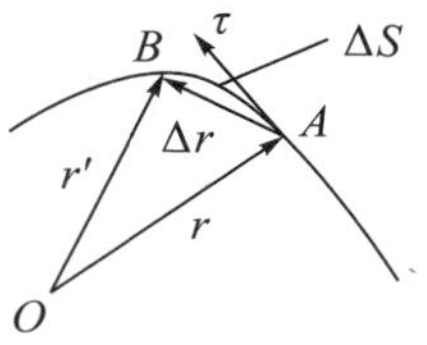

图 2－1－6　位移与轨迹切线矢量

$$\boldsymbol{v} = v\boldsymbol{\tau}, v = \frac{\mathrm{d}s}{\mathrm{d}t} = \dot{s}, \boldsymbol{\tau} = \frac{\mathrm{d}\boldsymbol{r}}{\mathrm{d}s} \tag{2－1－3}$$

这就是自然坐标法的速度公式，式中白体字母 $v=\mathrm{d}s/\mathrm{d}t$ 表示速度矢量的大小，$\mathrm{d}\boldsymbol{r}$ 为点在 $\mathrm{d}t$ 时间里的位移（其大小等于在 $\mathrm{d}t$ 时间里，点通过的路程 $\mathrm{d}s$），$\boldsymbol{\tau}=\frac{\mathrm{d}\boldsymbol{r}}{\mathrm{d}s}$ 代表 t 时刻点所在位置处运动轨迹的单位切线矢量，如图 2－1－6 所示。式（2－1－3）表明：如果已知点的运动轨迹，因为点的速度矢量总是沿其轨迹曲线的切线方向，确定速度的问题就是计算速度的大小，只需根据运动方程 $s=s(t)$ 关于时间参数 t 求一阶导数即可。

例 2－3　已知点在周长为 80m 的圆周上运动，其运动方程为 $s=6t+9t^2$（s 为弧长坐标，单位为 m；t 为时间，单位为 s），求 $t=0$ 和 $t=1$s 时，点的运动速度的大小以及点在轨迹上从 $t=0$ 开始运动一周和两周所需的时间。

解　（1）设点的速度大小为 v。

根据已知条件　$$v = \frac{\mathrm{d}s}{\mathrm{d}t} = 6 + 18t$$

将 $t=0$，$t=1$s 代入，分别得到 $v_0=6$m/s，$v_1=24$m/s，即在 1s 时间里，点的速度大小增加到了其初始大小的 4 倍。

（2）设点在轨迹上从 $t=0$ 开始，运动一周和两周所需的时间分别为 t_1，t_2。

由已知条件，t_1，t_2满足的方程分别为

$$6t_1 + 9t_1^2 = 80,$$
$$6t_2 + 9t_2^2 = 160$$

由此解得 $t_1=2.66$s，$t_2=3.89$s，点在运动第二周过程中仅用去时间 $t_2-t_1=1.23$ 秒，还不到第一周所用时间 t_1的一半，因为点的运动速度越来越快。

2.1.2　自然轴系与空间曲线的有关概念

为了推导在自然轴系中的加速度公式，首先需要引入空间曲线上任意点处的两个单位法线矢量：单位主法线矢量 $\boldsymbol{n}$ 和单位副法线矢量 $\boldsymbol{b}$。对于由运动方程

$$x = x(t), y = y(t), z = z(t) \tag{2－1－4}$$

给出的空间曲线，根据微积分的知识，曲线上任意点的单位切线矢量 $\boldsymbol{\tau}$ 可以表示为

$$\boldsymbol{\tau} = (\dot{x}\boldsymbol{i} + \dot{y}\boldsymbol{j} + \dot{z}\boldsymbol{k})/v, v = \sqrt{\dot{x}^2 + \dot{y}^2 + \dot{z}^2} \tag{2-1-5}$$

单位主法线矢量 $\boldsymbol{n}$ 的方向定义为单位切线矢量增量 $\mathrm{d}\boldsymbol{\tau}$ 的方向，而单位副法线矢量 $\boldsymbol{b}$ 可以由 $\boldsymbol{\tau}$ 与 $\boldsymbol{n}$ 的叉积定义，即 $\boldsymbol{b}=\boldsymbol{\tau}\times\boldsymbol{n}$，由三个单位矢量 $\boldsymbol{\tau}$，$\boldsymbol{n}$，$\boldsymbol{b}$ 确定空间曲线上一点的自然轴系的三个坐标方向。显然，自然轴系是局部坐标系，随点的位置而变化。

关于曲线上任意点处两个单位法线矢量的几何意义，可以借助平面曲线来加以直观地理解。平面曲线上某点的主法线矢量 $\boldsymbol{n}$ 与该点的切线矢量 $\boldsymbol{\tau}$ 垂直并且位于该曲线所在的平面内，而副法线矢量 $\boldsymbol{b}$ 垂直于该曲线所在的平面。由式（2－1－5）确定的单位切线矢量 $\boldsymbol{\tau}$ 同样适用于平面曲线，只需将 z 坐标取为恒等于零。

下面再给出空间曲线的几个有关概念。

空间曲线上一点的密切面：由曲线上某点的切线矢量 $\boldsymbol{\tau}$ 和主法线矢量 $\boldsymbol{n}$ 所确定的平面称为曲线上该点的密切面；对于平面曲线，曲线所在的平面是曲线上所有点的密切面。

空间曲线上一点的切平面：将曲线上某点的密切面绕该点的切线矢量 $\boldsymbol{\tau}$ 旋转 90°所得平面称为该点的切平面。

空间曲线上一点的法平面：将曲线上某点的密切面绕该点的主法线矢量 $\boldsymbol{n}$ 旋转 90°所得平面称为该点的法平面。

对于一般的不包含直线段的空间曲线，某点的切平面和法平面上在该点充分小的邻域内与曲线只有一个交点，即该点充分小的邻域里只包含曲线上的一个点。然而，曲线上某点的密切面上在该点无论多么小的邻域里却可能包含部分曲线，只要这部分曲线位于同一个平面上。某点的密切面（包含曲线上该点的 $\boldsymbol{\tau}$ 和 $\boldsymbol{n}$）是理解自然轴系的基本概念。

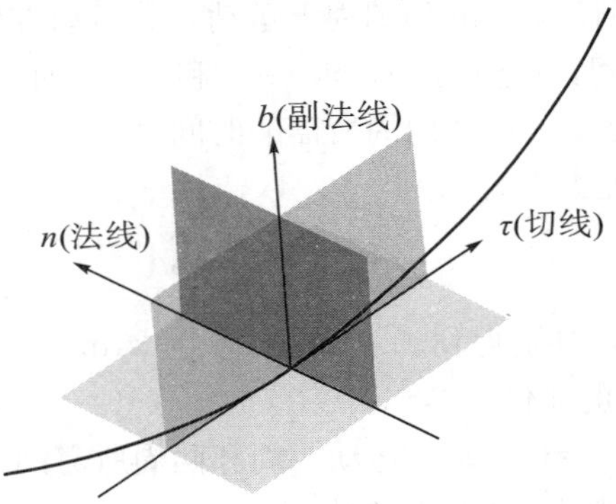

图 2－1－7　空间曲线的自然轴系

对于任意一条空间曲线，曲线上不同点的密切面、切平面和法平面是变化的，三个单位矢量 $\boldsymbol{\tau}$，$\boldsymbol{n}$，$\boldsymbol{b}$ 的方向也是随曲线上点的位置的不同而发生变化的，所以，由 $\boldsymbol{\tau}$，$\boldsymbol{n}$，$\boldsymbol{b}$ 三个方向构成的自然轴系是曲线上点的局部坐标系。

2.1.3　自然轴系中的加速度公式

利用式（2－1－2a）和（2－1－3），我们来推导自然轴系中的加速度公式。根据函数乘积的导数公式，有

$$\boldsymbol{a}(t) = \frac{\mathrm{d}\boldsymbol{v}}{\mathrm{d}t} = \frac{\mathrm{d}}{\mathrm{d}t}(v\boldsymbol{\tau}) = \dot{v}\boldsymbol{\tau} + v\dot{\boldsymbol{\tau}} \tag{2-1-6}$$

式中右端第一项是一个矢量，其大小等于速度大小对时间的一阶导数，它的方向沿轨迹的切线方向，叫作加速度的切向分量；第二项包含单位切线矢量 $\boldsymbol{\tau}$ 对时间的一阶导数，它的大小和方向可根据复合函数求导数的方法来研究。考虑到点运动时，路程 s、轨迹曲线上某点的单位切线矢量 $\boldsymbol{\tau}$ 的方向角 φ（与密切面内某参考方向的夹角）都在连续变化，它们都是时间参数 t 的函数，$\boldsymbol{\tau}$ 可看作 j，s，t 的复合函数，所以有

$$\dot{\boldsymbol{\tau}} = \frac{\mathrm{d}\boldsymbol{\tau}}{\mathrm{d}t} = \frac{\mathrm{d}\boldsymbol{\tau}}{\mathrm{d}\varphi}\frac{\mathrm{d}\varphi}{\mathrm{d}s}\frac{\mathrm{d}s}{\mathrm{d}t}$$

式中，$\mathrm{d}\boldsymbol{\tau}$ 为某点在 $\mathrm{d}t$ 时间里前后两个位置单位切线矢量 $\boldsymbol{\tau}$ 的增量，$\mathrm{d}\varphi$、$\mathrm{d}s$ 分别为前后两个位置单位切线矢量的夹角以及在 $\mathrm{d}t$ 时间里点通过的路程。由于 $\mathrm{d}\boldsymbol{\tau}$ 的方向已定义为单位主法线矢量 $\boldsymbol{n}$ 的方向（见前面的定义），即 $\boldsymbol{n} /\!/ \mathrm{d}\boldsymbol{\tau}$，并且由图示几何关系可知，$|\mathrm{d}\tau| = |\tau|\mathrm{d}\varphi = \mathrm{d}\varphi$，所以，单位主法线矢量 $\boldsymbol{n} = \mathrm{d}\boldsymbol{\tau}/\mathrm{d}\varphi$，而导数 $\mathrm{d}\varphi/\mathrm{d}s$ 反映曲线在一点的弯曲程度，定义为曲线在该点的曲率，记为 k。曲率 k 的倒数称为该点的曲率半径，记为 ρ，导数 $\mathrm{d}s/\mathrm{d}t = v$ 为速度的大小，所以

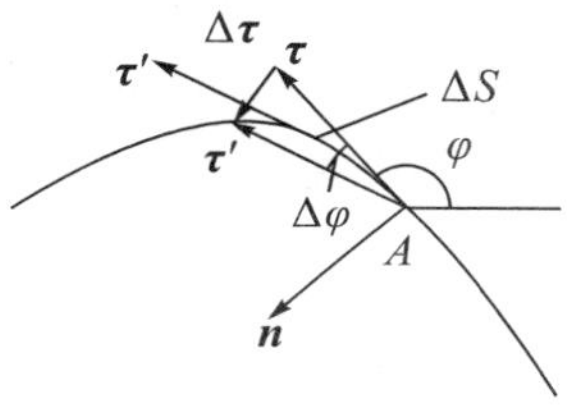

图 2—1—8　**切线与主法线矢量**

$$v = \dot{s} = \frac{\mathrm{d}s}{\mathrm{d}t}, k = \frac{1}{\rho} = \frac{\mathrm{d}\varphi}{\mathrm{d}s}, \boldsymbol{n} = \frac{\mathrm{d}\boldsymbol{\tau}}{\mathrm{d}\varphi},$$

$$\dot{\boldsymbol{\tau}} = \frac{\mathrm{d}\boldsymbol{\tau}}{\mathrm{d}t} = \frac{\mathrm{d}s}{\mathrm{d}t}\frac{\mathrm{d}\varphi}{\mathrm{d}s}\frac{\mathrm{d}\boldsymbol{\tau}}{\mathrm{d}\varphi} = \frac{v}{\rho}\boldsymbol{n}$$

将上述公式代入式（2—6），得到

$$\begin{aligned} \boldsymbol{a}(t) &= a_t\boldsymbol{\tau} + a_n\boldsymbol{n} \\ a_t &= \frac{\mathrm{d}v}{\mathrm{d}t} = \dot{v} = \ddot{s}, a_n = \frac{v^2}{\rho} = \frac{\dot{s}^2}{\rho} \\ a &= \sqrt{a_t^2 + a_n^2} \end{aligned} \tag{2—1—7}$$

这就是自然坐标法的加速度公式，式中第一项沿切线方向，称为切向加速度，第二项沿主法线方向，称为法向加速度。对于如图 2—1—9 所示的圆周运动，若圆的半径为 R，A 到 B 的弧长 $s = R\varphi$，则

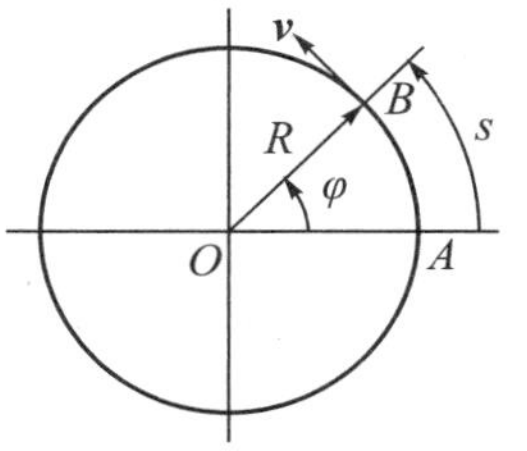

图 2—1—9　**弧长与圆周运动**

$$v = \dot{s} = \frac{\mathrm{d}s}{\mathrm{d}t} = R\omega, \omega = \dot{\varphi} = \frac{\mathrm{d}\varphi}{\mathrm{d}t}$$

(2−1−8a)

$$k = \frac{1}{\rho} = \frac{\mathrm{d}\varphi}{\mathrm{d}s} = \frac{\mathrm{d}}{\mathrm{d}s}\left(\frac{s}{R}\right) = \frac{1}{R}, \rho = R$$

即圆周曲线上各点的曲率半径相同，都等于圆的半径 R，由式（2−1−7）得到圆周运动的加速度公式

$$a_n = \frac{v^2}{R} = R\omega^2, \omega = \frac{\mathrm{d}\varphi}{\mathrm{d}t} = \dot{\varphi}$$

(2−1−8b)

$$a_t = \frac{\mathrm{d}v}{\mathrm{d}t} = R\alpha, \alpha = \dot{\omega} = \frac{\mathrm{d}\omega}{\mathrm{d}t} = \ddot{\varphi}$$

式中，$\omega = \dot{\varphi}$ 称为圆周运动的角速度，是点所在位置与圆心的连线，即半径 OB 绕点 O 转动的角速度，它等于夹角 φ 关于时间 t 的一阶导数；$\alpha = \dot{\omega} = \ddot{\varphi}$ 称为角加速度，是夹角 φ 关于时间 t 的二阶导数。

例 2−4 已知在固定直角坐标系中点的运动方程为 $x = 10\cos(5t + t^2)$，$y = 10\sin(5t + t^2)$，$z = 0$，坐标 x，y 的单位为米(m)，时间 t 的单位为秒(s)，试分析点的运动情况，并计算任意时刻点的速度和加速度。

解 （1）点的轨迹方程为

$$x^2 + y^2 = 100, z = 0$$

即点在 xOy 平面内、半径为 $R = 10\mathrm{m}$ 的圆周上运动。

（2）点在任意时刻的运动速度为 $v = \sqrt{\dot{x}^2 + \dot{y}^2} = 10(5 + 2t)$（m/s），为时间参数 t 的线性函数，点做匀加速圆周运动。

（3）点在任意时刻的切向加速度和法向加速度为

$$a_t = \frac{\mathrm{d}v}{\mathrm{d}t} = 20\mathrm{m/s^2},$$

$$a_n = \frac{v^2}{R} = 10(5 + 2t)^2(\mathrm{m/s^2})$$

对于任意空间曲线（平面曲线作为其特例），只要给定了点的运动方程（2−1−4），就可按下述方式确定曲线上任意点自然轴系的三个单位矢量 $\boldsymbol{\tau}$，$\boldsymbol{n}$ 和 $\boldsymbol{b}$（式中 $\boldsymbol{i}$，$\boldsymbol{j}$，$\boldsymbol{k}$ 分别是沿固定直角坐标轴 x，y，z 方向的单位矢量）。

$$\boldsymbol{\tau} = \frac{\dot{x}\boldsymbol{i} + \dot{y}\boldsymbol{j} + \dot{z}\boldsymbol{k}}{\sqrt{\dot{x}^2 + \dot{y}^2 + \dot{z}^2}}$$

$$\boldsymbol{n} = \dot{\boldsymbol{\tau}}/|\dot{\boldsymbol{\tau}}|$$

$$\boldsymbol{b} = \boldsymbol{\tau} \times \boldsymbol{n}$$

例如，将上面例题中的 x，y，z 代入上面第一式，即可得到单位切线矢量 $\boldsymbol{\tau}$ 关于时间 t 的参数表达式

$$\boldsymbol{\tau} = -\sin(5t + t^2)\boldsymbol{i} + \cos(5t + t^2)\boldsymbol{j}$$

由此可得 $\boldsymbol{n}$ 和 $\boldsymbol{b}$ 的表达式

$$\boldsymbol{n} = \dot{\boldsymbol{\tau}}/|\dot{\boldsymbol{\tau}}| = -\cos(5t + t^2)\boldsymbol{i} - \sin(5t + t^2)\boldsymbol{j}, \boldsymbol{b} = \boldsymbol{k}$$

2.1.4　极坐标与柱坐标系中的速度和加速度公式

如果点在平面内的一条曲线上运动，那么采用极坐标来计算点的速度和加速度也很方便。在平面内运动的点，其空间位置可以用称为极坐标的两个参数（ρ，φ）来表示，如图所示。这里 O 称为极点，点 A 的位置用矢径 $\boldsymbol{r}$ 来表示，ρ 是矢径 $\boldsymbol{r}$ 的长度，φ 是矢径 $\boldsymbol{r}$ 与参考轴 x 的夹角。为了便于表示点 A 的速度和加速度矢量，需要引进两个相互垂直的单位矢量 $\boldsymbol{e}_\rho$，$\boldsymbol{e}_\varphi$，其中 $\boldsymbol{e}_\rho$ 沿矢径 $\boldsymbol{r}$ 的方向，$\boldsymbol{e}_\varphi$ 指向角度 φ 增加的方向。当点的位置不同时，单位矢量 $\boldsymbol{e}_\rho$，$\boldsymbol{e}_\varphi$ 会随之发生变化。

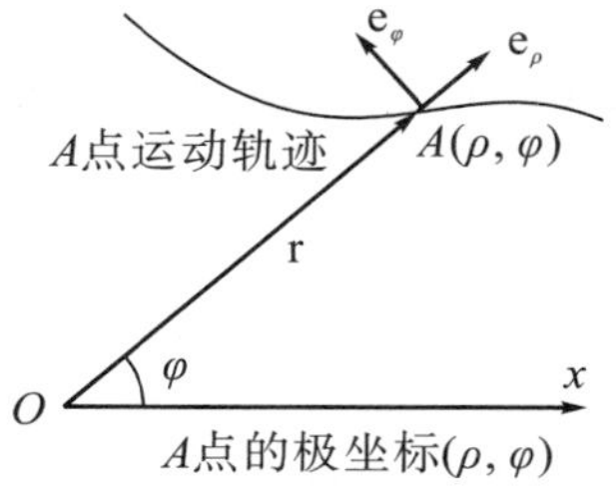

图 2—1—10　A **点的极坐标**（ρ，φ）

如果将单位矢量 $\boldsymbol{e}_\rho$，$\boldsymbol{e}_\varphi$ 沿 x，y 两个方向分解，则有

$$\boldsymbol{e}_\rho = \cos\varphi\boldsymbol{i} + \sin\varphi\boldsymbol{j},\quad \boldsymbol{e}_\varphi = -\sin\varphi\boldsymbol{i} + \cos\varphi\boldsymbol{j} \tag{2—1—9}$$

式中，$\boldsymbol{i}$，$\boldsymbol{j}$ 分别表示沿固定轴 x，y 方向的单位矢量。矢径 $\boldsymbol{r}$ 可以通过 ρ 与 $\boldsymbol{e}_\rho$ 表示为

$$\boldsymbol{r} = \rho\boldsymbol{e}_\rho = \rho\cos\varphi\boldsymbol{i} + \rho\sin\varphi\boldsymbol{j} \tag{2—1—10}$$

当点运动时，ρ，φ 都是时间参数 t 的函数，从而 $\boldsymbol{e}_\rho$，$\boldsymbol{e}_\varphi$ 是时间参数 t 的复合函数。根据式（2—1—9），

$$\begin{aligned}\frac{\mathrm{d}\boldsymbol{e}_\rho}{\mathrm{d}\varphi} &= -\sin\varphi\boldsymbol{i} + \cos\varphi\boldsymbol{j} = \boldsymbol{e}_\varphi\\ \frac{\mathrm{d}\boldsymbol{e}_\varphi}{\mathrm{d}\varphi} &= -\cos\varphi\boldsymbol{i} - \sin\varphi\boldsymbol{j} = -\boldsymbol{e}_\rho\end{aligned} \tag{2—1—11}$$

由复合函数的导数公式，有

$$\dot{\boldsymbol{e}}_\rho = \frac{\mathrm{d}\boldsymbol{e}_\rho}{\mathrm{d}t} = \frac{\mathrm{d}\varphi}{\mathrm{d}t}\frac{\mathrm{d}\boldsymbol{e}_\rho}{\mathrm{d}\varphi},\dot{\boldsymbol{e}}_\varphi = \frac{\mathrm{d}\boldsymbol{e}_\varphi}{\mathrm{d}t} = \frac{\mathrm{d}\varphi}{\mathrm{d}t}\frac{\mathrm{d}\boldsymbol{e}_\varphi}{\mathrm{d}\varphi} \tag{2—1—12a}$$

所以，单位矢量 $\boldsymbol{e}_\rho$，$\boldsymbol{e}_\varphi$ 对时间参数 t 的一阶导数公式为

$$\dot{\boldsymbol{e}}_\rho = \frac{\mathrm{d}\boldsymbol{e}_\rho}{\mathrm{d}t} = \dot{\varphi}\boldsymbol{e}_\varphi,\dot{\boldsymbol{e}}_\varphi = \frac{\mathrm{d}\boldsymbol{e}_\varphi}{\mathrm{d}t} = -\dot{\varphi}\boldsymbol{e}_\rho \tag{2—1—12b}$$

将式（2—1—10）代入式（2—1—1a），有

$$\boldsymbol{v} = \frac{\mathrm{d}\boldsymbol{r}}{\mathrm{d}t} = \frac{\mathrm{d}}{\mathrm{d}t}(\rho\boldsymbol{e}_\rho) \tag{2—1—13a}$$

利用函数乘积的导数公式和单位矢量的一阶导数公式（2—1—12b）的第一式，得到极坐标中的速度公式

$$\boldsymbol{v} = \dot{\rho}\boldsymbol{e}_\rho + \rho\dot{\varphi}\boldsymbol{e}_\varphi \tag{2—1—13b}$$

再代入式（2—1—2a），有

$$\boldsymbol{a} = \frac{\mathrm{d}\boldsymbol{v}}{\mathrm{d}t} = \frac{\mathrm{d}}{\mathrm{d}t}(\dot{\rho}\boldsymbol{e}_\rho + \rho\dot{\varphi}\boldsymbol{e}_\varphi) \tag{2—1—14a}$$

由函数乘积的求导公式和单位矢量的一阶导数公式（2—1—12a，b），得到极坐标中的加速度公式

$$\boldsymbol{a} = (\ddot{\rho} - \rho\dot{\varphi}^2)\boldsymbol{e}_\rho + (\rho\ddot{\varphi} + 2\dot{\rho}\dot{\varphi})\boldsymbol{e}_\varphi \tag{2—1—14b}$$

式中，$\dot{\varphi}$，$\ddot{\varphi}$ 表示角度 φ 对时间 t 的一阶和二阶导数，分别称为点的位置矢径 $\boldsymbol{r}$ 的角速度

和角加速度。在国际单位制（SI）中，角速度和角加速度的常用单位分别是 rad/s（弧度/秒）、rad/s^2（弧度/秒^2）。对于点做圆周运动的简单情况，因为 ρ 是常数，等于圆的半径 R，所以由式（2－1－13b）、（2－1－14b）计算点的速度和加速度非常方便，只需将圆的半径 R、角速度和角加速度代入，即可得到点做圆周运动的速度和加速度公式：

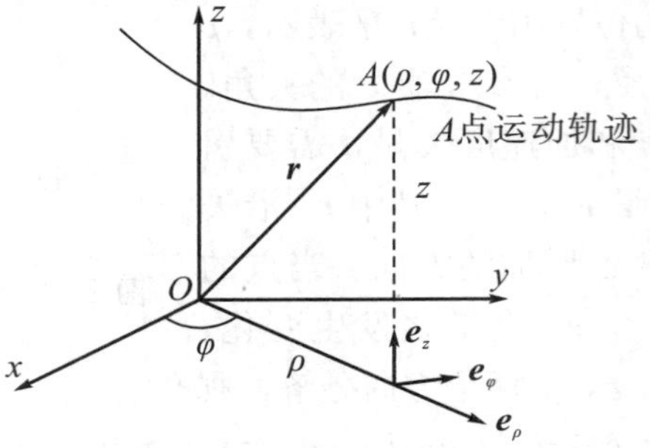

图 2－1－11　A 点的柱坐标（p，φ，z）

$$v = R\dot{\varphi}, a_n = R\dot{\varphi}^2, a_t = \dot{v} = R\ddot{\varphi}, a = \sqrt{a_n^2 + a_t^2}$$

如果点做空间曲线运动，其位置可以用称为柱坐标的三个参数（ρ，φ，z）来表示，从而写出点的速度和加速度公式。在柱坐标系中，点的位置用矢径 $\boldsymbol{r}$ 表示为

$$\boldsymbol{r} = \rho\boldsymbol{e}_\rho + z\boldsymbol{e}_z = \rho\cos\varphi\boldsymbol{i} + \rho\sin\varphi\boldsymbol{j} + z\boldsymbol{k} \tag{2－1－15}$$

式中，ρ 是矢径 $\boldsymbol{r}$ 在 xOy 平面上的投影值的大小。根据速度和加速度矢量的定义式，可得到柱坐标中速度和加速度公式

$$\boldsymbol{v} = \dot{\rho}\boldsymbol{e}_\rho + \rho\dot{\varphi}\boldsymbol{e}_\varphi + \dot{z}\boldsymbol{e}_z \tag{2－1－16a}$$

$$\boldsymbol{a} = (\ddot{\rho} - \rho\dot{\varphi}^2)\boldsymbol{e}_\rho + (\rho\ddot{\varphi} + 2\dot{\rho}\dot{\varphi})\boldsymbol{e}_\varphi + \ddot{z}\boldsymbol{e}_z \tag{2－1－16b}$$

将式（2－1－16）与（2－1－13b），（2－1－14b）比较，可以看出，在柱坐标系中，速度和加速度公式中仅仅多了 z 方向的分量 $\dot{z}\boldsymbol{e}_z$ 和 $\ddot{z}\boldsymbol{e}_z$。

如果点在球面上运动，可以采用球坐标。在球坐标系中，用参数（r，φ，θ）表示点的空间位置，沿 A 点的矢径 $\boldsymbol{r}$ 的方向上和另外两个互为垂直的单位矢量（见图 2－1－12）可表示为

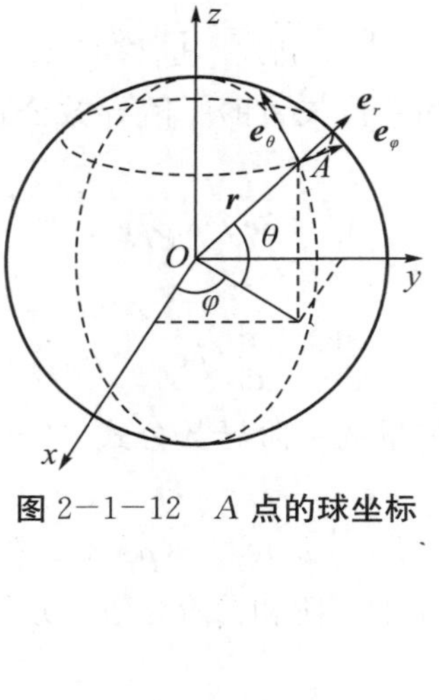

图 2－1－12　A 点的球坐标

$$\begin{aligned} \boldsymbol{e}_r &= \cos\theta\cos\varphi\boldsymbol{i} + \cos\theta\sin\varphi\boldsymbol{j} + \sin\theta\boldsymbol{k} \\ \boldsymbol{e}_\varphi &= -\sin\varphi\boldsymbol{i} + \cos\varphi\boldsymbol{j} \\ \boldsymbol{e}_\theta &= -\sin\theta\cos\varphi\boldsymbol{i} - \sin\theta\sin\varphi\boldsymbol{j} + \cos\theta\boldsymbol{k} \\ &\left(-\frac{\pi}{2} \leqslant \theta \leqslant \frac{\pi}{2}, 0 \leqslant \varphi < 2\pi\right) \end{aligned} \tag{2-1-17}$$

式中，$\boldsymbol{i}$，$\boldsymbol{j}$，$\boldsymbol{k}$ 分别为沿固定轴 x，y，z 方向的单位矢量。可以验证 $\boldsymbol{e}_r = \boldsymbol{e}_\varphi \times \boldsymbol{e}_\theta$，即 $\boldsymbol{e}_r$，$\boldsymbol{e}_\varphi$，$\boldsymbol{e}_\theta$ 组成右手系。矢径 $\boldsymbol{r}$ 可用其长度 r 与 $\boldsymbol{e}_r$ 表示为

$$\boldsymbol{r} = r\boldsymbol{e}_r \tag{2-1-18}$$

采用与前面同样的方法，可推导出球坐标系中速度和加速度的公式。

在研究点的运动轨迹、速度和加速度时，应根据问题的性质和研究问题的方便，选用适当的坐标系和相应的计算公式。

例 2—5 试计算由式（2—1—17）给出的三个单位矢量 $\boldsymbol{e}_r$，$\boldsymbol{e}_\varphi$，$\boldsymbol{e}_\theta$ 关于时间 t 的一阶导数。

解 根据复合函数的求导公式，得到

$$\begin{aligned} \dot{\boldsymbol{e}}_r &= \frac{\mathrm{d}\boldsymbol{e}_r}{\mathrm{d}t} = \frac{\partial \boldsymbol{e}_r}{\partial \theta}\frac{\mathrm{d}\theta}{\mathrm{d}t} + \frac{\partial \boldsymbol{e}_r}{\partial \varphi}\frac{\mathrm{d}\varphi}{\mathrm{d}t} = \dot{\theta}\boldsymbol{e}_\theta + \dot{\varphi}\cos\theta\boldsymbol{e}_\varphi \\ \dot{\boldsymbol{e}}_\varphi &= \frac{\mathrm{d}\boldsymbol{e}_\varphi}{\mathrm{d}t} = \frac{\mathrm{d}\boldsymbol{e}_\varphi}{\mathrm{d}\varphi}\frac{\mathrm{d}\varphi}{\mathrm{d}t} = \dot{\varphi}(\sin\theta\boldsymbol{e}_\theta - \cos\theta\boldsymbol{e}_r) \\ \dot{\boldsymbol{e}}_\theta &= \frac{\mathrm{d}\boldsymbol{e}_\theta}{\mathrm{d}t} = \frac{\partial \boldsymbol{e}_\theta}{\partial \theta}\frac{\mathrm{d}\theta}{\mathrm{d}t} + \frac{\partial \boldsymbol{e}_\theta}{\partial \varphi}\frac{\mathrm{d}\varphi}{\mathrm{d}t} = -\dot{\theta}\boldsymbol{e}_r - \dot{\varphi}\sin\theta\boldsymbol{e}_\varphi \end{aligned}$$

根据球坐标中的矢径公式（2—1—18）和上面的单位矢量导数公式，容易得到球坐标系中的速度公式和加速度公式：

$$\begin{aligned} \boldsymbol{v} &= v_r\boldsymbol{e}_r + v_\varphi\boldsymbol{e}_\varphi + v_\theta\boldsymbol{e}_\theta \\ \boldsymbol{a} &= a_r\boldsymbol{e}_r + a_\varphi\boldsymbol{e}_\varphi + a_\theta\boldsymbol{e}_\theta \end{aligned}$$

式中

$$v_r = \dot{r}, v_\varphi = r\dot{\varphi}\cos\theta, v_\theta = r\dot{\theta}$$

为球坐标中的速度沿三个单位矢量 $\boldsymbol{e}_r$，$\boldsymbol{e}_\varphi$，$\boldsymbol{e}_\theta$ 方向的投影值，而

$$\begin{aligned} a_r &= \ddot{r} - r\dot{\theta}^2 - r\dot{\varphi}^2\cos^2\theta \\ a_\varphi &= r\ddot{\varphi}\cos\theta + 2\dot{r}\dot{\varphi}\cos\theta - 2r\dot{\theta}\dot{\varphi}\sin\theta \\ a_\theta &= r\ddot{\theta} + 2\dot{r}\dot{\theta} + r\dot{\varphi}^2\cos\theta\sin\theta \\ &\left(-\frac{\pi}{2} \leqslant \theta \leqslant \frac{\pi}{2}\right) \end{aligned}$$

为球坐标中的加速度沿三个单位矢量 $\boldsymbol{e}_r$，$\boldsymbol{e}_\varphi$，$\boldsymbol{e}_\theta$ 方向的投影值。如果改变 $\boldsymbol{e}_\theta$ 的定义方向，令 $\boldsymbol{e}_\theta = \boldsymbol{e}_\varphi \times \boldsymbol{e}_r$，同时改变 θ 的定义域，令 $0 \leqslant \theta \leqslant \pi$，当 $\theta = 0$ 时，$\boldsymbol{e}_r = \boldsymbol{k}$；当 $\theta = \pi$ 时，$\boldsymbol{e}_r = -\boldsymbol{k}$，上述速度和加速度投影公式中的 θ 应该替换为 $\theta - \frac{\pi}{2}$，即在以 $\boldsymbol{e}_\varphi$，$\boldsymbol{e}_r$，$\boldsymbol{e}_\theta$ 为右手系的坐标中，速度和加速度公式为

$$v_r = \dot{r}, v_\varphi = r\dot{\varphi}\sin\theta, v_\theta = r\dot{\theta}$$

$$a_r = \ddot{r} - r\dot{\theta}^2 - r\dot{\varphi}^2\sin^2\theta$$

$$a_\varphi = r\ddot{\varphi}\sin\theta + 2\dot{r}\dot{\varphi}\sin\theta + 2r\dot{\theta}\dot{\varphi}\cos\theta$$

$$a_\theta = r\ddot{\theta} + 2\dot{r}\dot{\theta} - r\dot{\varphi}^2\cos\theta\sin\theta$$

$$(0 \leqslant \theta \leqslant \pi)$$

例 2－6 已知点在半径 $r=2\text{m}$ 的球面上运动，θ 和 φ 的变化规律分别为 $\theta=\pi\sin^2 t$，$\varphi=2\pi\cos^2 t$，试计算 $t=\pi/4\text{s}$ 时点的速度和加速度在球坐标中的投影值。

解 由已知条件 $r=R$，建立以 $\boldsymbol{e}_\varphi$，$\boldsymbol{e}_r$，$\boldsymbol{e}_\theta$ 为右手系的球坐标，当 $t=\pi/4\text{s}$ 时，$\theta=\pi/2$，$\varphi=\pi$，并且

$$\dot{\theta} = \pi\sin 2t = \pi$$

$$\ddot{\theta} = 2\pi\cos 2t = 0$$

$$\dot{\varphi} = -2\pi\sin 2t = -2\pi$$

$$\ddot{\varphi} = -4\pi\cos 2t = 0$$

代入速度和加速度公式，得到

$$v_r = \dot{r} = 0, \ddot{r} = 0$$

$$v_\varphi = r\dot{\varphi}\sin\theta = -12.566\text{m/s}$$

$$v_\theta = r\dot{\theta} = 6.283\text{m/s}$$

$$a_r = \ddot{r} - r\dot{\theta}^2 - r\dot{\varphi}^2\sin^2\theta = -98.696\text{m/s}^2$$

$$a_\varphi = r\ddot{\varphi}\sin\theta + 2\dot{r}\dot{\varphi}\sin\theta + 2r\dot{\theta}\dot{\varphi}\cos\theta = 0$$

$$a_\theta = r\ddot{\theta} + 2\dot{r}\dot{\theta} - r\dot{\varphi}^2\cos\theta\sin\theta = 0$$

2.2 刚体的简单运动

刚体运动学建立在点的运动描述的基础上。研究刚体的运动，就是要从整体上了解刚体的运动情况，了解刚体上各点速度之间的关系和各点加速度之间的关系。刚体有两种简单的运动形式：平行移动和定轴转动。如果刚体上任意两点所连直线在刚体运动过程中保持方位不变，即保持相互平行的关系，则称刚体的运动为平行移动，简称平动。做平行移动的刚体称为平动刚体。根据平动刚体的特点，借助矢量的简单运算，容易推出下面关于平动刚体的运动学定律。

平动刚体的运动学定律 刚体做平行移动时，其上任意点的运动与刚体上其他点的运动完全相同，具体地说，有三个相同：刚体上各点的轨迹形状相同、速度相同和加速度相同。

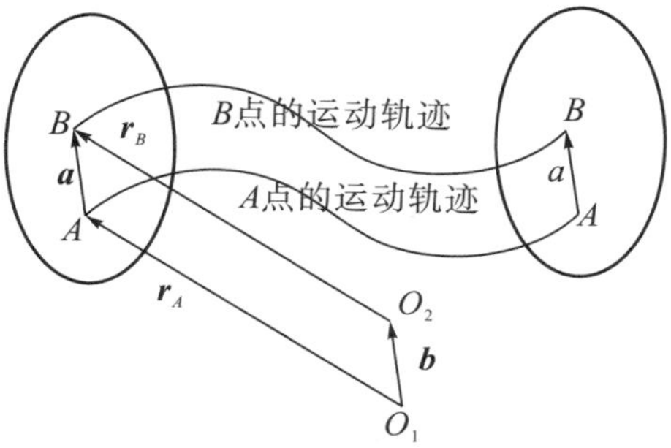

图 2－2－1　平动刚体上任意两点 A，B 的运动轨迹

证明：如图 2－2－1 所示，设 A 和 B 为刚体上任意两个点，从固定点 O_1 引出点 A 的矢径 $\boldsymbol{r}_A$，代表点 A 在时刻 t 的位置，从固定点 O_2 引出点 B 的矢径 r_B，代表点 B 在时刻 t 的位置，并用矢量 $\boldsymbol{a}$ 的大小表示 A，B 两点的距离，$\boldsymbol{a}$ 的方向由 A 指向 B。虽然矢径 $\boldsymbol{r}_A$，$\boldsymbol{r}_B$ 各自随时间变化，但是，因为刚体做平动，不仅刚体上 A，B 两点的距离保持不变，而且 A，B 两点连线的方向也保持不变，所以矢量 $\boldsymbol{a}$ 是大小和方向不变的常矢量（与时间参数 t 无关的矢量）。再从固定点 O_1 引矢径 $\boldsymbol{b}$ 指向固定点 O_2，根据矢量加法有 $\boldsymbol{r}_B(t)+\boldsymbol{b}=\boldsymbol{r}_A(t)+\boldsymbol{a}$，由于矢量 $\boldsymbol{a}$ 是常矢量，固定点 O_2 总可以这样选取，使得 $\boldsymbol{b}=\boldsymbol{a}$，所以

$$\boldsymbol{r}_B(t)=\boldsymbol{r}_A(t) \tag{2-2-1}$$

这表明：分别从固定点 O_1，O_2 引出的矢径 $\boldsymbol{r}_A$，$\boldsymbol{r}_B$ 具有相同的变化规律，即 A，B 两点的运动方程相同，由矢径 $\boldsymbol{r}_A$，$\boldsymbol{r}_B$ 描出的两条轨迹曲线具有相同的形状（将 A 点的轨迹曲线沿矢量 $\boldsymbol{a}$ 的方向移动距离 O_1O_2，它会与 B 点的轨迹曲线完全重合，见图 2－2－1），由 A，B 两点的任意性可推知，平动刚体上所有的点具有形状相同的运动轨迹。根据速度矢量的定义，得到

$$\boldsymbol{v}_B=\dot{r}_B=\dot{\boldsymbol{r}}_A=\boldsymbol{v}_A \tag{2-2-2}$$

这表明：平动刚体上所有的点在同一时刻具有相同的速度，该式两端再对时间 t 求一阶导数，得到 A，B 两点的加速度关系式

$$\boldsymbol{a}_B=\dot{\boldsymbol{v}}_B=\ddot{\boldsymbol{r}}_B=\ddot{\boldsymbol{r}}_A=\dot{\boldsymbol{v}}_A=\boldsymbol{a}_A \tag{2-2-3}$$

因此，平动刚体上所有的点在同一时刻还具有相同的加速度。证毕。

上面介绍了刚体的第一种简单运动：平动。刚体的第二种简单运动是定轴转动。

如果刚体上位于某一条直线上的至少两个点的位置在刚体运动过程中固定不动，则称该直线为固定轴线，刚体上其他点绕固定轴线做圆周运动，刚体的这种运动称为定轴转动，做这种运动的刚体称为定轴转动刚体，固定轴线简称转轴。由于刚体上各点到固定轴线的距离不变，所以，除了转轴上各个点以外，定轴转动刚体上几乎所有各点都在固定的圆周上运动，每个点所在的圆周轨迹的半径等于该点到转轴的距离，圆周运动所在的平面与转轴垂直。

因此，定轴转动刚体上各点的速度和加速度的计算可以直接利用圆周运动的速度和加速度公式。如果刚体在 $\mathrm{d}t$ 时间里转过角度 $\mathrm{d}\varphi$，那么，定义 $\omega=\mathrm{d}\varphi/\mathrm{d}t$ 称为刚体转动

的角速度。根据式（2－1－8a）和式（2－1－8b）计算定轴转动刚体上各点的速度和加速度

$$v = \rho\dot{\varphi} = \rho\omega \tag{2-2-4}$$

$$a_n = \rho\dot{\varphi}^2 = \rho\omega^2$$

$$a_t = \rho\ddot{\varphi} = \rho\dot{\omega} = \rho\alpha \tag{2-2-5}$$

$$\omega = \frac{\mathrm{d}\varphi}{\mathrm{d}t}, \alpha = \frac{\mathrm{d}\omega}{\mathrm{d}t} = \frac{\mathrm{d}^2\varphi}{\mathrm{d}t^2} \tag{2-2-6}$$

这里 ρ 为刚体上某点到转轴的距离，$\alpha = \mathrm{d}\omega/\mathrm{d}t$ 称为刚体转动的角加速度。由此可知，定轴转动刚体上任意点的速度等于该点到转轴的距离乘以刚体的角速度，法向加速度 a_n 等于该点到转轴的距离乘以刚体的角速度的平方，切向加速度 a_t 等于该点到转轴的距离乘以刚体的角加速度，该点的全加速度为 $a = \rho\sqrt{\omega^4 + \alpha^2}$。从式（2－2－6）看出，转角与时间的函数关系式 $\varphi = \varphi(t)$ 是研究刚体定轴转动的基本方程，称为转动方程。根据转角函数 $\varphi(t)$ 对时间 t 求一阶导数得到角速度，求二阶导数得到角加速度，再利用点到转轴的距离 ρ 可以计算该点的速度和加速度。

例 2－7　如图 2－2－2 所示，已知 $AB = CD = 1\mathrm{m}$，$AC = BD = 1.3\mathrm{m}$，在图示瞬时，AB 杆的角速度 $\omega = 2.5\mathrm{rad/s}$，角加速度 $\alpha = 4.5\mathrm{rad/s^2}$，求该瞬时矩形板上点 E 的速度和加速度以及 CD 杆的角速度 ω_{CD} 和角速度 α_{CD}。

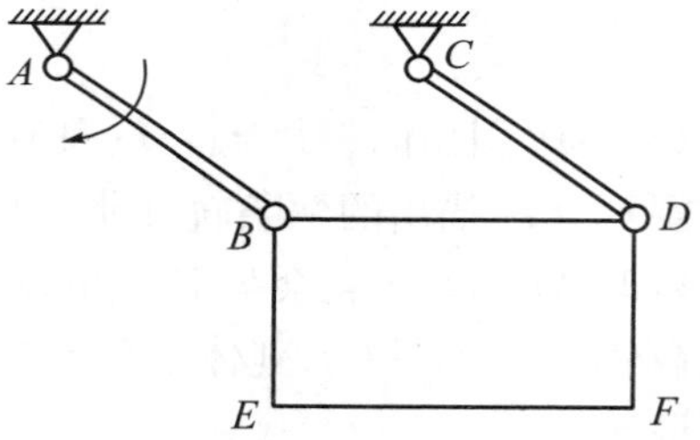

图 2－2－2　**机构的运动**

解　由题给条件可知，连接 $ABDC$ 组成平行四边形，A，C 两点固定不动，在运动过程中 BD 连线保持方位不变，矩形板 $BDFE$ 做平行移动，其上各点轨迹相同、速度相同、加速度相同，所以

$$v_E = v_D = v_B = AB \cdot \omega = 2.5\mathrm{m/s},$$

$$a_t^E = a_t^D = a_t^B = AB \cdot \alpha = 4.5\mathrm{m/s^2}$$

$$a_n^E = a_n^D = a_n^B = AB \cdot \omega^2 = 6.25\mathrm{m/s^2}$$

CD 杆的角速度、角加速度分别为

$$\omega_{CD} = \frac{v_D}{CD} = 2.5\mathrm{rad/s}, \alpha_{CD} = \frac{a_t^D}{CD} = 4.5\mathrm{rad/s^2}$$

下面通过引进角速度矢量和角加速度矢量，给出定轴转动刚体上任意点的速度和加速度矢量公式。

定轴转动刚体的角速度矢量定义为

$$\boldsymbol{\omega} = \omega\boldsymbol{k}$$

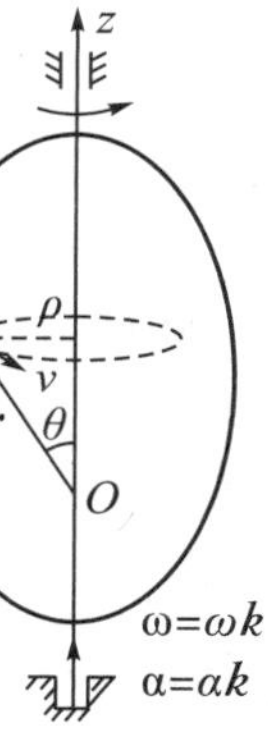

图2—2—3 定轴转动刚体上 A 点的速度和加速度

式中，$\omega=\mathrm{d}\varphi/\mathrm{d}t$，$\boldsymbol{k}$ 是转轴 z 方向的单位矢量，即定轴转动刚体的角速度矢量的大小等于转角 φ 对时间的一阶导数，方向与转轴 z 的方向平行。如果 $\omega>0$，则角速度矢量 $\boldsymbol{\omega}$ 沿 z 轴正方向，这种情况称为正转，反之，则称为反转。

定轴转动刚体的角加速度矢量：角速度矢量 $\boldsymbol{\omega}$ 对时间的一阶导数定义为角加速度矢量，记为

$$\boldsymbol{\alpha}=\frac{\mathrm{d}\boldsymbol{\omega}}{\mathrm{d}t}=\alpha\boldsymbol{k}$$

式中，$\alpha=\mathrm{d}\omega/\mathrm{d}t$，即定轴转动刚体的角加速度矢量的大小等于角速度 ω 对时间的一阶导数或者转角 $\boldsymbol{\varphi}$ 对时间的二阶导数，方向与转轴 z 的方向平行。对于加速转动，角加速度矢量 $\boldsymbol{\alpha}$ 与角速度矢量 $\boldsymbol{\omega}$ 方向相同，对于减速转动，则 $\boldsymbol{\alpha}$ 与 $\boldsymbol{\omega}$ 方向相反。

根据定轴转动刚体上各点的速度大小和方向特点，容易验证转动刚体上任一点的速度矢量 $\boldsymbol{v}$ 可以表示为

$$\boldsymbol{v}=\boldsymbol{\omega}\times\boldsymbol{r} \tag{2—2—7}$$

这表明：转动刚体上任一点的速度矢量 $\boldsymbol{v}$ 等于刚体的角速度矢量 $\boldsymbol{\omega}$ 与该点的矢径 $\boldsymbol{r}$ 的叉积，用这个公式计算速度，其大小正好等于该点到转轴的距离 r 乘以刚体的角速度 ω，与用式（2—2—4）的计算结果一致，其方向由右手法则确定，正好沿该点运动轨迹的切线方向。将式（2—2—7）代入加速度的定义式，则得到

$$\boldsymbol{a}=\frac{\mathrm{d}\boldsymbol{v}}{\mathrm{d}t}=\frac{\mathrm{d}}{\mathrm{d}t}(\boldsymbol{\omega}\times\boldsymbol{r})=\dot{\boldsymbol{\omega}}\times\boldsymbol{r}+\boldsymbol{\omega}\times\dot{\boldsymbol{r}}$$

即

$$\boldsymbol{a}=\boldsymbol{\alpha}\times\boldsymbol{r}+\boldsymbol{\omega}\times\boldsymbol{v} \tag{2—2—8}$$

根据矢量的叉积定义，式中右端第一项沿该点运动轨迹的切线方向，称为切向加速度矢量，记为 $\boldsymbol{a}_t=\boldsymbol{\alpha}\times\boldsymbol{r}$；右端第二项沿该点运动轨迹的主法线方向，称为法向加速度矢量，记为 $\boldsymbol{a}_n=\boldsymbol{\omega}\times\boldsymbol{v}$。根据矢径法，一点的速度矢量 $\boldsymbol{v}$ 定义为该点矢径 $\boldsymbol{r}$ 对时间的一阶导数，所以式（2—2—7）成为

$$\frac{\mathrm{d}\boldsymbol{r}}{dt}=\boldsymbol{\omega}\times\boldsymbol{r} \tag{2—2—9}$$

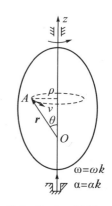

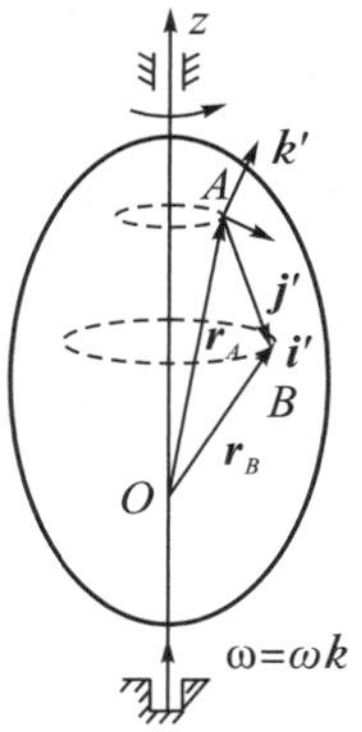

图2—2—4 定轴转动刚体上固连坐标系

例2—8 试证明：对于固定在刚体上，并跟随刚体一起以角速度 ω 做定轴转动的坐标系（称为固连坐标系），有下列关系式

$$\frac{\mathrm{d}\boldsymbol{i}'}{\mathrm{d}t}=\boldsymbol{\omega}\times\boldsymbol{i}',\frac{\mathrm{d}\boldsymbol{j}'}{\mathrm{d}t}=\boldsymbol{\omega}\times\boldsymbol{j}',\frac{\mathrm{d}\boldsymbol{k}'}{\mathrm{d}t}=\boldsymbol{\omega}\times\boldsymbol{k}' \tag{2—2—10}$$

这组公式称为定轴转动刚体上固连坐标系的泊松公式，$\boldsymbol{i}'$，$\boldsymbol{j}'$，$\boldsymbol{k}'$为其上沿坐标轴方向的单位矢量（如图所示）。根据式（2—2—9）

$$\frac{\mathrm{d}\boldsymbol{r}_A}{\mathrm{d}t}=\boldsymbol{\omega}\times\boldsymbol{r}_A,\frac{\mathrm{d}\boldsymbol{r}_B}{\mathrm{d}t}=\boldsymbol{\omega}\times\boldsymbol{r}_B$$

证明：将上两式相减并注意到 $\boldsymbol{i}'=\boldsymbol{r}_B-\boldsymbol{r}_A$，得到

$$\frac{\mathrm{d}\boldsymbol{i}'}{\mathrm{d}t}=\frac{\mathrm{d}}{\mathrm{d}t}(\boldsymbol{r}_B-\boldsymbol{r}_A)=\boldsymbol{\omega}\times(\boldsymbol{r}_B-\boldsymbol{r}_A)=\boldsymbol{\omega}\times\boldsymbol{i}'$$

此即（2－2－10）的第一式，余类推，证毕。

与刚体的两种简单运动有关的问题是，要特别注意平行移动与直线运动、定轴转动与圆周运动的区别。除了它们分别用于描述刚体的运动和点的运动之外，圆周运动与定轴转动有一定的联系，因为定轴转动刚体上除轴线上的点外，各点都在做圆周运动，但直线运动与平行移动却没有必然的联系，这里的关键是“平行”二字，只要刚体上任意两点的连线在运动过程中与其原来的方向平行即为平行移动，并不要求刚体上各点做直线运动，实际上刚体内各点的运动可以是任意形式的曲线运动，当然也包括圆周运动。

2.3 运动分解与合成

分析刚体相对复杂的运动要用到运动分解与合成的方法。下面介绍质点和刚体运动的分解与合成。首先，通过考察质点和刚体的相对运动，引入运动分解与合成的有关概念，包括相对运动、牵连运动、绝对运动和与之对应的相对速度、牵连速度和绝对速度以及相对加速度、牵连加速度和绝对加速度的概念，即三种运动、三种速度、三种加速度。在此基础上，介绍质点或刚体运动的速度合成定理和加速度合成定理。最后，作为速度合成和加速度合成定理的应用，介绍刚体平面运动的速度和加速度计算方法。在公式推导时，要用到转动刚体上固连坐标系的单位矢量对时间的一阶导数的泊松公式（2－2－10）。

2.3.1 运动分解与合成的有关概念

在工业生产、工程实践和日常生活中，我们经常会看到由多个物体组成的系统（例如行驶在高速公路上的一辆汽车，机械工业中的各种机构等）的运动。组成系统的每个物体各自按一定的方式做不同的运动，如果将其中的一个运动物体取为参照系，那么系统中的其他物体相对于选定的参照系在不停地运动，这就是物体之间的相对运动。如果将系统中的某个物体简化为质点，将系统中另一个运动物体选为参照系，那么关于质点运动的研究将会因参照系选取的不同而得到不同的结论。

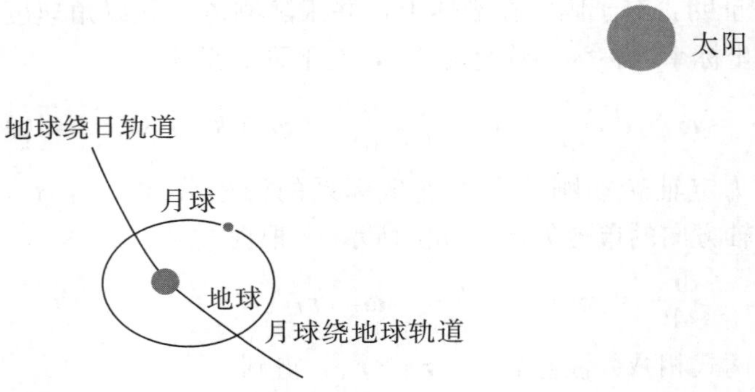

图 2－3－1　地月日系统的运动

例如考虑地月日组成的系统（见图 2－3－1）。忽略月球的大小和形状，将月球简化为一个质点，如果以地心为参照系，那么月球质点在绕地心的椭圆轨道上做周期运动；如果以太阳中心为参照系，那么月球质点的运动已是较为复杂的空间曲线运动。不难理解，月球质点的这种空间曲线运动由两种运动合成：绕地心的周期椭圆运动与跟随地心的绕日椭圆运动，或者反过来说，可以将月球的这种空间曲线运动分解为前述两种椭圆运动。这种关于质点的运动分解与合成的实例，可以举出很多。利用质点的运动分解与合成的方法，可以解决刚体系统（通过约束连接在一起的多个刚体）的运动分析问题，例如机械工业中的曲柄连杆滑块机构、凸轮机构等机构的运动分析，以及诸如考虑地球自转影响下地面上运动物体的加速度分析等关于刚体的运动分析。

图 2－3－2　汽车做平行移动

分析刚体相对复杂的运动，运动分解与合成是很好的方法。通过了解刚体整体的运动，可以研究刚体上任意点的运动，而质点的运动分析则是刚体运动分析的基础，因此，质点和刚体的运动分解与合成是密切相关的。以行驶中的汽车的车轮（忽略变形，车轮可以简化为刚体）为例，以地面为参照系，假设汽车在高等级公路的直线段行驶，路面非常平整，车轮在地面上沿直线轨迹做无滑动的滚动（称为纯滚动），而车体（车厢）做平行移动（见图 2－3－2）。如果以运动的车厢为参照系，车轮相对于车厢做定轴转动，那么车轮相对地面的滚动可以理解为由两种运动合成：跟随车厢的平行移动与相对于车厢的定轴转动，因此，也可以说车轮相对地面的滚动被分解为这两种简单的运动。这种关于刚体运动分解与合成的实例，也可以举出很多。其实，这里关于车轮的运动分析属于刚体的平面运动问题，只要车轮在运动过程中沿直线轨迹做滚动即可。平面运动是指刚体在运动过程中，刚体上各点到某个固定的参考平面的距离保持不变。无论是质点还是刚体的运动分解与合成，都是因为选取了不同的参照系，从而将相对复杂的运动分解为比较简单的两种运动，或者反过来，将两种简单的运动合成为比原来复杂的运动，这里运动合成的前提是运动分解。

有时候，由于研究问题的需要，也可以将本来简单的运动先分解为两种简单的运动，再根据速度或加速度合成定理，得到问题的解答。这里，选取合适的运动参照系是运动分解与合成的关键。

作为轮缘上的点，也可以做运动分解与合成分析。在地面上的观察者看来，车轮做纯滚动，车轮的轮心做直线运动，而其余各点的运动轨迹并不是简单的圆周曲线，而是相对复杂的旋轮线。如果以运动的车厢（或轮心）为参照系，那么车轮相对于该参照系做定轴转动，轮缘上各点的相对运动为绕轮心的圆周运动。因此，可以说，轮缘上各点相对地面的旋轮线运动由两种运动合成：绕轮心的圆周运动与跟随轮心的直线运动。这样，通过选取运动的车厢（或轮心）为参照系，就将轮缘上各点相对地面的旋轮线运动分解为圆周运动和直线运动这两种运动。

这里，关于车轮以及轮缘上各点的运动分析，由于选取了不同的参照系（地面或车厢），所得结论也不同。为便于对运动做一般的广泛适用的理论分析，下面给出几个关于运动分解与合成的重要概念。运动的质点或运动刚体上的一个点，在下文简称动点，例如月球中心或行驶过程中汽车车轮上的任意点。相对于地面上某静止物体而运动的参照系，称为运动参照系，与运动参照系固连的坐标系，简称动系，例如固连在行驶过程中汽车车厢上的坐标系，根据研究问题的需要和方便，可以将坐标系固连在不同的运动物体上而成为动系。相对于地面固定不动的参照系，称为固定参照系，与固定参照系连接、固定不动的坐标系，简称定系，例如固连在路边加油站的坐标系。

对于动点而言，动系相对于定系的运动称为牵连运动，t 时刻在动系上与动点重合的点称为牵连点。很明显，在不同的时刻，动系上不同的点与动点重合；在给定时刻，牵连点是动系上确定的点，动系上不同的点通常有不同的速度和加速度。牵连点的速度和加速度称为牵连速度和牵连加速度；动点或刚体相对于动系的运动称为相对运动，相对运动的速度和加速度称为相对速度和相对加速度；动点或刚体相对于定系的运动称为绝对运动，绝对运动的速度和加速度称为绝对速度和绝对加速度。根据上面对行驶过程中汽车车轮以及车轮上各点的运动分析，可以推知：牵连运动与相对运动合成为绝对运动，或者反过来说，绝对运动可以通过引入动系分解为牵连运动和相对运动这两种运动。这种关于运动分解与合成的方法，是运动分析的重要方法。

因为在研究物体的运动时必须选定参照系，所以关于运动分析的所有结论都是相对的，从这个角度来说，运动本质上就具有相对性。这里提到的三种运动：牵连运动、相对运动和绝对运动，其实都是一种相对运动，只是针对选定的不同物体和不同参照系而言的。

2.3.2 速度合成定理

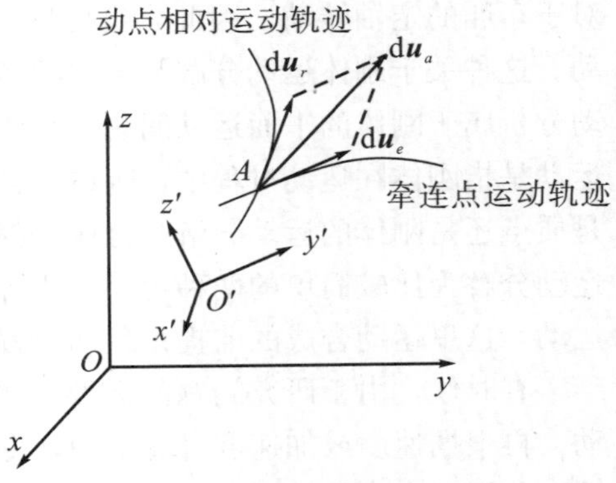

图 2-3-3　动点 A 的运动合成

如果已知动点的牵连速度，记为 $\boldsymbol{v}_e$，以及动点的相对速度，记为 $\boldsymbol{v}_r$，我们可以求动点的绝对速度，记为 $\boldsymbol{v}_a$。如图 2-3-3 所示，为了研究动点 A 的三种运动以及三种运动对应的速度之间的关系，特选取定系 $Oxyz$ 和动系 $O'x'y'z'$，设 $\mathrm{d}t$ 时间里点 A 沿相对运动轨迹的位移记为 $\mathrm{d}\boldsymbol{u}_r=\boldsymbol{v}_r\mathrm{d}t$，沿牵连点运动轨迹的位移记为 $\mathrm{d}\boldsymbol{u}_e=\boldsymbol{v}_e\mathrm{d}t$，由于牵连点是个瞬

时概念，这里所谓牵连点的运动轨迹是指动系上一个确定的点（t 时刻与动点重合的点）运动的轨迹。如果将点 A 的绝对位移记为 $\mathrm{d}\boldsymbol{u}_a=\boldsymbol{v}_a\mathrm{d}t$，则根据图中几何关系，有

$$\boldsymbol{v}_a\mathrm{d}t=\mathrm{d}\boldsymbol{u}_a=\mathrm{d}\boldsymbol{u}_e+\mathrm{d}\boldsymbol{u}_r=\boldsymbol{v}_e\mathrm{d}t+\boldsymbol{v}_r\mathrm{d}t$$

所以

$$\boldsymbol{v}_a=\boldsymbol{v}_e+\boldsymbol{v}_r \tag{2-3-1}$$

这就是速度合成定理的表达式。速度合成定理：对无论什么形式的牵连运动，动点的绝对速度等于牵连速度与相对速度的矢量和。

从上面的简单推导可以看出，速度合成实际上源于位移合成，两者都是矢量，但一般而言，速度和位移只有在无穷小的时间间隔里才具有相同的方向；在有限的时间间隔里，物体的位移有确定的方向，而每时每刻速度的方向都可能互不相同。

在解题训练中，速度合成定理主要用于指导作图，根据速度合成定理给出的各速度矢量的几何关系作图，然后由速度图的几何关系得到数值结果。

例 2−9　已知图 2−9 所示机构中杆 OC 可绕水平轴 O 转动，滑块 A 与杆 AB 在 A 端铰接，可沿 OC 滑动，杆 AB 做匀速运动，其速度为 v，$OC=l$，$OD=a$，求：$\varphi=45°$时，点 C 的速度 v_C 的大小。

解法一　运动分解与合成法：以杆 AB 上的点 A 为动点，杆 OC 为动系，将点 A 的运动分解为牵连运动（与杆 OC 的转动发生联系）和相对 OC 的运动。

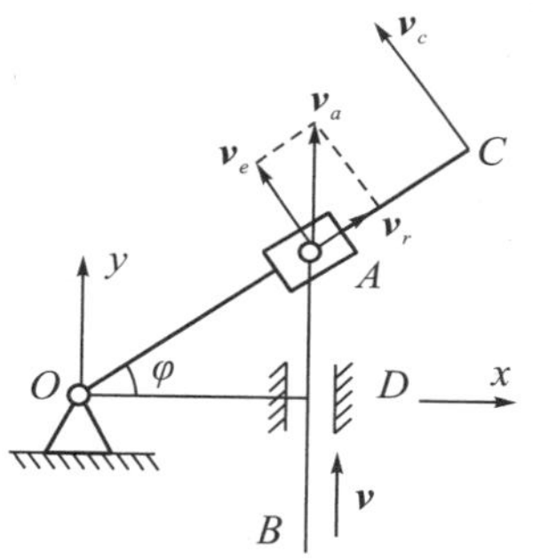

例 2−9 图　机构及 A 点速度

根据速度合成定理　　$\boldsymbol{v}_a=\boldsymbol{v}_e+\boldsymbol{v}_r$

作速度矢量图，由图中几何关系有

$$v_e=v_a\cos\varphi=v\cos\varphi$$
$$OA=OD/\cos\varphi=a/\cos\varphi$$

杆 OC 绕水平轴 O 转动，各点速度大小与到转轴 O 的距离成正比，所以

$$\frac{v_C}{v_e}=\frac{OC}{OA}=\frac{l\cos\varphi}{a}$$

将 $\varphi=45°$代入，得到

$$v_C=\frac{l\cos^2 45°}{a}v=\frac{l}{2a}v$$

解法二　运动方程微分法：建立直角坐标系 xOy，令 $AD=y$，因为点 A 沿竖直方向做直线运动，运动方程为 $y=y(t)$，所以

$$\frac{\mathrm{d}y}{\mathrm{d}t}=v$$

根据几何关系 $y=OD\tan\varphi=a\tan\varphi$，两端对时间求导数，得到

$$v=\frac{\mathrm{d}y}{\mathrm{d}t}=\frac{a}{\cos^2\varphi}\frac{\mathrm{d}\varphi}{\mathrm{d}t}$$

杆 OC 绕水平轴 O 转动，所以

$$v_C=l\frac{\mathrm{d}\varphi}{\mathrm{d}t}=\frac{l\cos^2\varphi}{a}v$$

将 $\varphi=45°$代入，同样得到

$$v_C=\frac{l}{2a}v$$

【解题技巧分析】从本题的两种解法看，无论是运动分解与合成法还是运动方程微分法，两种方法都离不开几何分析，所以，几何分析是运动分析的基础。从某种意义上说，运动学是一门特殊的几何学。因为速度与加速度之间存在导数关系，所以运用微分法还可以方便地计算加速度，在做运动分析时，只要可能，微分法应该是优先考虑采用的方法。

例 2－10　如图，直线 AB，CD 相交成 α 角，直线 AB 以速度 v_1沿垂直于 AB 的方向向下运动，而直线 CD 以速度 v_2沿垂直于 CD 的方向向右下方移动。求套在这两条直线交点处的小环 M 的速度大小。

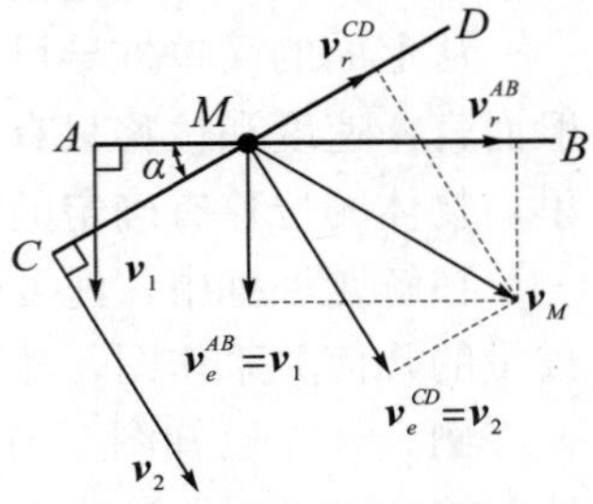

例 2－10 图　点 M 的运动分解与合成

解　(1) 以 AB 为动系，根据速度合成定理，动点 M 的速度可表示为

$$\boldsymbol{v}_M=\boldsymbol{v}_1+\boldsymbol{v}_r^{AB}$$

(2) 再以 CD 为动系，动点 M 的速度也可表示为

$$\boldsymbol{v}_M=\boldsymbol{v}_2+\boldsymbol{v}_r^{CD}$$

因此

$$\boldsymbol{v}_1+\boldsymbol{v}_r^{AB}=\boldsymbol{v}_2+v_r^{CD}$$

将上式两端沿 v_2方向上投影，得到

$$v_1\cos\alpha+v_r^{AB}\sin\alpha=v_2$$

由此解得

$$v_r^{AB}=\frac{v_2-v_1\cos\alpha}{\sin\alpha}$$

因为 $\boldsymbol{v}_M=\boldsymbol{v}_1+\boldsymbol{v}_r^{AB}$，并且 $\boldsymbol{v}_1$ 与 $\boldsymbol{v}_r^{AB}$ 成直角，所以，动点 M 的速度大小由下面公式计算：

$$v_M=\sqrt{v_1^2+(v_r^{AB})^2}=\frac{1}{\sin\alpha}\sqrt{v_1^2+v_2^2-2v_1v_2\cos\alpha}$$

【解题技巧分析】本题动点 M 的运动轨迹未知，因此无法事先确定其速度方向（即无法确知其相对速度的大小和方向），解决的办法是用了两个动系（AB 和 CD），得到四个速度的关系式。进一步思考的问题：在什么条件下，动点 M 的相对速度会与上面画出的方向相反？

速度合成定理是运动分解与合成方法的重要定理，在推导加速度合成定理的公式时也要用到。运动分解与合成的方法经常用于分析机构或刚体运动的下列问题：①已知一个刚体的运动参数，求与之联系的其他刚体的运动参数；②单个刚体的运动分析，研究刚体的平面运动和刚体的一般运动，寻找刚体上各个点速度之间的关系，各个点加速度之间的关系，从中推导相应的速度和加速度计算公式。

2.3.3　加速度合成定理

现在来研究动点的三种运动所对应的加速度之间的关系。速度合成定理适用于动系做任何运动的情况，但是，对于不同的牵连运动，加速度合成将有不同的形式。下面分别就牵连运动为平行移动和定轴转动的两种情况，讨论动点的加速度合成问题。如果已

知动点 A 的相对运动方程

$$\boldsymbol{r}' = x'(t)\boldsymbol{i}' + y'(t)\boldsymbol{j}' + z'(t)\boldsymbol{k}' \tag{2-3-2}$$

式中，$\boldsymbol{r}'$是由动系的坐标原点O'指向动点 A 的矢径，那么相对速度矢量 $\boldsymbol{v}_r$ 和相对加速度矢量$\boldsymbol{a}_r$ 可由矢径$\boldsymbol{r}'$的相对导数表示为

$$\boldsymbol{v}_r = \dot{x}'\boldsymbol{i}' + \dot{y}'\boldsymbol{j}' + \dot{z}'\boldsymbol{k}',\boldsymbol{a}_r = \ddot{x}'\boldsymbol{i}' + \ddot{y}'\boldsymbol{j}' + \ddot{z}'\boldsymbol{k}' \tag{2-3-3a}$$

相对导数是指在求导数时，不考虑动系坐标轴方向单位矢量 $\boldsymbol{i}'$，$\boldsymbol{j}'$，$\boldsymbol{k}'$方向的变化，只对矢量的坐标值（例如 x'，y'，z'）关于时间 t 求导数。如果在求导数的同时计算单位矢量 $\boldsymbol{i}'$，$\boldsymbol{j}'$，$\boldsymbol{k}'$对时间的导数，则称为绝对导数。根据定义，对于牵连运动为平行移动（$\boldsymbol{i}'$，$\boldsymbol{j}'$，$\boldsymbol{k}'$为常矢量）的情况，相对导数等于绝对导数。如果动系做平行移动，由于牵连点（即 t 时刻动系上与动点重合的点）与 O'点同为动系上的点，所以该两点具有同样的速度和同样的加速度，$\boldsymbol{v}_e = \boldsymbol{v}_{O'}$，$\boldsymbol{a}_e = \dot{\boldsymbol{v}}_{O'}$，由此可知

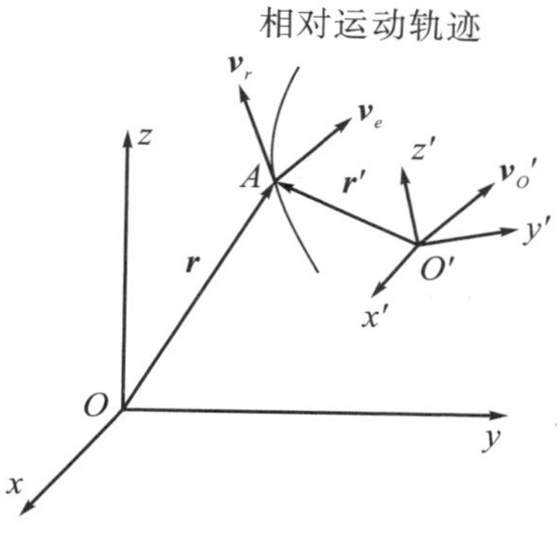

图 2-3-4　**动系做平行移动**

$$\boldsymbol{a}_e = \dot{\boldsymbol{v}}_e \tag{2-3-3b}$$

即动系做平动时，牵连加速度矢量等于牵连速度矢量对时间的一阶导数，牵连加速度矢量不随牵连点的改变而改变，完全由动系的速度变化引起。另外，根据定义，对于动系做平行移动（$\boldsymbol{i}'$，$\boldsymbol{j}'$，$\boldsymbol{k}'$为常矢量）的情况，相对导数等于绝对导数，所以

$$\boldsymbol{a}_r = \ddot{x}'\boldsymbol{i}' + \ddot{y}'\boldsymbol{j}' + \ddot{z}'\boldsymbol{k}' = \frac{\mathrm{d}}{\mathrm{d}t}(\dot{x}'\boldsymbol{i}' + \dot{y}'\boldsymbol{j}' + \dot{z}'\boldsymbol{k}') = \dot{\boldsymbol{v}}_r \tag{2-3-3c}$$

这表明动系做平动时，相对加速度矢量等于相对速度矢量对时间的一阶导数。由加速度定义和速度合成定理，得到

$$\boldsymbol{a}_a = \frac{\mathrm{d}\boldsymbol{v}_a}{\mathrm{d}t} = \frac{\mathrm{d}}{\mathrm{d}t}(\boldsymbol{v}_e + \boldsymbol{v}_r) = \dot{\boldsymbol{v}}_e + \dot{\boldsymbol{v}}_r \tag{2-3-4a}$$

将式（2-3-3b）和（2-3-3c）代入，即得

$$\boldsymbol{a}_a = \boldsymbol{a}_e + \boldsymbol{a}_r \tag{2-3-4b}$$

这就是牵连运动为平行移动（即动系做平动）时的加速度合成定理，称为加速度合成定理 1。

加速度合成定理 1　牵连运动为平行移动（即动系做平动）时，动点的绝对加速度矢量等于牵连加速度与相对加速度的矢量和。

对于动系做定轴转动的情况，动点 A 的相对速度矢量和相对加速度矢量仍然为

$\boldsymbol{v}_r = \dot{x}'\boldsymbol{i}' + \dot{y}'\boldsymbol{j}' + \dot{z}'\boldsymbol{k}'$，　$\boldsymbol{a}_r = \ddot{x}'\boldsymbol{i}' + \ddot{y}'\boldsymbol{j}' + \ddot{z}'\boldsymbol{k}'$

根据定轴转动刚体上固连坐标系的单位矢量导数的泊松公式（2-2-10），有

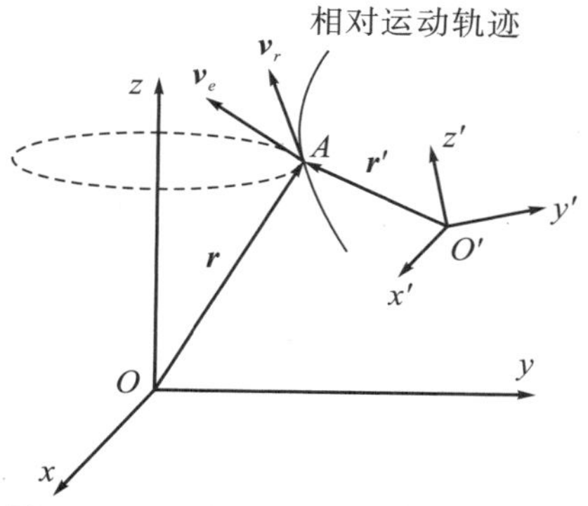

图 2-3-5　**动系绕 z 轴做定轴转轨**

$$
\begin{aligned}
\dot{\boldsymbol{v}}_r &= \frac{\mathrm{d}}{\mathrm{d}t}(\dot{x}'\boldsymbol{i}' + \dot{y}'\boldsymbol{j}' + \dot{z}'\boldsymbol{k}') = \ddot{x}'\boldsymbol{i}' + \ddot{y}'\boldsymbol{j}' + \ddot{z}'\boldsymbol{k}' \\
&\quad + \dot{x}'\frac{\mathrm{d}\boldsymbol{i}'}{\mathrm{d}t} + \dot{y}'\frac{\mathrm{d}\boldsymbol{j}'}{\mathrm{d}t} + \dot{z}'\frac{\mathrm{d}\boldsymbol{k}'}{\mathrm{d}t} \\
&= \boldsymbol{a}_r + \dot{x}'\boldsymbol{\omega}_e \times \boldsymbol{i}' + \dot{y}'\boldsymbol{\omega}_e \times \boldsymbol{j}' + \dot{z}'\boldsymbol{\omega}_e \times \boldsymbol{k}' \\
&= \boldsymbol{a}_r + \boldsymbol{\omega}_e \times (\dot{x}'\boldsymbol{i}' + \dot{y}'\boldsymbol{j}' + \dot{z}'\boldsymbol{k}')
\end{aligned}
$$

即

$$\dot{\boldsymbol{v}}_r = \boldsymbol{a}_r + \boldsymbol{\omega}_e \times \boldsymbol{v}_r \tag{2-3-5a}$$

这表明动系做定轴转动时，相对速度矢量对时间的一阶导数并不等于相对加速度矢量，而是多了 $\boldsymbol{\omega}_e \times \boldsymbol{v}_r$ 这一项，这是因为即使相对运动为直线运动，动系的转动也将引起相对速度方向的改变。下面将证明：牵连速度矢量对时间的一阶导数不等于牵连加速度矢量，也要加上 $\boldsymbol{\omega}_e \times \boldsymbol{v}_r$，即

$$\dot{\boldsymbol{v}}_e = \boldsymbol{a}_e + \boldsymbol{\omega}_e \times \boldsymbol{v}_r \tag{2-3-5b}$$

这是因为动点在不同的时刻对应的牵连点在动系上占据不同的位置，而动系在做定轴转动时，其上不同的点速度也不同，这种速度的变化是由动点的相对运动和动系的转动共同引起的。将式（2-3-5a）和（2-3-5b）代入式（2-3-4a）即得到下面的加速度合成定理 2。

加速度合成定理 2　牵连运动为定轴转动（即动系做定轴转动）时，动点的绝对加速度矢量等于牵连加速度、相对加速度与科氏加速度的矢量和，其中科氏加速度等于动系转动的角速度矢量与相对速度矢量叉积的两倍，记为 $\boldsymbol{a}_c = 2\boldsymbol{\omega}_e \times \boldsymbol{v}_r$，即

$$\boldsymbol{a}_a = \boldsymbol{a}_e + \boldsymbol{a}_r + \boldsymbol{a}_c, \boldsymbol{a}_c = 2\,\boldsymbol{\omega}_e \times \boldsymbol{v}_r \tag{2-3-5c}$$

证明：根据速度合成定理和转动刚体上一点（牵连点）的速度矢量公式（2-2-7），有

$$\dot{\boldsymbol{r}} = \boldsymbol{v}_e + \boldsymbol{v}_r = \boldsymbol{\omega}_e \times \boldsymbol{r} + \boldsymbol{v}_r \tag{2-3-6}$$

式中，$\boldsymbol{r}$ 是由定系的坐标原点 O 指向动点 A 的矢径，左端显然是动点 A 的绝对速度矢量，右端第一项为牵连点（即 t 时刻动系上与动点 A 重合的点）的速度矢量。

$$\boldsymbol{v}_e = \boldsymbol{\omega}_e \times \boldsymbol{r} \tag{2-3-7}$$

如果没有相对运动，式（2-3-7）相当于转动刚体上一点的速度矢量公式。利用转动刚体上一点的加速度矢量公式（2-2-8），可得到牵连点（动系上的点）的加速度公式

$$\boldsymbol{a}_e = \boldsymbol{\alpha}_e \times \boldsymbol{r} + \boldsymbol{\omega}_e \times \boldsymbol{v}_e \tag{2-3-8}$$

式中，$\boldsymbol{\alpha}_e$ 为动系做定轴转动的角加速度矢量。将公式（2-3-7）两端对时间 t 求导数并利用式（2-3-6），可得到

$$
\begin{aligned}
\dot{\boldsymbol{v}}_e &= \dot{\boldsymbol{\omega}}_e \times \boldsymbol{r} + \boldsymbol{\omega}_e \times \dot{\boldsymbol{r}} \\
&= \boldsymbol{\alpha}_e \times \boldsymbol{r} + \boldsymbol{\omega}_e \times (\boldsymbol{v}_e + \boldsymbol{v}_r)
\end{aligned}
$$

注意到式（2-3-8），上式即成为式（2-3-5b）

$$\dot{\boldsymbol{v}}_e = \boldsymbol{a}_e + \boldsymbol{\omega}_e \times \boldsymbol{v}_r$$

最后，将式（2-3-5a）与（2-3-5b）相加得到

$$\dot{\boldsymbol{v}}_a = \dot{\boldsymbol{v}}_e + \dot{\boldsymbol{v}}_r = \boldsymbol{a}_e + \boldsymbol{a}_r + 2\boldsymbol{\omega}_e \times \boldsymbol{v}_r$$

亦即

$$\boldsymbol{a}_a = \boldsymbol{a}_e + \boldsymbol{a}_r + \boldsymbol{a}_c,\ \boldsymbol{a}_c = 2\boldsymbol{\omega}_e \times \boldsymbol{v}_r$$

这就是牵连运动为定轴转动（即动系做定轴转动）时的加速度合成定理。证毕。

确定科氏加速度 $\boldsymbol{a}_c$ 的方向分三步进行：①按照右手法则由动系的转动方向确定角速度矢量 $\boldsymbol{\omega}_e$ 的方向；②由速度合成定理确定动点相对速度 $\boldsymbol{v}_r$ 的方向；③按照矢量叉乘规定的方向，由右手法则确定科氏加速度 $\boldsymbol{a}_c$ 的方向。如果动系的角速度矢量 $\boldsymbol{\omega}_e$ 与动点的相对速度矢量 $\boldsymbol{v}_r$ 的夹角为 90°，则科氏加速度的大小由公式 $a_c = 2\omega_e v_r$ 计算（见图 2－3－6）。

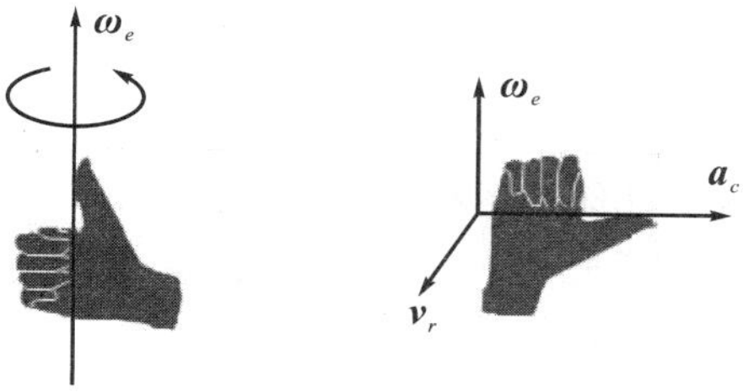

图 2－3－6　**科氏加速度** a_c **的方向**

在研究质点和刚体、刚体和刚体之间的相对运动时，可能遇到质点或刚体复杂运动的分解与合成问题。根据前面的讨论，我们知道速度合成与牵连运动的形式无关，至于加速度合成，我们得到了牵连运动为平行移动（动系做平动）和定轴转动（动系做转动）两种情况下的定理 1 和定理 2。当牵连运动为比较复杂的运动时，可以采用类似的方法讨论加速度合成。例如，当牵连运动为刚体的平面运动时，运动分解与合成的研究方法仍然适用。

例 2－11　设动点 M 在圆盘上半径为 r 的圆槽内相对于圆盘以大小不变的速率 v_r 做圆周运动，同时圆盘以匀角速度 ω 绕定轴 O 转动。试分析点 M 的加速度。

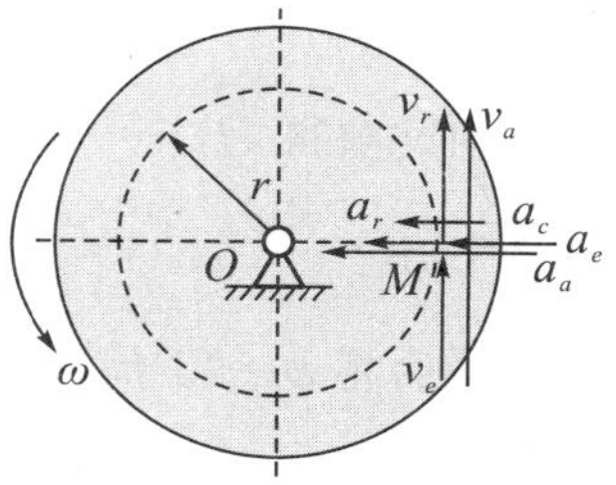

例 2－11 **图**　M **点速度和加速度**

解法一：以 M 为动点，圆盘为动系.

相对运动的速度和加速度：$v_r, a_r = \dfrac{v_r^2}{r}$

牵连运动的速度和加速度：$v_e = r\omega, a_e = r\omega^2$

由速度合成定理，有 $v_a = v_r + v_e = v_r + r\omega$

由加速度合成定理，有 $a_a = a_r + a_e + a_c = \dfrac{v_r^2}{r} + r\omega^2 + 2\omega v_r$

在上式中，由于相对加速度、牵连加速度和科氏加速度这三个加速度方向相同，矢量相加退化为简单的算术相加。

解法二：本题也可以不用加速度合成定理。动点 M 的相对运动、牵连运动都是匀速圆周运动，根据速度合成定理，动点 M 的绝对速度 $v_a = v_r + r\omega$ 为常数，所以，绝对运动也是匀速圆周运动，动点 M 只有法向加速度，由法向加速度公式，得到动点 M 的加速度为

$$a_a = \frac{v_a^2}{r} = \frac{1}{r}(v_r + r\omega)^2 = \frac{v_r^2}{r} + r\omega^2 + 2\omega v_r$$

这与解法一得到的结果相同，说明对于牵连运动为定轴转动的情形，运用加速度合成定理计算时必须考虑科氏加速度，否则，将导致错误结果。

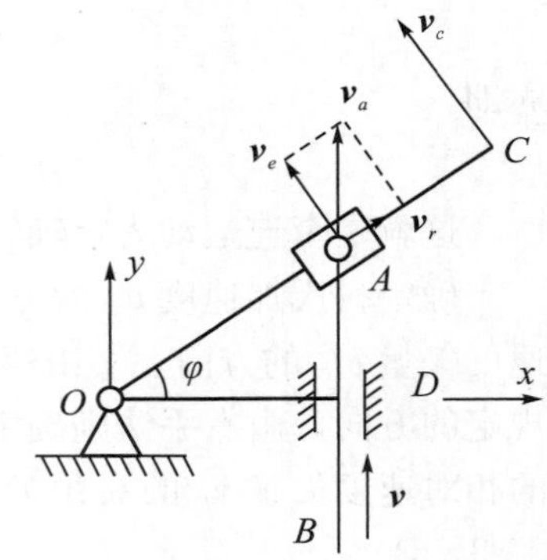

例 2—12 图　(a) A 点速度矢量

例 2—12　已知图示机构中杆 OC 可绕水平轴 O 转动，滑块 A 与杆 AB 在 A 端铰接，可沿 OC 滑动，杆 AB 做匀速运动，其速度为 v，$OC = l$，$OD = a$，当 $\varphi = 45°$时，求：

（1）杆 OC 的角速度 ω_{OC}；

（2）角加速度 α_{OC}；

（3）点 C 的速度和加速度。

解　（1）求杆 OC 的角速度。以杆 AB 上的点 A 为动点，杆 OC 为动系，则点 A 的速度矢量如图所示，由图中几何关系有

$$v_e = v_a\cos\varphi = v\cos\varphi$$

$$v_r = v_a\sin\varphi = v\sin\varphi$$

$$OA = a/\cos\varphi$$

杆 OC 绕水平轴 O 转动的角速度为

$$\omega_{OC} = \frac{v_e}{OA} = \frac{v}{a}\cos^2\varphi$$

（2）求杆 OC 的角加速度。因为杆 AB 做匀速运动，点 A 的绝对加速度为零，所以由加速度合成定理，有

$$\boldsymbol{a}_r + \boldsymbol{a}_e^n + \boldsymbol{a}_e^\tau + \boldsymbol{a}_k = 0$$

这里 $a_k = 2\omega_{OC}v_r = (2v^2\sin\varphi\cos^2\varphi)/a$ 为动点 A 的科氏加速度，将上式沿 OC 垂线方向投影，得到

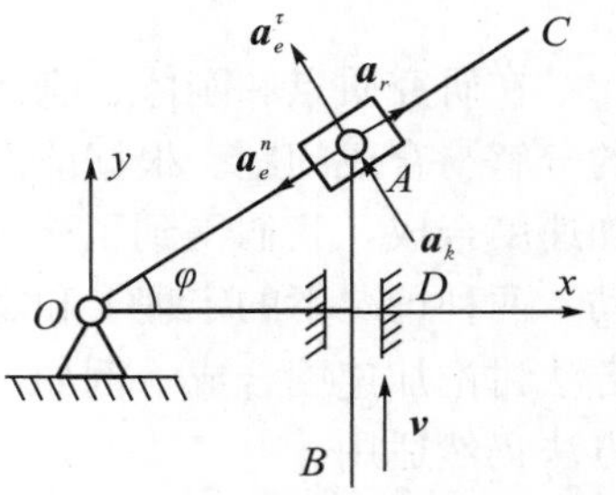

例 2—12 图　(b) A 点加速度矢量

$$a_e^\tau + a_k = 0$$

由此解得 $a_e^\tau = -a_k = -(2v^2\sin\varphi\cos^2\varphi)/a$，杆 OC 的角加速度为

$$\alpha_{OC} = \frac{a_e^\tau}{OA} = -\frac{2\omega_{OC}v_r}{OA} = -\frac{2v^2}{a^2}\sin\varphi\cos^3\varphi\ (\text{顺时针方向})$$

最后将 $\varphi = 45°$代入上面角速度和角加速度计算式中，得到

$$\omega_{OC} = \frac{v}{2a},\ \alpha_{OC} = -\frac{v^2}{2a^2}$$

（3）求点 C 的速度和加速度。

点 C 的速度为
$$v_C = \omega_{OC}l = \frac{l}{2a}v$$

点 C 的加速度为
$$a_C = l\sqrt{\omega_{OC}^4 + \alpha_{OC}^2} = \frac{\sqrt{5}}{4}\left(\frac{v}{a}\right)^2 l$$

【解题技巧分析】前面提到过，只要可能，就要优先考虑采用运动方程微分法求速度和加速度。在本题中，已知点 A 的运动轨迹是直线，采用微分法计算更加简单便捷。可先建立直角坐标系，写出点 A 的运动方程 $y_A = a\tan\varphi$，然后由题给条件有

$$v = \frac{\mathrm{d}y_A}{\mathrm{d}t} = \frac{a}{\cos^2\varphi}\frac{\mathrm{d}\varphi}{\mathrm{d}t}$$

由此得到杆 OC 绕水平轴 O 转动的角速度为

$$\omega_{OC} = \frac{\mathrm{d}\varphi}{\mathrm{d}t} = \frac{v}{a}\cos^2\varphi$$

点 A 的速度为常数，上式两端对时间求导，得到杆 OC 的角加速度

$$\alpha_{OC} = -\frac{2v}{a}\sin\varphi\cos\varphi\frac{\mathrm{d}\varphi}{\mathrm{d}t}$$

将前面角速度关系式代入，得到

$$\alpha_{OC} = -\frac{2v^2}{a^2}\sin\varphi\cos^3\varphi$$

再将 $\varphi=45°$ 代入，可得到此时杆 OC 的角速度和角加速度，最后就可以计算杆 OC 上任意点的速度和加速度。

例 2－13　如图所示曲柄摇杆机构，已知 $OA=O_1O=l=20\text{cm}$，OA 的角速度为常数 $\omega_0=3\text{rad/s}$，求图示位置杆 O_1B 的角速度 ω 和角加速度 α。

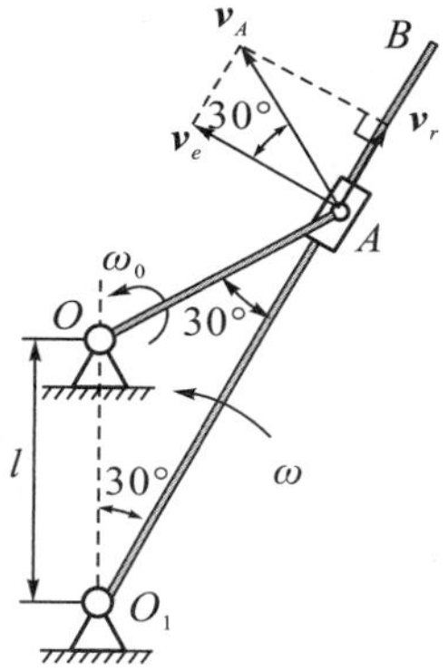

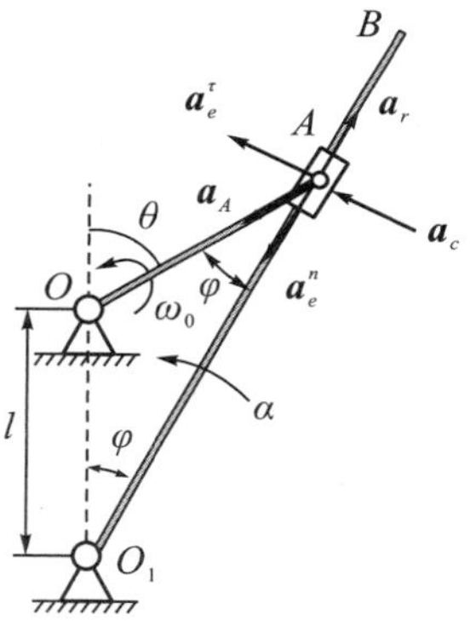

例 2－13 图

解　(1) 求杆 O_1B 的角速度。

动点：杆 OA 上的 A 点。

动系：安装在摆杆 O_1B 上

点 A 的速度矢量如图所示，点 A 的速度为

$$v_A = l\omega_0 = 60\text{cm/s}$$

由几何关系有

$$v_r = v_A\sin30° = 30\text{cm/s}$$

$$v_e = v_A\cos30° = 30\sqrt{3}\,\text{cm/s}$$

O_1B 的角速度为

$$\omega = \frac{v_e}{O_1A} = 1.5\text{rad/s}$$

(2) 求杆 O_1B 的角加速度。

点 A 的加速度矢量如图所示，其中 $a_A = l\omega_0^2 = 180\text{cm/s}^2$，而科氏加速度为 $a_C = 2\omega v_r = 90\text{cm/s}^2$，由加速度合成定理，有

$$\boldsymbol{a}_A = \boldsymbol{a}_r + \boldsymbol{a}_e^n + \boldsymbol{a}_e^\tau + \boldsymbol{a}_C$$

将上式沿 O_1B 垂线方向投影，得到

$$a_A \sin\varphi = a_e^\tau + a_C$$

由此解得

$$a_e^\tau = a_A \sin\varphi - a_C$$

杆 O_1B 的角加速度由下式计算：

$$\alpha = \frac{a_e^\tau}{O_1A} = \frac{a_A \sin\varphi - a_C}{2l\cos\varphi}$$

将 $\varphi=30°$，$l=20\text{cm}$，$a_A=180\text{cm/s}^2$ 和 $a_C=90\text{cm/s}^2$ 代入，得到杆 O_1B 的角加速度的大小 $\alpha=0$。

【解题技巧分析】本题用微分法可以迅速得到杆 O_1B 的角速度 $\omega=\frac{\omega_0}{2}=1.5\text{rad/s}$ 和角加速度 $\alpha=0$。因为根据图中的几何关系，θ 为等腰三角形 O_1OA 的外角，与角度 φ 存在简单的数量关系 $\theta=2\varphi$，并且这个关系在运动中保持不变，等式两端对时间求导数，得到 $\omega_0=2\omega$，即杆 O_1B 的角速度 $\omega=\frac{\omega_0}{2}$，在运动中为常数，所以，杆 O_1B 为匀速转动，角加速度 $\alpha=0$。

由以上几个例题的分析计算，我们看到，对于动点的运动轨迹已知，或者容易写出简单的几何关系的问题，采用运动分解与合成的方法显得比较繁琐，这类问题比较适合采用运动方程微分法。但一般而言，运动分解与合成的方法仍然是运动分析的通用方法，例如，在下一节研究刚体的平面运动时，就要用到速度合成定理和动系做平动时的加速度合成定理。

2.4 刚体的平面运动

前面在讨论车轮沿地面直线轨迹滚动的运动分解与合成时，已引入了刚体的平面运动概念。刚体的平面运动是指刚体在运动过程中，刚体上各点到某个固定参考平面的距离保持不变。做平面运动的刚体简称平面运动刚体。平面运动刚体上所有与参考平面垂直的直线在运动过程中保持方向不变，其中每一条直线上全部的点都与该直线和参考平面的交点的运动情况相同。因此，刚体的平面运动可以简化为平面图形（即刚体在参考平面内的投影图）的运动来研究，显然可以认为该平面图形在参考平面内运动。研究平面图形在参考平面内的运动可以直接采用关于运动分解与合成的速度合成定理、加速度合成定理。

如图 2-4-1 所示，图形 S 代表某平面运动刚体在参考平面 xOy 内的投影图。我们来研究图形 S 的运动。显然，为了确定某时刻 t 图形 S 在 xOy 平面内的空间位置，需要三个运动参数：图形上任意选取的点 A 的两个坐标 x_A，y_A 和过该点任意直线 AB

与 x 轴的夹角 φ，这三个参数与时间的函数关系构成图形 S 的运动方程

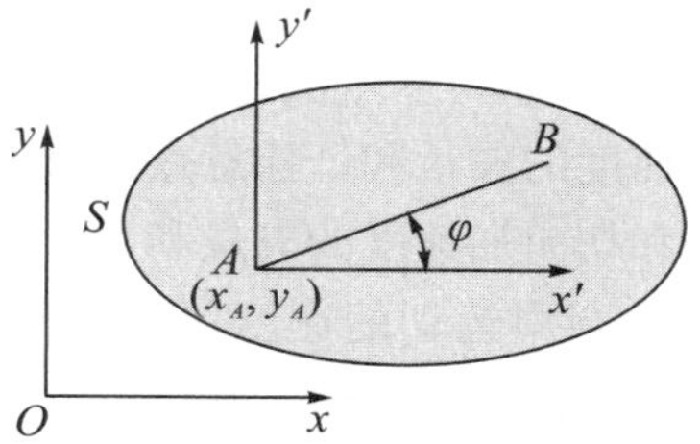

平面图形S的运动参数

图 2—4—1

$$
\begin{aligned}
x_A &= x_A(t) \\
y_A &= y_A(t) \\
\varphi &= \varphi(t)
\end{aligned} \tag{2—4—1}
$$

如果已知某图形的运动方程（2—4—1），那么利用速度和加速度的定义式，通过求一阶导数和二阶导数可以得到该图形上任意点 A 的速度 v_A 和加速度 a_A，以及图形转动的角速度 ω 和角加速度 α。

$$
\begin{aligned}
& v_{Ax} = \dot{x}_A, v_{Ay} = \dot{y}_A, v_A = \sqrt{\dot{x}_A^2 + \dot{y}_A^2} \\
& a_{Ax} = \ddot{x}_A, a_{Ay} = \ddot{y}_A, a_A = \sqrt{\ddot{x}_A^2 + \ddot{y}_A^2} \\
& \omega = \dot{\varphi}, \alpha = \ddot{\varphi}
\end{aligned} \tag{2—4—2}
$$

图形上其他点的速度和加速度如何计算呢？这就是研究刚体平面运动要解决的问题。

利用运动分解与合成的方法，可以计算平面图形 S 上任意点 B 的速度和加速度。如图 2—4—1 所示，以点 B 为动点，将动系安装在点 A（通常点 A 的运动参数已知，称为基点）上，并跟随基点 A 一起做平行移动，因此动系做平动，动系上所有的点具有与基点 A 相同的运动轨迹、相同的速度和相同的加速度。另外，由于 A，B 两点之间的距离在运动过程中保持不变，这样平面图形 S 的运动被分解为跟随动系的平行移动和相对于动系的定轴转动，点 B 的相对运动为绕点 A 的圆周运动，其角速度和角加速度等于平面图形的角速度和角加速度。点 B 的牵连速度等于点 A 的速度 $\boldsymbol{v}_e=\boldsymbol{v}_A$；点 B 的牵连加速度等于点 A 的加速度 $a_e=a_A$；点 B 的相对速度记为 $\boldsymbol{v}_{BA}$，其大小等于 A，B 两点之间的距离 ρ 乘以平面图形的角速度 $\omega=\dot{\varphi}$，即 $v_{BA}=\rho\omega$，其方向沿 AB 的垂线方向；点 B 的相对加速度 a_{BA} 等于点 B 绕点 A 的圆周运动的加速度，包括法向加速度和切向加速度，其中法向加速度记为 a_{BA}^n，大小等于 A，B 两点之间的距离 $\boldsymbol{\rho}$ 乘以平面图形的角速度的平方：$a_{BA}^n=\rho\omega^2$，切向加速度记为 a_{BA}^τ，大小等于 A，B 两点之间的距离 $\boldsymbol{\rho}$ 乘以平面图形的角加速度 $\alpha=\ddot{\varphi}$，即 $a_{BA}^\tau=\rho\alpha$。于是，由速度合成定理、动系做平动的加速度合成定理得到图形 S 上任意点 B 的速度和加速度计算公式：

$$
\boldsymbol{v}_B = \boldsymbol{v}_A + \boldsymbol{v}_{BA}, v_{BA} = \rho\omega, \boldsymbol{v}_{BA} \perp AB \tag{2—4—3a}
$$

$$
\boldsymbol{a}_B = \boldsymbol{a}_A + \boldsymbol{a}_{BA}^n + \boldsymbol{a}_{BA}^\tau, a_{BA}^n = \rho\omega^2, a_{BA}^\tau = \rho\alpha \tag{2—4—3b}
$$

关于平面图形的角速度和角加速度的说明：在平面图形运动的分解中，基点 A 的

选择是任意的（但通常选择运动参数已知的点）；平面图形的角速度、角加速度是由图形本身的运动决定的，与基点的选择无关。公式（2－4－3a、b）给出的计算平面图形上任意点 B 的速度和加速度的方法称为基点法：平面图形上任意点的速度等于基点的速度与该点绕基点的圆周运动速度的矢量和，任意点的加速度等于基点的加速度与该点绕基点圆周运动的法向加速度和切向加速度的矢量和。

注意到 $\boldsymbol{v}_{BA}$ 是点 B 绕点 A 的圆周运动的速度矢量，其方向与 A，B 两点的连线垂直，将式（2－4－3a）沿 AB 方向投影，得到

$$(\boldsymbol{v}_B)_{AB} = (\boldsymbol{v}_A)_{AB} \tag{2-4-4}$$

这个关系称为速度投影定理：平面图形上任意两点的速度矢量在该两点连线方向上的投影值相等。根据速度投影定理计算平面图形上点 B 的速度的方法称为速度投影法。如果已知平面图形上一点 A 的速度大小和方向以及另一点 B 的速度方向，要计算点 B 的速度大小，那么只要将 A，B 两点的速度矢量沿该两点连线方向上投影并利用投影值相等（即利用公式（2－4－4））即可求出点 B 的速度。

应用速度投影法，前提是要知道平面图形上 A，B 两个点的速度方向，还要知道其中一个点的速度大小，但如果要求出图形上除 A，B 两个点以外其他点的速度，怎么办呢？办法之一就是先求出平面图形的角速度，根据基点法，只要知道平面图形上一点的速度和图形的角速度，就可以求出平面图形上任意点的速度。假设已知平面图形上两个点的速度方向和其中一个点的速度大小，如何求出平面图形的角速度呢？我们现在来研究这个问题。

如图 2－4－2 所示，设图形上点 O 的速度和图形的角速度分别记为 $\boldsymbol{v}_O$，ω（角速度暂时是未知量，并且假设 $\omega \neq 0$），过点 O 在平面内作速度矢量 $\boldsymbol{v}_O$ 的垂线 OM，那么，根据基点法，在垂线 OM 上必存在一点 C，该点的速度 $v_C=0$，该点到点 O 的距离为 $r=v_O/\omega$，这是因为如果以点 O 为基点，根据式（2－4－3a）可知点 C 的速度等于零，即

$$v_C = v_O - v_{CO} = v_O - r\omega = 0$$

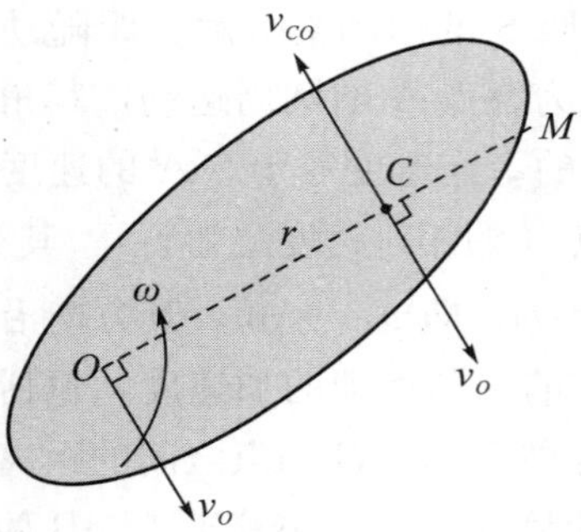

平面图形的速度瞬心

图 2－4－2

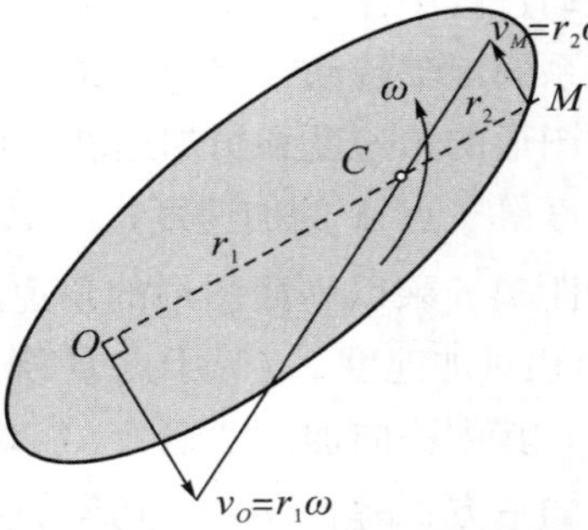

平面图形绕瞬时轴C的转动

图 2－4－3

在某时刻平面图形上速度等于零的点称为该时刻平面图形的速度瞬时中心（图形上其他点的速度都不等于零，就好像在该瞬时，图形以该点为中心旋转一样），简称瞬心，图中的点 C 就是平面图形的瞬心，过瞬心垂直于该平面图形的直线称为瞬时轴。如果

以平面图形的瞬心为基点，用基点法计算平面运动刚体上任意点的速度就变得很简单：某时刻刚体的平面运动可以看成是绕瞬时轴的定轴转动，即平面运动刚体上任意点的速度大小等于该点到瞬时轴的距离乘以刚体的角速度，其方向与该点绕瞬时轴转动的速度方向相同。例如图 2—4—3 中点 O、点 M 的速度可由公式 $v_O=r_1\omega$，$v_M=r_2\omega$ 计算，而角速度 ω 可以通过已知点 O 的速度 v_O 由公式 $\omega=v_O/r_1$ 计算。因此，找到瞬心的位置，从而确定距离参数 r_1，r_2 是接下来的任务。

由此得到计算平面图形上任意点速度的瞬心法：将某时刻平面图形的运动看成绕瞬时轴（图形的瞬心 C 就是该轴与平面图形的交点）的转动，图形上任意点 A 的速度 $v_A=r\omega$，$r=AC$，ω 为图形的角速度，$v_A\perp AC$（即速度 v_A 与 AC 垂直）。所以，利用瞬心法求平面图形上任意点的速度，其关键是先确定图形上速度瞬心 C 的位置。

因为某时刻平面图形的瞬心必位于图形上各点速度矢量的垂线上，所以通常根据图形上两点的速度方向确定其速度瞬心的位置。下面分四种情况给出确定瞬心的方法。

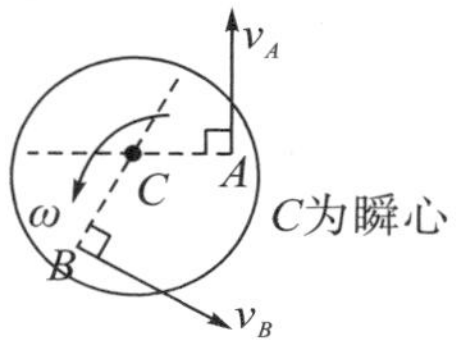

两点速度不平行

图 2—4—4

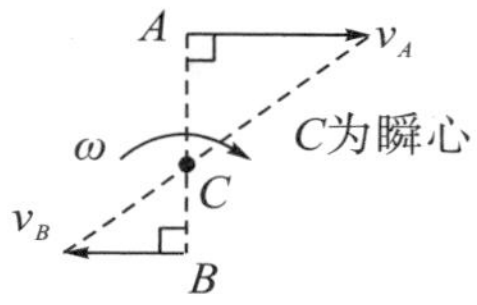

两点速度反向平行

图 2—4—5

（1）如图 2—4—4 所示，已知图形上 A，B 两点的速度矢量不平行：可分别从这两点引速度矢量的垂线，两垂线的交点就是平面图形的速度瞬心。

（2）如图 2—4—5 所示，已知图形上 A，B 两点的速度矢量反向平行且 AB 连线为它们的速度垂线：可连接这两点的速度矢量的端点并作虚线，该虚线与 AB 连线的交点就是平面图形的速度瞬心。

（3）如图 2—4—6 所示，已知图形上 A，B 两点的速度矢量同向平行，但大小不相等，并且 AB 连线为它们的速度垂线：可连接这两点的速度矢量的端点并作延长线，该延长线与 AB 延长线的交点就是平面图形的速度瞬心。

（4）如图 2—4—7 所示，已知图形上 A，B 两点的速度矢量同向平行且相等：由基点法可推知，此时图形的角速度 $\omega=0$，该瞬时图形上各点速度相同，这种情况称为刚体的瞬时平动。

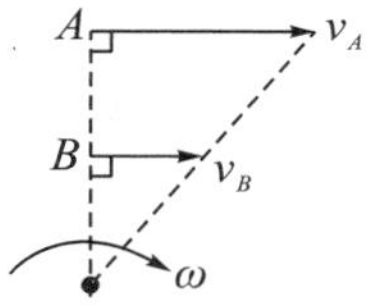

C为瞬心
两点速度同向平行
$v_A\neq v_B$

图 2—4—6

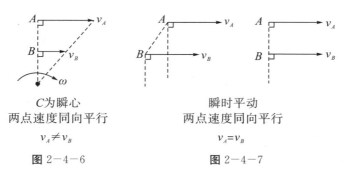

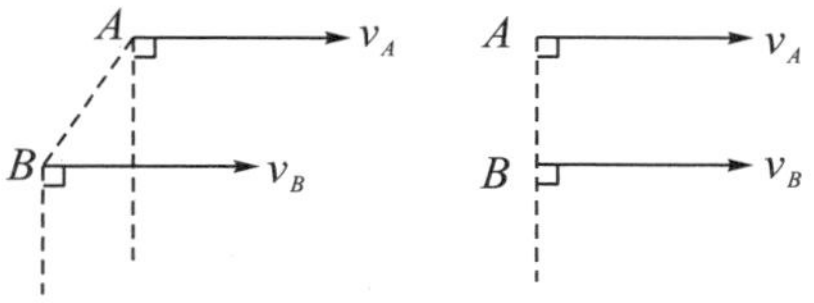

瞬时平动
两点速度同向平行
$v_A=v_B$

图 2—4—7

这里应该注意刚体做平行移动与刚体的瞬时平动的区别。在某时刻做瞬时平动的刚体上，各点在该时刻的速度矢量相同，但各点的加速度不同，因而下一时刻刚体上各点的速度不再相同，当然各点的运动轨迹也不同。刚体做平行移动时，在任意给定的时刻，刚体上各点具有相同的速度和相同的加速度，并且各点具有相同的运动轨迹。显然，刚体的平行移动与刚体的瞬时平动这两者是很不相同的。

例 2－14　半径为 r 的车轮在水平地面上沿直线方向无滑动地滚动，已知轮心的速度 u 是常量，求轮缘上一点 M 的运动方程、任意时刻的速度和加速度，并说明在任意时刻车轮的速度瞬心为该瞬时车轮上与地面的接触点。

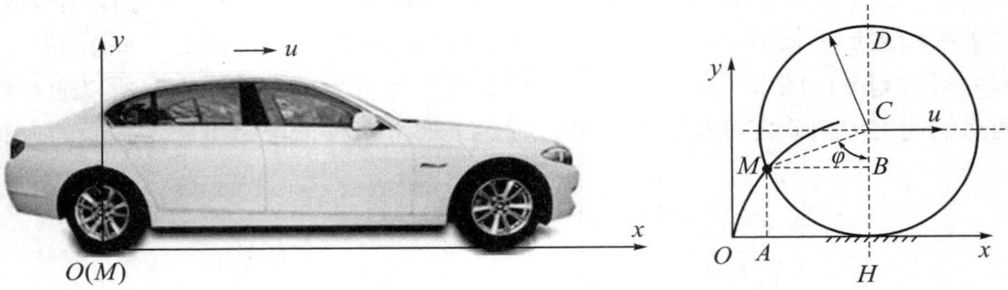

例 2－14 图　汽车沿直线方向行驶

解　建立如图所示直角坐标系 xOy，设 $t=0$ 时刻点 M 位于坐标原点（与地面接触），车轮做无滑动的滚动（纯滚动），在 t 时刻，点 M 位于图示位置，弧长 MH 等于直线段 OH 的长度，所以点 C 的运动方程为

$$x_C = ut = OH = \widehat{MH} = r\varphi$$

即 $\varphi = ut/r$，所以车轮的角速度 $\omega = \dot{\varphi} = u/r$ 为常数，点 M 的运动方程为

$$\begin{cases} x = ut - r\sin(ut/r) \\ y = r - r\cos(ut/r) \end{cases} \tag{a}$$

运动方程两端对时间求导，得到点 M 的速度分量为

$$\begin{cases} v_x = \dot{x} = u - u\cos(ut/r) \\ v_y = \dot{y} = u\sin(ut/r) \end{cases} \tag{b}$$

再对速度分量关于时间求导，得到 M 点的加速度分量为

$$\begin{cases} a_x = \dot{v}_x = \dfrac{1}{r}u^2\sin(ut/r) \\ a_y = \dot{v}_y = \dfrac{1}{r}u^2\cos(ut/r) \end{cases} \tag{c}$$

车轮在地面上沿直线方向纯滚动，点 M（包括轮缘上的所有点）的速度与加速度呈现周期变化，并且每当点 M 与地面接触时（此时 $\varphi = ut/r = 2n\pi$，$n=0$，1，2，…）都有 $v=0$ 和 $a_x=0$，因此车轮在固定的平面上纯滚动的运动学条件为：①在任意时刻，与地面接触的点的速度 $v=0$，即接触点为车轮的速度瞬心；②接触点的加速度水平分量 $a_x=0$，也就是接触点的加速度沿接触面的切向分量等于零，而法向分量 $a_y=u^2/r$ 不为零。

如果这里的轮子在曲面上纯滚动，又会怎样呢？

例 2－15　半径为 r 的圆轮位于铅锤平面内，在半径为 R 的固定的圆柱面上做周期性的无滑动的滚动。假设已知 OC 与竖直线夹角的时间变化函数 $\varphi=\varphi(t)$，这里 O 是圆柱面的轴线与铅锤平面的交点，C 是小轮的圆心，初始时刻 $\varphi=\varphi_0$，求轮缘上一点 M 的运动方程，以及在任意时刻 t 的速度和加速度。

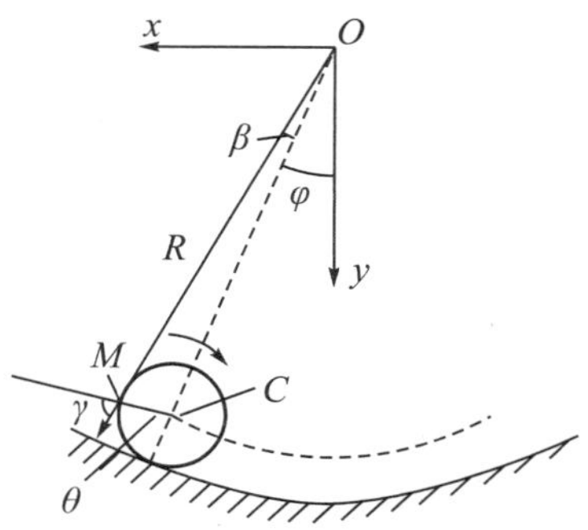

例 2—15 图　圆轮在曲面上的滚动

解　建立如图所示的直角坐标系 xOy，设 $t=0$ 时刻点 M 与圆柱面接触，经过时间 t，OC 转过角度 $\beta=\varphi_0-\varphi$，点 M 位于图示位置，小轮相对 OC 的转角为 θ，绝对转角为 $\gamma=\theta-\beta$，根据几何关系，有

$$r\theta=R\beta,\theta=\frac{R}{r}\beta=\frac{R}{r}(\varphi_0-\varphi) \tag{a}$$

则 t 时刻 MC 与 y 轴的夹角等于 $\varphi+\theta$，M 点的运动方程为

$$\begin{cases}x=(R-r)\sin\varphi+r\sin(\varphi+\theta)\\ y=(R-r)\cos\varphi+r\cos(\varphi+\theta)\end{cases} \tag{b}$$

上式两端对时间求导，有

$$\begin{cases}v_x=\dot{x}=(R-r)\cos\varphi\dot{\varphi}+r\cos(\varphi+\theta)(\dot{\varphi}+\dot{\theta})\\ v_y=\dot{y}=-(R-r)\sin\varphi\dot{\varphi}-r\sin(\varphi+\theta)(\dot{\varphi}+\dot{\theta})\end{cases} \tag{c}$$

上式两端对时间求导，得到点 M 在任意时刻 t 的加速度分量

$$\begin{cases}a_x=(R-r)(\cos\varphi\ddot{\varphi}-\sin\varphi\dot{\varphi}^2)+\\ \qquad r[\cos(\varphi+\theta)(\ddot{\varphi}+\ddot{\theta})-\sin(\varphi+\theta)(\dot{\varphi}+\dot{\theta})^2]\\ a_y=(R-r)(-\sin\varphi\ddot{\varphi}-\cos\varphi\dot{\varphi}^2)+\\ \qquad r[-\sin(\varphi+\theta)(\ddot{\varphi}+\ddot{\theta})-\cos(\varphi+\theta)(\dot{\varphi}+\dot{\theta})^2]\end{cases} \tag{d}$$

注意到 $\dot{\varphi}+\dot{\theta}=-(R-r)\dot{\varphi}/r$，$\ddot{\varphi}+\ddot{\theta}=-(R-r)\ddot{\varphi}/r$，当 $\theta=0$ 或 2π，即点 M 与圆柱面接触时，接触点 M 的速度 $v=0$，加速度为

$$\begin{cases}a_x=-R(R-r)\sin\varphi\dot{\varphi}^2/r\\ a_y=-R(R-r)\cos\varphi\dot{\varphi}^2/r\end{cases} \tag{e}$$

由此可知，该时刻接触点 M 的加速度沿 CO 方向，沿接触面的公切线方向的分量等于零。这与前面例题所得结论一致。

【解题技巧分析】建立坐标系、巧用几何关系是写出点的运动方程常用的方法。通过前面的例题和本例题的分析与推导，进一步明确了轮子在平面内纯滚动的运动学特点：无论接触面是平面还是圆柱面这样的曲面，在任意时刻，轮子的瞬心位于与地面的接触点，接触点的瞬时速度等于零，接触点的加速度沿接触面的公切线方向的分量也等于零。在刚体的平面运动分析中，可以充分利用纯滚动瞬心已知的信息以及瞬心的运动学特点（速度为零，切向加速度分量为零）。

例 2—16　试用瞬心法和基点法分析例 2—15 中轮子在任意时刻与地面接触点的加速度。

解　因为点 A 为轮子的瞬心，所以

$$v_C = (R-r)(-\dot{\varphi}) = r\omega$$

式中，ω 为轮子的角速度，而 $-\dot{\varphi}$ 为 OC 的角速度（负号表示角度 φ 在减小）。根据例 2－15 分析，图中各角度关系为 $r\theta = R\beta$，$\gamma = \theta - \beta$，$\beta = \varphi_0 - \varphi$，$\gamma$ 是轮子的转角，所以

$$\omega = \dot{\gamma} = (R-r)(-\dot{\varphi})/r \tag{a}$$

这与用瞬心法得到的角速度一致。上式再对时间求导，得到轮子的角加速度为

$$\alpha = \dot{\omega} = (R-r)(-\ddot{\varphi})/r \tag{b}$$

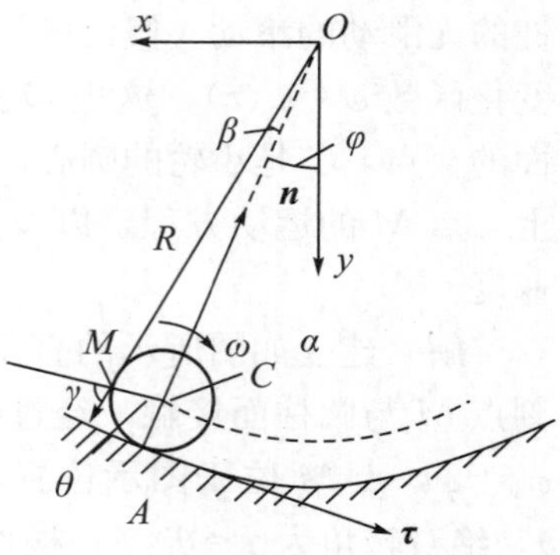

例 2－16 图　A 点的法线和切线矢量

根据基点法，点 A 的加速度可表示为

$$\boldsymbol{a}_A = \boldsymbol{a}_C^n + \boldsymbol{a}_C^\tau + \boldsymbol{a}_{AC}^n + \boldsymbol{a}_{AC}^\tau \tag{c}$$

式中两个法向加速度同向，切向加速度反向，大小为

$$a_C^n = (R-r)\dot{\varphi}^2,\ a_C^\tau = (R-r)(-\ddot{\varphi})$$

$$a_{AC}^n = r\omega^2 = (R-r)^2\dot{\varphi}^2/r,\ a_{AC}^\tau = r\alpha = (R-r)(-\ddot{\varphi})$$

将式（c）分别沿法向 $\boldsymbol{n}$ 和切向 $\boldsymbol{\tau}$ 投影，得到接触点 A 的加速度为

$$a_{A\tau} = 0, a_{An} = R(R-r)\dot{\varphi}^2/r$$

所以，接触点的加速度沿接触面的公切线方向的分量等于零。此时将接触点 A 的加速度分别沿 x 轴和 y 轴投影，再次得到例 2－15 的式（e）。

2.5　运动学综合

到目前为止，计算一个点的速度或刚体的角速度至少有五种方法可供选用：

（1）运动方程微分法；

（2）运动分解与合成法——速度合成定理；

（3）刚体平面运动基点法；

（4）速度投影定理——投影法；

（5）速度瞬心法。

计算一个点的加速度或刚体的角加速度有三种方法可供选用：

（1）速度微分法；

（2）运动分解与合成法——加速度合成定理；

（3）刚体平面运动基点法。

根据问题的几何关系写出点的运动方程，然后由运动方程微分和速度微分计算点的速度和加速度在许多情况下都可以优先考虑采用。但对于不便写出点的运动方程的问题，特别是涉及相对运动和刚体平面运动的问题，通常要将运动分解与合成的方法同刚体平面运动的基点法加以综合运用。

例 2－17　（第六届四川省孙训方大学生力学竞赛试题，2016 年 11 月）已知半径为 r 的大圆环 C 在水平直线轨道上做无相对滑动的匀速纯滚动，角速度为 ω；绕轴 A

做定轴转动的细长杆 AB 与大圆环 C 用小环 M 套在一起，且杆与圆环始终相切，如图所示。求图示位置：

（1）小环 M 相对大圆环 C 的速度和绝对速度；

（2）小环 M 相对大圆环 C 的加速度和绝对加速度。

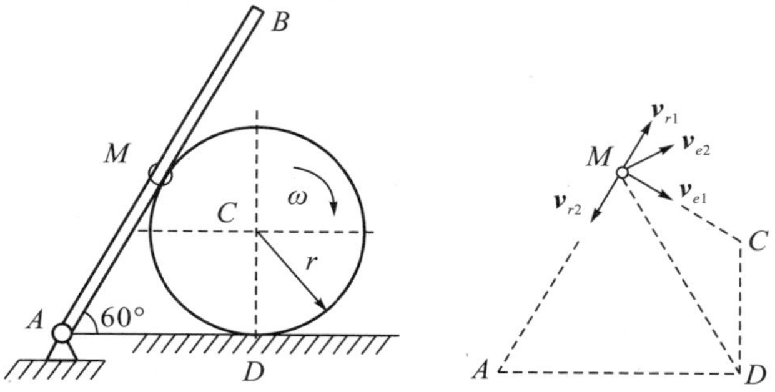

例 2-17 图　（a）**机构及小圆环速度图**

解　（1）求小环 M 相对大圆环 C 的速度和绝对速度。

因为运动过程中始终有 $AM=AD$，所以小环 M 相对杆 AB 的速度 v_{r1} 和加速度 a_{r1} 大小为

$$v_{r1}=v_C=r\omega \tag{a1}$$

$$a_{r1}=a_C=0 \tag{a2}$$

以小环 M 为动点，分别以杆 AB 和大圆环 C 为动系，作速度图如上图所示，由速度合成定理有

$$\boldsymbol{v}_{r1}+\boldsymbol{v}_{e1}=\boldsymbol{v}_{r2}+\boldsymbol{v}_{e2} \tag{b}$$

式中下标 1 表示与动系 AB 有关的量，下标 2 表示与动系大圆环 C 有关的量。将式（b）分别沿 $\boldsymbol{v}_{r1}$，$\boldsymbol{v}_{e1}$ 方向投影，得到

$$v_{r1}=v_{e2}\cos30°-v_{r2},v_{e1}=v_{e2}\sin30° \tag{c}$$

式中，$v_{r1}=v_C=r\omega$，$v_{e2}=MD\cdot\omega=\sqrt{3}r\omega$，代入解得

$$v_{r2}=\frac{1}{2}r\omega \tag{d1}$$

$$v_{e1}=\frac{\sqrt{3}}{2}r\omega \tag{d2}$$

注意到 $AM=MD=\sqrt{3}r$，由此可得杆 AB 的角速度

$$\omega_{AB}=\frac{v_{e1}}{AM}=\frac{1}{2}\omega \tag{e}$$

小环 M 的绝对速度为

$$v_M=\sqrt{v_{r1}^2+v_{e1}^2} \tag{f1}$$

将式（a1）和式（d2）代入得

$$v_M=\frac{\sqrt{7}}{2}r\omega \tag{f2}$$

（2）求小环 M 相对大圆环 C 的加速度和绝对加速度。

研究小环M，以小环M为动点，分别以杆AB和大圆环C为动系，作加速度图如下图所示，由加速度合成定理有

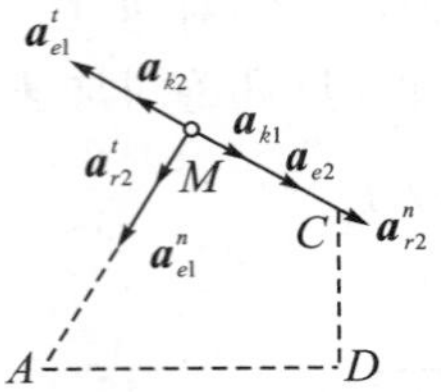

(b) 小圆环加速度图

例 2-17 图

$$\boldsymbol{a}_M = \boldsymbol{a}_{e1}^n + \boldsymbol{a}_{e1}^t + \boldsymbol{a}_{k1} = \boldsymbol{a}_{r2}^n + \boldsymbol{a}_{r2}^t + \boldsymbol{a}_{e2} + \boldsymbol{a}_{k2} \tag{g}$$

式中，$\boldsymbol{a}_{e2}$是大圆环上与M重合点的加速度，指向C点，因为$\boldsymbol{a}_C=0$，根据基点法，有

$$\boldsymbol{a}_{e2} = \boldsymbol{a}_C + \boldsymbol{a}_{MC} = \boldsymbol{a}_{MC} \tag{h1}$$

所以

$$a_{e2} = r\omega^2 \tag{h2}$$

将式（g）沿$\boldsymbol{a}_{e1}^n$，$\boldsymbol{a}_{e1}^t$方向投影得

$$a_{r2}^t = a_{e1}^n = AM \cdot \omega_{AB}^2 = \frac{\sqrt{3}}{4} r\omega^2 \tag{i}$$

$$a_{e1}^t - a_{k1} = a_{k2} - a_{e2} - a_{r2}^n \tag{j}$$

利用式（a1），（d1）和（e），科氏加速度计算如下

$$a_{k1} = 2v_{r1}\omega_{AB} = r\omega^2, a_{k2} = 2v_{r2}\omega = r\omega^2 \tag{k}$$

而

$$a_{r2}^n = \frac{v_{r2}^2}{r} = \frac{1}{4} r\omega^2 \tag{l}$$

将式（h2），（k）和（l）代入式（j）得到

$$a_{e1}^t = \frac{3}{4} r\omega^2 \tag{m}$$

因为$\boldsymbol{a}_{e2}$，$\boldsymbol{a}_{k2}$大小相等，方向相反，由式（g），有

$$a_M = a_{r2} = a_{r2}^n + a_{r2}^t$$

即小圆环的绝对加速度$\boldsymbol{a}_M$与相对加速度$\boldsymbol{a}_{r2}$相等。利用式（i），（l），最后得到

$$a_M = a_{r2} = \sqrt{(a_{r2}^n)^2 + (a_{r2}^t)^2} = \frac{1}{2} r\omega^2$$

【解题技巧分析】本题求小环的速度相对简单，求加速度尤其是求相对大圆环C的加速度步骤较多。求相对加速度必须利用加速度合成定理。这里因为涉及两个动系：做定轴转动的杆AB和做平面运动的大圆环C，所以，要分析两个科氏加速度。大圆环C上与M重合点的速度和加速度分析利用了瞬心法和平面运动的基点法。

例 2-18 （第七届四川省孙训方大学生力学竞赛试题，2018 年 12 月）如图所示的机构，已知圆盘C的半径$r=50$mm，在半径$R=150$mm的圆弧形槽内做纯滚动。圆盘顶部A连接活塞AB可在气缸O_1D中滑动，AB长 100mm，气缸O_1D可绕O_1摆动，

图示瞬时，圆盘 C 的角速度 $\omega=0.2\text{rad/s}$，角加速度 $\alpha=0.1\text{rad/s}^2$，$OO_1=100\sqrt{3}\,\text{mm}$，$AO\perp OO_1$，试求此时气缸摆动的角速度 ω_1 和角加速度 α_1。

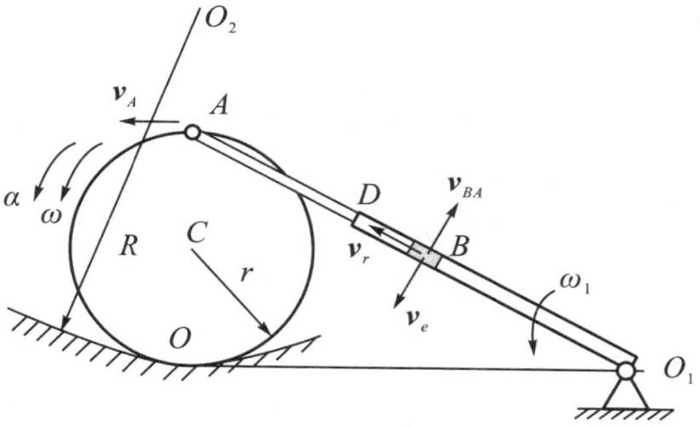

例 2—18 图 (a) 速度图

解 (1) 速度分析。

圆盘 C 在平面内做纯滚动（点 O 为瞬心），AB 做平面运动，点 B 在气缸 O_1D 内做相对运动，以点 A 为基点，点 B 为动点，气缸 O_1D 为动系，联合使用基点法和速度合成定理，得到

$$\boldsymbol{v}_B=\boldsymbol{v}_r+\boldsymbol{v}_e=\boldsymbol{v}_A+\boldsymbol{v}_{BA} \tag{a}$$

对于给定瞬时 $AO=2r$，$v_A=2r\omega=20\text{mm/s}$，将式（a）沿 O_1A 方向投影，得到

$$v_r=v_A\sin 60^\circ=10\sqrt{3}\,\text{mm/s}$$

根据题给已知条件，在图示瞬时，$\triangle AOO_1$ 为直角三角形，$\angle OO_1A=30^\circ$，所以 $O_1A=2OA=4r$，$O_1B=O_1A-AB=100\text{mm}$，注意到 AB 与气缸 O_1D 有相同的角速度 $\omega_{AB}=\omega_1$，所以 $v_{BA}=\omega_1 AB$，$v_e=\omega_1 O_1B$。将式（a）沿 AB 的垂线方向投影，得到

$$\omega_1 O_1B=v_A\cos 60^\circ-\omega_1 AB$$

由此解得图示瞬时气缸的角速度为

$$\omega_1=0.05\text{rad/s}$$

(2) 加速度分析。

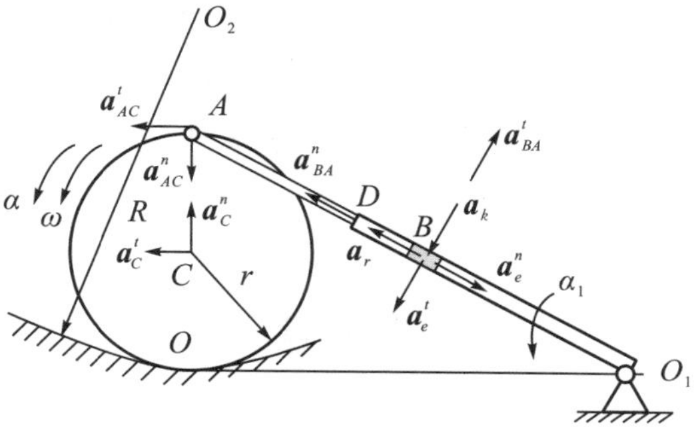

例 2—18 图 (b) 加速度图

圆盘 C 和 AB 做平面运动，根据基点法，有

$$\boldsymbol{a}_A=(\boldsymbol{a}_C^n+\boldsymbol{a}_C^t)+\boldsymbol{a}_{AC}^n+\boldsymbol{a}_{AC}^t\text{（以 }C\text{ 为基点）}$$

$$\boldsymbol{a}_B=\boldsymbol{a}_A+\boldsymbol{a}_{BA}^n+\boldsymbol{a}_{BA}^t\text{（以 }A\text{ 为基点）}$$

另外，根据加速度合成定理，有

$$\boldsymbol{a}_B = \boldsymbol{a}_r + \boldsymbol{a}_e^n + \boldsymbol{a}_e^t + \boldsymbol{a}_k \text{（以 } O_1B \text{ 为动系）}$$

将上面第一式和第三式代入第二式，得到

$$\boldsymbol{a}_B = \boldsymbol{a}_r + \boldsymbol{a}_e^n + \boldsymbol{a}_e^t + \boldsymbol{a}_k = \boldsymbol{a}_C^n + \boldsymbol{a}_C^t + \boldsymbol{a}_{AC}^n + \boldsymbol{a}_{AC}^t + \boldsymbol{a}_{BA}^n + \boldsymbol{a}_{BA}^t \tag{b}$$

式中，$a_k = 2\omega_1 v_r = \sqrt{3}\text{mm/s}^2$（通过代入前面已求出的 ω_1，v_r 值得到）为点 B 的科氏加速度。式（b）通过点 A，将点 B 的加速度与点 C 的加速度联系在一起，因此，求出点 C 的加速度成为解题关键。点 C 绕圆心 O_2 以 $R-r=100\text{mm}$ 为半径做圆周运动，根据圆盘的纯滚动条件（$v_O=0$，$a_O^t=0$），可得点 C 的速度 $v_C=\omega r=10\text{mm/s}$，以及点 C 的两个加速度分量如下：

$$a_C^n = v_C^2/(R-r) = 1\text{mm/s}^2, a_C^t = r\alpha = 5\text{mm/s}^2$$

由已知的圆盘的角速度和角加速度，有

$$a_{AC}^n = r\omega^2 = 2\text{mm/s}^2, a_{AC}^t = r\alpha = 5\text{mm/s}^2$$

注意到 $a_e^t = BO_1\alpha_1 = 100\alpha_1$，$a_{BA}^t = AB\alpha_1 = 100\alpha_1$，所以式（b）中只包含两个未知量：$a_r$ 和 α_1，将式（b）沿 AB 的垂线方向投影，得到

$$a_e^t + a_k = (-a_C^n + a_{AC}^n)\cos30° + (a_C^t + a_{AC}^t)\sin30° - a_{BA}^t \tag{c}$$

将各加速度分量代入式（c），解得

$$\alpha_1 = (10-\sqrt{3})/400 \approx 0.021\text{rad/s}^2$$

【解题技巧分析】本题涉及两个平面运动刚体（圆盘和活塞）和一个定轴转动刚体（气缸），活塞与气缸有相对运动，属于运动综合问题。解题分析的基本思路：根据所要求解的问题寻找合适的计算路径。本题要求解的未知量：给定瞬时气缸摆动的角速度 ω_1 和角加速度 α_1，以点 B 为动点，气缸为动系，如果能求出牵连速度和牵连切向加速度，那么问题就得到了解决。为了求出点 B 的牵连速度，利用点 A 的速度已知和 AB 做平面运动的条件，根据基点法将 A，B 两点的速度联系起来；在求解点 B 的牵连切向加速度时，由于给定瞬时点 A 的加速度要通过点 C 才能完全确定，所以，借助点 A 为联系纽带，根据基点法将 B，C 两点的加速度联系起来，计算点 C 的加速度就成为本题加速度分析的重要一步。本题加速度分析计算路径可归纳为以下几步：①由速度分析计算点 B 的相对速度 v_r 和气缸的角速度 ω_1；②计算点 B 的科氏加速度 $a_k = 2\omega_1 v_r$；③计算点 C 的加速度；④由基点法计算点 A 的加速度；⑤由基点法求解点 B 的牵连切向加速度，最后计算得到角加速度 α_1。

思考题

1. 如何判断一个刚体是否在做平行移动？
2. 平行移动是否与直线运动有必然的联系？这两种运动有什么区别？
3. 如果一个刚体内各点都在做圆周运动，那么这个刚体一定是在做定轴转动吗？
4. 做平面运动的刚体，为什么其角速度和角加速度与基点的位置无关？

5. 牵连运动为转动的加速度合成定理中含有科氏加速度，为什么在基点法中只有法向加速度和切向加速度，没有科氏加速度？

6. 刚体的速度为零、非固定的点叫作速度瞬心，其加速度也等于零吗？为什么？

7. 刚体做纯滚动时，为什么速度瞬心位于与地面接触的点？为什么该点沿接触面的公切线方向的加速度分量等于零？

8. 刚体的平面运动每时每刻都存在速度瞬心吗？什么时候没有速度瞬心？当速度瞬心存在时，为什么可以将刚体的平面运动看成绕瞬心轴的转动？

9. 在机构的运动分析中，为什么有时候要将点的直线运动再做分解？

10. 在做运动分析计算速度时，有速度投影定理可供选择，为什么没有加速度投影定理？

11. 速度合成定理主要用于在运动分析时作出速度矢量图，再根据速度图的几何关系得到各速度分量的数值关系；在运用加速度合成定理计算加速度时，由于分量较多，一般无法得到各加速度简单的几何关系。在什么情况下，需要结合基点法做运动综合分析？如何根据已知条件由问题找到计算路径（计算的先后顺序）？

习　题

2－1　如图所示曲线规尺，已知 $OA=AB=25\text{cm}$，$CD=DE=AC=AE=5\text{cm}$，杆 OA 以等角速度 $\omega=2\text{rad/s}$ 绕 O 轴转动，在运动初始，杆 OA 水平向右，求尺上点 D 的运动方程和轨迹。

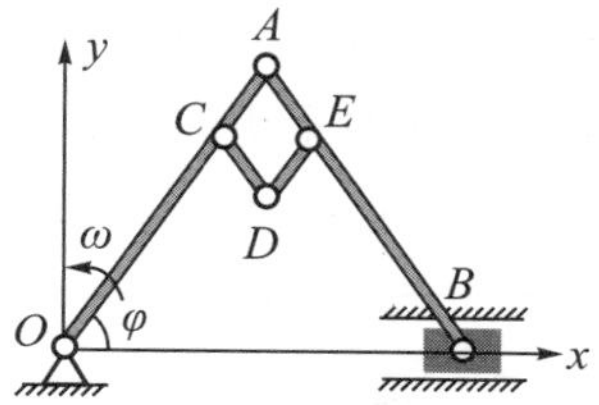

习题 2－1 图

2－2　如图所示平面机构，直角杆 BCD 以速度 $v=0.5\text{m/s}$ 在水平滑道内滑行，$BC=h=0.3\text{m}$，推动 OA 杆绕轴 O 转动，OA 长度为 $l=0.6\text{m}$，求：当 $\theta=45°$时，OA 杆端点的速度 v_A 和加速度 a_A。

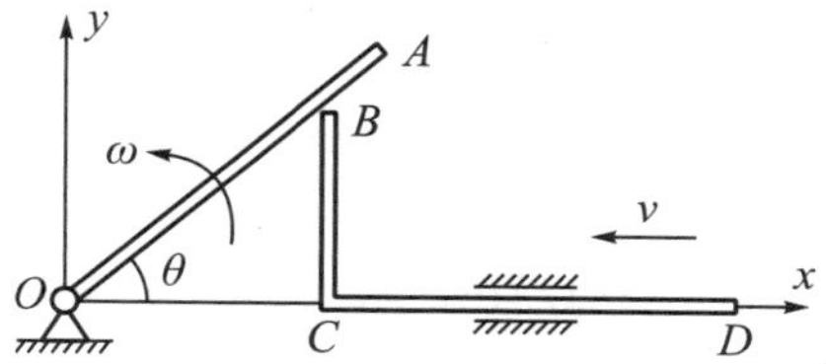

习题 2－2 图

2－3 一小船静止于湖面上，一人站在岸上，手握绳的一端，绳的另一端系在小船上。如果绷紧的绳与湖面的初始夹角为 $\theta=30°$，为了使船获得初速度 $v_1=0.4\text{m/s}$，问收绳的速度 v_2 应为多少？如果保持收绳的速度 v_2 和手离湖面的高度 $h=1.5\text{m}$ 不变，试求小船的初始加速度 a_0。

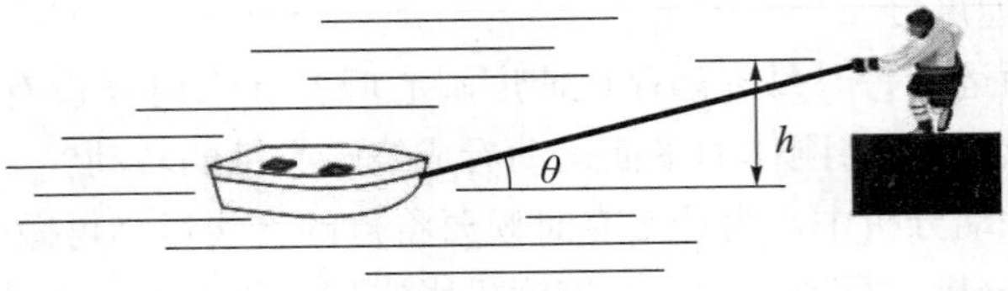

习题 2－3 图

2－4 平面机构如图所示。已知：$OA=R$，$CD=L$，$AB=2L$，C 为 AB 杆中点，OA 杆以匀角速度 ω 转动。当 OA 杆转至图示铅直位置时，$\varphi=\theta=30°$。试求该瞬时滑块 D 的加速度。

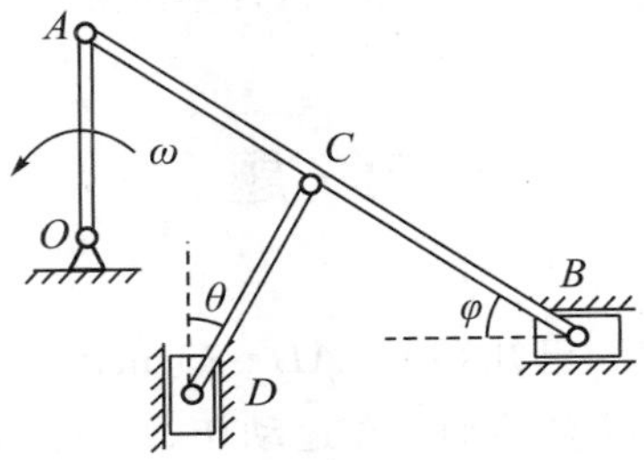

习题 2－4 图

2－5 平板 H 在图示平面内可绕垂直于图面的 O 轴转动，平板上刻有半径为 r 的圆槽，今有一小球 M 在槽内以速度 u 相对平板匀速运动。当小球 M 经过 O 点时，平板处于图示位置，角速度为 ω，角加速度为 α。试求该瞬时小球 M 的绝对加速度。

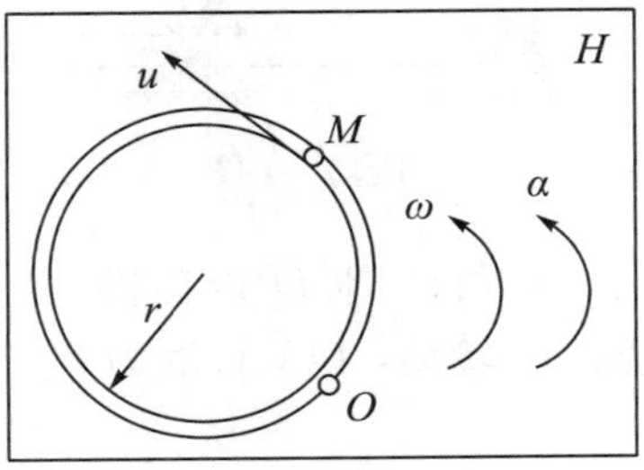

习题 2－5 图

（提示：当小球 M 经过 O 点时，牵连加速度等于零。）

2－6 路灯距地面的高度为 $h_1=6.2\text{m}$，一行人在灯下匆匆行走，速度为 $v_1=0.45\text{m/s}$，头顶距地面的高度为 $h_2=1.7\text{m}$，求人影的顶端移动的速度 v_2。

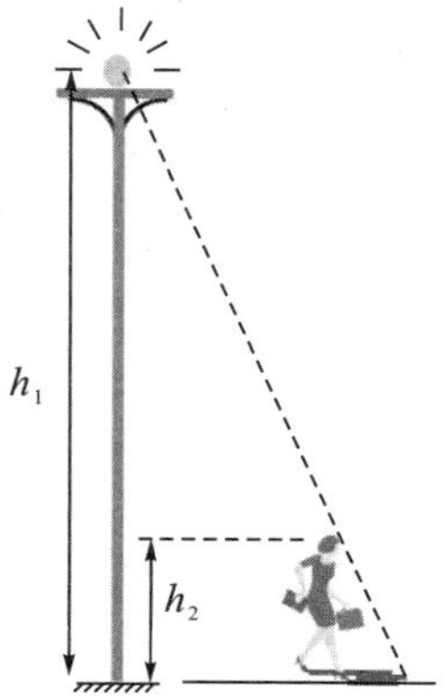

习题 2—6 图

2—7　在半径为 $R=10\text{cm}$ 的圆柱体上有一只小虫子以相对速度 $v_r=1.5\text{cm/s}$ 沿 Z 轴方向爬行，Z 轴与圆柱体的轴线重合，而圆柱体绕其轴线以角速度 $\omega=0.2\text{rad/s}$ 做定轴转动，试求小虫的速度和加速度大小。

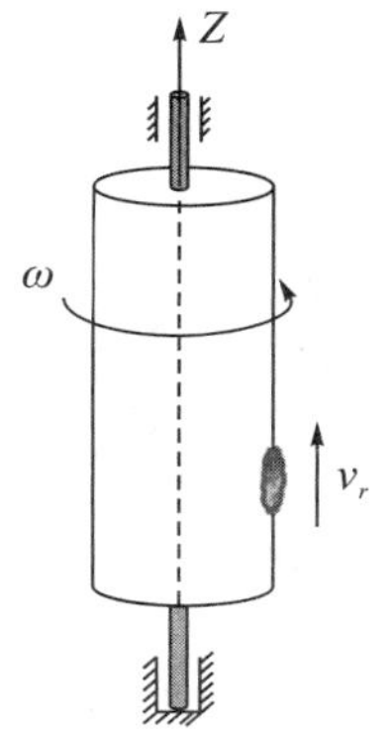

习题 2—7 图

2—8　图示平面机构中，直角杆 ABC 在点 A 铰接，BC 段穿过套筒 D。已知：$OA=AB=r=30\text{cm}$，$BC=80\text{cm}$。在图示位置时，$\omega=2\text{rad/s}$，$\varphi=45°$，$OA\perp AB$，D 刚好位于 BC 段的中点。试求该瞬时 C 点的速度。（提示：先确定直角杆 ABC 的速度瞬心的位置）

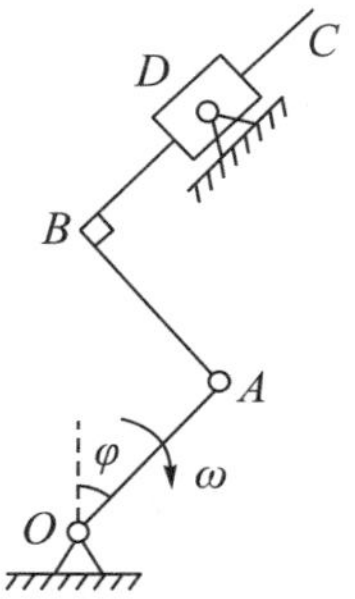

习题 2—8 图

2-9 图示平面机构中，已知：曲柄 $OC=r$，以匀角速度 ω_0 绕 O 轴转动，$CD=2r$；$O_1A=O_2B=d$，且相互平行；其他尺寸如图。在图示瞬时，OC 及 O_1A 铅垂，$\varphi=60°$。试求该瞬时，O_1A 杆的角速度 ω_1 和角加速度 α_1。

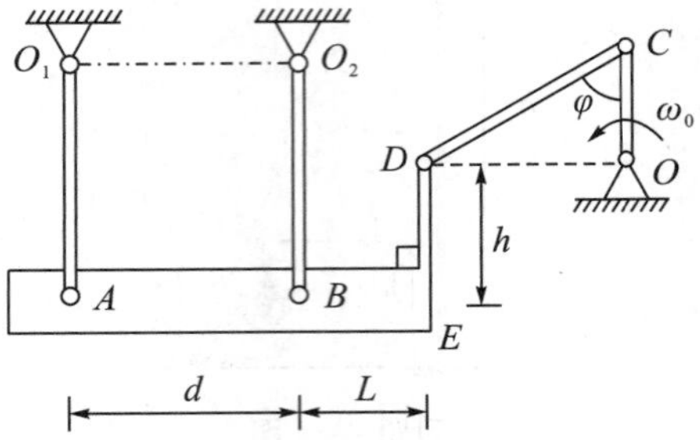

习题 2-9 图

2-10 在图示平面机构中，已知：$O_1O=OA=OB=r$；当 $\varphi=60°$时，$\beta=60°$，$\theta=30°$，O_1C 的角速度为ω，且 $\alpha=0$。试求该瞬时的 v_A、v_B 和 a_A。

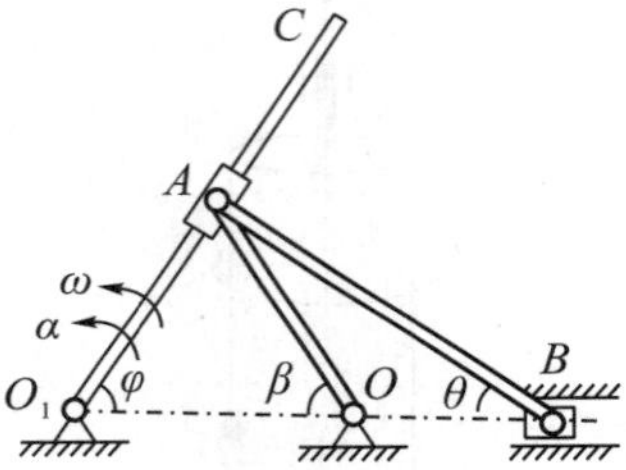

习题 2-10 图

2-11 图示铰接四边形机构中，$O_1A=O_2B=10\text{cm}$，又 $O_1O_2=AB$，并且杆O_1A 以匀角速度 $\omega=2\text{rad/s}$ 绕 O_1轴转动。AB 杆上有一套筒 C，此筒与 CD 杆相铰接，机构的各部件都在同一铅垂面内。求当 $\varphi=60°$时，CD 杆的速度和加速度。

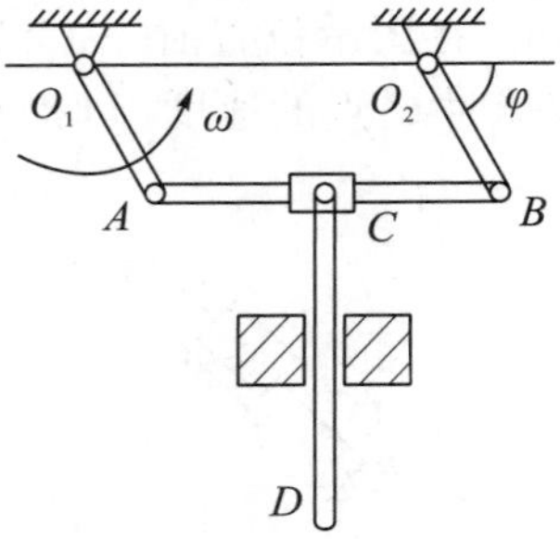

习题 2-11 图

2-12 半径为 $r=20\text{cm}$ 的半圆槽的边缘上，装有一可绕 C 点转动的套管；其内穿有一直杆 AB，令杆的一端 A 以匀速 $v_A=4\text{cm/s}$ 沿半圆槽运动。图示位置 $\angle OCA=30°$，求该瞬时 AB 杆上与 C 点重合的一点的速度与加速度。

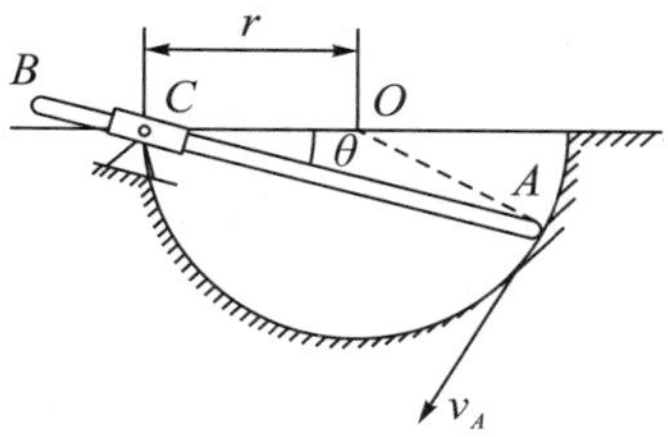

习题 2—12 图

2—13　半径为 r 的齿轮由曲柄 OA 带动，沿半径为 R 的固定齿轮滚动，如图所示。如曲柄 OA 以等角加速度 α 绕 O 轴转动，当运动开始时，角速度 $\omega_0=0$，转角 $\varphi_0=0$。求动齿轮以中心 A 为基点的平面运动方程。

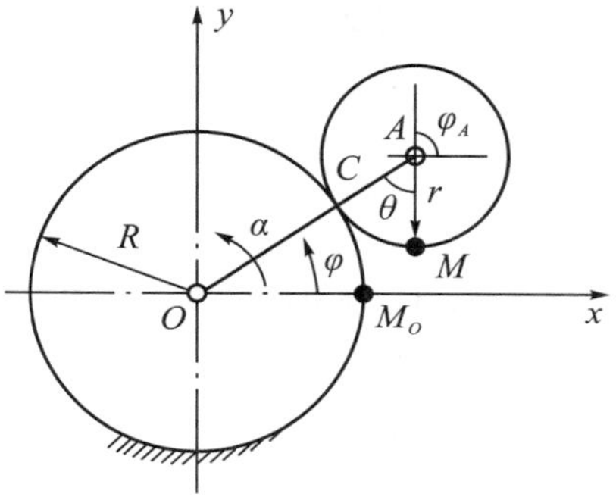

习题 2—13 图

2—14　半径为 r 的两轮用长为 l 的杆 O_2A 相连，如图所示。前轮 O_1 匀速滚动，轮心的速度为 v。求在图示位置后轮 O_2 滚动的角加速度。

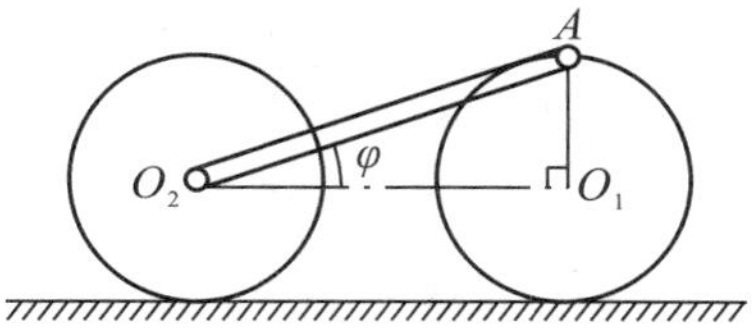

习题 2—14 图

2—15　滚压机构的滚子沿水平面做纯滚动，如图所示。曲柄 OA 长 r，连杆 AB 长 l，滚子半径为 R。若曲柄以匀角速度 ω 绕固定轴 O 转动，试求图示瞬时连杆 AB 和滚子的角加速度。

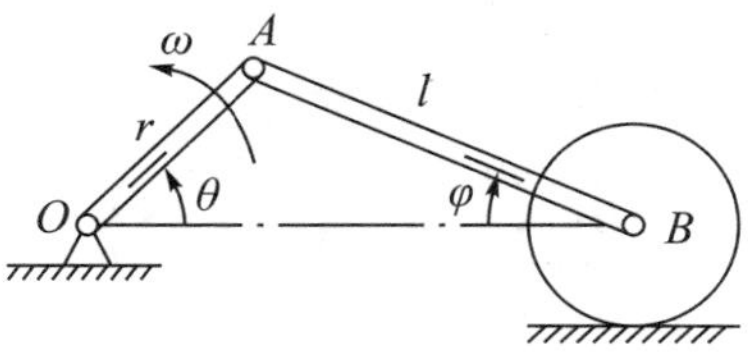

习题 2—15 图

2－16 摆杆 AB 与水平杆 CD 以铰链 A 连接，AB 杆可在套筒 EF 内滑动。同时又随套筒绕固定轴 O 摆动。已知：$l=1\text{m}$，在图示位置时，$\varphi=30°$，CD 杆的速度 $v=2\text{m/s}$，方向向右；加速度 $a=0.5\text{m/s}^2$，方向向左，试求此瞬时：

（1）套筒 EF 的角速度以及 AB 杆在套筒中滑动的速度；

（2）套筒 EF 的角加速度以及 AB 杆在套筒中滑动的加速度；

（3）摆杆 AB 上与 O 轴重合的点 O_1 的速度和加速度。

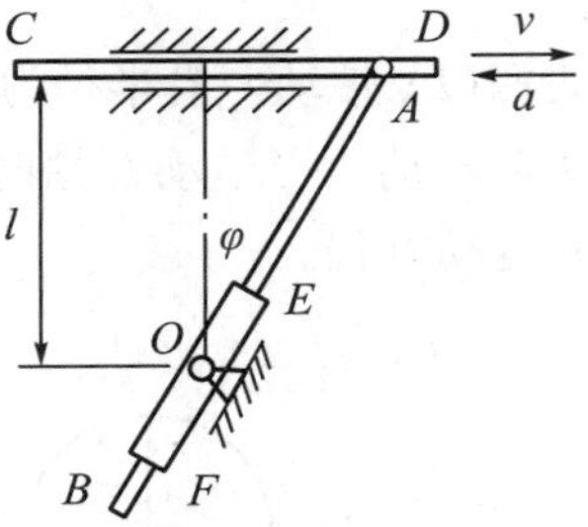

习题 2－16 图

2－17 圆盘的半径 $R=2\sqrt{3}\text{cm}$，以匀角速度 $\omega=2\text{rad/s}$ 绕位于盘缘的水平固定轴 O 转动，并带动杆 AB 绕水平固定轴 A 转动，杆与圆盘在同一铅垂面内。图示瞬时 A，C 两点位于同一铅垂线上，且杆与铅垂线 AC 的夹角 $\varphi=30°$，试求此瞬时 AB 杆转动的角速度与角加速度。

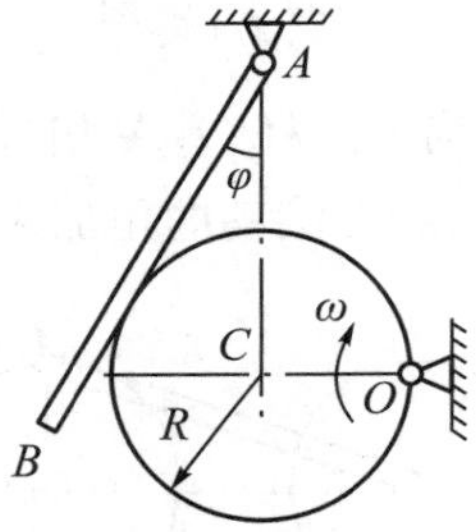

习题 2－17 图

2－18 曲柄 OA 长 0.2m，以角速度 $\omega_0=2\text{rad/s}$ 做匀速转动，且通过长为 0.4m 的连杆 AB 带动半径 $r=0.1\text{m}$ 的圆盘绕过 O_1 点的轴转动。试确定图示位置上 B 的速度和加速度。

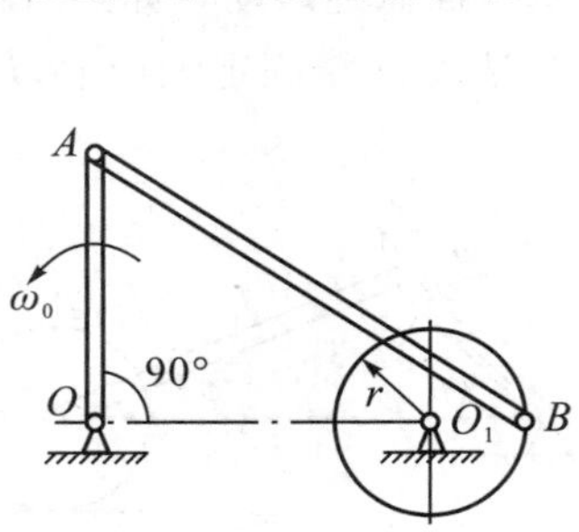

习题 2－18 图

2—19　三根连杆 AB，BC 和 CD 用铰链相连组成一四连杆机构（AD 可视作固定不动的连杆）。已知 $AB=BC=a$，$CD=2a$，杆 AD 以匀角速度 ω 转动。求图示两位置杆 CD 的角速度和角加速度。

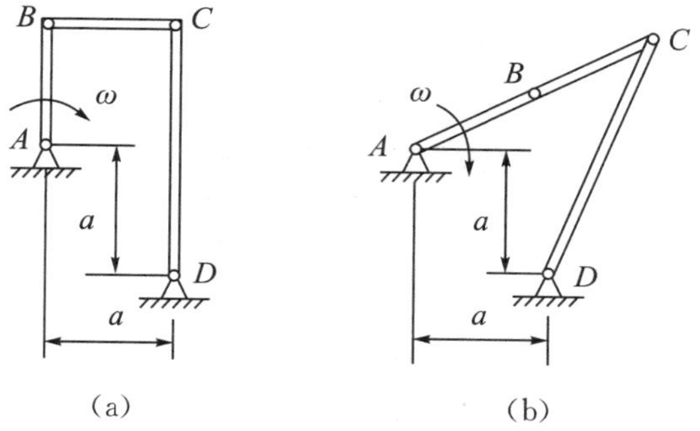

习题 2—19 图

2—20　铰接四连杆机构 $OABO_1$ 中，OA 杆以匀角速度 $\omega_0=1\text{rad/s}$ 转动。若 $OA=AC=CB=BO_1=0.1\text{m}$，试求图示位置连杆 AB 的角速度和角加速度，以及 B，C 两点的速度和加速度。

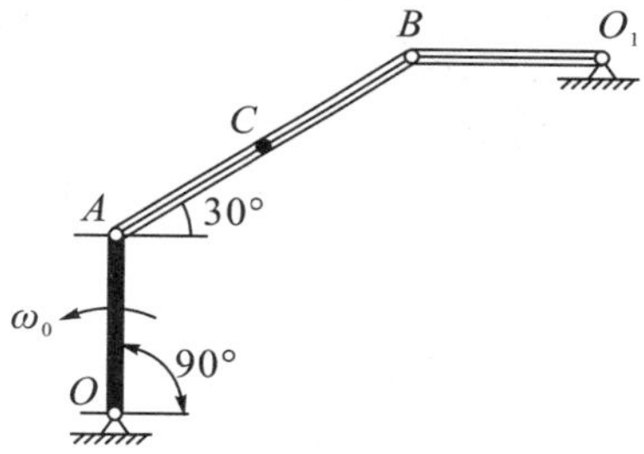

习题 2—20 图

2—21　在图示机构中，曲柄 OA 长 l，以匀角速度 ω_0 绕 O 轴转动，滑块 B 沿 x 轴滑动。已知 $AB=AC=2l$，在图示瞬时，OA 垂直于 x 轴，求该瞬时 C 点的速度及加速度。

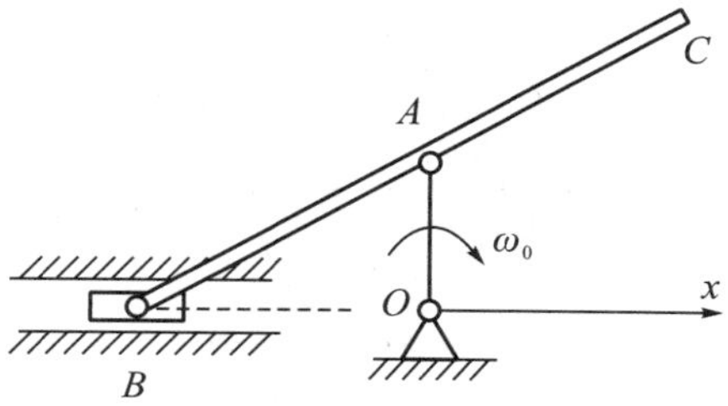

习题 2—21 图

2—22　在图示机构中，曲柄 OA 长 r，绕 O 轴以匀角速度 ω_0 转动。在图示瞬时，$\alpha=60°$，$\beta=90°$，又 $AB=6r$，$BC=3\sqrt{3}r$，试求滑块 C 的速度和加速度。

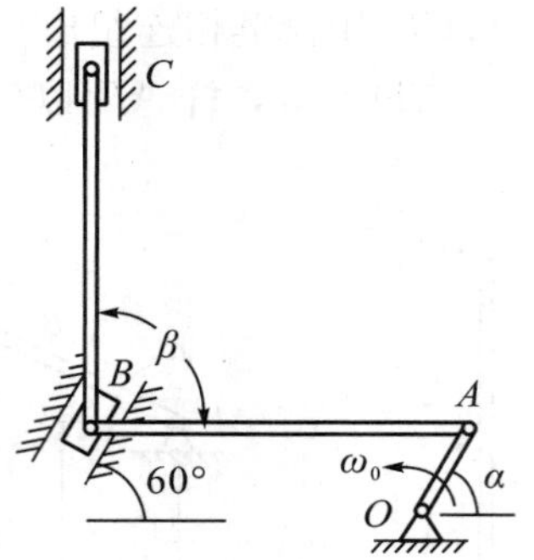

习题 2－22 图

2－23 深水泵机构如图所示，曲柄 O_2C 以匀角速度 ω_0 转动。已知 $O_1O_2=O_2C=BE=l$，且在图示瞬时，$O_1C=BC$。求：

(1) 活塞 F 的速度；

(2) 杆 O_1B 的角加速度和活塞 F 的加速度。

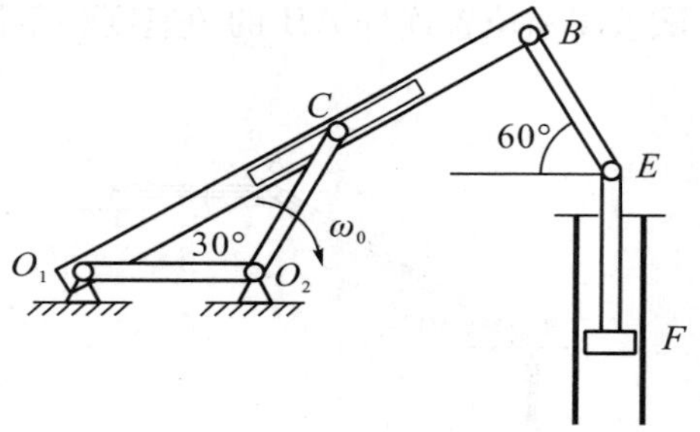

习题 2－23 图

2－24 已知圆轮以匀角速度在水平面上做纯滚动，轮轴半径为 r；圆轮半径 $R=\sqrt{3}r$，$AB=l=2r$，$BC=r$。在图示位置时，$\omega=2\text{rad/s}$，OA 沿水平方向，杆 BC 沿铅垂方向。试求该瞬时：

(1) 杆 AB 和杆 BC 的角速度；

(2) 杆 AB 的角加速度。

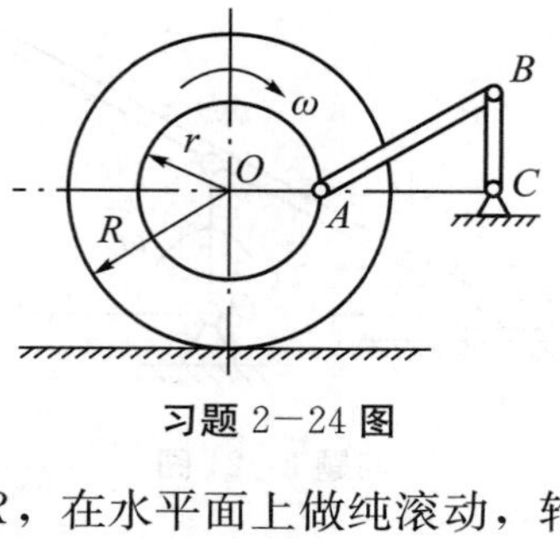

习题 2－24 图

2－25 图示圆轮半径为 R，在水平面上做纯滚动，轮心 O 以匀速 v 向左运动。图示瞬时，$\angle BCA=30°$，摇杆 O_1E 与水平线夹角为 60°，$O_1C=O_1D$，$OA=0.5R$，连杆 ACD 长为 $6R$，求此时摇杆 O_1E 的角速度和角加速度。

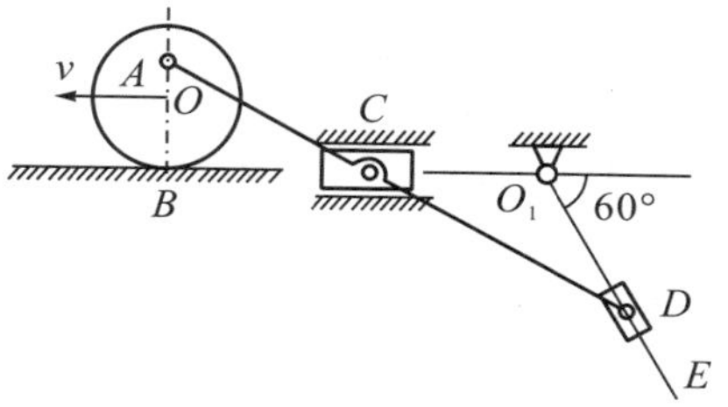

习题 2—25 图

2—26　在图示机构中，已知：杆 O_1A 以匀角速度 $\omega=5\mathrm{rad/s}$ 转动，并带动摇杆 OB 摆动，若设 $OO_1=40$ cm，$O_1A=30$ cm。试求：当 $OO_1\perp O_1A$ 时，摇杆 OB 的角速度及角加速度。

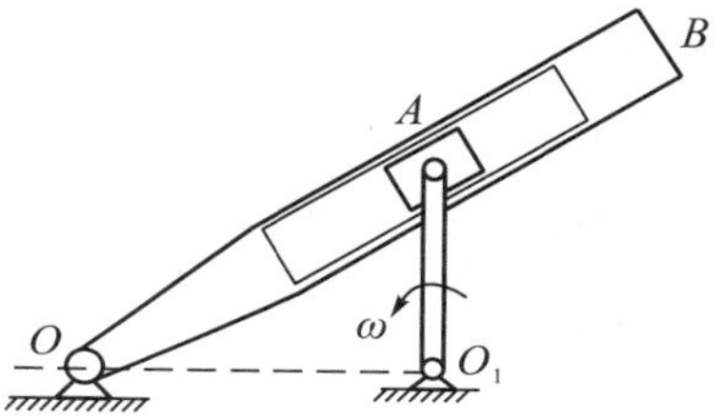

习题 2—26 图

2—27　已知：平面机构如图所示，圆轮 A 沿水平面纯滚动，滑块 B 与两杆 AB，BD 铰接，BD 穿过做定轴转动的套筒 C，圆轮半径 $R=15$cm，$v_A=45$cm/s，$a_A=0$，

(1) 图示瞬时，$\theta=45°$，$\varphi=30°$，$l=30$cm。求：图示瞬时，AB，BD 杆的角速度 ω_{AB}，ω_{BD}；

(2) 点 B 的加速度 a_B；

(3) BD 杆的角加速度 α_{BD}。

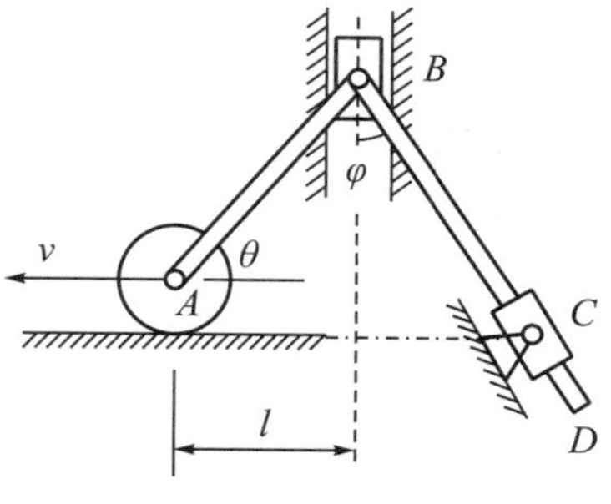

习题 2—27 图

2—28　图示平面机构中曲柄长 $OA=l$，绕 O 轴以匀角速度 ω 转动，通过长 $AB=2l$ 的连杆带动半径为 R 的磙子 B 沿水平面做纯滚动。在图示位置，曲柄水平，且 $OA\perp OB$。试求该瞬时：

(1) 连杆 AB 的角速度 ω_{AB} 和磙子 B 的角速度 ω_B；

(2) 连杆 AB 的角加速度 α_{AB} 和磙子 B 的角加速度 α_B。

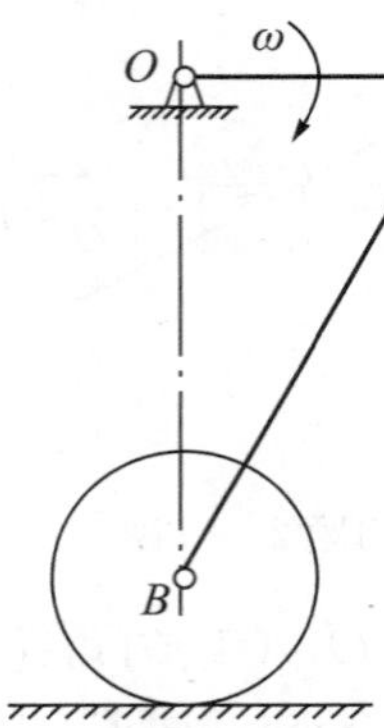

习题 2-28 图

2-29 图示机构中，O 为固定轮，半径 $R=2r$，曲柄 OA 连接半径为 r 的行星轮 A，轮 A 的轮缘 B 与连杆 BC 相连接，$BC=4r$，滑块 C 在水平滑道滑动。已知曲柄 OA 以匀角速度 ω 转动，在图示位置 OA 和 BC 在同一水平线上，求此瞬时：

(1) 轮 A 的角速度 ω_A 和连杆 BC 的角速度 ω_{BC}；

(2) 连杆 BC 的角加速度 α_{BC} 和滑块 C 的加速度 a_C。

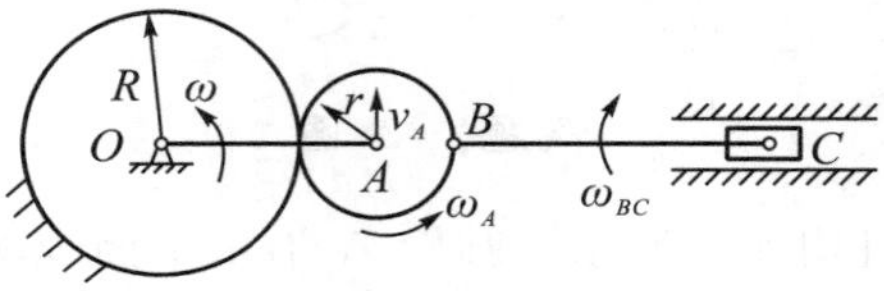

习题 2-29 图

2-30 图示为一曲柄连杆滑块机构。曲柄 OA 长为 0.2m，绕 O 轴以匀角速度 $\omega_0=10\text{rad/s}$ 转动，通过长 1m 的连杆 AB 带动滑块 B 沿铅直导槽运动。当曲柄 OA 与水平线的夹角 $\theta=45°$、连杆 AB 与铅垂线的夹角 $\beta=45°$时，试求：

(1) 连杆 AB 的角速度和角加速度；

(2) 滑块 B 的加速度。

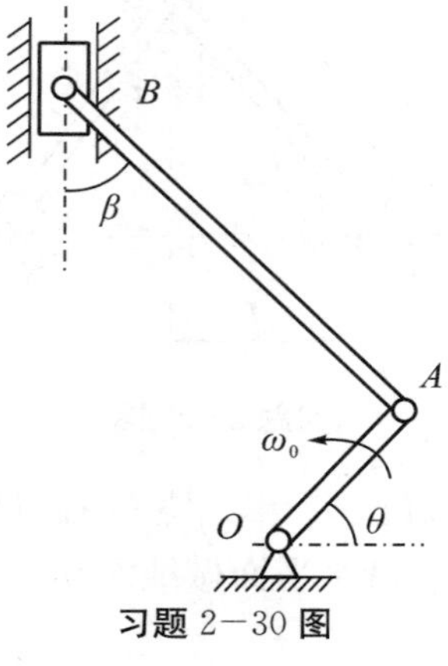

习题 2-30 图

2-31 图示平面机构中，$AB=CD=L$，$OA=O_1B=r$，碾子沿水平直线做纯滚动，半径为 R。某瞬时，AB 在水平位置，OA 与 O_1B 在铅垂位置，$\angle BCD=\theta$，曲柄

OA 的角速度、角加速度分别为 ω_0 和 α_0。求该瞬时 AB 中点 C 的速度、加速度及碾子的角速度、角加速度。

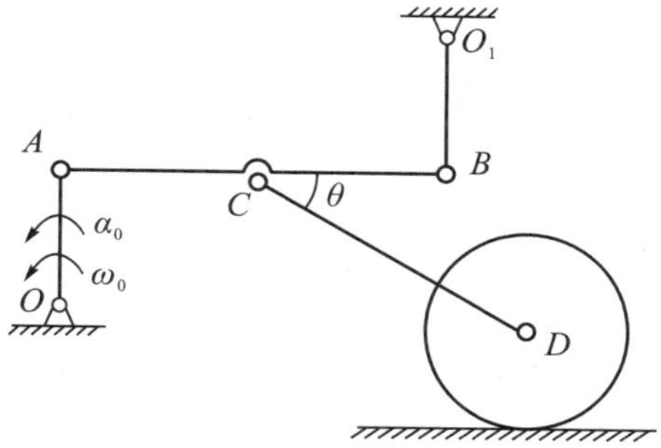

习题 2—31 图

2—32　在图示平面机构中，已知：O_1A 杆的角速度 $\omega=2\text{rad/s}$，角加速度 $\alpha=0$，$O_1A=O_2B=R=25\text{cm}$，$EF=4R$，O_1A 与 O_2B 始终平行。当 $\varphi=60°$时，FG 水平，EF 铅直，且滑块 D 在 EF 的中点。轮的半径为 R，沿水平面做纯滚动，轮心为 G。求该瞬时：

（1）轮心的速度 v_G 与加速度 a_G；

（2）轮的角速度 ω_G 与角加速度 α_G。

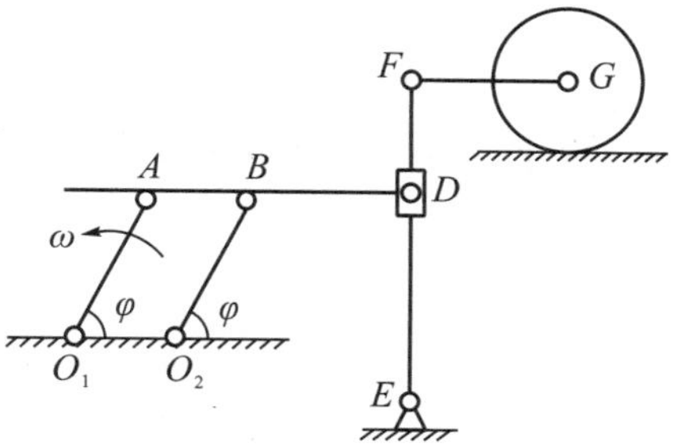

习题 2—32 图

2—33　半径 $R=0.4\text{m}$ 的轮 1 沿水平轨道做纯滚动，轮缘上 A 点铰接套筒 3，带动直角杆 2 做上下运动。已知：在图示位置时，轮心速度 $v_C=0.8\text{m/s}$，加速度为零，$L=0.6\text{m}$。试求该瞬时：

（1）杆 2 的速度 v_2 和加速度 a_2；

（2）铰接点 A 相对于杆 2 的速度 v_r 和加速度 a_r。

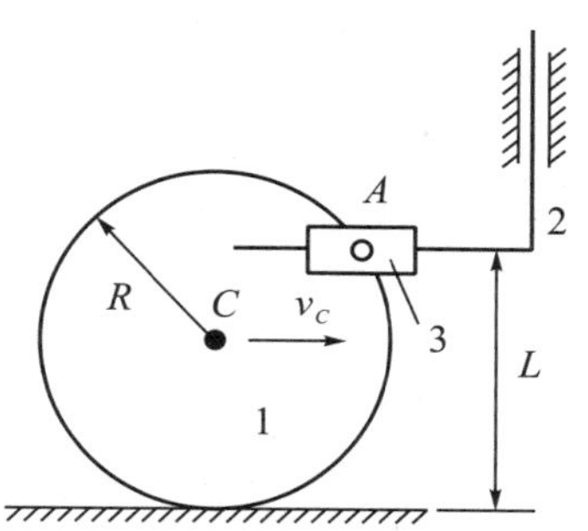

习题 2—33 图

第3章 静力学综合

【本章内容提要】首先给出刚体静力学平衡方程，并举例说明求解刚体静力学平衡问题的一般方法；介绍分析静力学，用虚位移原理求解静力学问题的方法；然后详细讨论刚体系统平衡问题的求解技巧和静力学三类问题求解方法，其中包括平面桁架内力计算、考虑摩擦的平衡问题的求解方法。

3.1 建立在动力学基础上的平衡方程及其应用

牛顿定律在研究质点力学时非常成功，但不能直接用于研究刚体力学问题。建立在牛顿定律基础上的刚体动力学主要包括三个定理：动量定理、动量矩定理和动能定理。如果外力系有势（存在势函数），那么，动能定理与机械能守恒定理是等价的。如果外力系的主矢量和外力系对固定点的主矩矢量分别等于零，则前两个定理分别给出系统的动量守恒和对该点动量矩守恒的结论。当刚体或刚体系统的动量和对其质心的动量矩都保持不变时，则称该系统处于平衡状态。显然，平衡状态有两种形式：静止状态的平衡和运动状态的平衡。我们说一个质点是平衡的，是指它受到的合力等于零，在这种情况下，根据牛顿定律，这个质点处于静止或者匀速直线运动状态。如果一个刚体是平衡的，则是指它受到的外力系的主矢量等于零，同时外力系对任意点的主矩矢量也等于零。在这种情况下，刚体处于静止状态或者其质心相对于惯性系的速度和绕质心转动的角速度保持不变。设刚体或刚体系统受外力 $\boldsymbol{F}_i$（$i=1, 2, \cdots$）和外力偶矩矢量 $\boldsymbol{m}_k$（$k=1, 2, \cdots$）共同作用，则系统的平衡条件是：

$$\begin{aligned}&\sum \boldsymbol{F}_i = 0\\&\sum \boldsymbol{M}_O(\boldsymbol{F}_i) + \sum \boldsymbol{m}_k = 0\end{aligned} \qquad (3-1-1)$$

上面两个矢量式分别表示外力系主矢等于零和外力系对任意点 O 的主矩等于零。在实际应用这两个平衡条件时，通常都要将它们沿选定的坐标轴方向投影，从而得到代数形式的平衡方程：

$$\begin{aligned}&\sum F_{ix}=0,\sum F_{iy}=0,\sum F_{iz}=0\\&\sum M_x(F_i)+\sum m_{kx}=0\\&\sum M_y(F_i)+\sum m_{ky}=0\\&\sum M_z(F_i)+\sum m_{kz}=0\end{aligned} \tag{3-1-2}$$

如果刚体系统受汇交的外力系 F_i（$i=1, 2, \cdots$）作用而平衡，则式（3−1−2）的后三个方程无用，只剩下三个力的投影方程：

$$\sum F_{ix}=0,\sum F_{iy}=0,\sum F_{kz}=0 \tag{3-1-3}$$

这组方程称为汇交力系的平衡方程。相反，对于只受外力偶系 m_k（$k=1, 2, \cdots, n$）作用而平衡的刚体系统，式（3−1−2）的前三个投影方程没有用处，后面的三个方程成为

$$\sum m_{ix}=0,\sum m_{iy}=0,\sum m_{kz}=0 \tag{3-1-4}$$

它表示力偶矩矢量 m_k（$k=1, 2, \cdots, n$）在三个坐标轴方向上的投影之和分别等于零，这组方程称为力偶系的平衡方程。

在具体应用平衡方程（3−1−2）求解未知力的时候，选择力的投影轴方向可以比较灵活，原则上可以沿任意方向进行投影，例如可以选两个未知力作用点的连线作为投影方向，这样可以减少平衡方程中的未知量，方便求解。

例 3−1　求图示外伸梁的约束反力。

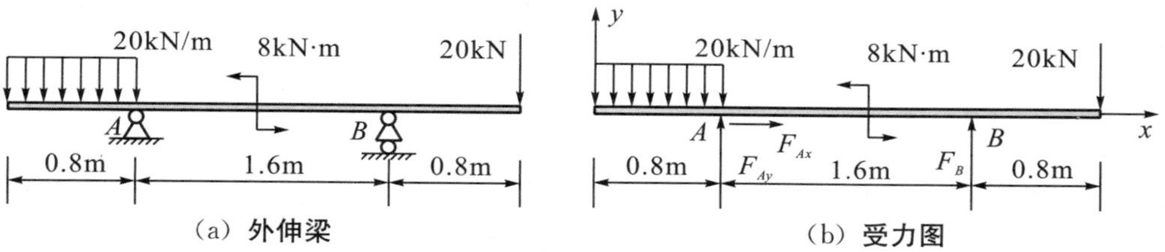

例 3−1 图

解　（1）受力分析，图（b）为梁的受力图。

（2）列写平衡方程：

$$\sum M_A(F_i)+\sum m=0: 20\times0.8\times0.4+F_B\times1.6-20\times2.4+8=0$$

得到 F_B=21kN，由

$$\sum F_y=0: F_{Ay}+F_B-20\times0.8-20=0$$

得到 F_{Ay}=15kN，另外

$$\sum F_x=0: F_{Ax}=0$$

【解题技巧分析】本题是比较简单的平面力系的单刚体平衡问题，有三个独立的平衡方程，刚好可以求解三个未知量 F_{ax}，F_{ay}，F_B。在写力矩平衡方程时，通常选取一个未知力的作用点为矩心，本题选取 A 点为矩心，先求出 B 点的约束力，当然也可以

选取 B 点为矩心求出 A 点的约束力。另外，力系中如果有已知或未知的力偶矩，在力矩平衡方程中要包含这些力偶矩。在本题中，AB 段有一个已知的力偶矩 8kN·m。在写方程时要注意利用力偶的一个重要性质：力偶对任意点的矩都等于力偶矩。

例 3－2　求图示刚架的约束反力，A 为固定端约束。

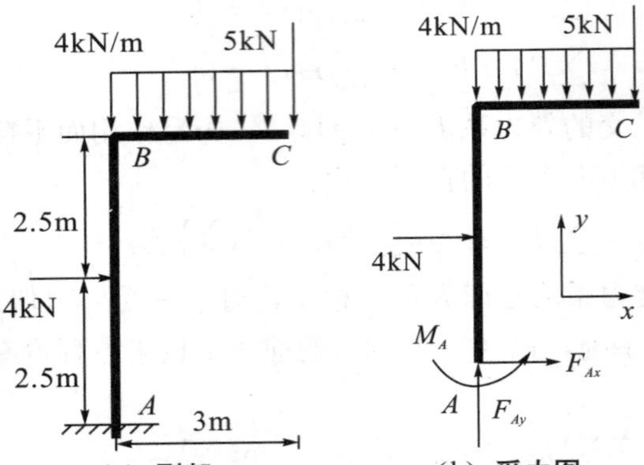

(a) 刚架　　(b) 受力图

例 3－2 图

解　(1) 受力分析，图 (b) 为刚架的受力图。

(2) 列写平衡方程：

$$\sum F_x = 0 : F_{Ax} + 4 = 0$$

$$F_{Ax} = -4\text{kN}$$

$$\sum F_y = 0 : F_{Ay} - 3 \times 4 - 5 = 0$$

$$F_{Ay} = 17\text{kN}$$

$$\sum m_A = 0$$

$$M_A - 4 \times 2.5 - 4 \times 3 \times 1.5 - 5 \times 3 = 0$$

$$M_A = 43\text{kN} \cdot \text{m}$$

【解题技巧分析】本题也是简单的平面力系的单刚体平衡问题，图示刚架在 A 处受固定端约束，在该处有一个未知的约束力偶矩 M_A，通过列写对 A 点的力矩平衡方程，求出这个力偶矩。

例 3－3　均质杆 AB 重 100N，两端分别与光滑支持面接触，试求：杆平衡时 A，B 两端的约束反力及平衡角度 θ。

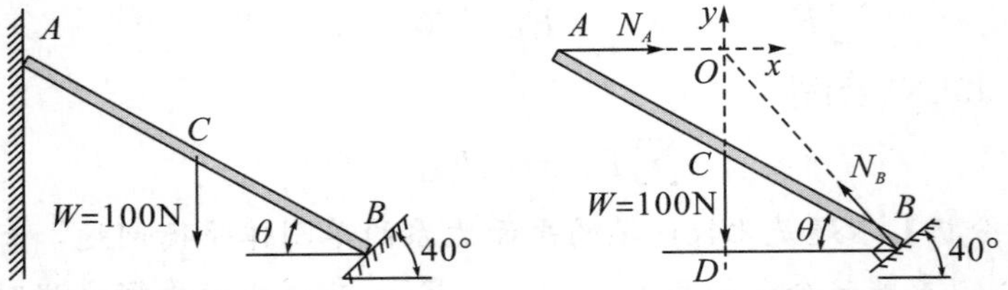

(a) 均质杆 AB 的平衡　　(b) AB 杆的受力图

例 3－3 图

解　（1）受力分析，图（b）为 AB 杆的受力图。

（2）列写平衡方程：

$$\sum F_x = 0: N_A - N_B \sin 40° = 0$$

$$\sum F_y = 0: N_B \cos 40° - W = 0$$

解得

$$N_A = 83.9\text{N}, N_B = 130.5\text{N}$$

$$CD = DB\tan\theta, OD = DB\tan 50°$$

因为 $OD=2CD$，所以 $\tan\theta=0.5\tan 50°$，
最后得到 $\theta=30.8°$。

【解题技巧分析】本题利用光滑约束条件，不考虑摩擦力，将杆的平衡归结为三力平衡，从而将未知量确定为三个：法向约束力 N_A，N_B 以及平衡位置 θ 角，利用三力汇交，通过几何分析求解出平衡时的 θ 角。如果将本题改为考虑摩擦力的平衡问题，那么，如何确定杆件 AB 平衡时的 θ 角呢？请读者自己分析。

3.2　虚位移原理——分析静力学方法

静力学有两条分析路线：一是矢量力学的分析路线，在分析质点系或刚体系统时，用系统所受的力系的主矢量和主矩矢量给出系统平衡的充分必要条件；另一是分析力学的路线，看看受约束的质点系或刚体系统在平衡位置附近都允许哪些位移，然后用主动力的虚功给出系统相对于惯性系静止平衡的充分必要条件。虚位移原理作为分析静力学的基本原理，特别适用于分析受约束的质点系或刚体系统的静止平衡问题。下面介绍与虚位移原理（或称虚功原理）有关的基本概念。

3.2.1　基本概念

虚位移与约束及约束质点系有关，为此，我们先介绍有关约束分类的一些基础知识。质点或刚体所受的约束可分为几何约束或运动约束。对质点或刚体空间位置的限制称为位置约束或几何约束，例如 $f=z=0$ 就是一种几何约束，表示质点只能在 xOy 平面上运动。除了对质点或刚体位置的限制以外，也对其速度参数加以限制的约束称为速度约束或运动约束，例如刚体在地面上做纯滚动时，与地面接触点的速度 $v=0$ 就是一种运动约束。表示约束条件的数学方程称为约束方程。如果约束方程中不显含时间变量 t，则称为定常约束；否则，称为非定常约束。例如 $f=z-ct=0$，它表示被限制在以速率 c 上升平台的质点的约束方程。对于一般的含有速度参数的运动约束，如果能够通过积分化为几何约束，则称为完整约束（例如做纯滚动的圆轮，其轮心速度与角速度的约束条件 $v-r\omega=0$ 可通过积分化为轮心位移与轮的角位移之间的约束条件 $u-r\varphi=0$）；否则，称为非完整约束。若约束方程以等式的形式给出，则称为双面约束；否则，称为单面约束。

同时满足约束方程和动力学方程及其初始条件的位移称为实位移。只满足约束方程

的位移称为可能位移。虚位移则是指受定常约束的质点系或刚体系统在约束许可的条件下可能有的任何无穷小可能位移，简单地说，虚位移就是定常约束条件下的无穷小可能位移。如果约束是非定常的，则无穷小可能位移不能直接定义为虚位移，此时，虚位移的定义改为任意两个无穷小可能位移之差。发生虚位移的前提是质点系或刚体系统具有一定的自由度。自由度是指完全确定质点或刚体在空间的位置所需要的独立变量的数目。例如，质点需要 x，y，z 三个变量确定其空间位置，所以，不受约束的质点具有三个自由度。一个平面运动刚体需要 x，y，φ 三个变量确定其空间位置，所以，平面运动刚体也具有三个自由度。在平面上运动的质点只有两个自由度（由于约束 $z=0$，减少了一个自由度）。不受任何约束的刚体具有六个自由度（包括三个移动自由度参数 x，y，z 和三个转动自由度参数 φ，θ，φ）。下面给出虚功的定义。

设力 $\boldsymbol{F}$ 作用在受约束的质点或刚体上，其作用点跟随质点或刚体有一虚位移 $\delta\boldsymbol{r}$，则力 F 的虚功定义为

$$\delta W = \boldsymbol{F}\cdot\delta\boldsymbol{r} = F_x\delta x + F_y\delta y + F_z\delta z \tag{3-2-1}$$

简单地说，虚功就是力 F 在虚位移上做的功。如果质点系或刚体系统所受的约束力在虚位移上所做的总虚功为零，则这样的约束称为理想约束。

如果受约束的刚体系统只能在平衡位置附近绕某固定轴或瞬时轴 O 转过无穷小角度 $\delta\varphi$，则力 F 的虚功可通过下式计算

$$\delta W = M_O(F)\delta\varphi \tag{3-2-2}$$

物体在真实的运动过程中从一处移动到另一处，无论位移多么小都需要一定的时间，力 F 在真实位移上做功会使物体的能量发生变化；而虚位移不需要时间，只是一种无穷小可能位移或任意两个无穷小可能位移之差，力 F 在虚位移上的功不改变物体的能量。由于真实的位移也是一种可能位移，只要是定常约束，可以将无穷小的真实位移当作一种虚位移参与虚功的计算，这样便于用解析法表示各虚位移之间的关系，具体做法是按求微分的方法得到虚位移满足的方程，对于非定常约束，只需要将时间“冻结”，即不计时间参数 t 的微分。

例 3－4　今有一个在初始半径为 r_0 并且其半径以不变速率 a 增大的球面上运动的质点，试写出该质点的虚位移满足的方程。

解　建立直角坐标系，其原点置于球心，则质点的约束方程为

$$f(x,y,z,t) = x^2 + y^2 + z^2 - (r_0 + at)^2 = 0$$

方程中显含时间参数 t，是非定常约束，式中 x，y，z 是运动质点的坐标值。对上式求微分，可写出该质点的任意两组无穷小可能位移 $\mathrm{d}r_1$，$\mathrm{d}r_2$ 满足的方程：

$$\mathrm{d}f_1 = 2[x\mathrm{d}x_1 + y\mathrm{d}y_1 + z\mathrm{d}z_1 - a(r_0 + at)\mathrm{d}t] = 0$$

$$\mathrm{d}f_2 = 2[x\mathrm{d}x_2 + y\mathrm{d}y_2 + z\mathrm{d}z_2 - a(r_0 + at)\mathrm{d}t] = 0$$

考虑到非定常约束条件下，虚位移定义为任意两个无穷小可能位移之差，即

$$\delta x = \mathrm{d}x_1 - \mathrm{d}x_2,\delta y = \mathrm{d}y_1 - \mathrm{d}y_2,\delta z = \mathrm{d}z_1 - \mathrm{d}z_2$$

将上面两式相减，得到虚位移 $\delta\boldsymbol{r}$（其分量分别为 δx，δy，δz）满足的方程为

$$\delta f = 2(x\delta x + y\delta y + z\delta z) = 0$$

这里 δf 称为函数 $f(x, y, z, t)$ 的变分，它与函数微分 $\mathrm{d}f$ 的区别是不包含 $\mathrm{d}t$

项，这是一种等时变分的运算，即在求无穷小增量时，将时间固定，不考虑时间的变化（相当于令 $dt=0$）。例如，对于约束方程 $f=z-ct=0$，有 $df=dz-cdt=0$，而 $\delta f=\delta z=0$。如果约束函数 f 不显含时间，则用微分运算得到函数的变分 $\delta f=df$，无限小可能位移 $d\boldsymbol{r}$ 与虚位移 $\delta\boldsymbol{r}$ 满足相同的方程。

寻找虚位移满足的条件，是正确计算力系在系统上的虚功的前提。引入虚功的概念是为了建立与牛顿平衡原理等价的虚位移原理，从而摆脱力学研究必须借助矢量运算的束缚，运用纯代数的方法（标量运算的方法，除了虚功的计算有矢量运算的痕迹以外）研究受约束质点系或刚体系统的平衡问题。如果将虚位移原理与达朗贝尔原理相结合，则可得到分析动力学的普遍方程，这就是纯标量运算或分析力学的方法。虚位移原理与达朗贝尔原理在分析力学中的基础地位就好比牛顿力学原理在矢量力学中的基础地位一样重要。

例 3—5　图示椭圆规机构中，连杆 AB 长为 L，滑块 A，B 与杆的质量均不计，忽略各处摩擦，机构在图示位置平衡，试写出 A，B 两处虚位移的关系。

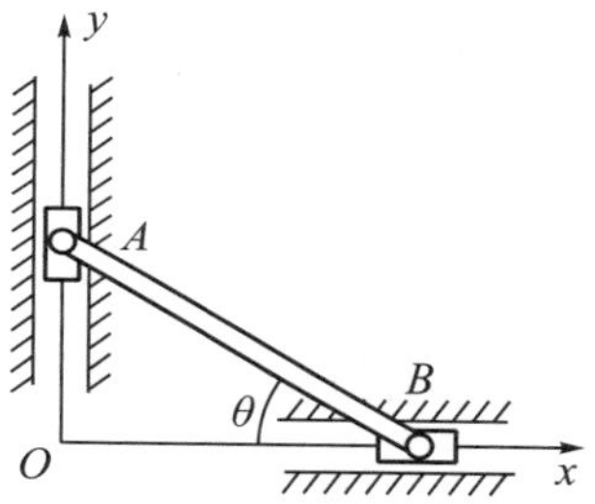

例 3—5 图　机构的平衡

解　A，B 两处受到三个约束：

$$f_1=x_A=0$$
$$f_2=y_B=0$$
$$f_3=y_A^2+x_B^2-l^2=0$$

所以

$$\delta f_1=\delta x_A=0$$
$$\delta f_2=\delta y_B=0$$
$$\delta f_3=2(y_A\delta y_A+x_B\delta x_B)=0$$

前两式规定了 A，B 两点只能分别沿 y 轴方向和 x 轴方向移动，第三式给出 A，B 两点的虚位移的关系式：

$$y_A\delta y_A+x_B\delta x_B=0$$

将平衡位置对应的 A，B 两点的坐标 $y_A=l\sin\theta$，$x_B=l\cos\theta$ 代入，最后得到

$$\delta x_B=-\delta y_A\tan\theta$$

这个关系式也可以通过对 A，B 两点的坐标函数 $y_A=l\sin\theta$，$x_B=l\cos\theta$ 进行变分运算得到，因为 $\delta y_A=l\cos\theta\delta\theta$，$\delta x_B=-l\sin\theta\delta\theta$。

3.2.2　虚位移原理

为了介绍并理解虚位移原理，我们来考察杠杆的平衡条件如何与虚位移联系在一

起。如图 3-2-1 所示，C 处为光滑圆柱铰链，杠杆 AB 在主动力和约束力的共同作用下处于平衡，杠杆的平衡为力矩的平衡：

$$M_C(F_A) - M_C(F_B) = 0$$

现令杠杆 AB 沿逆时针方向转过一个约束许可的无穷小转角 $\delta\varphi$，再计算主动力所做的总虚功。将无穷小转角 $\delta\varphi$ 与上式相乘，得到

$$\delta W = M_C(F_A)\delta\varphi - M_C(F_B)\delta\varphi = 0$$

因为 $\delta y_A = a\delta\varphi$，$\delta y_B = b\delta\varphi$，所以上式等价于

$$F_A\delta y_A - F_B\delta y_B = 0$$

这表示主动力的总虚功等于零。因此，杠杆的平衡与作用在杠杆上的主动力的总虚功等于零是等价的，这个结论对一般的质点系或刚体系统也是成立的，这就是分析力学的一个重要原理——虚位移原理。

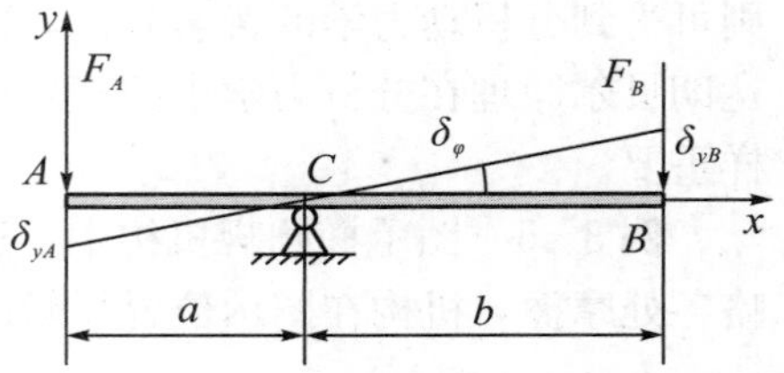

图 3-2-1　杠杆的平衡

虚位移原理：具有定常、理想约束的质点系或刚体系统，其静止平衡的充分必要条件是，在任何虚位移上所有主动力的虚功之和等于零，其解析表达式为

$$\sum (F_{ix}\delta x_i + F_{iy}\delta y_i + F_{iz}\delta z_i) = 0 \tag{3-2-3}$$

在实际应用时，有时也可以将上面的虚功方程改写为如下的等价形式：

$$\sum (F_{ix}v_{xi} + F_{iy}v_{yi} + F_{iz}v_{zi}) = 0 \tag{3-2-4}$$

这称为虚功率方程，式中 $v_{xi} = \delta x_i/\mathrm{d}t$，$v_{yi} = \delta y_i/\mathrm{d}t$，$v_{zi} = \delta z_i/\mathrm{d}t$ 称为力 F_i 作用点的虚速度。应用虚功率方程分析机构的平衡有时比直接应用虚功方程更方便。

在应用虚位移原理求结构的约束力时，需要解除约束，将结构变为机构，再代之以相应的约束力，并将其作为主动力对待。由于虚位移原理给出的方程为代数方程，且只有一个方程，因此，一次只能解除一个约束。如果需要求解多个约束力，可以每次解除其中一个约束，再应用虚位移原理依次求解。应用虚位移原理解题的关键是画出机构的虚位移图，写出各主动力（包括解除约束后的约束力）作用点的虚位移之间的几何关系式。下面举例说明虚位移原理的具体应用。

例 3-6　图示三铰拱受分布力 q 和集中力 $F = qa$ 作用，已知几何尺寸 a，b，h，且 A，B，C 均为光滑圆柱铰链，忽略各构件的自重，试求 B 支座水平方向的约束力。

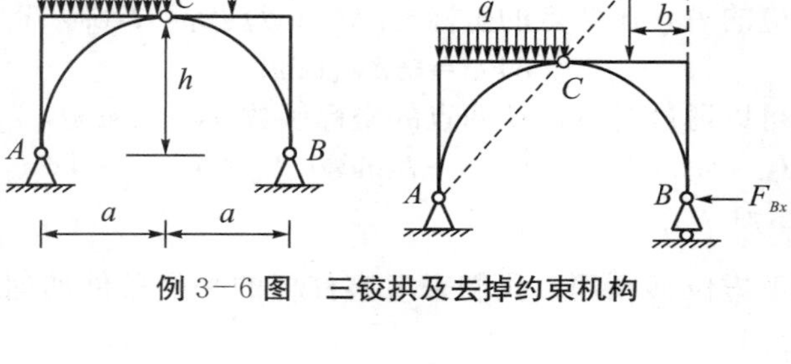

例 3-6 图　三铰拱及去掉约束机构

解　解除 B 支座水平方向约束，代之以约束力 F_{Bx}，设 AC 绕 A 点顺时针转动无穷小角度 $\delta\varphi_A$，则 BC 绕瞬心 D 逆时针转动无穷小角度 $\delta\varphi_D$。由题给几何条件，有

$$\delta\varphi_D = \delta\varphi_A$$

根据虚位移原理，有

$$M_A(q)\delta\varphi_A + M_D(F)\delta\varphi_D - M_D(F_{Bx})\delta\varphi_D = 0$$

式中 $M_A(q)=\frac{1}{2}qa^2$，$M_D(F)=qab$，$M_D(F_{Bx})=2hF_{Bx}$，代入上式，注意到 $\delta\varphi_D=\delta\varphi_A$，则得到

$$F_{Bx} = \frac{qa}{4h}(2a+b)$$

注意：上面式子中各项虚功的正、负号是根据力矩转动方向与虚拟转角的方向确定的，两者一致时取正号，反之则取负号。

例 3－7　图示三铰拱中，已知主动力 F、力偶矩 $m=Fc$ 以及几何尺寸 a，b，c，h，且 A，B，C 均为光滑圆柱铰链，忽略各构件的自重，试求 B 支座水平方向约束力。

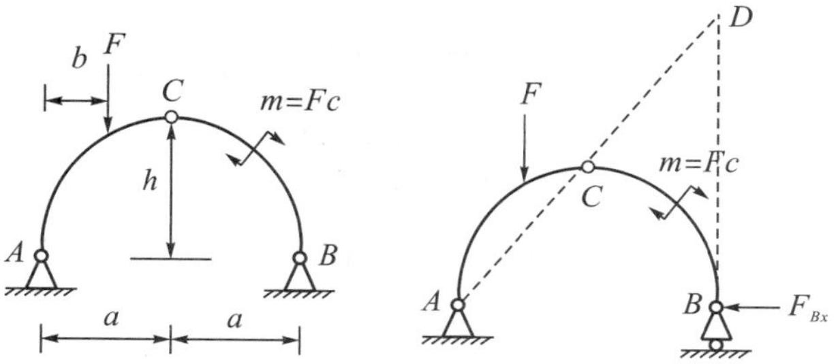

例 3－7 图　三铰拱及解除一个约束的机构

解　解除 B 支座水平方向约束，代之以约束力 F_{Bx}，设曲杆 AC 绕点 A 顺时针转动无穷小角度 $\delta\varphi_A$，则曲杆 BC 绕瞬心 D 逆时针转动无穷小角度 $\delta\varphi_D$，由题给几何条件，可推出 $CD=AC$，所以

$$\delta\varphi_D = \delta\varphi_A$$

由虚位移原理，有

$$M_A(F)\delta\varphi_A - m\delta\varphi_D - M_D(F_{Bx})\delta\varphi_D = 0$$

式中 $M_A(F)=Fb$，$m=Fc$，$M_D(F_{Bx})=2hF_{Bx}$，代入上式，注意到 $\delta\varphi_D=\delta\varphi_A$，则得到

$$F_{Bx} = \frac{1}{2h}F(b-c)$$

3.3　刚体系统平衡问题的求解技巧

应用平衡方程求解刚体或刚体系统的平衡问题，其分析和求解的基本方法如下：

(1) 建立适当的坐标系，根据主动力系是平面力系还是空间力系确定能够写出的独

立平衡方程的总数，从而确定可以求解的未知量的个数；

(2) 将多个未知力的交点选为矩心，优先列写力矩平衡方程；

(3) 灵活选取投影方向，写出力的投影方程；

(4) 尽量做到每写出一个方程，方程里只含有一个未知量，避免解联立方程组；

(5) 对于刚体系统的平衡问题，尽量优先研究系统整体，写出整体的平衡方程，但通常需要将局部分析和整体分析相结合，针对构件的平衡和系统的平衡，依次写出平衡方程进行求解。

例 3-8 (第一届全国青年力学竞赛题，1988 年)

图示平衡系统中，物体Ⅰ、Ⅱ、Ⅲ和Ⅳ之间分别通过光滑铰链 A，B 和 C 连接。O，E 为固定支座，D，F，G 和 H 处为链杆约束。尺寸如图，$b/a=1.5$。物体Ⅱ受大小为 m 的力偶作用。假定全部力均在图示平面内，且不计所有构件的自重，杆 O_3G 的内力不为零。求杆 O_4H 和杆 O_5H 所受内力之比。

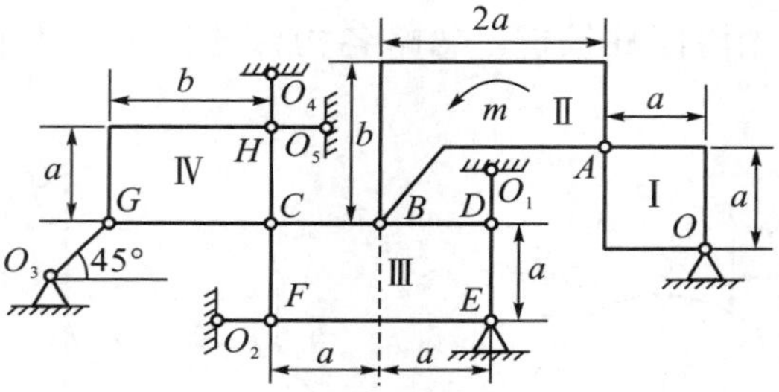

例 3-8 图　(a) 结构加载图

解　物体Ⅰ，Ⅱ，Ⅲ和Ⅳ的受力图如下

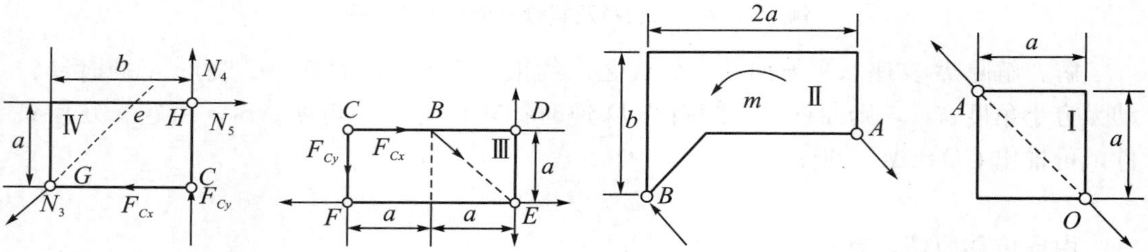

例 3-8 图　(b) 物体Ⅰ～Ⅳ受力图

对物体Ⅲ，有平衡方程

$$\sum M_E(F_i)=0: F_{Cx}=2F_{Cy}$$

对物体Ⅳ，有

$$\sum M_e(F_i)=0: 0.5aN_4+0.5aF_{Cy}-aF_{Cx}=0 \Rightarrow N_4=3F_{Cy}$$

$$\sum M_G(F_i)=0: 1.5aN_4+1.5aF_{Cy}-aN_5=0 \Rightarrow N_5=6F_{Cy}$$

由此得到

$$\frac{N_4}{N_5}=\frac{1}{2}$$

【解题技巧分析】由于不计所有构件的自重，本题首先识别出物体Ⅰ和物体Ⅱ分别为二力平衡和力偶平衡，从而定出 O，A，B 三处约束力的方向。注意到物体Ⅲ和Ⅳ在 C 点连接，所以以分析物体Ⅲ为突破口，找到 C 点约束的两个分力 F_{Cx}，F_{Cy} 之间的关系是关键的一步。然后分析物体Ⅳ，找到 H 点约束力 N_4，N_5 与 C 点约束力的关系，这些都是通过列写力矩平衡方程得到的，它巧妙地避开了其他约束力出现在平衡方程中的麻烦，这是求解刚体系统平衡问题经常采用的技巧。

例 3－9　已知平衡结构如图所示，$q_1=4\text{kN/m}$，$q_2=2\text{kN/m}$，$P=2\text{kN}$，$M=2\text{kN}\cdot\text{m}$，试求固定端 A 与支座 B 处的约束反力。

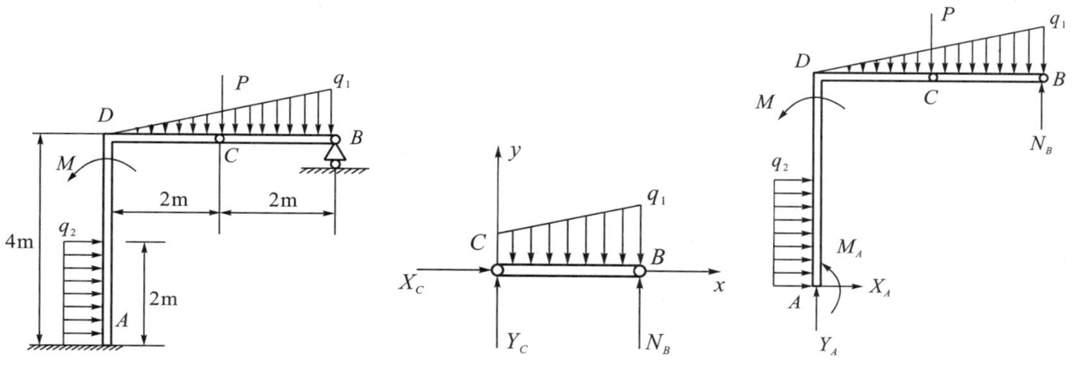

(a) **结构加载图**　　(b) BC **受力图**　　(c) **整体受力图**

例 3－9 **图**

解　(1) 研究 BC，求支座 B 处的约束反力，由平衡条件有

$$\sum M_C(F_i)=0:2\times N_B-\left(\frac{1}{2}\times\frac{1}{2}q_1\times 2\right)\times\frac{4}{3}-\left(\frac{1}{2}q_1\times 2\right)\times 1=0$$

得 $N_B=\dfrac{5}{6}q_1=3.33\text{kN}$。

(2) 再研究整体，受力分析如图 (c)，求固定端 A 的约束反力。由整体的平衡，有

$$\sum F_{ix}=0:2\times q_2+X_A=0\Rightarrow X_A=-4\text{kN}$$

$$\sum F_{iy}=0:Y_A+N_B-P-\frac{1}{2}\times 4\times q_1=0\Rightarrow Y_A=6.67\text{kN}$$

$$\sum M_A(F_i)=0:M_A+M+4\times N_B-2P-2q_1\times\frac{8}{3}-2q_2\times 1=0$$

由此解得 $M_A=14\text{kN}\cdot\text{m}$。

【解题技巧分析】整体分析通常是解题时优先采用的方法，但本题先以 BC 为研究对象，求出支座 B 处的约束反力，然后分析整体求解固定端 A 的约束反力。如果先分析整体，由于未知的约束反力（包括约束反力偶）个数达到4，超过了平面任意力系独立的平衡方程数3，未知量无法全部解出，因此在这种情况下需要将整体分析与单个构件的分析结合起来考虑。另外，固定端约束通常会出现约束反力偶，但在一些特殊情况下，固定端的约束反力偶也可能等于零。

例 3－10　图示结构中，BC 受分布力 $q=5\text{kN/m}$ 作用，A 为固定端约束，B 为光滑圆柱铰链，C 为活动铰链支座，$\theta=30°$，忽略各构件自重，试求固定端 A 的约束反力。

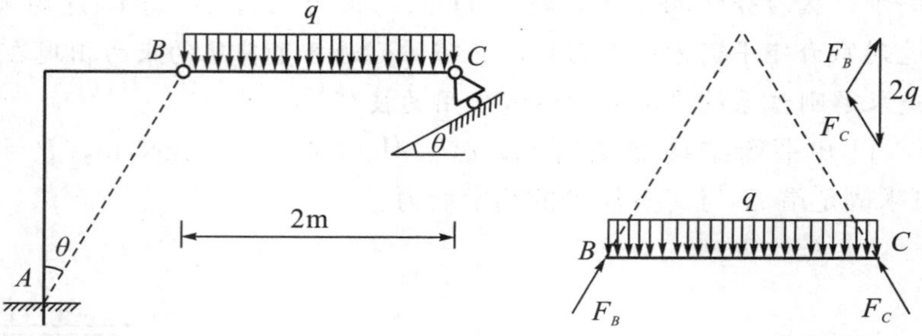

(a) **结构加载图**　　(b) BC **梁受力图**

例 3－10 **图**

解　研究 BC，受力分析如图（b），BC 受均匀分布载荷 q 作用，载荷合力大小等于 $2q$，过 BC 中点，由平衡和对称性可得到

$$F_B=F_C=q/\cos\theta$$

将 $q=5\text{kN/m}$ 和 $\theta=30°$ 代入得到

$$F_B=F_C=\frac{10\sqrt{3}}{3}\text{kN}$$

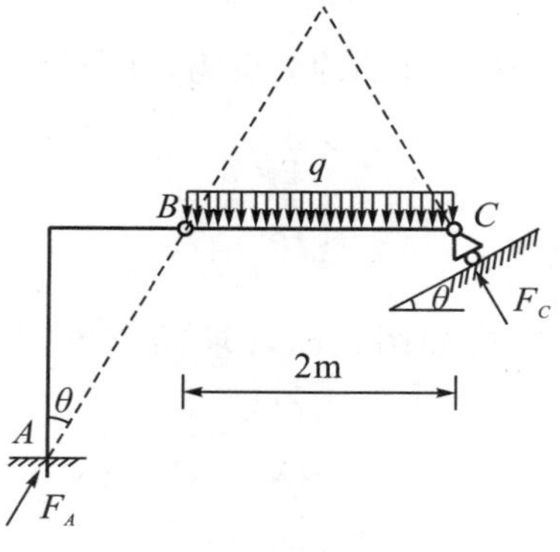

(c) **整体受力**

例 3－10 **图**

由于点 B 的约束力与 AB 共线，且 AB 上无其他外力，所以

$$F_A=F_B=F_C=\frac{10\sqrt{3}}{3}\text{kN}$$

所以 $M_A=0$，即在本题中，固定端 A 的约束反力偶矩等于零。

例 3－11　（第六届四川省孙训方大学生力学竞赛试题，2016 年）图示三孔桥的尺寸和所受载荷如图所示，求铰链 G 的约束反力。

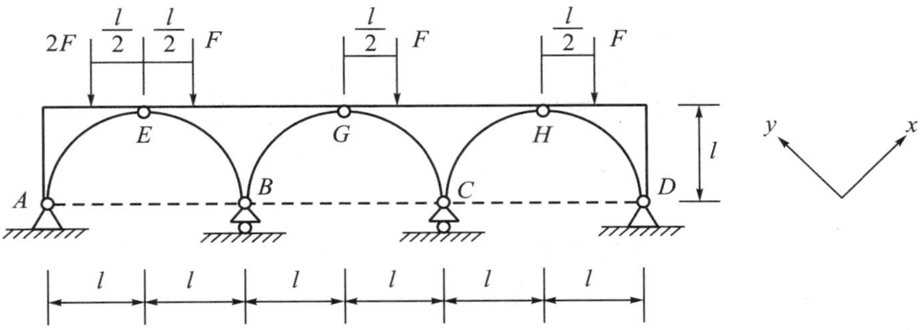

(a) 三孔桥

例 3—11 图

解　建立如图所示直角坐标系，其中 x 轴与水平线的夹角为 45°。

(1) 研究 AE，由

$$\sum M_A(F) = 0: \sqrt{2}lF_{Ey} - (2F)\left(\frac{1}{2}l\right) = 0$$

解得

$$F_{Ey} = \frac{\sqrt{2}}{2}F \tag{a}$$

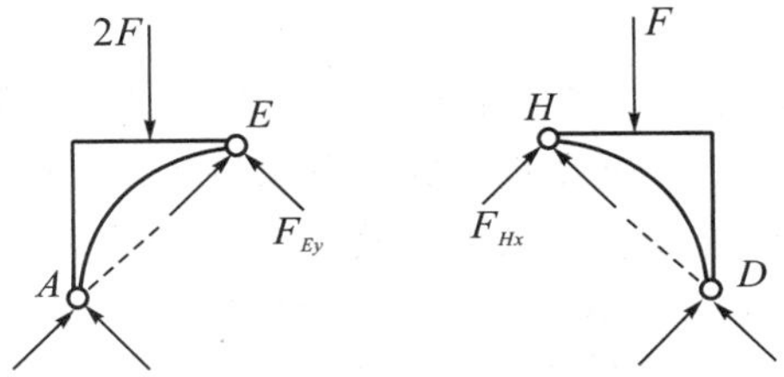

(b) AE 受力　　(c) DH 受力

例 3—11 图

(2) 研究 HD，由

$$\sum M_D(F) = 0: \sqrt{2}lF_{Hx} - F \times \frac{1}{2}l = 0$$

解得

$$F_{Hx} = \frac{\sqrt{2}}{4}F \tag{b}$$

(3) 研究 EBG，有

$$\sum M_I(F) = 0: \sqrt{2}lF'_{Ey} + \frac{1}{2}Fl - \sqrt{2}lF_{Gx} = 0 \tag{c}$$

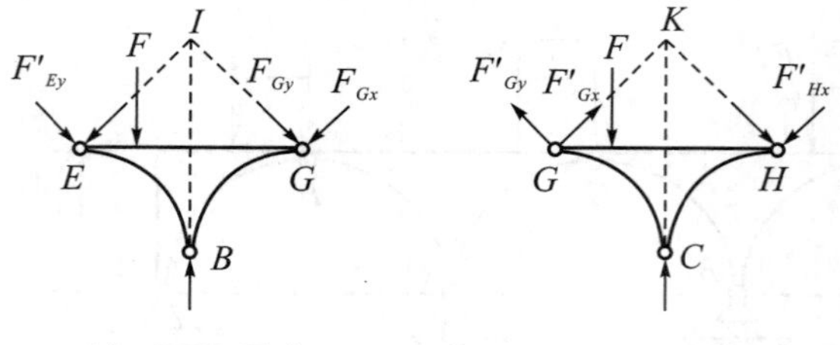

(d) BEG 受力　　(e) CGH 受力

例 3-11 图

注意到 $F'_{Ey}=F_{Ey}$，将式 (a) 代入式 (c)，解得

$$F_{Gx}=\frac{3\sqrt{2}}{4}F \tag{d}$$

(3) 研究 GCH，有

$$\sum M_K(F)=0:\frac{1}{2}Fl-\sqrt{2}lF'_{Gy}-\sqrt{2}lF'_{Hx}=0 \tag{e}$$

注意到 $F'_{Gy}=F_{Gy}$，$F'_{Hy}=F_{Hy}$，将式 (b) 代入式 (e)，解得

$$F_{Gy}=0 \tag{f}$$

所以，G 点的约束力沿 x 轴方向（与水平线夹角等于 45°，如图所示），大小为

$$F_G=F_{Gx}=\frac{3\sqrt{2}}{4}F$$

【解题技巧分析】本题利用几何对称性，将 x 轴选为 45°方向，巧妙地利用隔离体分析和力矩平衡方程，实现了一个方程只有一个未知量的目标，避免解联立方程，也成功避免了求解不需要求解的未知量，最大限度地减少了计算量。本题也可以解除 G 点的约束，采用分析静力学方法求解。为此，可将结构从 G 处分开，先研究左半部分 $AEBG$，解除 G 点的约束，如图所示，图中 I，K 分别为 EBG，GCH 的虚速度瞬心。仍然选取 x 轴沿 45°方向。

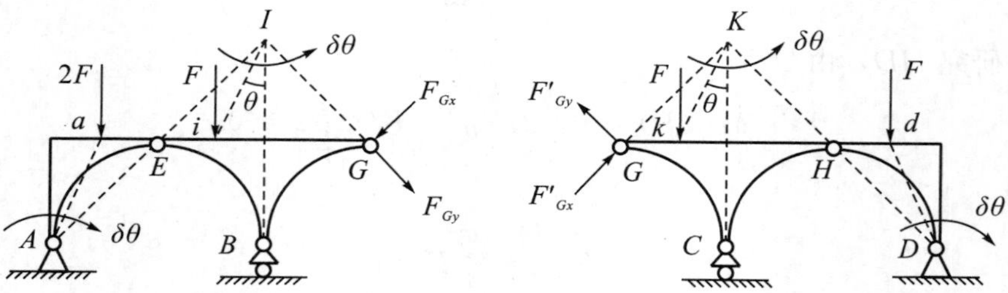

(f) $AEBG$ 受力　　(g) $GCHD$ 受力

例 3-11 图

对左半部分 $AEBG$，由虚位移原理，注意到约束力 F_{Gy} 与 G 点虚位移方向垂直，虚功为零，有

$$-F_{Gx}(\sqrt{2}l\delta\theta)+(2F\sin\theta)(Aa\delta\theta)+(F\sin\theta)(Ii\delta\theta)=0$$

式中 $\delta\theta$ 为虚转角，注意到 $Aa\sin\theta=\frac{l}{2}$，$Ii\sin\theta=\frac{l}{2}$，代入上式解得

$$F_{Gx}=\frac{3\sqrt{2}}{4}F$$

为了求解约束力 F_{Gy}，再对右半部分 $GCHD$ 应用虚位移原理，注意到约束力 F'_{Gx} 与 G 点虚位移方向垂直，虚功为零，有

$$F'_{Gy}(\sqrt{2}\,l\delta\theta)+(F\sin\theta)(Kk\delta\theta)-(F\sin\theta)(Dd\delta\theta)=0$$

式中 $\delta\theta$ 为虚转角，注意到 $Kk\sin\theta=\dfrac{l}{2}$，$Dd\sin\theta=\dfrac{l}{2}$，$F_{Gy}=F'_{Gy}$，代入上式解得

$$F_{Gy}=0$$

这里得到的解答与前面通过列静力学平衡方程求解的结果完全一致。

应用虚位移原理求解结构的约束力，必须注意：先解除与待求解的约束力对应的约束，再列写虚功方程求解，一次只能解除一个位移（或转角）约束，这是通常的做法，因为虚功方程是代数方程，只能求解一个未知量。这里却同时解除了 x，y 两个方向的约束而获得成功，原因是在分析约束性质的基础上，巧妙选择了互为垂直的 x，y 两个方向，使得在 G 点解除约束后，左右两个部分在 G 点的虚位移只能分别沿 x，y 当中的一个方向，这样就保证了虚功方程中不会同时出现 F_{Gx}，F_{Gy} 这两个未知量。另外，我们在这里再次看到，施力点虚位移几何关系的分析是应用分析静力学解题的关键。本题利用了解除约束后机构的虚拟速度瞬心，将各施力点的虚位移通过虚转角 $\delta\theta$ 联系起来，使得分析和计算得到了简化。力的虚功也可用力矩乘以虚转角来表示。

3.4　平面桁架的内力计算

平面桁架的内力计算通常是静力学的专题内容，也属于刚体系统的平衡问题。桁架结构中各杆件均为直杆，也都是二力杆，是实际杆系结构一种经过简化的研究模型，各杆件自重不计，且只在两端受外力，其大小相等、方向相反、沿杆件的轴线方向，这样的外力称为轴向外力。在轴向外力作用下，杆件横截面上内力的合力也沿轴向，简称为轴力，其大小等于加在杆件两端的外力。轴向外力有两种：拉力和压力，对应的轴力用正、负号加以区分。工程上规定，与拉力对应的轴力为正，与压力对应的轴力为负。

计算平面桁架杆件的内力，通常采用两种方法：①节点法；②截面法。

节点法是指以节点为研究对象计算桁架杆件内力的方法。在求杆件内力之前，先以桁架整体为研究对象，列平衡方程求出支座反力；然后逐次取出各节点（圆柱铰链），将与之连接的各杆端受到的作用力反方向加于该节点上，列平衡方程求出这些力，它们与那些杆件的内力相等。在某些情况下，可以直接取出各节点计算。在需要计算桁架中全部杆件内力的情况下，节点法是效率很高的方法。由于平面桁架节点的受力为平面汇交力系，最多可以写两个独立平衡方程，因此，采用节点法求解时，在每次取出的节点上最好只包含两个未知力。

根据节点法可得到直接判断杆件内力为零或取给定值的以下定性结论：

(1) 连接不共线的两杆节点 A，如果节点 A 上无外力，如图 3－4－1 (a) 所示，

则两杆内力均为零。

(2) 如果不共线的两杆节点上有外力，外力沿其中一杆轴线方向，如图 3－4－1 (b) 所示，则该杆内力大小等于外力值，另一杆内力为零。

F_1=0
A
F_2=0
F_1=P
A
F_2=0
P

(a) 无外力　　(b) 外力沿杆 1 轴线方向

图 3－4－1　两杆节点

(3) 连接不共线的三杆节点，如果节点上无外力，并且其中两杆轴线沿同一直线，如图 3－4－2 (a) 所示，则这两杆内力相同，第三杆内力为零。

F_1=0
F_2=F_3
A
F_3
F_1=P
F_2=F_3
F_3
A
P

(a) 无外力　　(b) 外力沿杆 1 轴线方向

图 3－4－2　三杆节点

(4) 如果不共线三杆节点上有外力，并且外力沿其中一杆轴线方向，另两杆轴线沿同一直线，如图 3－4－2 (b) 所示，则这两杆内力相同；另一杆内力大小等于外力值。

截面法是指假想将需要计算内力的杆件截断，将结构一分为二，在截断处加上杆件的内力，取其一为研究对象，利用平衡方程求出这些杆件的内力。在求杆件内力之前，通常要先以桁架整体为研究对象，列平衡方程求出支座反力；在某些情况下，也可以直接将结构一分为二进行计算。如果只需要计算平面桁架中指定杆件的内力，应优先采用截面法。由于平面力系最多可以写三个独立的平衡方程，因此，采用截面法求解时，每次截断的杆件最好在三根以内。

对于需要计算桁架中较多杆件内力的问题，可以考虑将节点法与截面法联合使用。如果结构和载荷具有同一对称轴，那么，利用对称性或者利用判断杆件内力为零或取给定值的上述定性结论，可以至少减少一半的计算工作量。

例 3－12　桁架受力如图所示，试指出桁架中的零杆（内力等于零的杆件），并对其余杆件的内力作定性分析。

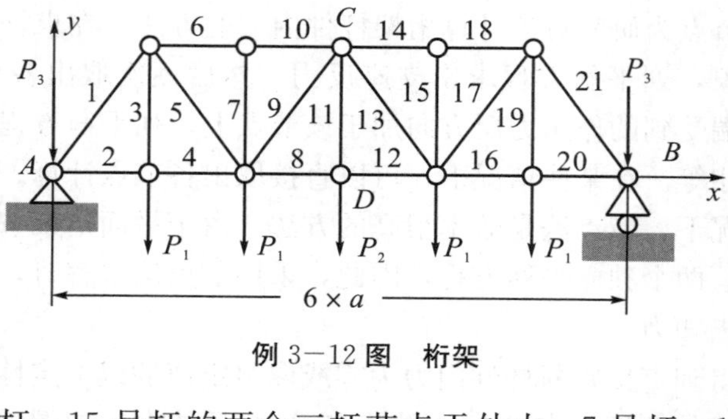

例 3－12 图　桁架

解　连接 7 号杆、15 号杆的两个三杆节点无外力，7 号杆、15 号杆为零杆，即

$F_7=F_{15}=0$，而 $F_6=F_{10}$，$F_{14}=F_{18}$；连接 3 号杆、11 号杆、19 号杆的三个三杆节点分别受外力 P_1，P_2，P_1作用，$F_3=F_{19}=P_1$，$F_{11}=P_2$，3，11，19 号杆为拉杆（受拉力）；另外，$F_2=F_4$，$F_8=F_{12}$，$F_{16}=F_{20}$。

由于图示桁架存在对称轴线 CD，所受外力也对称于 CD 轴线，因此，相对于 CD 轴线处于对称位置的那些杆件的内力相等，例如 $F_1=F_{21}$，$F_2=F_{20}$，$F_3=F_{19}$，$F_4=F_{16}$，$F_5=F_{17}$，等等。

例 3－13　试求图示桁架中杆 1 的内力。

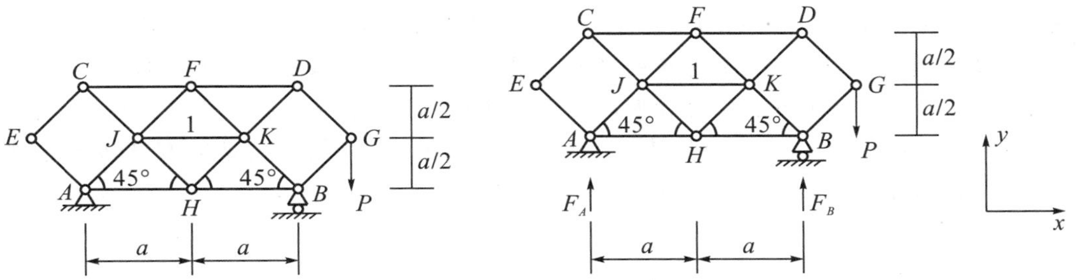

（a）**桁架**　（b）**约束力**　（c）**坐标轴**

例 3－13 图

解　（1）研究整体，求 B 支座的约束反力：

$$\sum M_A(F)=0:2aF_B-\frac{5a}{2}P=0\Rightarrow F_B=\frac{5}{4}P$$

两杆节点 E 无外力，所以 EA，EC，CJ，CF 四杆内力等于零。只要求出 GB 杆的内力，再求出 BH 杆的内力，最后利用截面法取出右半部分 $FDGBKF$，即可求出杆 1 的内力。

（2）研究节点 G，求 GB 杆的内力。

根据节点 G 的平衡，有

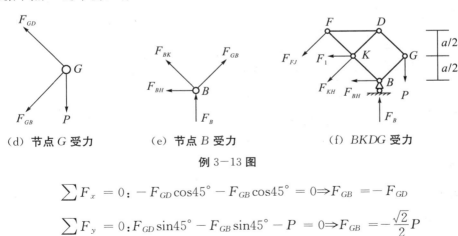

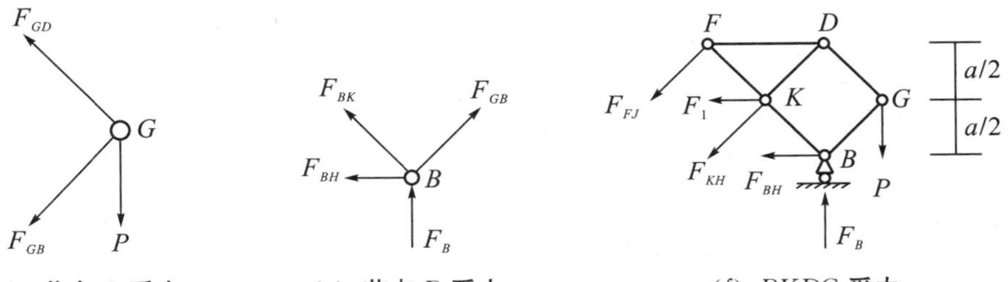

（d）**节点 G 受力**　（e）**节点 B 受力**　（f）$BKDG$ **受力**

例 3－13 图

$$\sum F_x=0:-F_{GD}\cos45^\circ-F_{GB}\cos45^\circ=0\Rightarrow F_{GB}=-F_{GD}$$

$$\sum F_y=0:F_{GD}\sin45^\circ-F_{GB}\sin45^\circ-P=0\Rightarrow F_{GB}=-\frac{\sqrt{2}}{2}P$$

（3）研究节点 B，求 BH 杆的内力。

根据节点 B 的平衡，将各力沿 BG 方向投影得到

$$\sum (F)_{BG} = 0: F_{GB} + F_B\cos45° - F_{BH}\cos45° = 0 \Rightarrow F_{BH} = \frac{1}{4}P$$

（4）利用截面法，如图取出右半部分 $FDGBKF$，求杆 1 的内力。

将各力沿 BF 方向投影得到

$$\sum (F)_{BF} = 0: (F_1 + F_{BH} + F_B - P)\cos45° = 0 \Rightarrow F_1 = -\frac{1}{2}P \text{（受压）}$$

【解题技巧分析】本题若单一地采用节点法计算，效率很低。注意到节点 E 连接不共线两杆并且无外力，所以 EA，EC 以及 CJ，CF 四杆内力都等于零。若采用截面法，关键是要先知道杆 BH 的内力。所以，在求解本题时，将节点法和截面法结合起来使用。利用整体分析先求出 B 支座的约束反力 F_B，再依次取出节点 G，B，分别求出 F_{GB}，F_{BH}，最后用截面法取出右半部分 $FDGBKF$，求出杆 1 的内力。注意，以上每一步都是必要的，没有多余的计算，这正是效率的体现。另外，若选取 K 为坐标原点，x 轴、y 轴分别沿 KD、KF 方向，可进一步简化计算。

3.5 静力学三类问题求解方法

静力学有三类典型问题：

（1）计算结构或刚体系统平衡时所受的约束力；

（2）分析机构平衡时主动力之间的关系；

（3）确定刚体或刚体系统的静平衡位置。

上述第一类问题，通常运用静力平衡方程求解，也可以利用虚位移原理求解。求解上述第二类和第三类问题，利用虚位移原理比较方便。

例 3－14　图示为不计自重的连续梁。已知：均布载荷 $q=2\text{kN/m}$，力偶矩 $M=6\text{kN}\cdot\text{m}$，力 $P=5\text{kN}$，$a=2\text{m}$。求固定端 A，D 处的力偶矩 M_A，M_D 与竖直方向的约束反力 Y_A，Y_D。

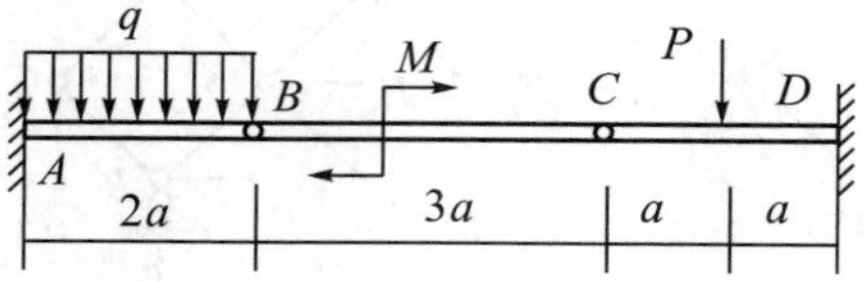

（a）结构加载图

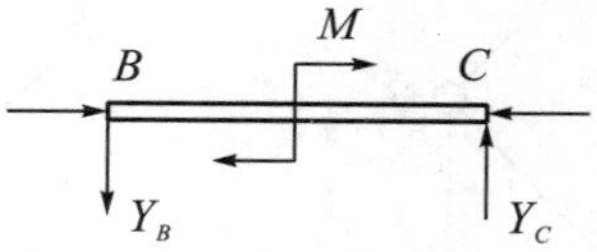

（b）BC 受力

例 3－14 图

解　（1）研究 BC。

根据 BC 平衡，可以得到 $Y_B = Y_C = \dfrac{M}{3a} = 1\text{kN}$。

（2）分别取出 AB 和 CD。

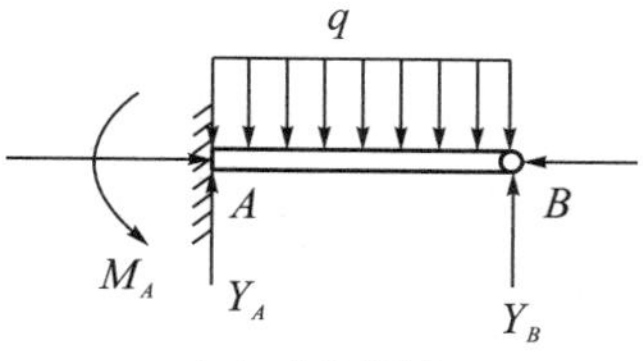

(c) AB 受力

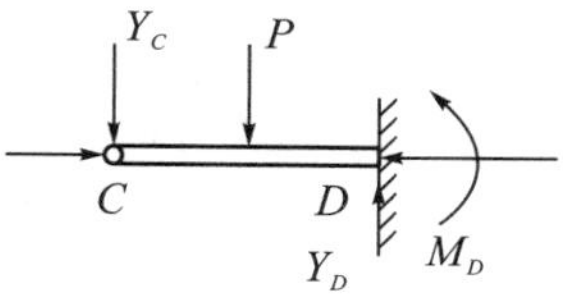

(d) CD 受力

例 3－14 图

根据 AB 的平衡，有

$$\sum Y=0:Y_A+Y_B-2aq=0\Rightarrow Y_A=2aq-Y_B=7\text{kN}$$

$$\sum M_A(F)=0:M_A+2aY_B-2a^2q=0\Rightarrow M_A=2a^2q-2aY_B=12\text{kN}\cdot\text{m}$$

由 CD 的平衡，有

$$\sum Y=0:Y_D-Y_C-P=0\Rightarrow Y_D=Y_C+P=6\text{kN}$$

$$\sum M_D(F)=0:M_D+2aY_C+Pa=0\Rightarrow M_D=-2aY_C-Pa=-14\text{kN}\cdot\text{m}$$

【解题技巧分析】本题采用的是取隔离体分析方法。严格地说，本题所给的连续梁属于一次静不定结构，在题给条件下无法求解固定端处的水平方向的约束反力，但竖直方向的约束反力和约束反力偶矩是可以计算的。当然，本题也可以利用虚位移原理计算。例如，为了求解固定端 A 处的约束反力偶，可以解除该处的转动约束，同时加上约束反力偶 M_A，将固定端 A 改为圆柱铰链支座，让 AB 绕 A 端转动无穷小角度 $\delta\varphi_A$（逆时针），则由于约束的性质，BC 会绕 C 端也转动无穷小角度 $\delta\varphi_C$（顺时针），并且由于它们引起的点 B 的虚位移相同，有 $\delta\varphi_C=\dfrac{2}{3}\delta\varphi_A$，利用虚位移原理，有

$$M_A\delta\varphi_A+M_A(q)\delta\varphi_A+M\delta\varphi_C=0$$

将 $M_A(q)=-(2aq)a$ 代入，得到 $M_A=2a^2q-\dfrac{2}{3}M=12\text{kN}\cdot\text{m}$。在这里我们看到，用虚位移原理计算 M_A，不需要先计算 Y_B，效率稍高。若要计算 Y_A，可以解除固定端竖直方向的移动约束，而禁止转动和水平方向的移动。用同样的方法，可以计算 M_D 和 Y_D。

例 3－15　如图 (a) 所示，在曲柄 OA 上作用力偶 M（单位：N·m），同时在滑块上作用水平力 P 使机构在图示位置平衡。已知曲柄 OA 刚好与水平线 OO_1 垂直，$OA=0.15\text{m}$，$OO_1=0.2\text{m}$，$O_1B=l_1=0.5\text{m}$，$BC=l_2=0.78\text{m}$，略去摩擦及自重，求力偶矩 M 与水平力 P 的数值关系。

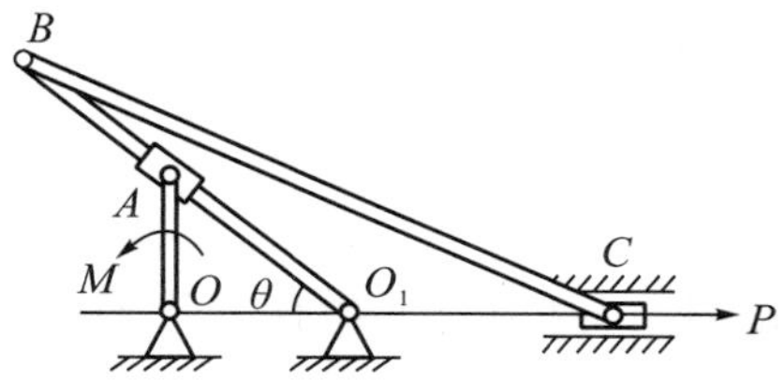

(a) 机构平衡

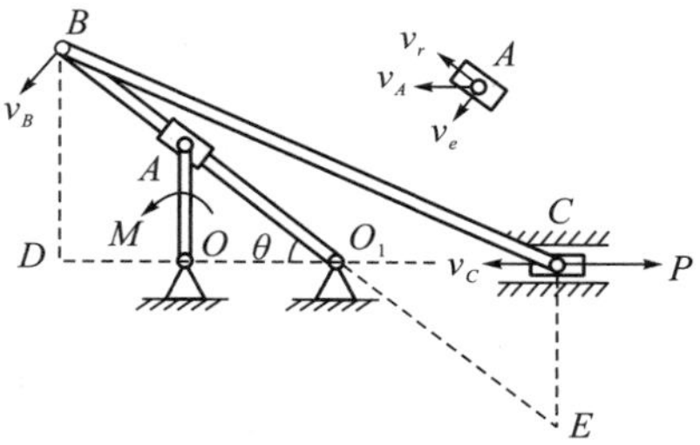

(b) BC 杆瞬心

例 3－15 图

解 用虚位移原理求解。

为方便下面的计算，先做几何分析：由题给条件可知点 A 刚好位于杆 O_1B 中点，即 $O_1A=0.25\text{m}$，$BD=0.3\text{m}$，$DO_1=0.4\text{m}$，D，C 两点的距离为

$$DC=\sqrt{l_2^2-(BD)^2}=0.72\text{m},O_1C=DC-DO_1=0.32\text{m}$$

$$\sin\theta=\frac{3}{5},\cos\theta=\frac{4}{5}$$

虚速度分析：如图（b），设 v_A，v_B，v_C 分别表示点 A，B，C 的虚速度，ω 为对应的曲柄 OA 的虚角速度，ω_1，ω_2 分别表示杆 O_1B，CB 的虚角速度，将点 A 的虚速度分解为相对速度和牵连速度，则

$$v_A=0.15\omega,v_A\sin\theta=v_e=0.25\omega_1\Rightarrow\omega_1=3.6\omega$$

$$O_1E=O_1C/\cos\theta=0.4\text{m},CE=O_1E\sin\theta=0.24\text{m}$$

而 $BE=0.5+0.4=0.9$，这里 E 为杆 CB 的瞬心，所以

$$v_B=O_1B\omega_1=EB\omega_2\Rightarrow\omega_2=\frac{5}{9}\omega_1=2\omega$$

系统的虚功率方程为

$$M\omega-Pv_C=0$$

式中 $v_C=EC\omega_2=0.24\omega_2=0.48\omega$，代入上式得到

$$P=\frac{25M}{12}$$

【解题技巧分析】本题运用虚位移原理解题，采用了虚功率方程的形式，方程本身很简单。主要难点是虚速度分析，它的基础是刚体运动学知识。对点 A 的虚速度进行分析，利用了速度合成定理，对杆 CB 的虚速度分析，利用了刚体平面运动的瞬心法，较多的计算都是在做几何分析。本题也可以用虚位移、虚转角分析，无论是采用虚位移还是虚速度，重要的一步是根据已知条件，计算出 O_1 点到 C 点的距离。

例 3－16 预制混凝土构件的振动台重力为 P，用三组同样的弹簧等距离地支承起来，图示为振动台简图。已知每组弹簧的刚度系数为 k，平台 AB 间距离为 $2l$。在台面重心有一偏心距为 a 的情况下，试确定台面的平衡位置。

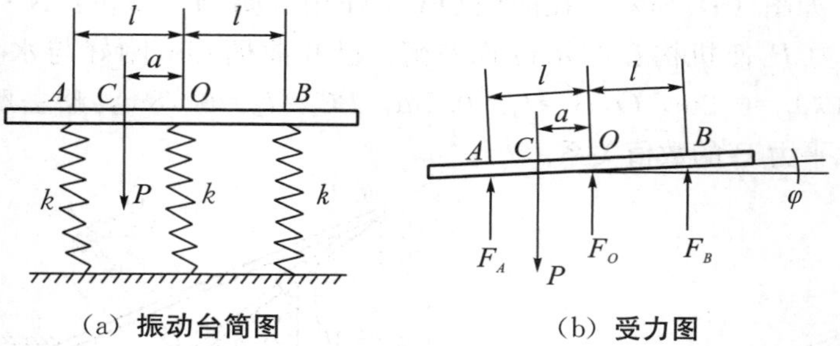

(a) 振动台简图　　(b) 受力图

例 3－16 图

解 用虚位移原理求解。不考虑水平方向的偏离，系统在平面内有两个自由度。设平衡时，点 O 相对弹簧原长位置下降距离为 y_O，AB 偏转角 φ。

(1) 先固定角度 φ，设点 O 的虚位移为 δy_O，则根据虚位移原理，有

$$P\delta y_C - F_A\delta y_A - F_O\delta y_O - F_B\delta y_B = 0$$

式中 $\delta y_C = \delta y_A = \delta y_O = \delta y_B$，另外

$$F_A = k(y_O + l\varphi), F_O = ky_O, F_B = k(y_O - l\varphi)$$

代入前式得到

$$y_O = \frac{P}{3k}$$

（2）固定点 O，即保持 y_O 不变，设 AB 的虚拟转角为 $\delta\varphi$，则有

$$Pa\delta\varphi - F_A l\delta\varphi + F_B l\delta\varphi = 0$$

将 $F_A = k(y_O + l\varphi)$，$F_B = k(y_O - l\varphi)$ 代入，得到

$$\varphi = \frac{Pa}{2kl^2}$$

【解题技巧分析】本题用虚位移原理求解的关键是，先识别出系统具有两个自由度：点 O 在竖直方向的位移 y_O 和 AB 在平面内的转角 φ，然后以它们为广义坐标，并分别让它们有无穷小增量 δy_O，$\delta\varphi$，写出系统的虚功方程，由此得到系统平衡时的 y_O 值和 φ 值。本题也可以根据力的平衡方程 $F_A + F_O + F_B - P = 0$ 和对点 O 的力矩平衡方程 $Pa - F_A l + F_B l = 0$，确定系统的平衡位置。

3.6　考虑摩擦的平衡问题

两个相互接触的物体，在保持接触的情况下，只要有相对运动或相对运动趋势，就会产生摩擦现象。摩擦现象包括发声、发热以及材料磨损等，其本质就是在保持接触的有相对运动（趋势）的两个物体之间，接触面的微观凹凸部分发生咬合、碰撞，产生能量转换，出现了阻碍相对运动（趋势）的切向作用力，这种切向的相互作用力称为摩擦力。在保持接触的有相对运动（趋势）的两个物体之间，如果没有第三种物质（例如润滑剂），相应的摩擦称为干摩擦。根据大量的实际观测，静摩擦力有一个最大值。当相互接触的两个物体处于相对静止时，静摩擦力界于零和最大值之间，实验发现，最大静摩擦力与物体之间的正压力成正比（称为库仑摩擦定律），最大静摩擦力与正压力的比值称为静摩擦系数。静摩擦系数是一个材料参数，只与相互接触的物体性质和接触面的性质有关。当物体之间已经产生相互滑动时，可以类似地引入动摩擦系数的概念。在相对滑动速度不太快的条件下，动摩擦系数近似为一个常数，其大小等于动摩擦力与正压力的比值。实验还发现，动摩擦系数比静摩擦系数略小。

物体处于临滑状态时，静摩擦力达到最大值，这种状态称为临界状态。物体之间的正压力与静摩擦力的合力称为阻碍物体产生相对运动的全反力。当静摩擦力达到最大值时，对应的全反力与正压力的夹角称为摩擦角，静摩擦系数等于摩擦角的正切值。实验室里测定材料之间的静摩擦系数，通常采用的斜面法就是利用摩擦角与静摩擦系数的关系，通过测定临界状态斜面的倾角，再取正切值即得到静摩擦系数。当静摩擦力达到最大值时，对应的全反力绕接触面的法线旋转一周形成的锥面称为摩擦锥。如果物体在主

动力（通常为重力，不限于重力）和摩擦力的共同作用下处于平衡，无论主动力的大小如何增加，都不改变物体的平衡状态，则称物体处于自锁状态。如果物体在主动力和摩擦力的共同作用下不平衡，无论主动力的值如何减小，只要主动力的值不为零，都不能使物体处于平衡状态，则称物体处于不自锁状态。利用摩擦锥的概念，很容易判断物体是否处于自锁状态。如果主动力合力的作用线落在摩擦锥里面，则总有全反力与之平衡，物体处于自锁状态；否则，物体处于不自锁状态。

在工程上，可以利用摩擦角或摩擦锥的概念设计自锁和不自锁的装置。例如，更换汽车轮胎时使用的千斤顶就利用了自锁原理。千斤顶的自锁实际上是斜面自锁的变型。斜面自锁是指，如果斜面的倾角小于摩擦角，无论物体多重都不会沿斜面下滑；反之，如果斜面的倾角大于摩擦角，无论物体多轻都会沿斜面下滑。这个现象可以用来解释沙堆的坡角为什么不能超过某个角度，这个角度其实就是沙堆的摩擦角。持续的暴雨过后出现的山体滑坡，也可以用山体的摩擦角由于雨水的浸泡而变小的原因得到部分解释。

静摩擦力的大小由物体所处的状态决定，除非物体处于临界状态（此时摩擦力达到最大值）；否则，静摩擦力的大小由平衡方程确定。求解包括摩擦力的平衡问题，主要步骤包括：

（1）根据摩擦力的方向总是与相对运动（趋势）的方向相反的特性判断摩擦力的方向，画受力图；

（2）假设系统处于临界的平衡状态，并利用库仑摩擦定律写出摩擦力与正压力的关系；

（3）列写平衡方程，并联立求解。

由于静摩擦力界于零和最大值之间，通常考虑摩擦力的平衡问题的解答不是一个确定值，而是给出一个大小范围。另外，考虑涉及摩擦力的问题，如果需要弄清楚物体所处的状态和摩擦力的大小，如何通过计算确定物体所处的实际状态和摩擦力的值呢？通常的做法是：假定物体处于平衡状态，通过解平衡方程求出维持平衡所需的摩擦力，再将其与摩擦力的最大值比较，如果从平衡方程解得的摩擦力小于由库仑定律计算得到的最大值，则物体处于平衡状态，由平衡方程解得的摩擦力就是摩擦力的实际数值；反之，物体已开始滑动，此时，用滑动摩擦系数乘以正压力得到摩擦力的数值。

例 3-17　A 物块重 50kN，轮轴 B 重 $W=100\text{kN}$，$r=5\text{cm}$，$R=10\text{cm}$，物块 A 与轮轴 B 的轴以水平绳连接；在轮轴上绕以细绳，绳与轮轴无相对滑动，此绳跨过光滑的滑轮 D，在其端点上系重物 C，如图（a）所示。如物块 A 与平面的摩擦系数为 0.5，而轮轴 B 与平面的摩擦系数为 0.2，求使物体系统平衡时重物 C 的重量 Q 的最大值。

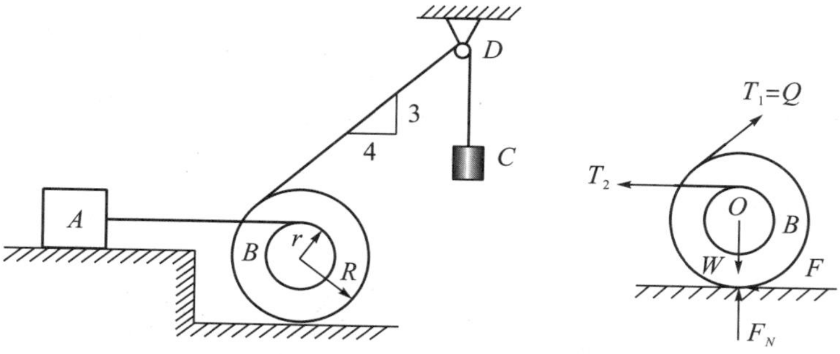

(a) 摩擦平衡系统　　(b) 轮轴 B 受力

例 3—17 图

解　研究轮轴 B，受力分析如图所示。

当重物 C 的重量 Q 达到一定的数值时，轮轴 B 可能处于两种不同的状态：临滑动状态或者临滚动状态，根据哪种状态先出现来决定维持系统平衡所许可的重物 C 的最大重量 Q。

(1) 设轮轴 B 出现将要滑动的临界平衡状态，此时 $Q=Q_1$，轮轴 B 与地面的摩擦力达到最大值 $F=0.2F_N$，张力 $T_1=Q_1$，同时张力 T_2 也达到最大值 $T_2=0.5\times50\text{kN}=25\text{kN}$，根据轮轴 B 的平衡条件，有

$$\sum F_{ix}=0:\frac{4}{5}Q_1-T_2-F=0$$

$$\sum F_{iy}=0:\frac{3}{5}Q_1-W+F_N=0$$

将 $T_2=25\text{kN}$，$W=100\text{kN}$，$F=0.2F_N$ 代入，解得

$$Q_1=48.91\text{kN}$$

(2) 设轮轴 B 出现将要滚动的临界平衡状态，此时 $Q=Q_2$，张力 $T_1=Q_2$，轮轴 B 与地面的摩擦力 F 未知，需要由平衡方程确定，张力 T_2 达到最大值，$T_2=0.5\times50\text{kN}=25\text{kN}$，根据轮轴 B 的平衡条件，有

$$\sum F_{ix}=0:\frac{4}{5}Q_2-T_2-F=0$$

$$\sum M_O(F_i)=0:5T_2-10Q_2-10F=0$$

将 $T_2=25\text{kN}$ 代入，解得

$$Q_2=20.83\text{kN}$$

所以，维持系统平衡所许可的重物 C 的最大重量为 $Q_{\max}=20.83\text{kN}$。

【解题技巧分析】本题解题的关键是要注意到系统存在两种可能的打破平衡的情况：随着重物 C 重量的增加，轮轴开始滚动或者滑动。在将要滚动时，轮轴 B 与地面的摩擦力大小未知；在将要滑动时，轮轴 B 与地面的摩擦力达到最大值。在得出计算结果之前，事先并不知道哪种情况先出现，所以要分别计算，然后比较计算结果。另外，无论是滚动还是滑动，其前提都是物块 A 受到的摩擦力已达到最大值。当然，如果物块 A 的重量远远大于轮轴 B 的重量，那么轮轴 B 与地面的摩擦力先达到最大值，轮轴 B

会出现另一种形式的滑动。

例 3－18 （第七届四川省孙训方大学生力学竞赛试题，2018 年）

如图（a）所示为两个圆柱体组成的摩擦制动装置，阻止中间圆轮在水平面内顺时针方向转动，对于给定的半径 R 和 r，如果各接触面之间的摩擦系数均为 μ，试确定该制动装置能够发生作用的距离参数 d 的最小值。

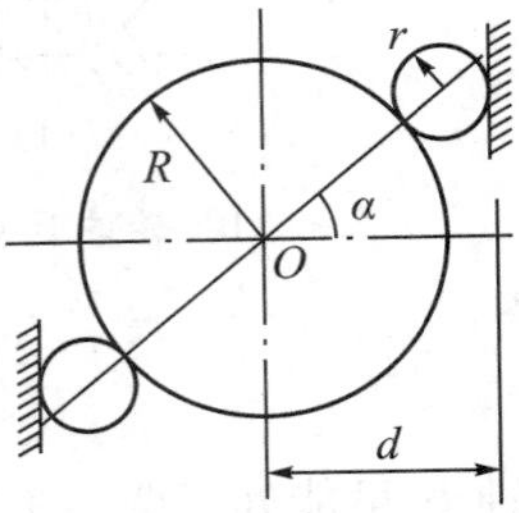

（a）摩擦制动装置

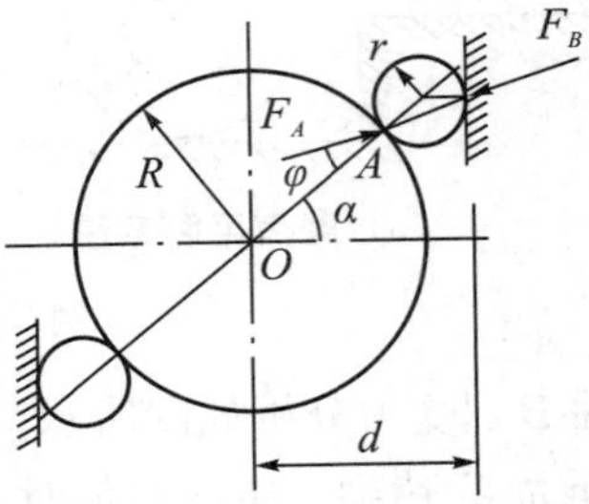

（b）小圆柱受力

例 3－18 图

解 以小圆柱为研究对象，当制动装置发生作用时，小圆柱处于静止平衡状态，其在水平面内的受力分析如图所示，其中二力 F_A，F_B 大小相等，方向相反，并沿同一直线，条件是图中 A，B 两点连线与 OA 的夹角 φ 不超过接触面的摩擦角，即 $\varphi \leqslant \varphi_m = \arctan\mu$，否则小圆柱不能平衡。根据几何关系 $\alpha = 2\varphi$，因为临界状态下，F_B 与水平线的夹角为 $\varphi = \varphi_m$，由于大的 α 角对应小的 d 值，所以

$$d_{\min} = (R+r)\cos 2\varphi_m + r = \frac{(R+r)(2\cos^2\varphi_m - 1) + r}{\cos^2\varphi_m + \sin^2\varphi_m} = \frac{R(1-\mu^2)+2r}{1+\mu^2}$$

【解题技巧分析】本题解题的关键是利用二力平衡和摩擦角的概念，其余的就是几何分析。

思考题

1. 什么是力系的合力？任意给定的力系都有合力吗？
2. 什么是力系的主矢？主矢与力系的合力有什么区别？
3. 为什么力偶没有合力？
4. 力偶对刚体的动力效应是什么？
5. 力偶能与一个力平衡吗？为什么？力偶通过什么来平衡？
6. 在一般空间力系的平衡条件（3－1－1）中，为什么力系的主矢量不含力偶矩矢量 m_k，而主矩矢量不仅包括力系中各力对任意选取的点 O 的矩，也包括力系中的力偶矩 m_k？
7. 为什么汇交力系的平衡方程（3－1－3）中没有力矩平衡方程？
8. 为什么平面力偶系只有一个独立的平衡方程？
9. 在具体应用平衡方程（3－1－2）求解未知力的时候，为什么可以沿任意选取的方向投影？

10. 在虚位移原理中，为什么通常不考虑约束力的虚功？

11. 在哪些问题中特别适宜采用虚位移原理进行分析计算？

12. 在应用虚位移原理求结构的约束力时，为什么一次只能解除一个约束？如何求解两个以上的约束力？

13. 如果一个刚体系统仅仅在整体上满足平衡条件，能否保证系统内部各个部分的平衡？

14. 结构在固定端处的约束反力偶矩是否总是不等于零？

15. 平面桁架与实际的杆系结构有什么区别？

16. 是否在所有情况下，两个相互接触的物体之间的摩擦力的大小都可以用库仑摩擦定律计算？

17. 在实践中，哪些问题可以忽略摩擦力的影响？哪些问题不能忽略摩擦力的影响？

习　题

3－1　图示系统中，已知：$Q=10\text{kN}$，$M=11\text{kN}\cdot\text{m}$，滑轮半径 $r=0.5\text{m}$，$BC=4\text{m}$，其他尺寸如图所示。试求支座 A，B 的约束反力。

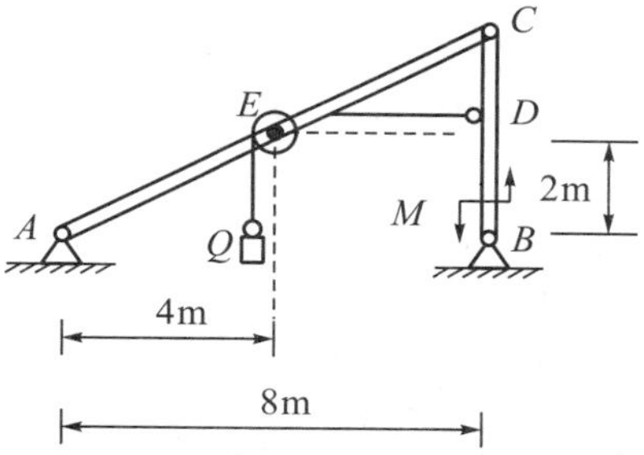

习题 3－1 图

3－2　图示三铰拱中，已知主动力 F_1，F_2以及几何尺寸 a，b，h，l，A，B，C 均为光滑圆柱铰链，忽略各构件的自重，试求 B 支座水平方向的约束力。

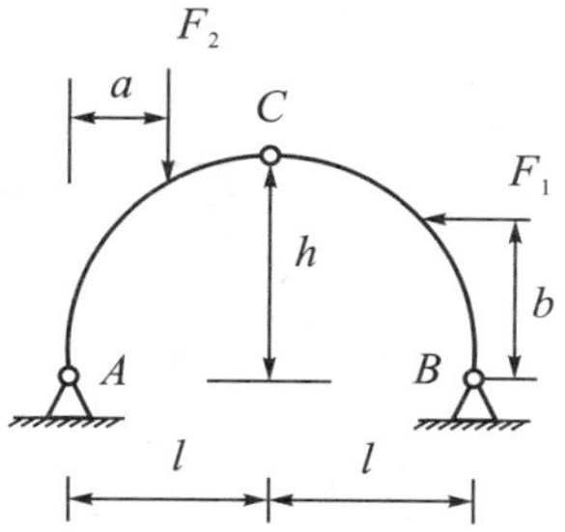

习题 3－2 图

3-3 两个相同的均质杆，长度和质量分别为 l，m，其上各作用如图所示的力偶 M。试求在平衡状态时，杆与水平线之间的夹角 θ_1，θ_2。

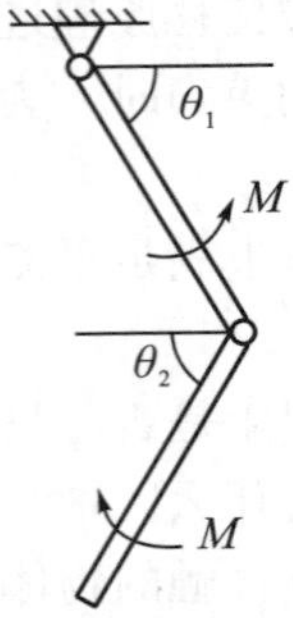

习题 3-3 图

3-4 如图所示的组合梁，其上作用有载荷 $P_1=5\text{kN}$，$P_2=4\text{kN}$，$P_3=3\text{kN}$，以及矩为 $M=2\text{kN}\cdot\text{m}$ 的力偶。摩擦及梁的质量忽略不计。试用虚位移原理求固定端 A 的约束反力偶矩 M_A。

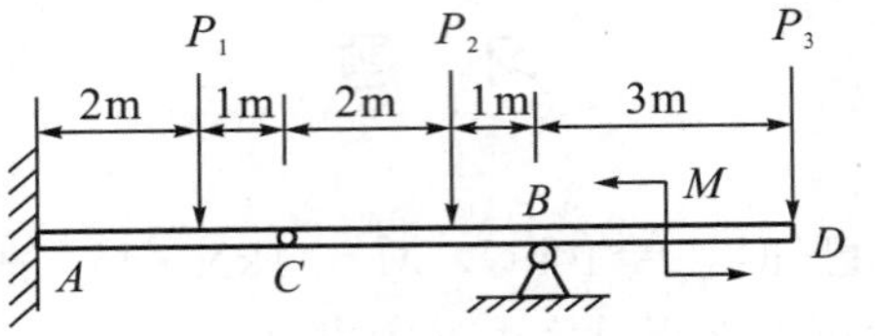

习题 3-4 图

3-5 在图示曲柄压榨机构中的曲柄 OA 上作用一力偶，其矩 $M=50\text{N}\cdot\text{m}$，若 $OA=r=0.1\text{m}$，$BD=DC=l=0.3\text{m}$，$\angle OAB=90°$，$\theta=15°$，各杆重不计，求压榨力 P。

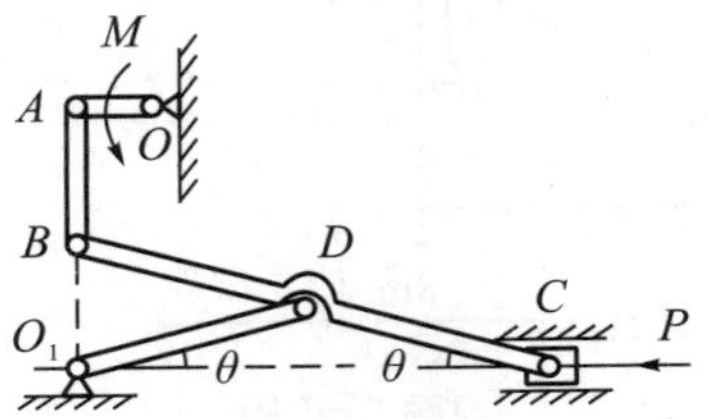

习题 3-5 图

3-6 杆 AB，CD 由铰链 C 连结，并由铰链 A，D 固定，如图所示。在 AB 杆上作用有铅垂力 F，在 CD 杆上作用有力偶 M，不计杆重，求支座 D 处的约束反力。

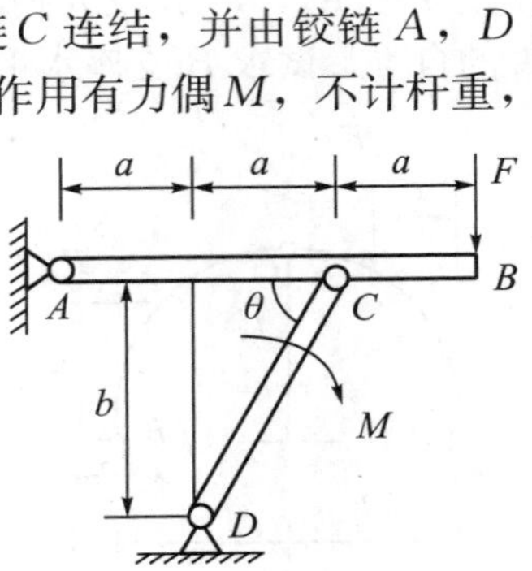

习题 3-6 图

3－7　图示（a），（b）结构中，BC 受集中力偶作用，矩 $M=200\text{N}\cdot\text{m}$，$\theta=30°$，$CD$ 与 AB 平行，忽略各构件自重，试求固定端 A 的约束反力。

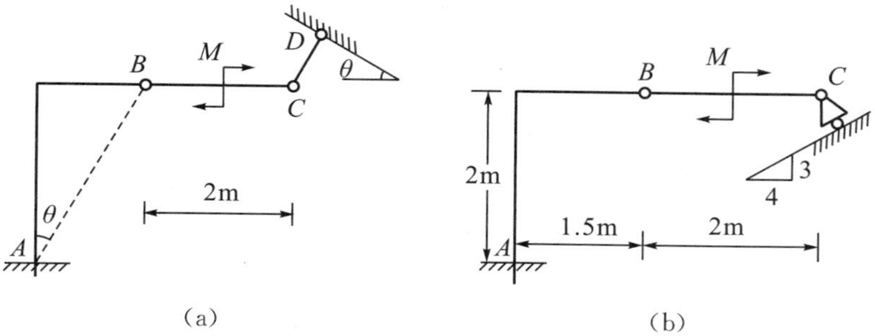

习题 3－7 图

3－8　梁 AC 用三根杆支承，所受载荷如图所示，$P_1=1\text{kN}$，$P_2=2\text{kN}$，$P_3=2\text{kN}$，不计梁 AC 自重，试求各杆内力。

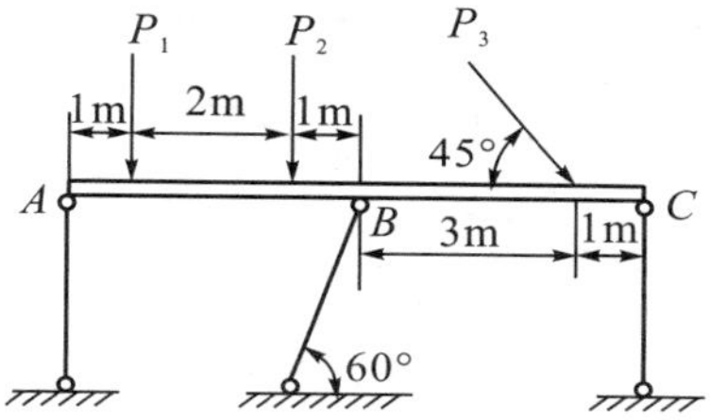

习题 3－8 图

3－9　求图示桁架中杆 1（即 EK 杆）的内力。

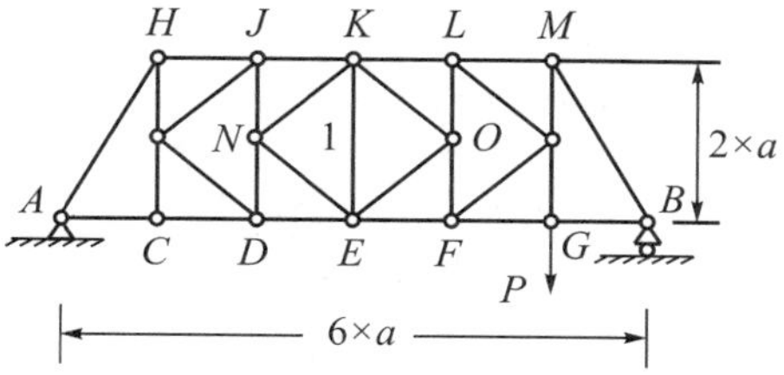

习题 3－9 图

3－10　试求图示桁架杆 1，2，3 的内力，各力与斜边 EB 垂直。

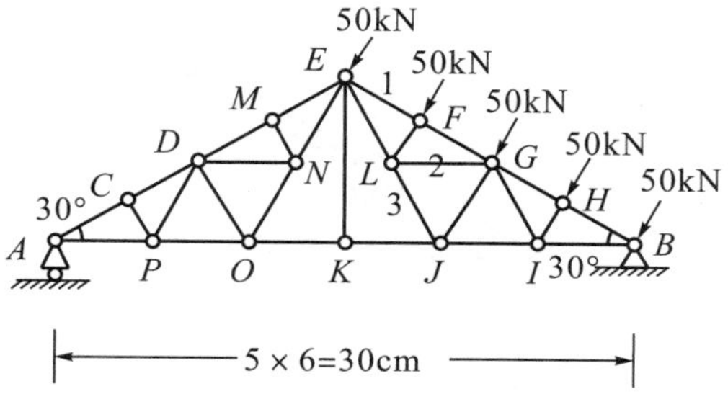

习题 3－10 图

3-11 计算图示桁架杆 1，2，3 的内力。

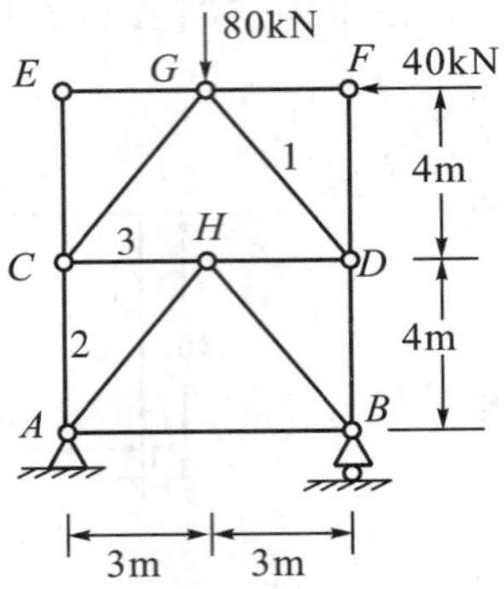

习题 3-11 图

3-12 桁架的支座和载荷如图所示，试求 AB，BF 和 EF 杆的内力。

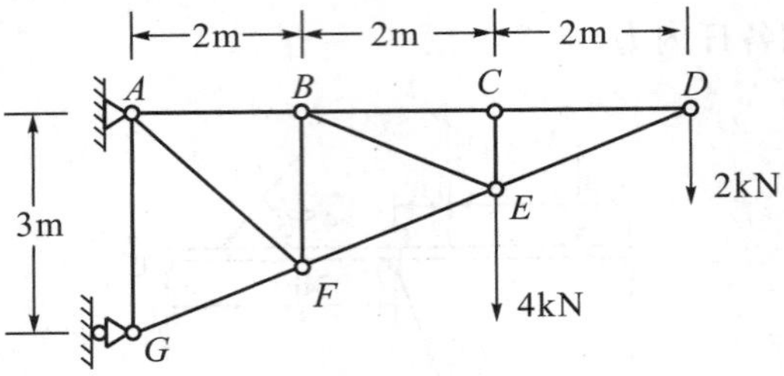

习题 3-12 图

3-13 长度为 $2l$ 的均质杆 AB，置于光滑半圆槽内，槽的半径为 R，如图所示。试求平衡位置 θ 角和 l，R 的关系。

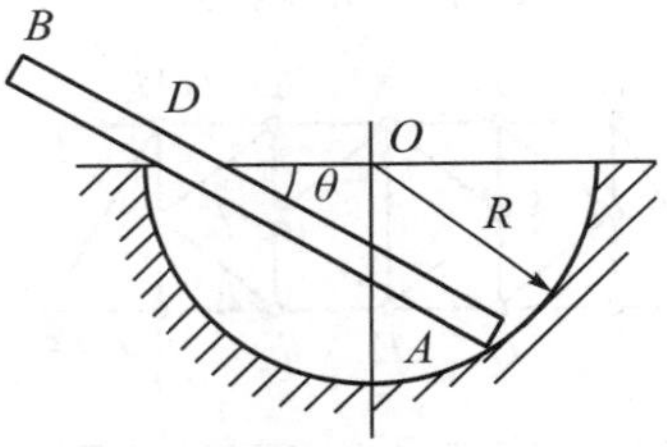

习题 3-13 图

3-14 滑套 D 套在长度为 $l=600\text{mm}$ 的光滑直杆 AB 上，并带动 CD 杆在铅垂滑道上滑动，如图所示。已知当 $\theta=0°$时，弹簧长度等于原长，且弹簧刚度系数为 5kN/m。若系统的自重不计，求在任意位置 θ 角平衡时，在 AB 杆上应加多大力偶矩 M。

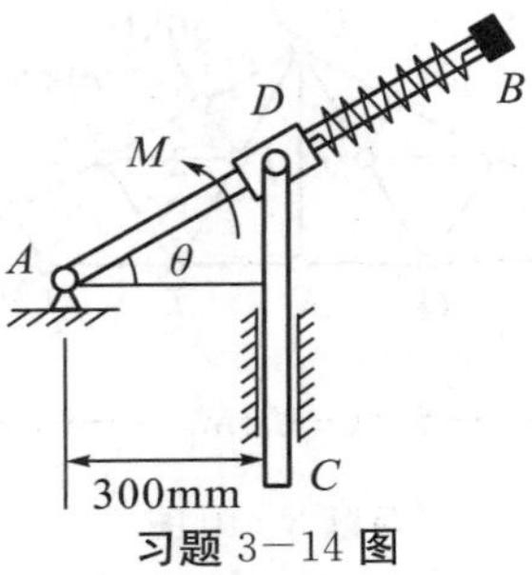

习题 3-14 图

3－15　如图所示，在可移动的物块 M 与墙壁之间放置一个质量为 10kg 的杆 AB，若 A，B 处接触面间的静摩擦系数 $f_A = f_B = 0.25$，当 $F = 500\text{N}$ 时，试求 AB 能够保持平衡的最大角度 θ。

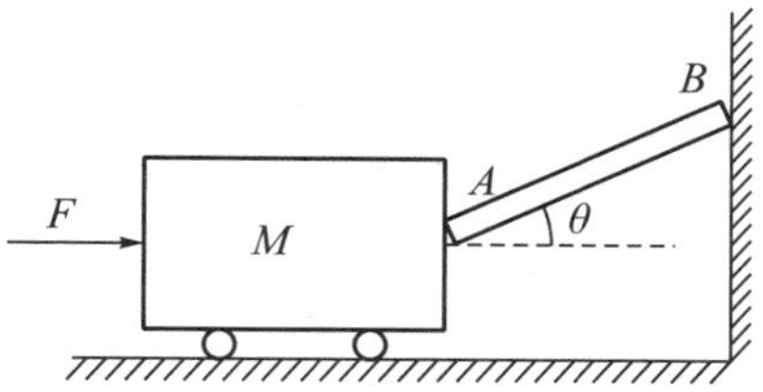

习题 3－15 图

3－16　一辆小汽车重 14kN，重心 C 位置如图所示。车轮直径为 60cm，滚动摩擦阻力偶略去不计。如果作用于后轮 B 的力偶矩 M 不是由车内发动机提供，而是来自车外，那么汽车越过前方的障碍至少需要多大的外力偶矩 M？地面与轮胎的摩擦系数 f_B 至少为多大？

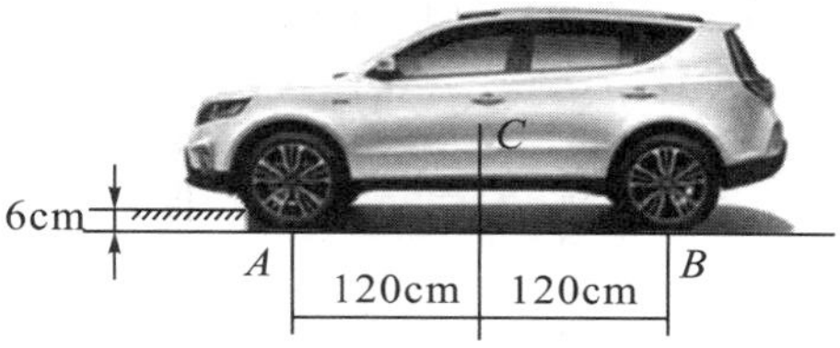

习题 3－16 图

3－17　重量可以忽略不计的两杆用光滑圆柱铰连接，A，C 端分别与滑块相连，如图所示（长度单位：mm）。滑块 A，C 与台面间的摩擦系数为 $f = 0.25$，其质量分别为 $m_A = 20\text{kg}$，$m_C = 10\text{kg}$，如两滑块都未滑动，试求作用在 B 点的力 P 的范围。

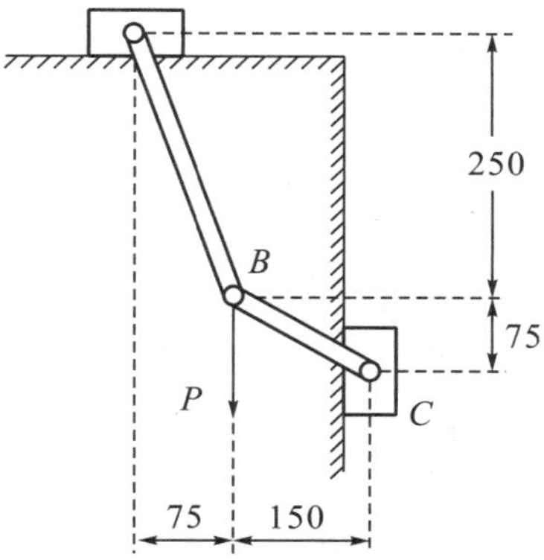

习题 3－17 图

3－18　如图所示，两木板 AO 和 BO 用铰链连接在 O 点，两板间放有均质圆柱，其轴线 O_1 平行于铰链的轴线，这两轴都是水平的，并在同一铅垂面内。由于 A 点和 B

点同时作用大小相等而方向相反的水平力 P，使木板紧压圆柱，此时距离 $AB=a$。已知圆柱的重量为 Q，半径为 r，圆柱对木板的摩擦系数为 f，$\angle AOB=2\alpha$。试求使系统处于平衡状态的力 P 的数值范围。

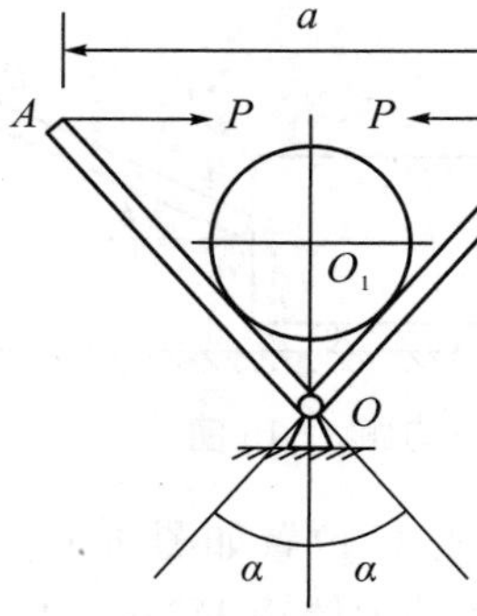

习题 3－18 图

3－19 如图所示，不计重量的滑块在滑道间滑动。设滑块与滑道间的间隙可略去不计，求在力 P 的作用下不至于卡住时接触面间摩擦角的最大值。

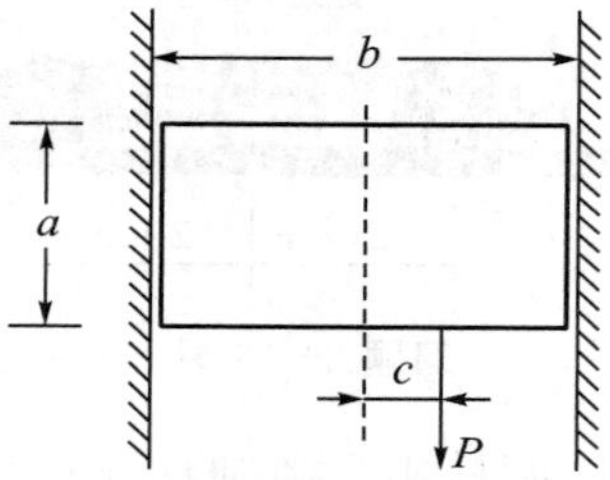

习题 3－19 图

3－20 重 50N 的方块放在倾斜的粗糙面上，斜面的 AD 边与 BC 边平行，如图所示。方块与斜面的摩擦系数为 0.6。水平力 P 作用在方块上且与 BC 边平行，此力由零逐渐增加。当方块开始运动时，求：

（1）力 P 的大小；

（2）方块滑动的方向与 AB 边的夹角 θ.

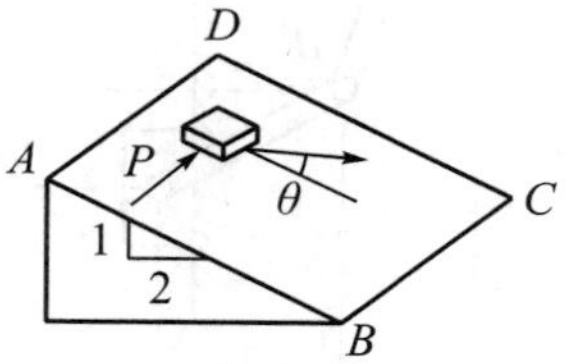

习题 3－20 图

3－21 在如图所示机构中，各构件自重不计，已知 $OC=CA$，$P=200$ N，弹簧的刚度系数 $k=10$ N/cm，图示平衡位置时 $\varphi=30°$，$\theta=60°$，弹簧已有伸长 $\delta=2$cm，OA 沿水平方向。试用虚位移原理求机构平衡时力 F 的大小。

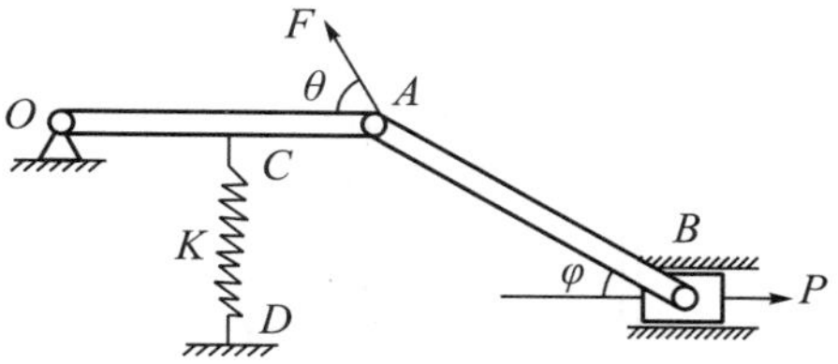

习题 3－21 图

3－22　折梯放在水平地面上，其两脚与地面的摩擦系数分别为 $f_A=0.2$，$f_B=0.6$，折梯一边 AC 的中点 D 上有一重为 $P=500\text{N}$ 的重物，折梯重量不计，问折梯能否平衡？如果折梯平衡，试求出两脚与地面间的摩擦力。

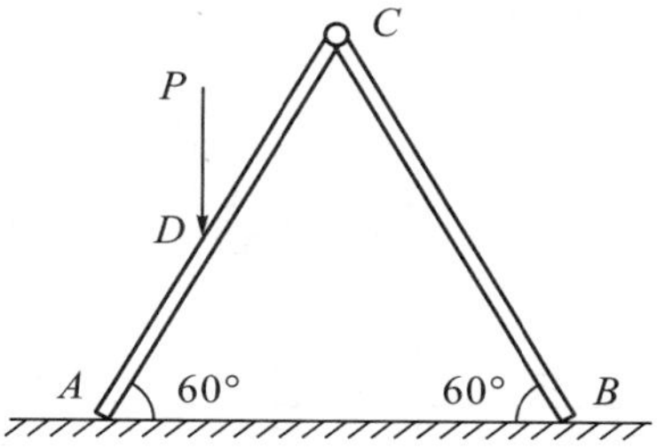

习题 3－22 图

3－23　在图示机构中，已知：$OB=OD=DA=20\text{cm}$，$AC=40\text{cm}$，$AB\perp AC$，$\theta=30°$，$F_1=150\text{N}$，弹簧的刚度系数 $k=150\text{N/cm}$，在图示位置已有压缩形变 $\delta=2\text{cm}$，不计各构件重量，用虚位移原理求机构在图示位置平衡时力 F_2 的大小。

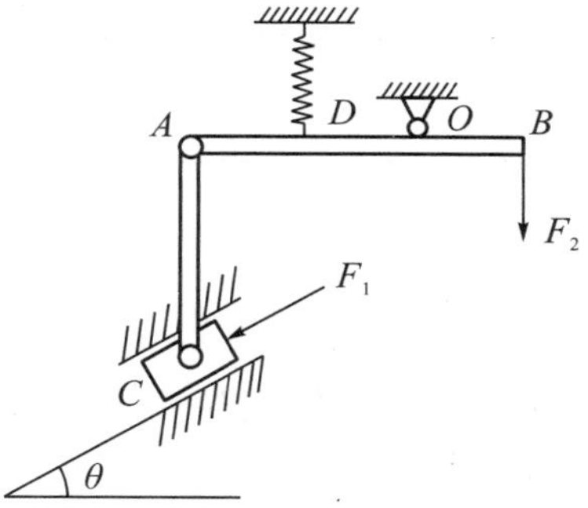

习题 3－23 图

3－24　如图所示组合结构由 T 形杆 ABC 和直角杆 DEC 铰接而成，BC 和 DE 段均与地面平行。已知：$P=20\text{kN}$，$q=6\text{kN/m}$，不计杆重。求固定端 A 及支座 D 处的约束反力。

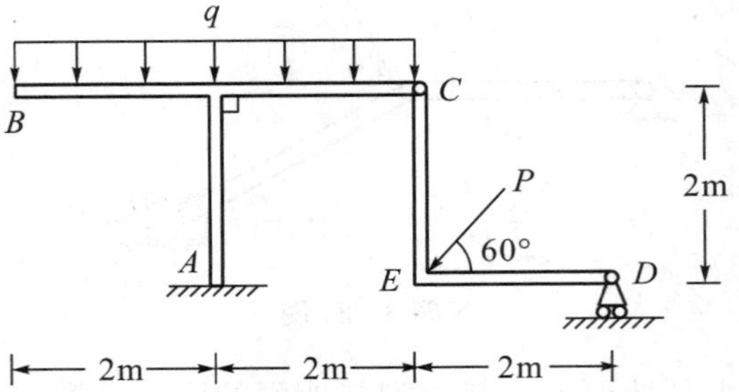

习题 3-24 图

3-25 有组合梁如图所示，已知 $P=40\text{kN}$，$M=24\text{kN}\cdot\text{m}$，$q=6\text{kN/m}$，各部分自重不计。试求：固定端 A 处的约束反力；支座 B 处的约束反力。

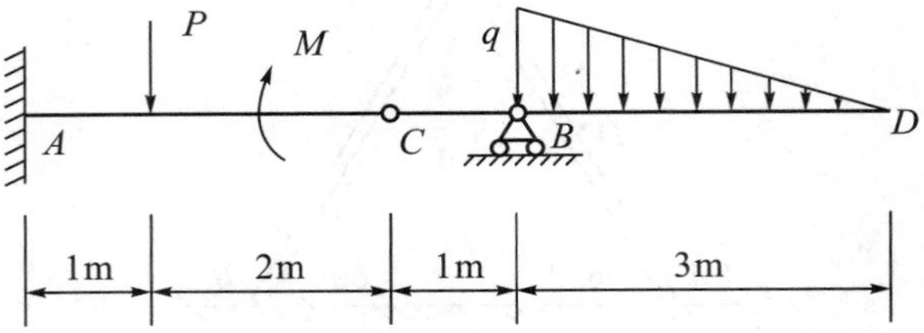

习题 3-25 图

3-26 多跨静定梁由 AB，BC 和 CE 三段组成，A 端为固定端，B 和 C 为中间铰，D，E 处为链杆约束，荷载情况和几何尺寸如图所示，试求 A 和 D 处的约束反力。

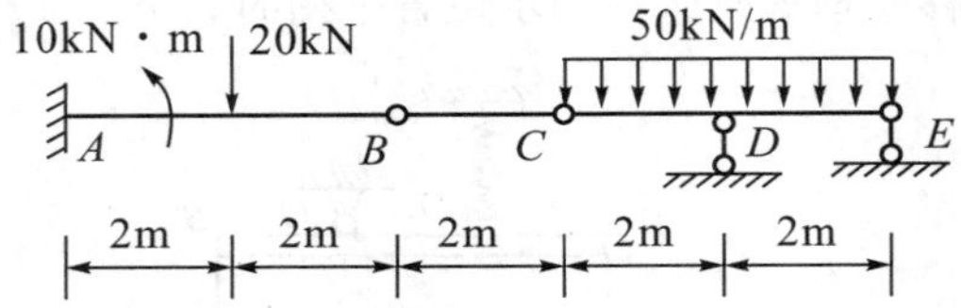

习题 3-26 图

3-27 图示机构中，$OA=20\text{cm}$，$O_1D=15\ \text{cm}$，$M_1=600\text{N}\cdot\text{m}$，弹簧刚度系数 $k=1000\ \text{N/cm}$，图示瞬时 $\theta=30°$，且在该位置弹簧有拉伸形变 $\lambda=2\text{cm}$。试用虚位移原理求在图示位置平衡时所需的力偶 M_2。

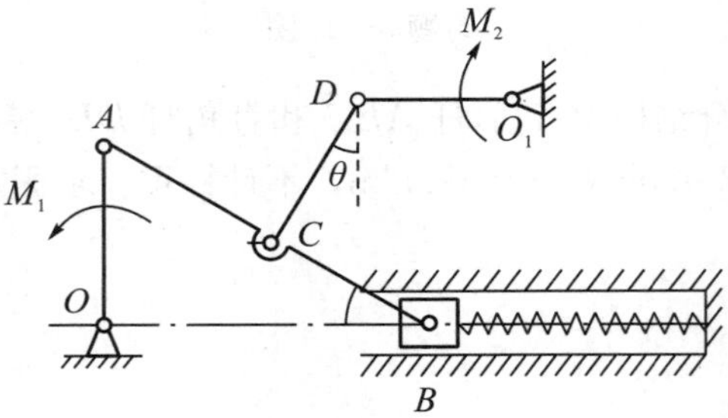

习题 3-27 图

第 4 章 动力学综合

【本章内容提要】单自由度系统的振动（包括能量法求系统的固有频率和周期），刚体动力学问题分析方法，动力学基本定理，相对动点的动量矩定理（普通高等学校理论力学教学大纲以外的内容），求解刚体动力学问题的关键步骤——运动分析，动力学综合解题方法。

4.1 单自由度系统的振动

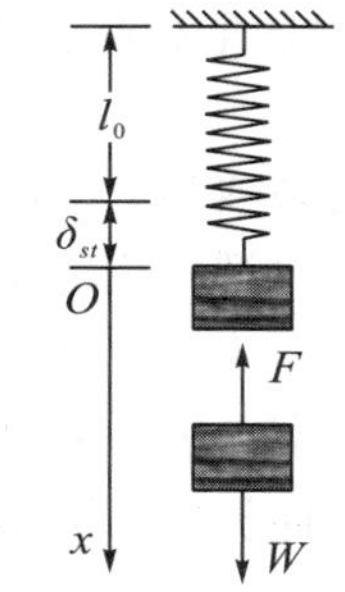

图 4－1－1 弹簧－质量系统

如图 4－1－1 所示弹簧－质量系统中设刚度系数为 k 的弹簧原长 l_0，物块质量为 m，系统平衡时弹簧的伸长量为 $\delta_{st}=kmg$，图中点 O 为系统的静平衡位置，若物块偏离平衡位置的距离为 x，则物块的动力学方程为

$$m\ddot{x} = mg - k(\delta_{st} + x)$$

将 $\delta_{st}=kmg$ 代入，得到

$$\ddot{x} + \omega_0^2 x = 0 \tag{4-1-1}$$

这就是单自由度的自由振动微分方程，它的解是具有周期 T 的正弦函数：

$$x = A\sin(\omega_0 t + \beta)$$

也可以写成余弦函数的形式，式中 β 称为初位相，A 为振幅，它们由系统的初始条件决定，而

$$\omega_0 = \sqrt{k/m} \tag{4-1-2}$$

称为系统的固有频率，系统振动的周期 T 可以通过固有频率计算：

$$T = \frac{2\pi}{\omega} = 2\pi\sqrt{\frac{m}{k}} \tag{4-1-3}$$

设物块的初始位置和初始速度分别为 x_0，v_0，则

$$x_0 = x|_{t=0} = A\sin\beta$$
$$v_0 = \dot{x}|_{t=0} = \omega_0 A\cos\beta$$

由此得到初位相和振幅的计算公式：

$$\beta = \arcsin\frac{x_0}{A}, A = \sqrt{x_0^2 + \left(\frac{v_0}{\omega_0}\right)^2}$$

其实，系统的固有频率或周期也可以用能量法获得。将系统的静平衡位置选为势能的零位置，在任意 x 位置，系统的重力势能与弹性势能之和为

$$V = \frac{1}{2}k(x+\delta_{st})^2 - \frac{1}{2}k\delta_{st}^2 - mgx = \frac{1}{2}kx^2$$

由于系统的机械能守恒，所以

$$\frac{1}{2}m\dot{x}^2 + \frac{1}{2}kx^2 = C$$

式中 C 为与时间无关的常数，该式两端对时间求导数，得到

$$(m\ddot{x} + kx)\dot{x} = 0$$

由于在任意 x 位置物块的速度 $\dot{x} \neq 0$，由上式得到

$$\ddot{x} + \omega_0^2 x = 0, \omega_0 = \sqrt{\frac{k}{m}}$$

式中 ω_0 即为系统的固有频率。对于某些不方便直接写出运动微分方程的系统，只要系统的机械能守恒，就可以应用这里介绍的能量法计算系统的固有频率或周期。

例 4－1　如图所示的弹簧—质量系统中，已知弹簧的质量为 m_1，长为 l_0，弹簧刚度系数为 k，物块的质量为 m_2。求系统的固有频率。

解　用能量法求解：需要首先计算系统的动能和势能。

为此，建立如图所示的 $O_1\xi$ 坐标系，坐标原点 O_1 位于弹簧顶端。因为弹簧刚度与弹簧的长度成反比，弹簧在自重作用下的静伸长 δ_1 为弹簧各微段 $\mathrm{d}\xi$ 伸长的总和，所以

$$\delta_1 = \int_0^l \left(\frac{l-\xi}{l}\right) m_1 g \frac{\mathrm{d}\xi}{kl} = \frac{1}{2}\frac{m_1 g}{k} \tag{a}$$

式中 $\frac{\mathrm{d}\xi}{kl}$ 是弹簧微段 $\mathrm{d}\xi$ 的柔度（柔度定义为刚度的倒数）。在物块 m_2 的作用下，弹簧的静伸长为

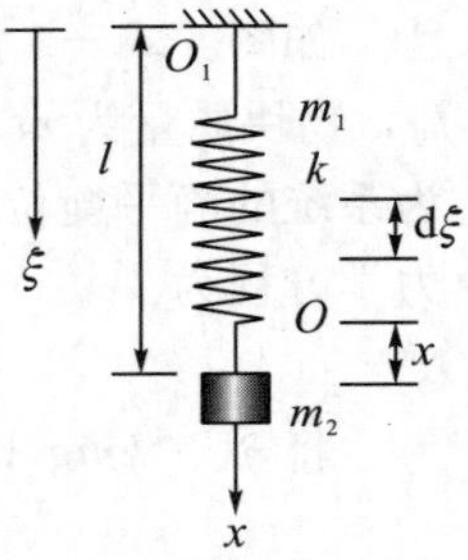

例 4－1 图　弹簧－质量系统

$$\delta_2 = \frac{m_2 g}{k}$$

弹簧的总静伸长：

$$\delta_{st} = \delta_1 + \delta_2 = \frac{1}{2}\frac{m_1 g}{k} + \frac{m_2 g}{k}$$

亦即

$$k\delta_{st} = \left(\frac{m_1}{2} + m_2\right)g$$

现在，计算在运动中弹簧的动能。选取系统的静平衡位置 O 为 x 轴坐标原点，设弹簧当前长度为 L，其下端点的速度（即物块 m_2 的速度）记为 $v=\dot{x}$，由于弹簧上 ξ 处质点的位移与到其顶端 O_1 的距离成正比，所以，弹簧各质点的速度呈线性分布规律，其顶端的速度为零，在末端达到最大值 v，弹簧上 ξ 处质点的速度为 $v(\xi)=v\xi/L$，弹簧的动能为弹簧各质点的动能之和：

$$T_1=\frac{1}{2}\int_0^L\left(\frac{\xi}{L}v\right)^2\left(\frac{m_1}{L}\mathrm{d}\xi\right)=\frac{1}{6}m_1\dot{x}^2$$

物块 m_2 的动能为

$$T_2=\frac{1}{2}m_2\dot{x}^2$$

选取静平衡位置为重力势能的零位置，弹簧原长为弹性势能的零位置，由系统的机械能守恒，得到

$$\frac{1}{6}m_1\dot{x}^2+\frac{1}{2}m_2\dot{x}^2+\frac{1}{2}k(x+\delta_{st})^2-\left(\frac{m_1}{2}+m_2\right)gx=C \tag{b}$$

两端对时间求导数，得到

$$\left[\left(\frac{1}{3}m_1+m_2\right)\ddot{x}+k(x+\delta_{st})-\left(\frac{m_1}{2}+m_2\right)g\right]\dot{x}=0$$

由于在任意 x 位置，物块的速度 $\dot{x}\neq0$，注意到 $k\delta_{st}=\left(\frac{m_1}{2}+m_2\right)g$，由上式得到

$$\left(\frac{1}{3}m_1+m_2\right)\ddot{x}+kx=0 \tag{c}$$

所以，系统的固有频率为

$$\omega=\sqrt{\frac{k}{m_2+\frac{m_1}{3}}}$$

【解题技巧分析】在本例题中，因为要考虑弹簧的质量，系统的运动微分方程不容易直接写出，故采用能量法求解。在具体求解时，对弹簧各质点在自重作用下的位移分析是很重要的一步：这里包括对弹簧（注意是微段，不是整个弹簧）的柔度、受力（弹簧各微段受力并非相同）和针对弹簧微段的变形分析。另外，计算考虑质量的弹簧自身的动能也是本题解题的关键。这里需要强调的仍然是位移分析基础上的对弹簧各质点的速度分布的正确分析。由于弹簧的质量和弹簧的受力连续分布，本题使用了积分方法计算弹簧的形变和弹簧的动能。当然，如果选取静平衡位置为系统势能（重力势能和弹性势能）的零位置，则可以不计算弹簧的静伸长，减少式（a）的计算，重力势能也不再需要单独考虑，而将系统的总势能直接写为

$$V=\frac{1}{2}kx^2$$

因此，代替式（b）的是下面的能量式：

$$\frac{1}{6}m_1\dot{x}^2+\frac{1}{2}m_2\dot{x}^2+\frac{1}{2}kx^2=C$$

两端求导数同样得到式（c）。不过，要深入理解上式成立的依据，前面关于弹簧静伸

长的计算还是必要的。同时，通过弹簧形变的分析，还可加深对弹簧上各点速度分布的理解，从而掌握在考虑弹簧质量时，计算弹簧自身动能的方法。

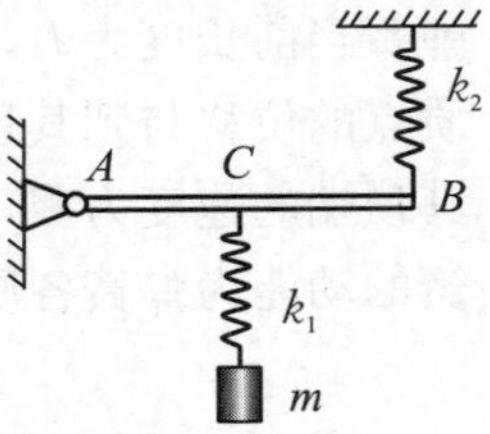

例 4-2 图　双弹簧系统

例 4-2　质量为 m 的物体如图所示悬挂。不计杆 AB 的质量，两个弹簧的刚度系数分别为 k_1 和 k_2，$AC=a$，$AB=b$，系统在水平位置处于平衡，求物体自由振动的频率。

解　设弹簧 1，2 的静伸长分别为 δ_1 和 δ_2，振动时弹簧 1 的附加伸长量为 x，AB 杆的偏转角为 φ，如果选取静平衡位置为系统的零势能位置，则系统的总势能可表示为

$$V=\frac{1}{2}k_1x^2+\frac{1}{2}k_2(b\varphi)^2 \tag{a}$$

动能为

$$T=\frac{1}{2}m\,(a\dot{\varphi}+\dot{x})^2 \tag{b}$$

系统的机械能守恒，所以

$$\frac{1}{2}m(a\dot{\varphi}+\dot{x})^2+\frac{1}{2}k_1x^2+\frac{1}{2}k_2(b\varphi)^2=C \tag{c}$$

等式两端对时间求导数，得到

$$m(a\dot{\varphi}+\dot{x})(a\ddot{\varphi}+\ddot{x})+k_1x\dot{x}+k_2b^2\varphi\dot{\varphi}=0 \tag{d}$$

另外，由于不计 AB 杆的质量，对 AB 杆应用动量矩定理，有

$$bk_2\delta_2-ak_1\delta_1=0$$

以及

$$bk_2(\delta_2+b\varphi)-ak_1(\delta_1+x)=0$$

所以

$$\varphi=\frac{ak_1}{b^2k_2}x,\dot{\varphi}=\frac{ak_1}{b^2k_2}\dot{x},\ddot{\varphi}=\frac{ak_1}{b^2k_2}\ddot{x} \tag{e}$$

代入式（d）得到

$$\left[m\left(1+\frac{a^2k_1}{b^2k_2}\right)^2\ddot{x}+k_1\left(1+\frac{a^2k_1}{b^2k_2}\right)x\right]\dot{x}=0$$

在任意 x 位置，物块的速度 $\dot{x}\neq0$，由此得到系统的自由振动方程为

$$\ddot{x}+\omega^2x=0,\omega=\sqrt{\frac{k_1}{m\left(1+\frac{a^2k_1}{b^2k_2}\right)}} \tag{f}$$

式中 ω 为固有频率，系统振动的频率为

$$f=\frac{\omega}{2\pi}=\frac{1}{2\pi}\sqrt{\frac{k_1}{m\left(1+\frac{a^2k_1}{b^2k_2}\right)}}$$

【解题技巧分析】严格地说，本例题属于具有两个自由度的自由振动问题：角度 φ 和弹簧 1 的伸长量 x 可以各自独立变化。由于忽略 AB 杆的质量而退化为一个自由度的系统，通过对 AB 杆应用动量矩定理而得到式（e)，将 φ 和 x 联系在一起，这是最终推出式（f）之前非常重要的一步。

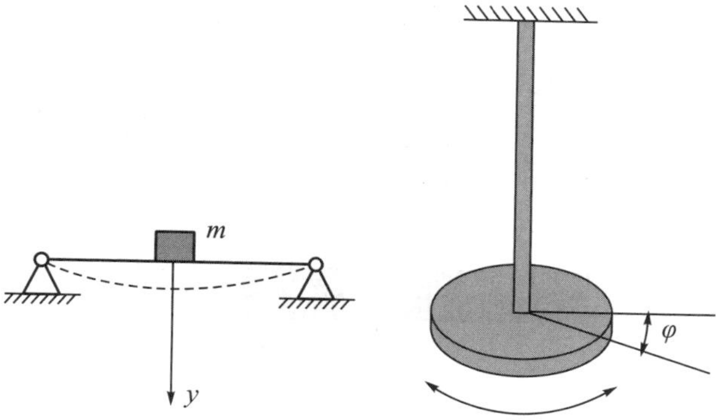

（a）简支梁的横向振动　　（b）圆轴的扭转振动

图 4—1—2

在工程中，某些振动系统可以简化为弹簧—质量系统，例如当忽略梁的自重时，图 4—1—2（a）所示简支梁的微幅振动（其振动方程可写为 $\ddot{y}+\omega^2 y=0$，ω 由质量 m 和弹性梁的材料性质决定）；又如图 4—1—2（b）所示小角度扭振系统（其振动方程可写为 $\ddot{\varphi}+\omega^2\varphi=0$，$\omega$ 由圆盘绕中心轴的转动惯量 J 和弹性杆的扭转性质决定）。

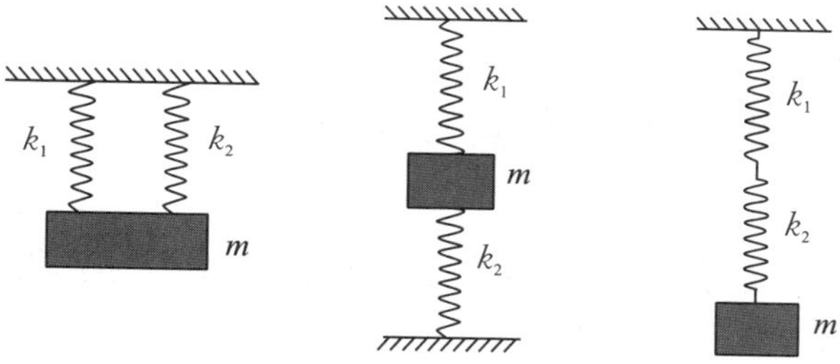

（a）并联系统（1）　　（b）并联系统（2）　　（c）串联系统

图 4—1—3

如果系统有不只一根弹簧并联或串联，则可用等效弹簧刚度计算系统的固有频率或周期。例如图 4—1—3(a)，(b)所示弹簧并联（两根弹簧的形变量相同）时，系统的等效弹簧刚度系数为

$$k_{eq}=k_1+k_2$$

对于图 4—1—3(c)所示的串联弹簧（两根弹簧的受力相同），系统的等效弹簧刚度系数为

$$\frac{1}{k_{eq}}=\frac{1}{k_1}+\frac{1}{k_2},\text{或}\ k_{eq}=\frac{k_1k_2}{k_1+k_2}$$

对于多根弹簧并联的系统（设弹簧数为 n），等效弹簧刚度系数为

$$k_{eq}=k_1+k_2+\cdots+k_n$$

对于多根弹簧串联的系统（设弹簧数为 n），等效弹簧刚度系数为

$$\frac{1}{k_{eq}}=\frac{1}{k_1}+\frac{1}{k_2}+\cdots+\frac{1}{k_n}$$

将等效弹簧刚度系数 k_{eq} 代入式（4—1—2）和式（4—1—3），可计算系统的固有频

率 ω 和周期 T。

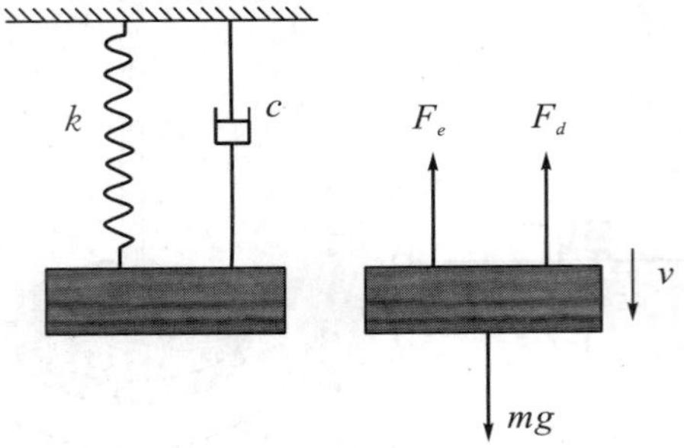

图 4−1−4　存在阻尼的系统

对于存在阻尼（振动系统受到的阻力通常称为阻尼）的系统（图 4−1−4），其振动方程为

$$\ddot{x} + 2\delta\dot{x} + \omega_0^2 x = 0 \tag{4-1-4}$$

式中 $\omega_0 = \sqrt{k/m}$ 为系统的固有频率，与自由振动时相同，而 $\delta = \dfrac{c}{2m}$ 称为系统的阻尼系数，c 是系统受到的黏性阻力 F_d 与速度 v 的比例系数。

4.2　刚体动力学基本问题及其分析方法

动力学研究力与运动的关系，刚体动力学研究刚体受力与刚体运动的关系。刚体动力学定理建立在质点动力学定理（牛顿三定律）的基础上。不受约束的质点具有三个自由度，其运动状态的改变服从牛顿定律。质点的运动相对简单，只有直线运动和曲线运动两种形式。一般而言，刚体具有 6 个自由度，其运动形式包括单纯的移动（平动，有 3 个自由度，可简化为质点来研究）、绕固定轴线的转动（只有 1 个自由度）、平面运动（平面内的移动伴随平面内的转动，有 3 个自由度）、一般运动（不受限的移动伴随任意转动，有 6 个自由度）。一般情况下，显然不能简单地用牛顿方程来描述刚体的运动，研究刚体运动状态的改变与其受力的关系成为刚体动力学的基本问题。刚体动力学问题可以分为以下三种类型：

（1）已知刚体的运动，求刚体受到的约束力；

（2）已知刚体受到的力，求刚体的运动；

（3）已知主动力和刚体的运动形式，求刚体受到的约束力和运动参数。

刚体动力学基本定理包括：动量定理、动量矩定理和动能定理。动量定理用于描述刚体或刚体系统质心的运动状态的改变（质心加速度）与其所受外力主矢的关系，动量矩定理用于描述刚体的转动状态的改变（角加速度）与其所受外力主矩的关系，动能定理则从功和动能的角度研究刚体或刚体系统运动状态的改变与刚体受力的关系。求解刚体动力学问题主要遵循以下三个步骤：

（1）受力分析：建立坐标系，确定研究对象并做受力分析，画出受力图。

（2）选用动力学定理：根据问题的类型和适用的动力学定理，写出问题的动力学方程，然后结合运动分析求解。

（3）运动分析：根据研究对象的具体运动形式，写出求解问题所需的几何或运动参数的关系，包括但不限于长度与长度的关系、角度与角度的关系、长度与角度的关系、速度与角速度的关系、加速度与角速度和角加速度的关系、刚体平面运动中不同点的速度的关系、加速度的关系等（需要时才写出来），这一步分析工作往往起到提供求解问题的补充方程的作用。

对于具体问题，可以取单个刚体为研究对象，也可以取系统整体为研究对象。对于较复杂的问题，还需要将单个刚体分析与系统整体分析结合起来进行求解。研究系统整体时，通常优先考虑使用动能定理和动静法进行分析求解。

在解题时，常常要根据具体情况写出以下动力学方程：

（1）定轴转动刚体的转动方程（对固定轴的动量矩定理）：

$$J_z\alpha = \sum M_z(F_i) \tag{4-2-1}$$

式中 J_z 为刚体对 z 轴的转动惯量，α 为刚体的角加速度。

（2）刚体平面运动微分方程（质心运动定理、相对质心的动量矩定理）：

$$\begin{cases} ma_{Cx} = \sum F_{ix}^e \\ ma_{Cy} = \sum F_{iy}^e \\ J_C\alpha = \sum M_C(F_i) \end{cases} \tag{4-2-2}$$

式中 J_C 为刚体对质心轴的转动惯量，α 为刚体的角加速度。

（3）动静法“平衡方程”：

$$\begin{cases} \sum F_{ix}^e + \sum F_{Ix} = 0 \\ \sum F_{iy}^e + \sum F_{Iy} = 0 \\ \sum M_C(F_i) + M_I = 0 \end{cases} \tag{4-2-3}$$

式中 $F_I = -m\,a_C$ 为惯性力的主矢，$M_I = -J_C\alpha$ 为刚体的惯性力对点 C 的主矩，这组方程适用于做平面运动的刚体系统。

（4）受理想约束系统的动能方程（动能定理）：

$$\begin{aligned} &\text{微分形式:}\mathrm{d}T = \sum \delta W_i \\ &\text{积分形式:}T - T_0 = \sum W_i \end{aligned} \tag{4-2-4}$$

式中 $\delta W_i = F_i \cdot \mathrm{d}r$ 为主动力的元功，T_0 为系统初始时刻的动能。

（5）保守系统的机械能守恒（动能定理）：

$$T + V = T_0 + V_0 \tag{4-2-5}$$

式中 T，V 分别是系统的动能和势能，T_0，V_0 是初始时刻的动能和势能。系统的动能与势能之和称为机械能。势能定义为保守力从当前位置到零势能位置所做的功。保守力是指一类做功大小只与始末两个位置有关、与移动路径无关的力，例如重力、弹性力等都具有这种性质，所以重力和弹性力是保守力或称为有势力。仅有保守力作用或仅有保守力做功的系统称为保守系统。根据动能定理，保守系统的机械能是不变量，即系统的机械能守恒。

势能作为位置的函数，可以用以判定保守系统的平衡位置及其稳定性。保守系统只在势能取极值的位置才能平衡，势能取极小值的位置为稳定的平衡位置。

例 4－3　图示曲柄 OA 长为 l，质量为 m_1，连杆 AB 的质量为 m_2，滑块 B 的质量为 m_3，且均视作均质。水平弹簧的弹簧刚度系数为 k，它与 O 轴的距离为 $OD=a$，当曲柄 OA 处于图示铅垂位置时，弹簧长度为原长。问 a 为多少时，图示平衡位置是稳定的？并求出系统在此平衡位置附近做微幅振动的周期。

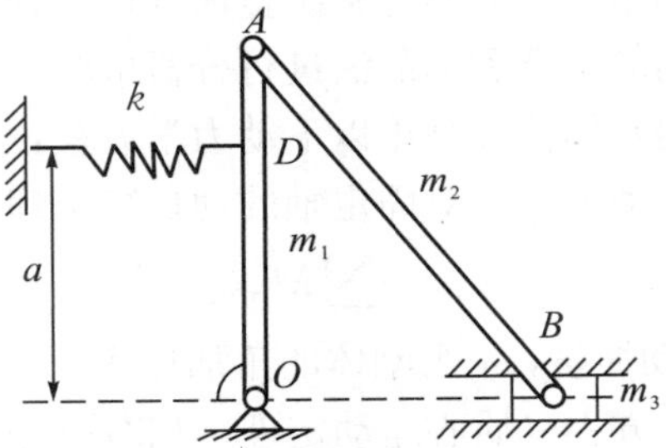

例 4－3 图　微振动系统

解　当系统做微幅振动时，曲柄 OA 的偏转角 φ 非常微小，连杆 AB 的运动可近视看作平动，因此连杆 AB 上各点的速度相同，系统的动能可表示为

$$T=\frac{1}{6}m_1l^2\dot{\varphi}^2+\frac{1}{2}(m_2+m_3)l^2\dot{\varphi}^2 \tag{a}$$

取弹簧原长为弹性势能的零位置，取图示位置为重力势能的零位置，则系统的势能为

$$V=\frac{1}{2}k\,(a\varphi)^2-\frac{1}{2}(m_1+m_2)gl(1-\cos\varphi) \tag{b}$$

上式对 φ 求导数，并令其等于零，得到

$$\frac{\mathrm{d}V}{\mathrm{d}\varphi}=ka^2\varphi-\frac{1}{2}(m_1+m_2)gl\sin\varphi=0$$

因此，$\varphi=0$ 是系统的一个平衡位置（势能取极值的位置）。再计算二阶导数，有

$$\frac{\mathrm{d}^2V}{\mathrm{d}\varphi^2}=ka^2-\frac{1}{2}(m_1+m_1)gl\cos\varphi$$

在稳定的平衡位置，系统的势能取极小值，其对 φ 的二阶导数应大于零，所以

$$a>\sqrt{\frac{(m_1+m_2)gl}{2k}}$$

系统只有弹性力和重力做功，机械能守恒，由式（a）、（b）有

$$m_1l^2\dot{\varphi}^2+3(m_2+m_3)l^2\dot{\varphi}^2+3ka^2\varphi^2-3(m_1+m_2)gl(1-\cos\varphi)=C$$

式中 C 为常数，等式两端对时间求导数，注意到系统在做微幅振动时 $\sin\varphi\approx\varphi$，得到

$$\{2[m_1+3(m_2+m_3)]l^2\ddot{\varphi}+3[2ka^2-(m_1+m_2)gl]\varphi\}\dot{\varphi}=0$$

因为在一般位置 $\dot{\varphi}\neq0$，由此得系统自由振动方程为

$$\ddot{\varphi}+\omega^2\varphi=0$$

式中

$$\omega=\sqrt{\frac{3[2ka^2-(m_1+m_2)gl]}{2[m_1+3(m_2+m_3)]l^2}}$$

为微幅振动频率，系统振动周期为

$$T=\frac{2\pi}{\omega}=2\pi\sqrt{\frac{2[m_1+3(m_2+m_3)]l^2}{3[2ka^2-(m_1+m_2)gl]}}$$

【解题技巧分析】在本例题中，利用微幅振动小位移条件，将 AB 杆的运动简化为平行移动，写出系统的动能式（a）和势能式（b）是解答本题的关键。

例 4－4　（第七届四川省孙训方大学生力学竞赛试题，2018 年）如图所示的系统中，均质圆盘和均质杆 BC 在圆盘中心 C 用光滑圆柱铰连接，它们的质量均为 m，均质圆盘半径为 R，置于粗糙平面上，均质杆 BC 的长度为 $2l$。初时系统静止，细杆处于铅垂位置。由于受到扰动，BC 杆开始自铅垂位置倒下，圆盘在地面上只滚不滑。当杆 BC 运动到水平位置，试求此瞬时：

（1）圆盘的角速度 ω_1，杆 BC 的角速度 ω_2；

（2）圆盘的角加速度 α_1，杆 BC 的角加速度 α_2；

（3）地面对于圆盘的摩擦力 F 及法向约束力 F_N 的大小。

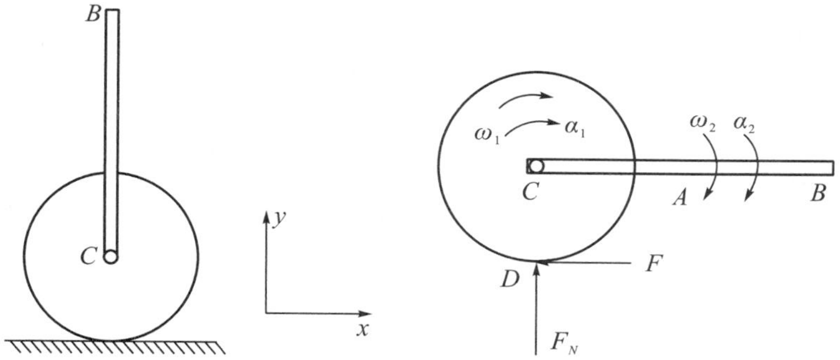

例 4－4 图　均质圆盘与均质杆组成的系统

解　求解动力学问题和求解运动学问题一样，方法较多。本例题要求解的未知量有 6 个：角速度 ω_1，ω_2，角加速度 α_1，α_2，圆盘受到的摩擦力 F 及地面的法向约束力 F_N。另外，在求解过程中还会涉及未知量（BC 杆质心 A 点的加速度分量）a_{Ax}，a_{Ay}，因此需要建立 8 个方程（包括运动学方程）。

（1）动能定理积分形式：

因为系统受到的约束为理想约束，在系统运动过程中约束力不做功，所以当杆 BC 运动到水平位置时，杆 BC 的重力做功 $W=mgl$，系统初动能 $T_0=0$，由动能定理有

$$\frac{3}{4}mR^2\omega_1^2+\frac{1}{2}mv_A^2+\frac{1}{2}J_A\omega_2^2=mgl$$

式中 $v_A^2=v_C^2+v_{AC}^2=R^2\omega_1^2+l^2\omega_2^2$，$J_A=\frac{1}{12}m(2l)^2$，代入上式得到

$$\frac{5}{4}R^2\omega_1^2+\frac{2}{3}l^2\omega_2^2=gl \tag{a}$$

（2）动静法方程：

考虑到圆盘和均质杆 BC 做平面运动，对系统应用动静法，将圆盘的惯性力向质心 C 简化，将杆 BC 的惯性力向质心 A 简化，列写系统的“平衡方程”：

$$\sum F_x=0:F_{IAx}-F_{IC}-F=0 \tag{b}$$

$$\sum F_y=0:F_{IAy}+F_N-2mg=0 \tag{c}$$

$$\sum M_D(F_i)=0:F_{IC}R-F_{IAx}R+F_{IAy}l+M_{IC}+M_{IA}-mgl=0 \tag{d}$$

式中 $F_{IC}=mR\alpha_1$ 为圆盘的惯性力大小（沿 x 轴负方向），$F_{IAx}=-ma_{Ax}$，$F_{IAy}=-ma_{Ay}$ 为均质杆 BC 的惯性力在 x 轴、y 轴上的投影值，$M_{IC}=mR^2\alpha_1/2$ 为圆盘的惯性力偶矩大小（以逆时针方向为正），$M_{IA}=J_A\alpha_2$ 为均质杆 BC 的惯性力偶矩大小（以逆时针方向为正）。

（3）杆 BC 位于水平位置时，根据基点法，有关系式：

$$a_{Ax}=R\alpha_1-l\omega_2^2 \tag{e}$$

$$a_{Ay}=-l\alpha_2 \tag{f}$$

（4）研究圆盘，由动量矩定理，圆盘相对质心 C 的转动方程为

$$\frac{1}{2}mR^2\alpha_1=FR \tag{g}$$

以上 7 个方程（a）～（g）含有 8 个未知量：ω_1，α_1，ω_2，α_2，a_{Ax}，a_{Ay}，F，F_N，需要再补充一个方程才能求解。

（5）动能定理的微分形式：

设 θ 是运动过程中，杆 BC 与 y 轴的夹角，将 ω_1，α_1，ω_2，α_2 看作时间的函数，则 $\mathrm{d}\theta=\omega_2\mathrm{d}t$，$\mathrm{d}\omega_1=\alpha_1\mathrm{d}t$，$\mathrm{d}\omega_2=\alpha_2\mathrm{d}t$，根据基点法，杆 BC 的质心 A 的速度平方为

$$v_A^2=(R\omega_1+l\omega_2\cos\theta)^2+(-l\omega_2\sin\theta)^2$$

微分得到

$$\begin{aligned}\mathrm{d}(v_A^2)=&2(R\omega_1+l\omega_2\cos\theta)(R\mathrm{d}\omega_1+l\cos\theta\mathrm{d}\omega_2-l\omega_2\sin\theta\mathrm{d}\theta)\\&+2l\omega_2\sin\theta(l\sin\theta\mathrm{d}\omega_2+l\omega_2\cos\theta\mathrm{d}\theta)\end{aligned} \tag{h}$$

对系统整体，应用动能定理微分形式，有

$$\mathrm{d}T=\frac{3}{2}mR^2\omega_1\mathrm{d}\omega_1+\frac{1}{2}m\mathrm{d}(v_A^2)+J_A\omega_2\mathrm{d}\omega_2=(mgl\sin\theta)\mathrm{d}\theta$$

将式（h）和 $\theta=90°$ 代入上式，并在等式两端除以 $\mathrm{d}t$，并注意到 $\frac{\mathrm{d}\omega_1}{\mathrm{d}t}=\alpha_1$，$\frac{\mathrm{d}\omega_2}{\mathrm{d}t}=\alpha_2$，$\frac{\mathrm{d}\theta}{\mathrm{d}t}=\omega_2$ 化简得到补充方程

$$\frac{1}{2}R^2\omega_1\alpha_1-Rl\omega_1\omega_2^2+\frac{4}{3}l^2\omega_2\alpha_2=gl\omega_2 \tag{i}$$

将以上各式（a）～（g）和式（i）联立求解，得到当杆 BC 运动到水平位置时

$$\omega_1=0,\omega_2=\sqrt{\frac{3g}{2l}}$$

$$\alpha_1 = \frac{3g}{5R}, \alpha_2 = \frac{3g}{4l}$$

$$F = \frac{3}{10}mg, F_N = \frac{5}{4}mg$$

【解题技巧分析】本例题利用了：①动能定理；②动静法方程；③速度和加速度基点法公式；④整体分析和单刚体分析相结合的方法。值得一提的是，在解题过程中同时利用了动能定理的积分和微分两种形式，因为题给系统有两个自由度（系统的位置由圆盘的转角和均质杆 BC 的转角确定），积分形式只能给出确定时刻速度（角速度）之间的数值关系；对于多自由度系统，微分形式给出的是速度（角速度）、加速度（角加速度）之间的时间函数耦合关系。对于只有一个自由度的系统，利用动能定理可以直接求出相关未知量，但本题必须结合其他方程才能求解。

*4.3　相对动点的动量矩定理

用于研究刚体或刚体系统运动的动量矩定理通常有两种形式：

（1）对固定点的动量矩定理；

（2）对系统质心的动量矩定理。

有时，利用相对动点的动量矩定理分析刚体或刚体系统的运动，可能比较方便。

4.3.1　质点系对动点 A 的绝对动量矩

为了利用质点系对固定点的动量矩定理推导相对动点的动量矩定理，我们先来推导质点系对固定点 O 与对任意动点 A 的动量矩的关系式。如图 4－3－1 所示，O 为固定点，A 为任意动点，$Ax'y'z'$为平动坐标系，质点系对动点 A 的动量矩定义为

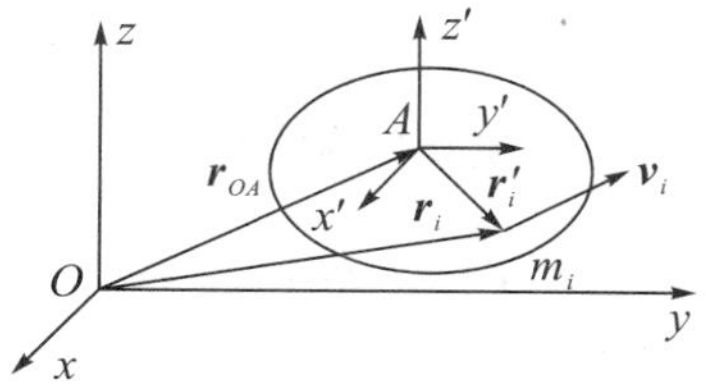

图 4－3－1　平动坐标系

$$\boldsymbol{L}_A = \sum \boldsymbol{r}'_i \times m_i \boldsymbol{v}_i$$

将 $\boldsymbol{r}'_i = \boldsymbol{r}_i - \boldsymbol{r}_{OA}$代入，

$$\boldsymbol{L}_A = \sum (\boldsymbol{r}_i - \boldsymbol{r}_{OA}) \times m_i \boldsymbol{v}_i = \sum \boldsymbol{r}_i \times m_i \boldsymbol{v}_i - \boldsymbol{r}_{OA} \times (\sum m_i \boldsymbol{v}_i)$$

注意到 $\boldsymbol{L}_O = \sum \boldsymbol{r}_i \times m_i \boldsymbol{v}_i$，$\sum m_i \boldsymbol{v}_i = m \boldsymbol{v}_C$，代入上式，得到

$$\boldsymbol{L}_A = \boldsymbol{L}_O - \boldsymbol{r}_{OA} \times m \boldsymbol{v}_C \tag{4－3－1}$$

由此可知，质点系对任意动点 A 的绝对动量矩，等于质点系对固定点 O 的动量矩，减去集中于 A 点的系统绝对动量 mv_C对 O 点的矩，这个关系有点类似于力系向点 A 和

点 O 简化时主矩之间的关系。

4.3.2 质点系对动点 A 的相对动量矩

对任一质点 m_i，由速度合成定理，有 $\boldsymbol{v}_i=\boldsymbol{v}_A+\boldsymbol{v}_{ir}$，所以对任意动点 A 的相对动量矩为

$$\begin{aligned}\boldsymbol{L}'_A&=\sum\boldsymbol{r}'_i\times m_i\boldsymbol{v}_{ir}=\sum\boldsymbol{r}'_i\times m_i(\boldsymbol{v}_i-\boldsymbol{v}_A)\\&=\sum\boldsymbol{r}'_i\times m_i\boldsymbol{v}_i-(\sum m_i\boldsymbol{r}'_i)\times\boldsymbol{v}_A\end{aligned}$$

注意到系统对点 A 的绝对动量矩 $\boldsymbol{L}_A=\sum\boldsymbol{r}'_i\times m_i\boldsymbol{v}_i$ 以及 $\sum m_i\boldsymbol{r}'_i=m\boldsymbol{r}_{AC}$，代入上式并移项得到系统绝对动量矩与相对动量矩的关系式

$$\boldsymbol{L}_A=\boldsymbol{L}'_A+\boldsymbol{r}_{AC}\times m\boldsymbol{v}_A \tag{4-3-2}$$

式中第二项为集中于质心 C 点的系统牵连运动的动量 $m\,v_A$ 对 A 点的矩。如果将平动坐标系的原点 A 取到系统的质心 C 上，由于点 A 与质心 C 重合，则 $\boldsymbol{r}_{AC}=0$，由上式可知，对系统质心有动量矩关系

$$\boldsymbol{L}'_C=\boldsymbol{L}_C$$

即质点系对质心的相对动量矩与绝对动量矩相等。

4.3.3 质点系对动点的动量矩定理

如图，O 为任意固定点，A 为平动坐标系原点，C 为系统的质心。根据式（4-3-1）和式（4-3-2），有

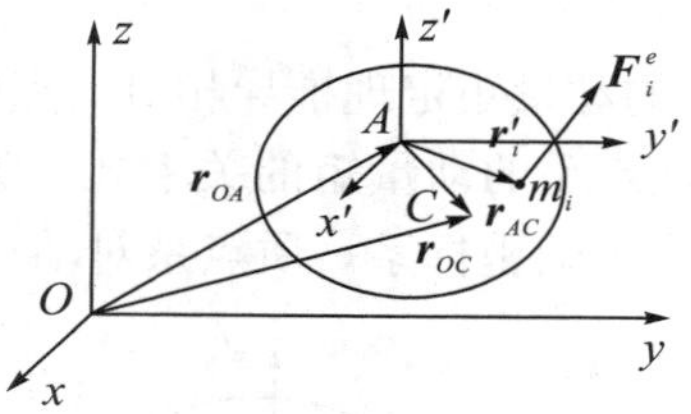

图 4-3-2 质心 C 的位置矢径 r_{OC} 和 r_{AC}

$$\boldsymbol{L}'_A=\boldsymbol{L}_O-\boldsymbol{r}_{AC}\times m\boldsymbol{v}_A-\boldsymbol{r}_{OA}\times m\boldsymbol{v}_C$$

上式两端对时间求导数，有

$$\begin{aligned}\frac{\mathrm{d}\boldsymbol{L}'_A}{\mathrm{d}t}&=\frac{\mathrm{d}\boldsymbol{L}_O}{\mathrm{d}t}-\boldsymbol{r}_{AC}\times m\boldsymbol{a}_A-\boldsymbol{r}_{OA}\times m\boldsymbol{a}_C\\&\quad-\dot{\boldsymbol{r}}_{AC}\times m\boldsymbol{v}_A-\dot{\boldsymbol{r}}_{OA}\times m\boldsymbol{v}_C\end{aligned}$$

注意到 $\dfrac{\mathrm{d}\boldsymbol{L}_O}{\mathrm{d}t}=\sum\boldsymbol{r}_i\times\boldsymbol{F}^e_i$，$\boldsymbol{r}_i=\boldsymbol{r}_{OA}+\boldsymbol{r}'_i$，$m\boldsymbol{a}_C=\sum\boldsymbol{F}^e_i$，$\dot{\boldsymbol{r}}_{AC}=\boldsymbol{v}_C-\boldsymbol{v}_A$，$\dot{\boldsymbol{r}}_{OA}=\boldsymbol{v}_A$，代入得到

$$\frac{\mathrm{d}\boldsymbol{L}'_A}{\mathrm{d}t}=\boldsymbol{r}_{AC}\times(-m\boldsymbol{a}_A)+\sum\boldsymbol{r}'_i\times\boldsymbol{F}^e_i \tag{4-3-3}$$

这个关系式称为**质点系对动点的相对动量矩定理**。质点系对动点 A 的相对动量矩对时间的一阶导数等于系统所受外力系对点 A 的主矩 $\sum\boldsymbol{M}_A(\boldsymbol{F}^e_i)=\sum\boldsymbol{r}'_i\times\boldsymbol{F}^e_i$，加上

附加项 $\boldsymbol{r}_{AC}\times(-m\,\boldsymbol{a}_A)$，它是位于系统质心 C 的惯性力 $\boldsymbol{F}_I=-m\,\boldsymbol{a}_A$ 对点 A 的矩。

式（4－3－3）表明，在以下两种情况下，质点系对动点的相对动量矩定理与质点系对固定点的动量矩定理形式相同：

（1）动点 A 的加速度 $\boldsymbol{a}_A=0$；

（2）动点 A 的加速度 $\boldsymbol{a}_A$ 矢量沿 AC 连线方向，即 $\boldsymbol{a}_A /\!/ \boldsymbol{r}_{AC}$。

如果对式（4－3－1）的两端关于时间求一阶导数：

$$\frac{\mathrm{d}\boldsymbol{L}_A}{\mathrm{d}t}=\frac{\mathrm{d}\boldsymbol{L}_O}{\mathrm{d}t}-\boldsymbol{v}_A\times m\,\boldsymbol{v}_C-\boldsymbol{r}_{OA}\times m\,\boldsymbol{a}_C$$

将 $\dfrac{\mathrm{d}\boldsymbol{L}_O}{\mathrm{d}t}=\sum\boldsymbol{r}_i\times\boldsymbol{F}_i^e$，$\boldsymbol{r}_i=\boldsymbol{r}_{OA}+\boldsymbol{r}'_i$，$m\,\boldsymbol{a}_C=\sum\boldsymbol{F}_i^e$，$\sum\boldsymbol{M}_A(\boldsymbol{F}_i^e)=\sum\boldsymbol{r}'_i\times\boldsymbol{F}_i^e$ 一并代入得到

$$\frac{\mathrm{d}\,\boldsymbol{L}_A}{\mathrm{d}t}=m\,\boldsymbol{v}_C\times\boldsymbol{v}_A+\sum\boldsymbol{M}_A(\boldsymbol{F}_i^e)\tag{4-3-4a}$$

这个关系式称为**质点系对动点的绝对动量矩定理**。质点系对动点 A 的绝对动量矩对时间的一阶导数等于系统所受外力系对点 A 的主矩，加上附加项 $m\,\boldsymbol{v}_C\times\boldsymbol{v}_A$。

当 $\boldsymbol{v}_A=\boldsymbol{v}_C$（即动点 A 是系统的质心 C）或 $\boldsymbol{v}_A /\!/ \boldsymbol{v}_C$ 时，式（4－3－4）成为

$$\frac{\mathrm{d}\,\boldsymbol{L}_A}{\mathrm{d}t}=\sum\boldsymbol{M}_A(\boldsymbol{F}_i^e)\tag{4-3-4b}$$

即如果动点 A 是系统的质心或者 $\boldsymbol{v}_A$ 与 $\boldsymbol{v}_C$ 方向平行，那么质点系对动点 A 的绝对动量矩定理与质点系对固定点动量矩定理的形式相同。（思考：如果动点 A 或系统的质心 C 是刚体的瞬心会如何?）

注意式（4－3－3）与式（4－3－4）的区别：前者是相对运动动量矩导数与外力矩的关系，后者是绝对运动动量矩导数与外力矩的关系。

* **例** 4－5　试证明：做平面运动的刚体相对于其速度瞬心 A 的动量矩定理有如下形式：

$$\frac{\mathrm{d}L_A}{\mathrm{d}t}=M_A+m\omega\,\boldsymbol{r}_{AC}\cdot\boldsymbol{v}_A\tag{a}$$

式中，$L_A=J_A\omega$ 为刚体对速度瞬心 A 的动量矩，J_A 为刚体绕速度瞬心轴的转动惯量，ω 为刚体的角速度，M_A 为外力系对 A 点的主矩，m 为刚体的质量，C 点为刚体质心，v_A 为定速度瞬心 A 的速度。

这里，定速度瞬心与速度瞬心的概念不同。定速度瞬心是在固定参考系中与速度瞬心重合而不断变化位置的空间点。例如，在地面上与纯滚动轮缘接触的点，该点在地面上的位置随着滚轮位置的变化而不断地移动，也就是在不同的时刻，地面上不同的点与滚轮依次接触，这些点形成定速度瞬心轨迹线，可简称为定瞬心线，相应地，刚体的速度瞬心在刚体上移动的轨迹线称为动瞬心线。对于纯滚动轮，与地面接触的外缘所对应的圆周就是动瞬心线。由此，可引入定速度瞬心的速度定义：定速度瞬心 A 在固定参考系中的位置随着刚体速度瞬心 A' 位置的变化而连续地发生改变，形成运动轨迹即定瞬心线，定速度瞬心在轨迹上移动的速度定义为定速度瞬心的速度。例如用滚轮在田竞场上画线，滚轮无滑动时画出的线就是定瞬心线，滚轮圆周就是动瞬心线，画线线头的

移动速度就是定速度瞬心的速度（参考下图）。

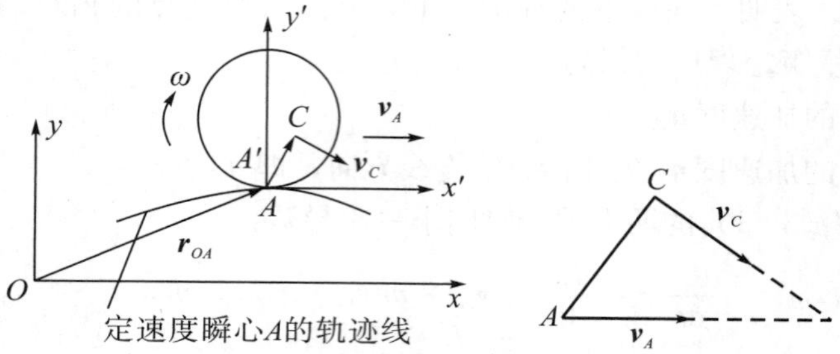

例 4－5 图　(a) 滚轮的定速度瞬心

证明：如图为平面运动刚体，xOy 为固定坐标系，A'为速度瞬心，A 为定速度瞬心，以 A 为原点建立平动坐标系，C 为刚体的质心。对动点 A 的绝对动量矩为

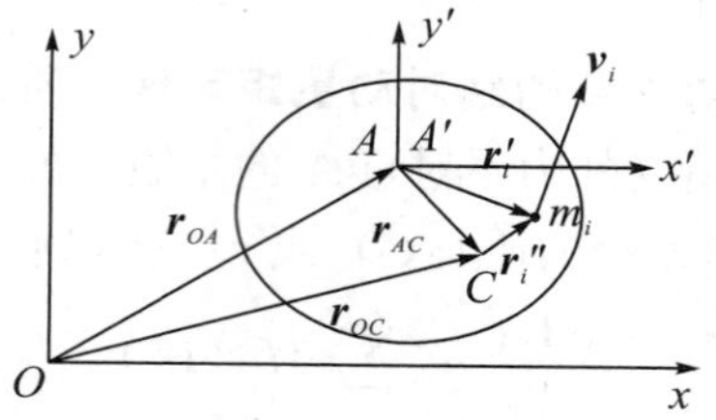

例 4－5 图　(b) 平面运动刚体

$$\boldsymbol{L}_A = \sum \boldsymbol{r}_i' \times m_i \boldsymbol{v}_i = \sum (\boldsymbol{r}_i'' + \boldsymbol{r}_{AC}) \times m_i \boldsymbol{v}_i$$
$$= \boldsymbol{L}_C + \boldsymbol{r}_{AC} \times m\, \boldsymbol{v}_C$$

上式两端对时间求导数，由质点系对质心的动量矩定理和质心运动定理，有

$$\frac{\mathrm{d}\boldsymbol{L}_A}{\mathrm{d}t} = \boldsymbol{M}_C + \boldsymbol{r}_{AC} \times \sum \boldsymbol{F}_i^e + \frac{\mathrm{d}\,\boldsymbol{r}_{AC}}{\mathrm{d}t} \times m\, \boldsymbol{v}_C \tag{b}$$

式中

$$\boldsymbol{M}_C + \boldsymbol{r}_{AC} \times \sum \boldsymbol{F}_i^e = \boldsymbol{M}_A \tag{c}$$

另外

$$\frac{\mathrm{d}\,\boldsymbol{r}_{AC}}{\mathrm{d}t} = \boldsymbol{v}_{AC} = \boldsymbol{v}_C - \boldsymbol{v}_A \tag{d}$$

将式（c），(d) 代入式（b），得到

$$\frac{\mathrm{d}\,\boldsymbol{L}_A}{\mathrm{d}t} = \boldsymbol{M}_A + m\boldsymbol{v}_C \times \boldsymbol{v}_A \tag{e}$$

因为在时刻 t 速度瞬心 A'与定速度瞬心 A 重合，所以上式对速度瞬心也成立。将式（e）投影到 z 轴（与刚体运动平面垂直）方向，注意到

$$L_A = J_A\omega, \boldsymbol{v}_C \perp \boldsymbol{r}_{AC}, v_C = \omega r_{AC}$$

有

$$\frac{\mathrm{d}L_A}{\mathrm{d}t} = M_A + m\,(\boldsymbol{v}_C \times \boldsymbol{v}_A)_z$$

由于 $(\boldsymbol{v}_C \times \boldsymbol{v}_A)_z = v_C v_A \sin(v_C, v_A) = \omega r_{AC} v_A \cos(r_{AC}, v_A)$，代入上式得到

$$\frac{\mathrm{d}L_A}{\mathrm{d}t} = M_A + m\omega \boldsymbol{r}_{AC} \cdot \boldsymbol{v}_A \tag{a}$$

证毕。

【解题技巧分析】式（a）是平面运动刚体关于速度瞬心的动量矩定理的形式，式中 v_A 为定速度瞬心 A 的速度，定速度瞬心的概念在通常的理论力学教学大纲里没有涉及，对于本书的读者来说可能是一个比较陌生的概念。式（4−3−4）是质点系对任意动点 A 的动量矩定理，如果将其运用于平面运动刚体，动点 A 取为瞬心，在一般情况下将得到与式（a）不同的解答，因此式（4−3−4）中的动点 A 不能取为平面运动刚体的瞬心。如果一定要选取瞬心为动点，可以采用质点系对动点的相对动量矩定理式(4−3−3)。

例 4−6　如图所示，偏心圆轮半径为 R，质量为 m，C 为偏心轮的质心，对质心的回转半径为 ρ，偏心距 $AC=e$，初始瞬时，质心 C 与轮心 A 位于同一水平直线上，从静止开始在粗糙地面上做无滑动的滚动，试求质心 C 位于图示位置时，以下各动力学参数和约束力。

（1）偏心轮对轮心 A 和瞬心 D 的动量矩表达式（用其角速度 ω 表示）；

（2）偏心轮的动能表达式（用其角速度 ω 表示）；

（3）偏心轮受到的摩擦力 F 和法向约束力 F_N；

（4）画出偏心轮质心 C 的运动轨迹示意图。

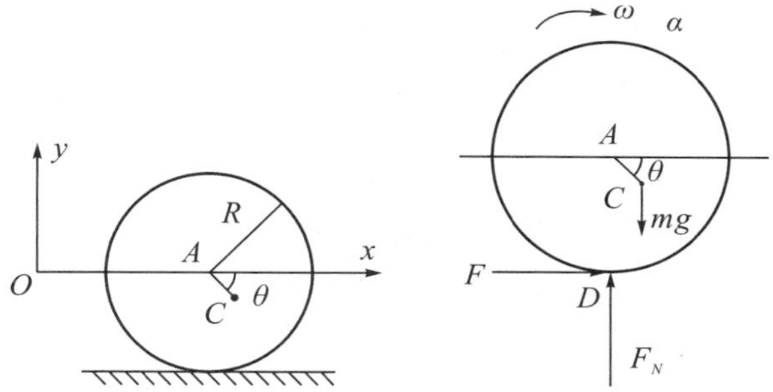

（a）**偏心轮**　　（b）**受力图**

例 4−6 **图**

解　（1）求偏心轮的动量矩：

设质心 C 到瞬心 D 的距离 $CD=s$，当偏心轮位于图示位置时，有

$$s^2 = (e\cos\theta)^2 + (R - e\sin\theta)^2 = e^2 + R^2 - 2eR\sin\theta$$

由平行轴定理，偏心轮对轮心 A、瞬心 D 的转动惯量分别为

$$J_A = J_C + me^2 = m\rho^2 + me^2$$

$$J_D = J_C + ms^2 = m\rho^2 + m(e^2 + R^2 - 2eR\sin\theta)$$

轮心的速度 $v_A=R\omega$，根据式（4−3−2），偏心轮对轮心 A 的动量矩大小为

$$L_A = J_A\omega - meR\omega\sin\theta = (\rho^2 + e^2 - eR\sin\theta)m\omega \tag{a}$$

对瞬心 D 的动量矩为

$$L_D = J_D\omega = (\rho^2 + e^2 + R^2 - 2eR\sin\theta)m\omega \tag{b}$$

（2）求偏心轮的动能：

$$T=\frac{1}{2}J_D\omega^2=\frac{1}{2}m(\rho^2+e^2+R^2-2eR\sin\theta)\omega^2 \tag{c}$$

（3）求偏心轮受到的摩擦力 F 和法向约束力 F_N：参考图（b）

当偏心轮由初始位置运动到图（b）位置时，由动能定理有

$$T-0=mge\sin\theta$$

将式（c）代入得到

$$\omega^2=\frac{2ge\sin\theta}{\rho^2+e^2+R^2-2eR\sin\theta},0\leqslant\theta\leqslant\pi \tag{d}$$

上式给出任意时刻偏心轮的角速度，两端关于时间求导数并利用$\frac{\mathrm{d}\theta}{\mathrm{d}t}=\omega$，得到偏心轮的角加速度

$$\alpha=\frac{(\rho^2+e^2+R^2)eg\cos\theta}{(\rho^2+e^2+R^2-2eR\sin\theta)^2} \tag{e}$$

偏心轮做纯滚动，轮心的加速度 $a_A=R\alpha$，由基点法有

$$a_{Cx}=R\alpha-e\alpha\sin\theta-e\omega^2\cos\theta$$

$$a_{Cy}=e\omega^2\sin\theta-e\alpha\cos\theta$$

代入质心运动定理，得到偏心轮受到的摩擦力 F 和法向约束力 F_N：

$$F=m(R\alpha-e\alpha\sin\theta-e\omega^2\cos\theta)$$

$$F_N=mg+me(\omega^2\sin\theta-\alpha\cos\theta)$$

式中角加速度 α 由式（e）给出。在初始时刻，$\theta=0$，角速度 $\omega=0$，所以

$$\alpha=\frac{eg}{\rho^2+e^2+R^2} \tag{f}$$

此时，偏心轮受到的摩擦力和法向约束力分别为

$$F=\frac{eR}{\rho^2+e^2+R^2}mg \tag{g}$$

$$F_N=\frac{\rho^2+R^2}{\rho^2+e^2+R^2}mg \tag{h}$$

（4）偏心轮质心 C 的运动轨迹示意图。

从式（d）可知，偏心轮的角速度呈现周期性变化。从 $\theta=0$ 开始时，角速度 $\omega=0$；当 $\theta=90°$（即质心 C 位于最低位置）时，角速度达到最大值；随后逐渐减小，直到 $\theta=180°$（即质心 C 重新位于与轮心同样的高度）时，偏心轮的角速度变为零；然后角速度反向变大，如此周而复始。从式（e）可知，偏心轮的角加速度也呈现周期性变化。所以，偏心轮以其平衡位置（质心 C 位于最低位置）为中心做循环往复的周期滚动，质心 C 的轨迹曲线为扁平的旋轮线的一部分，如图所示，图中 e 为偏心距，Ox 轴位于轮心 A 所在的水平线上。

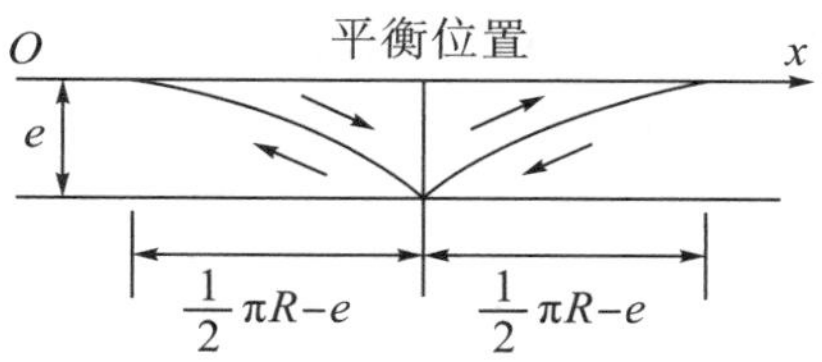

例 4—6 图　(c) 质心 C 的运动轨迹示意图

【解题技巧分析】如果只需要求解初始时刻偏心轮的角加速度和受到的地面约束力，则无需应用动能定理，因为在初始时刻，$\omega=0$，可以直接利用例 4—5 中式 (a) 解题。为此，可写出关系式

$$\frac{\mathrm{d}L_D}{\mathrm{d}t}=mge\cos\theta$$

将式 (b) 给出的动量矩代入，得到

$$(\rho^2+e^2+R^2-2eR\sin\theta)\alpha-2eR\cos\theta\omega=ge\cos\theta$$

将 $\theta=0$，$\omega=0$ 代入，得到初始时刻偏心轮的角加速度为

$$\alpha=\frac{eg}{\rho^2+e^2+R^2}$$

这与前面式 (f) 相同。利用式 (4—3—4b) 还可以写出

$$\frac{\mathrm{d}L_A}{\mathrm{d}t}=mge\cos\theta-FR$$

将式 (a) 给出的动量矩代入，得到

$$(\rho^2+e^2-eR\sin\theta)m\alpha-m\omega^2eR\cos\theta=meg\cos\theta-FR$$

注意到初始时刻 $\theta=0$，$\omega=0$，并将式 (f) 代入，再次得到式 (g)：

$$F=\frac{eR}{\rho^2+e^2+R^2}mg \tag{g}$$

另外，利用质心运动定理，有

$$ma_{Cy}=F_N-mg$$

将初始时刻质心 C 的加速度投影值 $a_{Cy}=-e\alpha$ 代入，得到式 (h)：

$$F_N=\frac{\rho^2+R^2}{\rho^2+e^2+R^2}mg \tag{h}$$

由此看到，例 4—5 中式 (a) 在解某些动力学问题时可以带来便利。但是，如果需要求解系统运动的速度参数，使用动能定理解题还是必要的。

4.4　求解刚体动力学问题的关键步骤——运动分析

通过前面的介绍，我们知道求解动力学问题主要包括三个步骤：

(1) 选取研究对象作受力分析，根据需要画受力图；

(2) 选用适当定律写出动力学方程（例如刚体转动微分方程，平面运动微分方程，动量和动量矩守恒方程，等等）；

（3）根据运动分析写出求解所需的补充方程。

单个质点的运动分析比较简单（有现成的速度、加速度公式），而刚体的运动分析则要复杂一些，因此，刚体动力学问题与质点动力学问题的最大区别就是对刚体的运动分析是整个求解过程的关键。在很多情况下，如果没有依据运动分析所提供的补充方程，往往无法得到问题的解答，这是因为在刚体动力学问题中，待求的未知量总数（约束力、运动参数等）通常大于能够写出的独立的动力学方程的总数（可供利用的动力学定理只有有限的几个）。刚体或刚体系统各个点之间的运动参数（速度、加速度、角速度、角加速度）存在一定的关系，根据刚体的具体运动形式写出这些运动参数之间的关系式就构成运动分析的主要任务，而这些关系式则成为求解问题所需要的补充方程。

对刚体作运动分析，主要的依据是关于刚体运动学的一些定理、公式（速度投影定理、基点法公式，瞬心法及瞬心的识别，等等），当然，关于速度（角速度）、加速度（角加速度）之间的微分关系以及速度合成和加速度合成定理也通常会用到。下面通过例题着重说明运动分析不可缺少，而这也往往是初学者在解题时容易忽略（或者没有想到）的关键步骤，从而导致解题失败。总之，解动力学题目时，受力分析、动力学方程和运动分析缺一不可，虽然在一些简单的动力学（例如质点动力学）问题中，看似并没有作单独的运动分析，但在解题的过程中实际上还是用到了运动参数之间的关系（例如速度、加速度之间的关系或现成的速度、加速度公式）。

例 4−7　两横截面积相同的均质杆 AD 与 BD 由相同材料制成，在 D 点铰接，两杆位于同一铅垂面内，如图所示。$AD=l_1=250\text{mm}$，$BD=l_2=400\text{mm}$。当 $OD=l_3=240\text{mm}$ 时，系统由静止释放，忽略各处摩擦，求当 A，B，D 在同一直线上时，A，B 两端点各自移动的距离为多少？

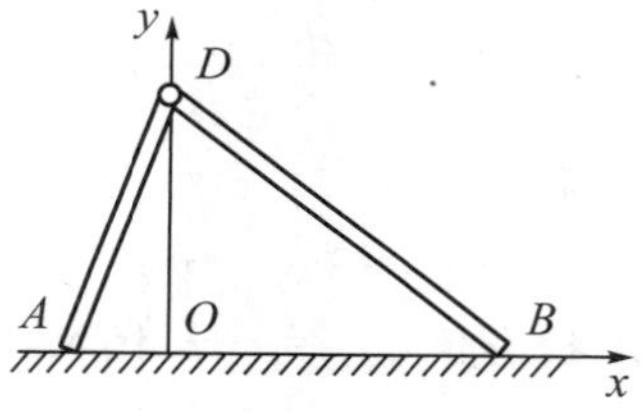

例 4−7 图　两杆系统

解　（1）系统受力分析：

因为不考虑摩擦力，所以系统所受外力除了重力外，只有接触面的法向约束力。

（2）动力学方程：

建立如图所示的坐标系。由于两杆材质相同，不同的只是它们的长度，系统的质心与系统的形心重合，因此根据质心运动定理，系统的质心在水平方向运动守恒，即

$$m\ddot{x}_C=0$$

由于初始静止，因此系统质心（形心）的 x 坐标为常数，即 $x_C=a$。

（3）运动分析（几何分析）：

根据前两步分析可知，在运动过程中，系统的质心（形心）将沿竖直方向运动直到与地面接触，因此，下面只剩下几何分析了。利用形心坐标公式，可以计算形心坐标常

数如下：

$$a = x_C = \frac{l_1 x_1^0 + l_2 x_2^0}{2(l_1 + l_2)} = 85\text{mm}$$

式中 $x_1^0 = -\sqrt{l_1^2 - l_3^2} = -70\text{mm}$，$x_2^0 = \sqrt{l_2^2 - l_3^2} = 320\text{mm}$，分别为初始时刻 A，B 两点的 x 坐标值。当 A，B，D 在同一水平直线上时，设 A，B 两端点的 x 坐标值分别为 x_1，x_2，由于此时系统的质心 C 平分 A，B 两端点间的距离，即 $AC = CB = AB/2 = 325\text{mm}$，所以，$x_1 = a - 325 = -240\text{mm}$，$x_2 = a + 325 = 410\text{mm}$。如果设 A，B 两端点对应的位移分别为 d_1，d_2，则

$$d_1 = x_1 - x_1^0 = -170\text{mm}$$

$$d_2 = x_2 - x_2^0 = 90\text{mm}$$

由此可知，A 端点向左移动 170mm，B 端点向右移动 90mm。

【解题技巧分析】从本题解题过程可以看到，受力分析和质心运动守恒只发挥了定性分析的作用，定量结果依赖运动分析，归结为对问题的几何分析（关于系统形心几何位置变化的分析）。最后，通过简单的几何分析和计算给出了问题的解答。

例 4－8　厚度和密度均相同的一大一小均质圆盘，用铆钉固结在一起成为组合圆盘，将大圆盘的一面静止地放在光滑水平面上，在大圆盘上受有力偶的作用，力偶矩为 $M=200\text{N}\cdot\text{m}$，如图所示。已知两圆盘的质量分别为 $m_1=4\text{kg}$，$m_2=1\text{kg}$，半径 $R=2r=1\text{m}$，试求其角加速度，组合圆盘绕哪个点转动？

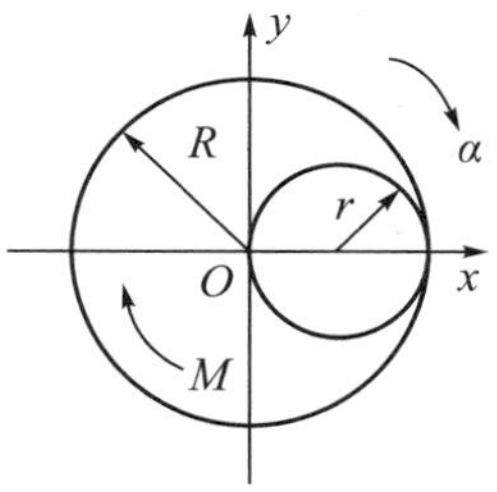

例 4－8 图　组合圆盘

解　建立如图所示坐标系，则组合圆盘的质心 C 在 x 轴上，其坐标值为

$$x_C = \frac{m_2 r}{m_1 + m_2} = 0.1\text{m}$$

（1）组合圆盘受力分析：在水平面内，组合圆盘仅仅受到力偶 M 的作用；

（2）运动分析：组合圆盘在平面内运动；

（3）组合圆盘的平面运动微分方程：

$$(m_1 + m_2)\ddot{x}_C = 0 \tag{a}$$

$$(m_1 + m_2)\ddot{y}_C = 0 \tag{b}$$

$$J_C \alpha = M \tag{c}$$

由于在初始时刻，组合圆盘静止，故其质心 C 固定不动，圆盘受力偶作用绕质心转动。根据平行轴定理，有

$$J_C = \frac{1}{2}m_1 R^2 + m_1 x_C^2 + \frac{1}{2}m_2 r^2 + m_2(r - x_C)^2$$

将 $m_1=4\text{kg}$，$m_2=1\text{kg}$，半径 $R=2r=1\text{m}$，$x_C=0.1\text{m}$ 代入得到 $J_C=2.325\text{kg}\cdot\text{m}^2$，再将 $M=200\text{N}\cdot\text{m}$ 一并代入式（c），最后得到圆盘的角加速度

$$\alpha = 86\text{rad/s}^2$$

【解题技巧分析】从解题过程可以看到，本例题好像没有作具体的运动分析，但是，确定组合圆盘的质心是决定本题解题成败的关键。在得到组合圆盘的质心坐标 $x_C=0.1\text{m}$ 后，根据平行轴定理计算组合圆盘对其质心的转动惯量 J_C 也是很重要的一步，而这些计算都要依赖于对系统作几何分析（本题的几何关系比较简单）。

例 4－9　四连杆机构如图（a）所示，已知 $OA=0.06\text{m}$，$AB=0.18\text{m}$，$DB=BE=0.153\text{m}$，DE 杆为均质细杆，质量 $m=10\text{kg}$，连杆 AB 的质量忽略不计，并略去各处摩擦。若 OA 杆受外力偶驱动以匀角速度 $\omega_1=6\pi\text{rad/s}$ 转动，求图示位置连杆 AB 及支座 D 的约束反力。

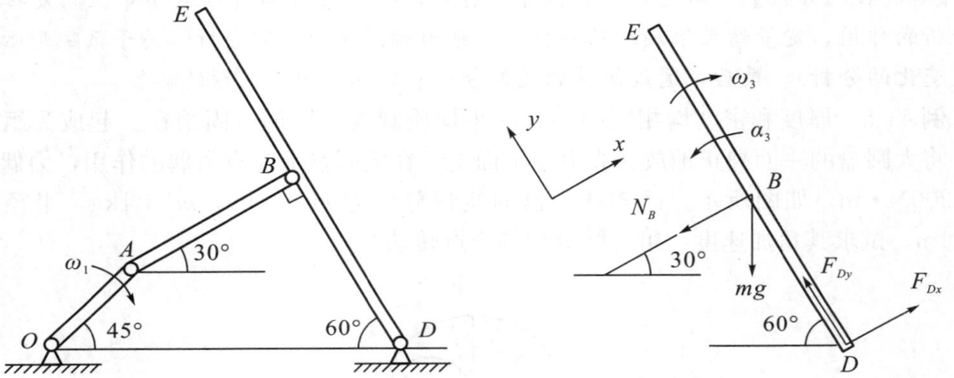

（a）**四连杆机构**　　　　（b）D **点约束力**

例 4－9 **图**

解　（1）受力分析：

因为不计 AB 杆的质量，所以 AB 杆为二力杆，B 点为均质杆 DE 的重心，B 点受重力和二力杆 AB 的作用力，D 点受约束力如图（b）所示。

（2）均质杆 DE 的运动微分方程：

如果将 DE 杆的角速度、角加速度分别记为 ω_3，α_3，令 $l_3=DB=0.153\text{m}$，则由动量矩定理得转动微分方程为

$$J_D\alpha_3 = l_3 mg\sin30° + l_3 N_B \tag{a}$$

由质心运动定理，得到

$$mg\sin30° + N_B - F_{Dx} = ml_3\alpha_3 \tag{b}$$

$$mg\cos30° - F_{Dy} = ml_3\omega_3^2 \tag{c}$$

（3）运动分析：

令 $l_1=OA=0.06\text{m}$，$l_2=AB=0.18\text{m}$，AB 杆的角速度、角加速度记为 ω_2，α_2，根据基点法，有 $v_B=v_A+v_{BA}$，分别沿 AB 和 DE 方向投影，注意到 $v_B=l_3\omega_3$，$v_A=l_1\omega_1$，$v_{BA}=l_2\omega_2$，则得到

$$l_3\omega_3 = l_1\omega_1\cos75°$$

$$l_2\omega_2 - l_1\omega_1\cos15° = 0$$

所以

$$\omega_2 = \frac{l_1}{l_2}\omega_1\cos15°, \omega_3 = \frac{l_1}{l_3}\omega_1\cos75° \tag{d}$$

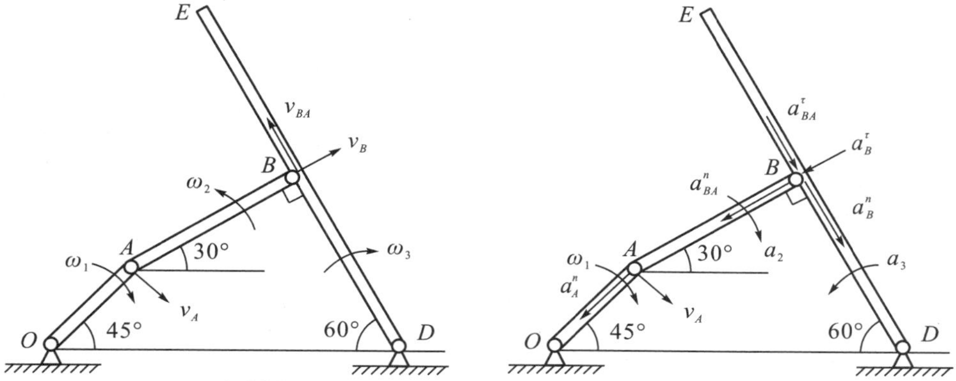

（c）**速度图**　　　　（d）**加速度图**

例 4—9 **图**

因为 OA 匀速转动，故 A 点的加速度沿 AO 方向。AB 杆在平面内运动，根据基点法，有

$$a_B^n + a_B^{\tau} = a_A^n + a_{BA}^n + a_{BA}^{\tau}$$

将上式沿 BA 方向投影，注意到 $a_B^{\tau} = l_3\alpha_3$，$a_A^n = l_1\omega_1^2$，$a_{BA}^n = l_2\omega_2^2$，则得到

$$\alpha_3 = \frac{l_1}{l_3}\omega_1^2\cos15° + \frac{l_2}{l_3}\omega_2^2 \tag{e}$$

将式（e）代入式（a），（b），（c）三式，再将式（d）代入，最后解得

$$N_B = 314\text{N}$$

$$F_{Dx} = 90.8\text{N}, F_{Dy} = 79.3\text{N}$$

【解题技巧分析】本例题中，运动分析用到了平面运动基点法求速度和加速度的公式，而动力学分析则用到了动量矩定理和质心运动定理。由于不考虑连杆 AB 的质量，使得受力分析得到简化，AB 杆成为二力杆。但 AB 杆做平面运动，运动分析相对繁琐。为了求出转动刚体 DE 杆受到的约束力和二力杆 AB 的受力，必须求出 DE 杆质心的加速度。所以，由已知 OA 杆的匀速转动角速度，通过连杆 AB，分析 DE 杆的转动，求出其角速度和角加速度，成为求解本题的关键。

例 4—10　均质圆柱体的半径为 r，质量为 m，放在粗糙的水平地面上。设其质心 C 的初速度为 v_0，方向水平向右；同时有图示方向的转动，其初角速度为 ω_0，且 $\omega_0 r < v_0$。已知圆柱体与接触平面的摩擦系数为 f_k，忽略滚动阻力偶，问：（1）经过多长时间，圆柱体开始做纯滚动，并求该瞬时圆柱体中心的速度 v；（2）圆柱体开始做纯滚动时，其中心已经移动的距离 d。

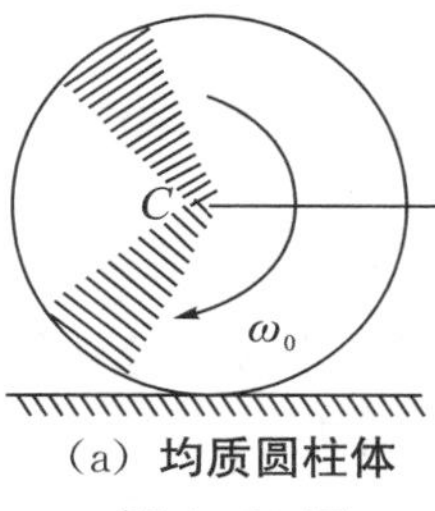

（a）**均质圆柱体**

例 4—10 **图**

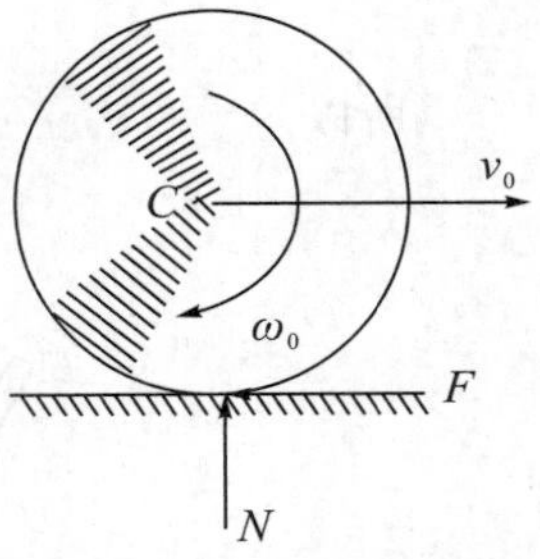

(b) 法向压力和摩擦力

例 4−10 图

解 (1) 受力分析。

因为初始圆柱体质心 C 的速度 $v_0 > \omega_0 r$，所以其与接触点的速度非零，处于又滚又滑的状态，圆柱体受到的摩擦力方向如图 (b)。

(2) 动力学分析。

以速度 v_0 的方向为 x 轴的正方向，由质心运动定理，有

$$N - mg = 0, m\ddot{x}_C = -F = -f_k N$$

由此得

$$\ddot{x}_C = -f_k g \tag{a}$$

根据动量矩定理，有

$$\frac{1}{2}mr^2\alpha = rN = rmf_k g$$

即

$$\alpha = 2f_k g/r \tag{b}$$

(3) 运动分析。

当圆柱体开始做纯滚动时，质心 C 的速度与圆柱体的角速度有下列关系式：

$$\dot{x}_C = r\omega \tag{c}$$

对式 (a)，(b) 两端关于时间积分，并代入初始条件 $t=0$，$\dot{x}_C = v_0$，$\omega = \omega_0$，则得到

$$\dot{x}_C = v_0 - f_k gt \tag{d}$$

$$\omega = \omega_0 + 2f_k gt/r \tag{e}$$

将式 (d)，(e) 代入 (c) 式，有

$$v_0 - f_k gt = r\omega_0 + 2f_k gt$$

由此解得

$$t = \frac{v_0 - r\omega_0}{3f_k g} \tag{f}$$

将解得的 t 代入式 (d)，得到此时刻圆柱体中心的速度

$$v = \dot{x}_C = \frac{2v_0 + r\omega_0}{3}$$

最后将式 (d) 两端关于时间积分，得到

$$x_C = v_0 t - \frac{1}{2}f_k gt^2$$

将式 (f) 代入，得到圆柱体开始做纯滚动时，其中心已移动的距离

$$d = x_C = \frac{5v_0^2 - 4r\omega_0 v_0 - r^2\omega_0^2}{18f_k g}$$

【解题技巧分析】本例题的运动分析比较简单，主要用到了纯滚动的运动学条件：在纯滚动时，圆柱中心的速度等于其角速度与半径的乘积。另外，在圆柱体滚动的同时伴随滑动的状态，因为接触点存在滑动，所以摩擦力的方向要根据相对滑动的反方向正确地表示出来，这一点在解题时也很重要。

4.5　动力学综合

动量定理（质心运动定理）、动量矩定理和动能定理统称为动力学普遍定理。动量定理（质心运动定理）和动量矩定理为矢量形式，而动能定理为标量形式。综合应用动力学普遍定理可以求解比较复杂的刚体系统动力学问题。在求解刚体系统动力学问题时，可以参考以下建议。

（1）求速度（角速度）的问题。

首先考虑应用动能定理的积分形式，且尽可能以整个系统为研究对象，避免拆开系统。

（2）求加速度（角加速度）的问题。

可以应用动能定理的微分形式求解。

（3）对既要求运动又要求约束力的问题。

先求运动，然后用质心运动定理或动量矩定理求约束力。

（4）由多刚体组成的系统。

一种比较直观的求解办法是将系统拆开，分别列出每个刚体的动力学方程，然后联立求解。

（5）动量、动量矩、机械能守恒问题。

在受力分析的基础上，只要发现符合条件，就要注意用守恒定理求解动量、动量矩在某一方向上的守恒问题。对于保守系统，应用机械能守恒定理解题也很方便。

例 4－11　半径为 $r=20\text{cm}$ 的均质轮，质量为 $m_1=2\text{kg}$，轮缘上缠有细绳，在 B 处与天花板连接，另有细绳 CD 分别与轮、天花板相连，AB 平行 CD，物块 M 的质量为 $m_2=1\text{kg}$，悬挂在轮心上。

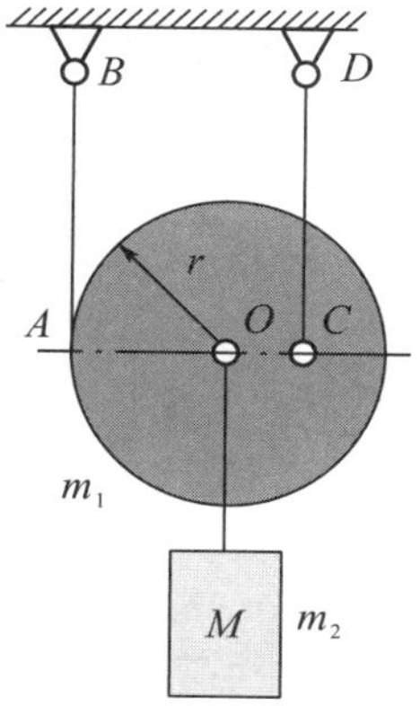

（a）悬挂系统

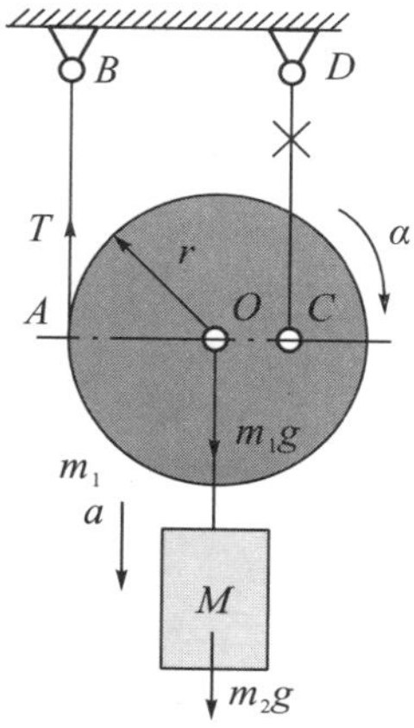

（b）剪断细绳 CD 后系统受力

例 4－11 图

试求：

（1）突然剪断细绳 CD 时，轮 O 的角加速度；

（2）从 CD 绳断经过 2 秒，AB 绳又被拉断，此时，轮的角速度和连接轮与物块 M 的细绳 OM 的张力，假设细绳 OM 不可伸长。

解　（1）剪断细绳 CD 后，系统受力分析如图（b）。

对于该系统，由质心运动定理，得到

$$(m_1 + m_2)g - T = (m_1 + m_2)a$$

对于均质轮，由动量矩定理，有

$$J_O\alpha = Tr$$

补充运动学关系 $a = r\alpha$，解得轮的角加速度为

$$\alpha = \frac{m_1 + m_2}{1.5m_1 + m_2}\frac{g}{r} = 36.75\mathrm{rad/s^2}$$

即 CD 绳断后，均质轮做匀加速转动。这个结论应用动能定理的微分形式也可得到。

（2）CD 绳断 2 秒时，AB 绳又被拉断。

将前面求出的角加速度代入下式，得到该时刻轮的角速度（此后不再变化）为

$$\omega = \alpha t\big|_{t=2\mathrm{s}} = 36.75 \times 2 = 73.5\mathrm{rad/s}$$

对于该系统，由质心运动定理，有

$$m_1a_1 + m_2a_2 = (m_1 + m_2)g$$

如果细绳 OM 的张力不等于零，那么细绳处于绷紧状态，所以

$$a_1 = a_2 = g$$

再分别以轮或物块 M 为研究对象，可知细绳 OM 的张力为零，这表明轮和物块 M 各自按自由落体方式运动。

思考：在什么情况下，细绳 OM 的张力不等于零？将均质轮和重物想象为一个在空中漂浮的气球气象探测器如何？

【解题技巧分析】本例题综合应用了质心运动定理和动量矩定理。

例 4－12　重 100N、长 l=1m 的均质杆 AB，一端 B 搁在地面上，一端 A 用软绳系住。设杆与地面的摩擦系数为 0.3，且动滑动摩擦系数与静滑动摩擦系数相等。如果将软绳剪断，杆的 B 端是否开始滑动？试求此瞬时杆的角加速度、地面对杆的作用力以及 B 端的加速度。

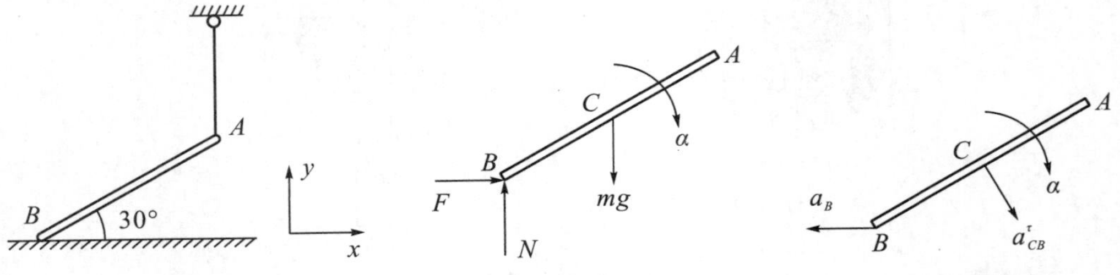

（a）平衡系统　（b）软绳剪断后 AB 杆受力　（c）加速度图

例 4－12 图

解　(1) 作 AB 杆的受力分析图，如图 (b)。

(2) 动力学方程。

建立如图所示的所示的直角坐标系，作加速度图，无论 AB 杆是否开始滑动，在绳剪断瞬间，B 点的速度均为零。根据对 B 点的动量矩定理和质心运动定理，有

$$\frac{1}{3}ml^2\alpha = \frac{1}{2}mgl\cos 30° \tag{a}$$

$$ma_{Cx} = F \tag{b}$$

$$ma_{Cy} = N - mg \tag{c}$$

由式 (a) 解得

$$\alpha = 12.73\text{rad/s}^2 \tag{d}$$

如果 B 端固定，即 $a_B = 0$，则

$$a_{Cx} = \frac{1}{2}l\alpha\sin 30° = 3.18\text{m/s}^2$$

$$a_{Cy} = -\frac{1}{2}l\alpha\cos 30° = -5.51\text{m/s}^2$$

代入式 (b)，(c)，得到 AB 杆受到的法向约束力和摩擦力分别为

$$N = 43.75\text{N}$$

$$F = 32.47\text{N} > 0.3N = 13.12\text{N}$$

这里解得的摩擦力已超过其最大值，这是不可能的，所以 B 端会滑动，即 $a_B \neq 0$，上面的式 (a) 不成立，需要另写方程求解。

(3) 运动分析。

在 $a_B \neq 0$ 时，a_{Cx} 是未知量，根据基点法，

有 $a_{Cx} = 0.5l\alpha\sin 30° - a_B$，利用式 (b)、(c) 及 $F = 0.3 \times N$ 和对质心的动量矩定理，最后解得

$$\alpha = 14.75\text{rad/s}^2, N = 35\text{N}$$

$$F = 10.5\text{N}, a_B = 2.65(\text{m/s}^2)(\leftarrow)$$

【解题技巧分析】本例题在写杆的动力学方程 (a) 时，应用了对固定点的动量矩定理。在 $a_B \neq 0$ 时，要用对质心的动量矩定理写出下面的方程来代替式 (a)：

$$\frac{1}{12}ml^2\alpha = \frac{1}{2}l(N\cos 30° - F\sin 30°)$$

但是，因为 N 和 F 都是未知量，根据这个方程无法直接计算得到杆 AB 的角加速度。另外，为了查明绳断后，杆的 B 端是否滑动，应用假设方法，即先假设 B 端有足够的摩擦力使得 B 点固定不动，然后根据运动分析和动力学方程，计算摩擦力的大小，如果计算所得的值小于摩擦力的最大值，则 B 端固定不动；否则，B 端会开始滑动。这是处理涉及摩擦力问题时通常采用的方法。

例 4－13　图示三棱柱体 ABC 的质量为 M，放在光滑的水平面上；另一质量为 m、半径为 r 的均质圆柱体沿 AB 斜面向下做纯滚动。系统初始静止，斜面倾角为 θ，求三棱柱体的加速度。

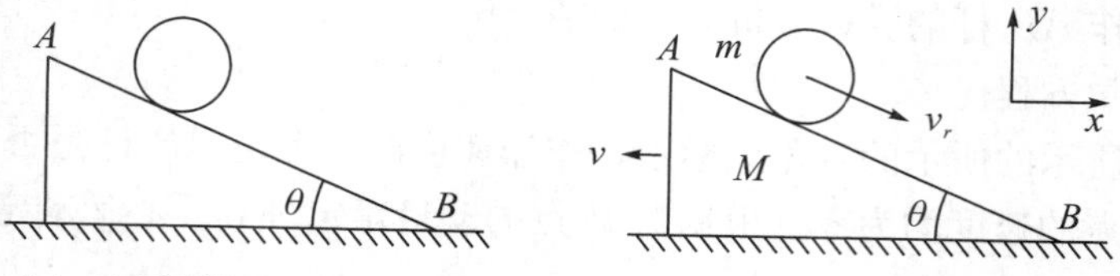

(a) 均质圆柱和三棱柱系统　　(b) 速度图

例 4－13 图

解 (1) 受力分析。

系统所受的外力只有重力和水平面的法向约束力。

(2) 动力学方程。

系统初始静止，当均质圆柱体沿 AB 斜面向下做纯滚动时，设三棱柱体的速度为 v，圆柱体质心相对三棱柱体的速度为 v_r，圆柱体质心的绝对速度记为 v_a，在水平方向无外力作用，所以系统在水平方向动量守恒，即

$$mv_{ax} - Mv = 0 \tag{a}$$

根据动能定理，有

$$\mathrm{d}T = mgv_r \mathrm{d}t\sin\theta \tag{b}$$

系统的动能为

$$T = \frac{1}{2}Mv^2 + \frac{1}{2}mv_a^2 + \frac{1}{2}J\omega^2 \tag{c}$$

式中 $J = \frac{1}{2}mr^2$ 为均质圆柱体对其质心轴的转动惯量。

(3) 运动分析。

圆柱体沿 AB 斜面向下做纯滚动，所以

$$v_r = r\omega \tag{d}$$

由速度合成定理，有

$$\boldsymbol{v}_a = \boldsymbol{v}_r + \boldsymbol{v}$$

投影到 x 轴方向，得到

$$v_{ax} = v_r\cos\theta - v$$

代入式 (a)，得到相对速度 v_r 与三棱柱体的速度 v 之间的关系为

$$v_r = \frac{M+m}{m\cos\theta}v \tag{e}$$

另外，

$$v_a^2 = v_{ax}^2 + v_{ay}^2 = v_r^2 + v^2 - 2v_r v\cos\theta \tag{f}$$

利用式 (e) 和式 (d)，得到

$$v_a^2 = \left[\left(\frac{M+m}{m\cos\theta}\right)^2 + 1 - 2\left(\frac{M+m}{m}\right)\right]v^2$$

$$J\omega^2 = \frac{1}{2}mv_r^2 = \frac{1}{2}m\left(\frac{M+m}{m\cos\theta}v\right)^2$$

将这两式代入式 (c)，将系统的动能表示为

$$T=\frac{1}{2}(M+m)\left[\frac{3(M+m)}{2m\cos^2\theta}-1\right]v^2$$

对上式求微分，得到

$$\mathrm{d}T=(M+m)\left[\frac{3(M+m)}{2m\cos^2\theta}-1\right]v\mathrm{d}v \tag{g}$$

注意到 $\mathrm{d}v=a\mathrm{d}t$，将式（e）和式（g）代入式（b），解得三棱柱体的加速度为

$$a=\frac{mg\sin2\theta}{3M+m+2m\sin^2\theta}$$

【解题技巧分析】本例题利用系统无水平方向外力作用的条件，写出了系统在水平方向动量守恒的方程和动能定理的微分形式，但动能方程中涉及了三棱柱移动的速度 v、圆柱体质心的相对速度 v_r、绝对速度 v_a 以及角速度 ω，仅仅用已经写出的两个动力学方程无法求解这些未知量，因此，接下来要做的就是依赖运动分析，以获得足够的补充方程。本题运动分析包括：利用纯滚动性质，写出式（d），利用速度合成定理，写出式（f）。可以说，能否正确写出式（c）和式（f），是解答本题的关键。

例 4－14　（第五届全国周培源大学生力学竞赛题，2004 年）绕铅直轴以等角速度 ω 缓慢旋转的封闭圆形舱中，站在舱底盘上的实验者感觉不到自己的运动，但抛出的小球的运动却不服从牛顿运动定律。设实验者站立处 A 距底盘旋转中心 O 的距离为 r，请你替他设计一个抛球的初速度（大小为 v_0，方向与 OA 的夹角为 β），使得球抛出后能返回来打到实验者身上。试写出 v_0，β 应满足的条件，并画出小球相对轨迹示意图（不考虑小球在铅垂方向的运动，例如，认为小球在光滑的舱底盘上运动）。

解　考虑小球在光滑的舱底盘上运动，建立图示底盘固连直角坐标系，O 点通过底盘中心，xOy 位于底盘平面，x 轴和 y 轴随底盘一起转动。研究小球 A 的相对运动。小球从 A 点出发又回到 A 点，显然小球的相对运动轨迹是封闭曲线。

因为 xOy 是非惯性系，小球将在牵连惯性力 $\boldsymbol{F}_e$ 和科氏惯性力 $\boldsymbol{F}_C$ 作用下运动，相对运动方程为

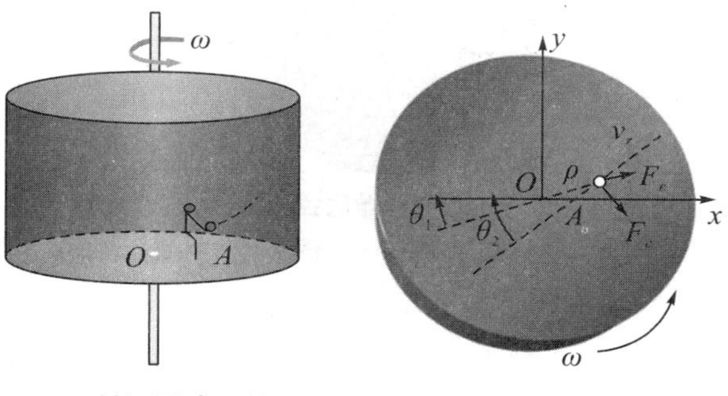

（a）封闭圆球形舱　　（b）舱底盘

例 4－14 图

$$m\boldsymbol{a}_r=\boldsymbol{F}_e+\boldsymbol{F}_c,\ F_e=m\rho\omega^2,\ F_c=2m\omega v_r$$

式中 ρ 是小球到 O 点的距离，将其分别投影到 x 轴和 y 轴方向，得

$$\begin{aligned}\ddot{x}&=\rho\omega^2\cos\theta_1+2\omega v_r\sin\theta_2,\\ \ddot{y}&=\rho\omega^2\sin\theta_1-2\omega v_r\cos\theta_2\end{aligned} \tag{a}$$

因为 ω 是小量（圆盘旋转缓慢），略去二阶小量，并注意到

$$v_r \sin\theta_2 = \dot{y},\quad v_r \cos\theta_2 = \dot{x} \tag{b}$$

以及

$$\ddot{x} = \dot{y}\,\frac{\mathrm{d}\dot{x}}{\mathrm{d}y},\ \ddot{y} = \dot{x}\,\frac{\mathrm{d}\dot{y}}{\mathrm{d}x}$$

小球相对运动方程式（a）可化为

$$\dot{y}\,\frac{\mathrm{d}\dot{x}}{\mathrm{d}y} = 2\omega\dot{y},\ \dot{x}\,\frac{\mathrm{d}\dot{y}}{\mathrm{d}x} = -2\omega\dot{x} \tag{c}$$

对运动方程式（c）积分，并利用式（b）和初始条件，当 $t=0$ 时

$$x_A = r,\ y_A = 0,\ \theta_2 = \beta,\ v_r = v_0$$

得到（以下将 x_A、y_A 简写为 x、y）

$$\dot{x} = 2\omega y + v_0\cos\beta,\ \dot{y} = -2\omega(x-r) + v_0\sin\beta \tag{d}$$

因为 $\dfrac{\mathrm{d}y}{\mathrm{d}x} = \dfrac{\dot{y}}{\dot{x}}$，将式（d）代入，得到

$$\frac{\mathrm{d}y}{\mathrm{d}x} = \frac{-2\omega(x-r) + v_0\sin\beta}{2\omega y + v_0\cos\beta} = -\frac{x-a}{y+b} \tag{e}$$

式中

$$a = r + d\sin\beta,\ b = d\cos\beta,\ d = \frac{v_0}{2\omega} \tag{f}$$

利用式（f）和初始条件 $x=r$，$y=0$，得到

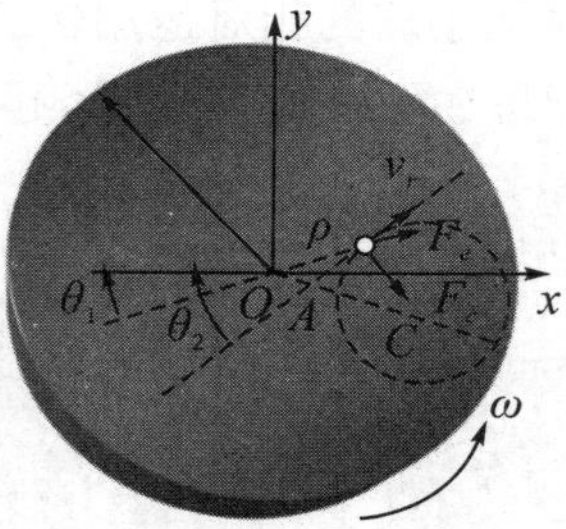

（c）舱底盘

例 4—14 图

$$(x-a)^2 + (y-b)^2 = d^2$$

这是一个圆的方程，忽略小球在铅垂方向的运动，可以认为小球在 xOy 平面内运动，其相对运动轨迹几乎是一个圆周（在分析时忽略了二阶小量），半径为 d，圆心 C 位于点（a，b）。小球抛出后能返回来打到实验者身上的条件是：圆盘半径 R 与距离 OC 之差大于轨迹的半径 d，即

$$R - \sqrt{a^2 + b^2} > d$$

将式（f）代入，得到

$$(R^2 - r^2)\omega - (R + r\sin\beta)v_0 > 0$$

这就是球抛出后能返回来打到实验者身上，初速度大小 v_0 和方向角 β 应满足的条件。

【解题技巧分析】建立固连直角坐标系，写出小球的相对运动微分方程，是本题解题的关键步骤。因为所建立的直角坐标系是非惯性系，故需要在运动微分方程里加上牵连惯性力 $\boldsymbol{F}_e$ 和非零的科氏惯性力 $\boldsymbol{F}_C$。本题使用的另一个技巧是忽略二阶小量，化简方程，在对运动微分方程积分时，使用了变量替换方法。

【知识点补充】

1. 非惯性系

非惯性系是指非平动的，或者沿曲线轨迹平动的，或者沿直线轨迹加速平动的参考系或坐标系，总之是牵连加速度非零的动系。在非惯性系里研究质点的运动，牛顿定理不成立，必须附加惯性力。

2. 质点在非惯性系中的相对运动方程

根据牛顿定律，相对定系（绝对静止或沿直线方向作匀速平动的参照系，对于通常的工程问题，相对地球表面固定的参照系可近似看作定系）中运动的、质量为 m 的质点，其动力学方程为

$$m\boldsymbol{a} = \boldsymbol{F} \tag{1}$$

式中 $\boldsymbol{a}$ 为质点的绝对加速度，$\boldsymbol{F}$ 是质点受到的合外力。如果以非惯性系为动系，根据加速度合成定理，质点的绝对加速度 $\boldsymbol{a}$ 等于相对加速度 $\boldsymbol{a}_r$、牵连加速度 $\boldsymbol{a}_e$、科氏加速度 $\boldsymbol{a}_C$的矢量和：

$$\boldsymbol{a} = \boldsymbol{a}_r + \boldsymbol{a}_e + \boldsymbol{a}_C \tag{2}$$

将式（2）代入式（1），并将与牵连加速度、科氏加速度有关的项移到方程右端，得到

$$m\,\boldsymbol{a}_r = \boldsymbol{F} + \boldsymbol{F}_e + \boldsymbol{F}_C \tag{3}$$

式（3）就是质点在非惯性系里的相对运动方程，其中 $\boldsymbol{F}_e = -m\boldsymbol{a}_e$ 和 $\boldsymbol{F}_C = -m\boldsymbol{a}_C$ 分别称为牵连惯性力和科氏惯性力，其方向分别与牵连加速度、科氏加速度方向相反。

思考题

1. 有两个不同的物体，一为均质细杆，其质量为 m，长为 L，另一质量为 m 的小球，固结于长为 L 的轻杆的杆端（杆重忽略不计）。二者均铰接于固定水平面上，如图所示，并在同一微小倾斜位置释放。问哪一个物体先到达水平位置？为什么？

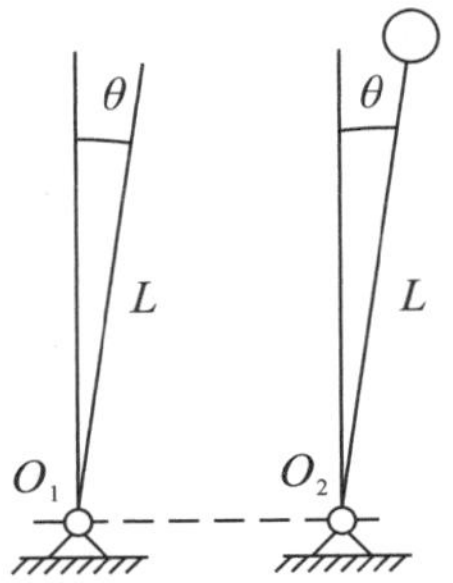

思考题 1 图

2. 质点系的内力能否改变质点系的动量、动量矩？能否改变质点系的动能？

3. 如果作用于质点系上的外力系对固定点 O 的主矩不为零，那么质点系的动量矩一定不守恒，这种说法对吗？

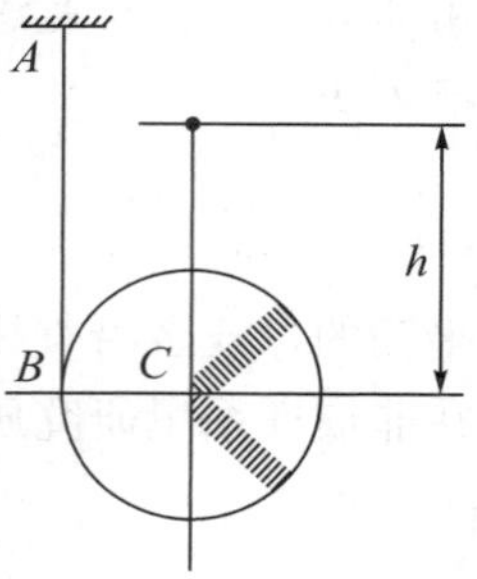

思考题 4 图

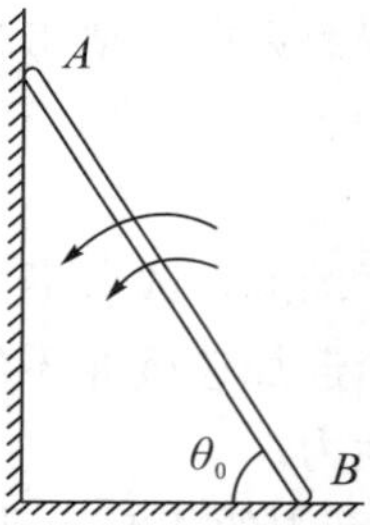

思考题 5 图

4. 如图所示，质量为 m 的均质圆轮，绕以不计质量的细绳，绳的 A 端固定，初始时刻 AB 沿竖直方向。圆轮的质心 C 由静止开始降落了 h 高度，假设绳不可伸长且与圆轮无相对滑动，问在此过程中，绳 AB 是否会偏离原竖直方向？圆轮 B 点的加速度是否为零？为什么？

5. 均质杆 AB 放在铅垂面内，杆的一端 A 靠在光滑的铅直墙上，而另一端 B 置于光滑的水平地板上，并与水平面成 θ_0 角。问：当杆由静止状态倒下后，杆的 A 端是否仍然保持与墙接触？为什么？

6. 图示四边形机构由四根质量不计且长为 l 的杆子铰接而成，各顶点均附有质量为 m 的小球。初瞬时，四边形在铅直平面内，且有一边在水平面上。若从 θ_0 位置静止释放，问：C 点会离开地面吗？为什么？

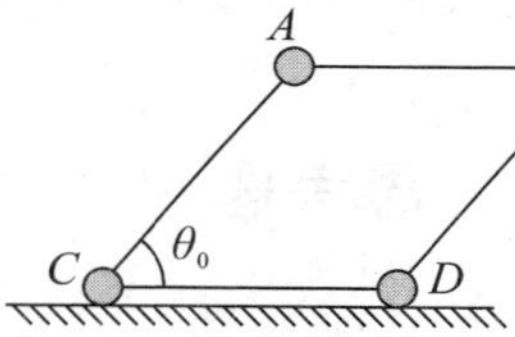

思考题 6 图

7. 长为 $2l$ 的均质杆 AB 铰接于 A 点，开始时，杆自水平位置无初速度开始运动，如图所示。当杆通过铅直位置时，铰链 A 刚好脱落，杆成为自由体。问：此后杆的质心的运动轨迹是抛物线吗？杆的角速度有没有变化？

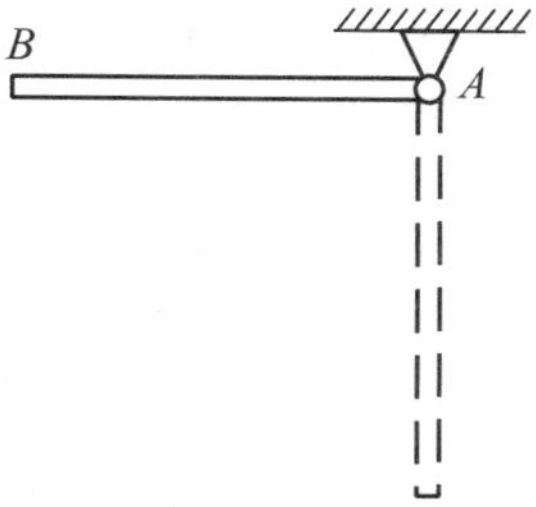

思考题 7 图

8. 长为 l、质量为 m 的匀质杆 AB，BD 用铰链 B 连结，并用铰链 A 固定，位于图示平衡位置。如果在 D 端作用水平力 F，问：均质杆 AB，BD 的角加速度方向是否相同？为什么？

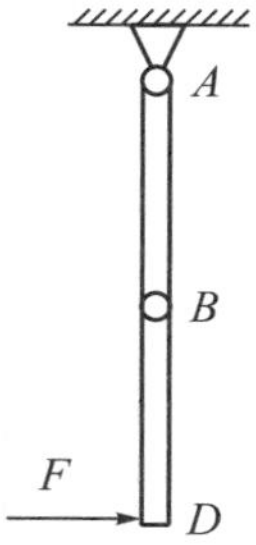

思考题 8 图

9. 将一均质半圆球置于光滑的水平地面和光滑的铅垂墙面之间，并使其底面位于铅垂位置，如图所示，图中 C 点为半球的质心位置。如果无初速地释放，问：在半球转过 90°之前，即到达图中定义的角度 $\theta=0°$ 的位置之前，半球会离开铅垂墙面吗？球心 O 点的加速度如何变化？

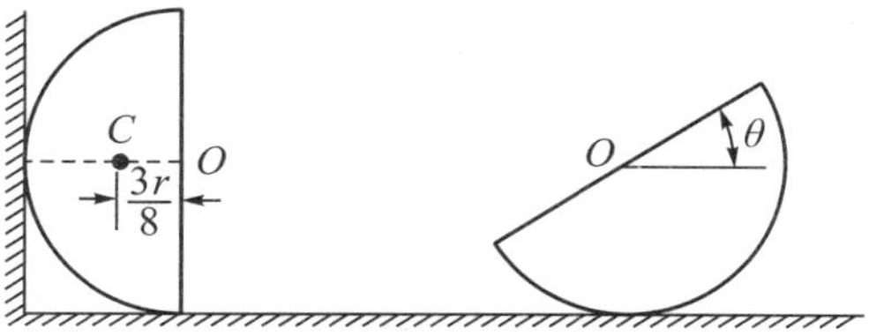

思考题 9 图

10. 为什么在计算弹簧一质量系统的固有频率时，通常不考虑弹簧本身的质量？

习　题

4-1　在图示两系统中，OA 杆在 O 端铰接，在 B 点由于铅垂弹簧的作用而使 OA 杆处于水平位置。弹簧系数为 k，图中 a，l 长度已知。图（a）中的 OA 杆质量不计，

小球 A 的质量为 m；图（b）中的 OA 为均质细杆，质量为 m。如果杆在铅垂面内做微小摆动，求上述两系统自由振动的周期。

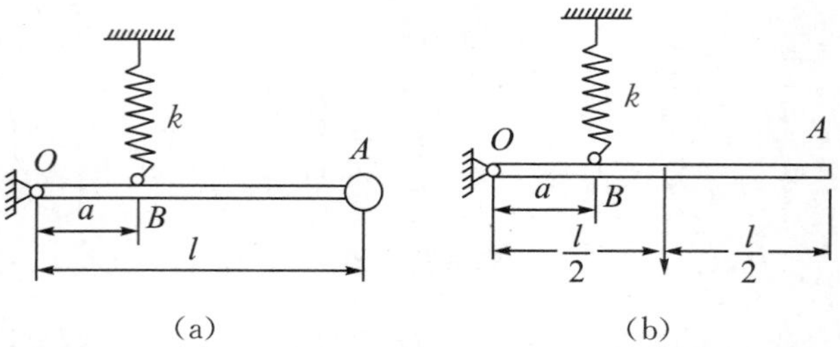

习题 4-1 图

4-2 如图所示，质量为 m，半径为 r 的圆柱体，在半径为 R 的圆弧槽上做无滑动的滚动，求：(1) 圆柱体在平衡位置附近做微小振动（往复运动）的运动方程；(2) 圆柱体的固有频率。

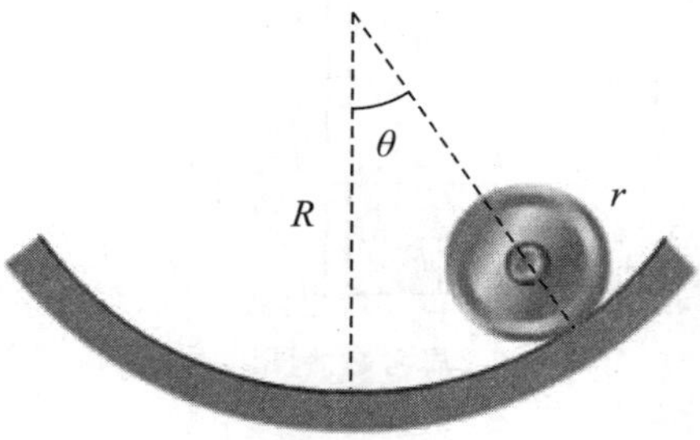

习题 4-2 图

4-3 质量为 $m=0.5\text{kg}$ 的物体，沿光滑斜面无初速地滑下，当物块下落高度 $h=0.1\text{m}$ 时，撞于无质量的弹簧上并与弹簧不再分离，弹簧刚度系数 $k=0.2\text{kN/m}$，倾角 $\beta=30°$，求此系统振动的固有频率、周期和系统势能的最大值（以静平衡位置为零势能位置）。

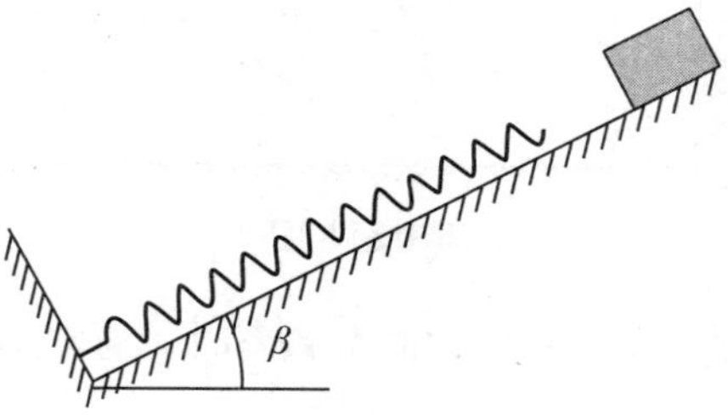

习题 4-3 图

4-4 在图示车轮上装置质量为 m 的物块 B，于某瞬时 ($t=0$) 车轮由水平路面进入凹凸路面，并继续以等速 v 行驶。该凹凸路面按 $y_1=d\sin\left(\frac{\pi}{l}x_1\right)$ 的规律起伏，坐标原点和坐标系 x_1Oy_1 的位置如图所示。当车轮 A 进入凹凸路面时，物块 B 在铅垂方向无速度。设弹簧的刚度系数为 k。求：(1) 物块 B 的受迫振动方程；(2) 车轮 A 的临界速度。

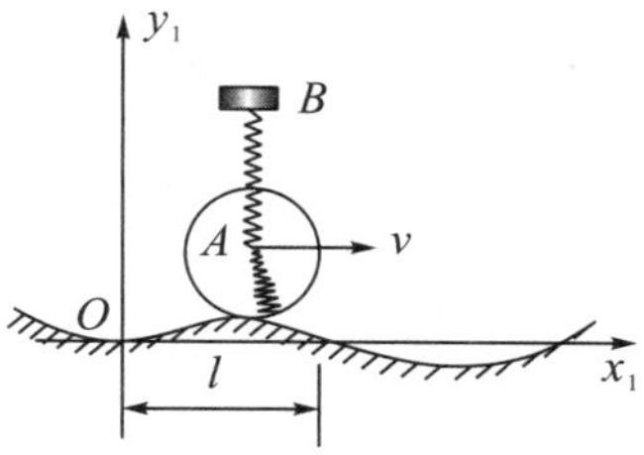

习题 4—4 图

4—5 如图所示，求质量为 m 的物体振动的周期。图中三个弹簧都沿铅垂方向，且 $k_2=2k_1$，$k_3=3k_1$。

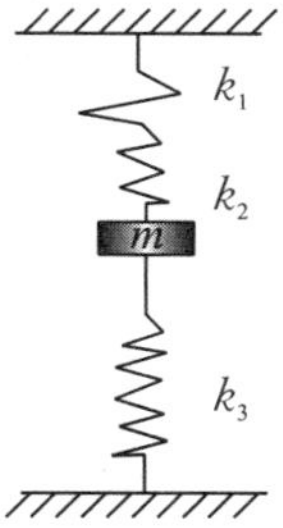

习题 4—5 图

4—6 两个摩擦轮可分别绕水平轴 O_1 与 O_2 转动，且互相接触，不能相对滑动。在图示位置（半径 O_1A 与 O_2B 在同一水平线上）弹簧不受力，弹簧刚度系数分别为 k_1，k_2；摩擦轮可视为等厚均质圆盘，质量为 m_1 与 m_2，求系统微幅振动的周期。

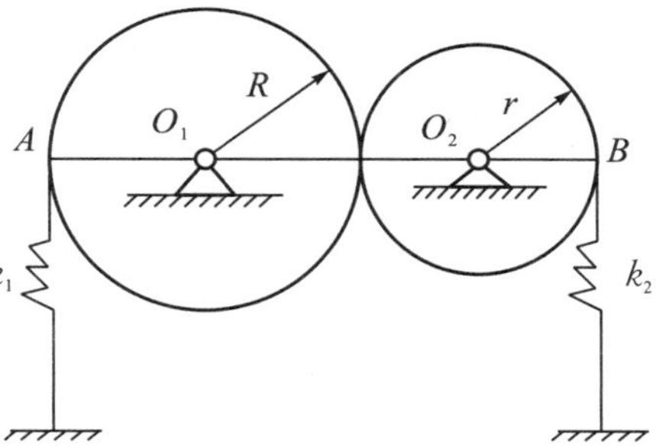

习题 4—6 图

4—7 如图所示，均质摇杆 OA 的质量为 m，长为 l，均质圆盘的质量为 M。当系统平衡时，摇杆处于水平位置，弹簧 BD 的静伸长为 δ_{st}，且位于铅垂位置，又 $OB=a$，轴承的摩擦不计。求圆盘 A 只滚不滑时，系统在其平衡位置附近做微幅振动的周期。

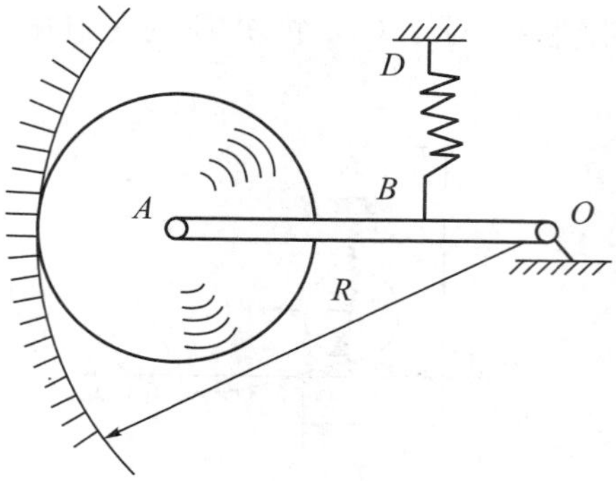

习题 4−7 图

4−8 质量为 m 的均值杆 AB 水平地放在两个半径相同的滑轮上，滑轮的中心在同一水平线上，距离为 $2a$，两个滑轮以相同的角速度、相反的方向绕其中心轴旋转，如图所示。杆 AB 借助与滑轮接触点的摩擦力的作用而运动，假设摩擦力与杆对滑轮的压力成正比，摩擦系数为 f。如将杆的质心 C 推离对称轴线 y，然后释放，证明质心 C 的运动为简谐振动，并求其周期。

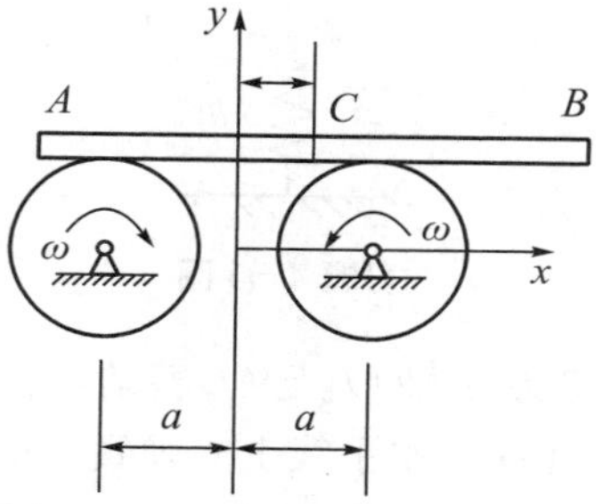

习题 4−8 图

4−9 开孔均质圆盘静止地放在光滑水平面上，圆盘半径 $R=0.6\text{m}$，圆孔半径 $r=0.3\text{m}$，开孔前、后圆盘的质量分别为 $m_1=4\text{kg}$，$m_2=3\text{kg}$，现在圆盘边缘水平方向上作用力 $F=30\text{N}$，如图所示。试求：(1) 初始时刻开孔圆盘质心的 x 轴坐标；(2) 当开始施加水平方向的作用力 F 时，开孔圆盘的角加速度和其质心的加速度。

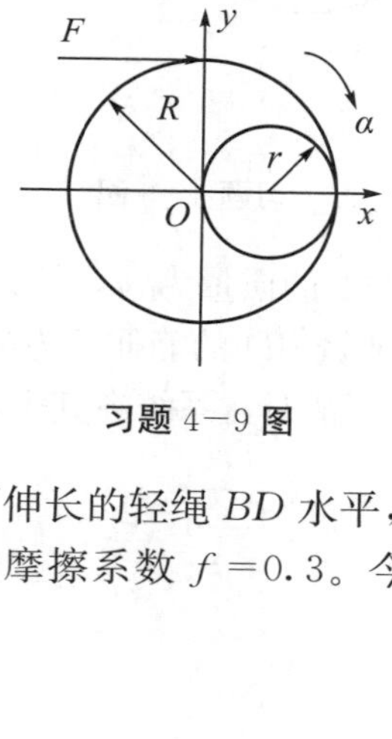

习题 4−9 图

4−10 在图示位置时，不可伸长的轻绳 BD 水平，均质细杆 AB 静止，其长度 $l=3\text{m}$，质量 $m=10\text{kg}$，杆与地面的摩擦系数 $f=0.3$。今在杆的 A 端作用一个水平拉力

$P=120\text{N}$，试求此时 BD 绳的张力。

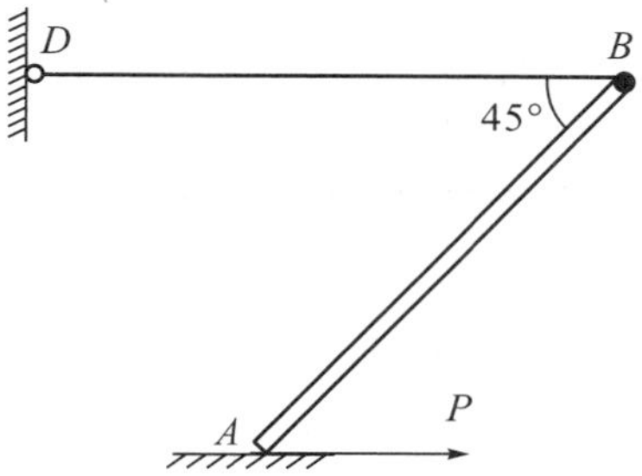

习题 4－10 图

4－11　如图所示，均质轮的半径为 R，质量为 m，在轮的中心有一半径为 r 的轴，轴上绕两条细绳，绳端各作用不变的水平力 F_1 和 F_2，其方向相反。如轮只滚不滑，轮对其中心 O 的转动惯量为 J，忽略轴的质量，求轮中心 O 的加速度。

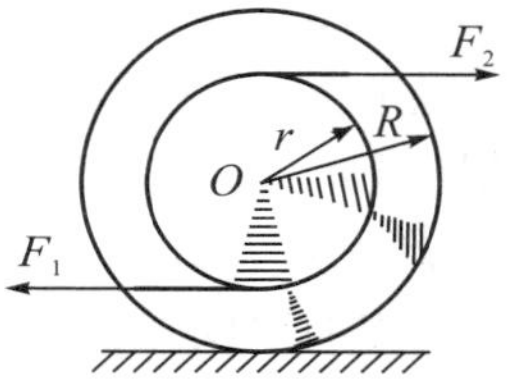

习题 4－11 图

4－12　如图所示，均质圆柱体的质量为 m，半径为 r，放置于倾角为 60°的斜面上，有细绳缠绕在圆柱体上，其一端固定于 A 点，此绳和点 A 相连部分与斜面平行。如圆柱体与斜面间的摩擦系数为 $f=1/3$，求圆柱体质心的加速度。

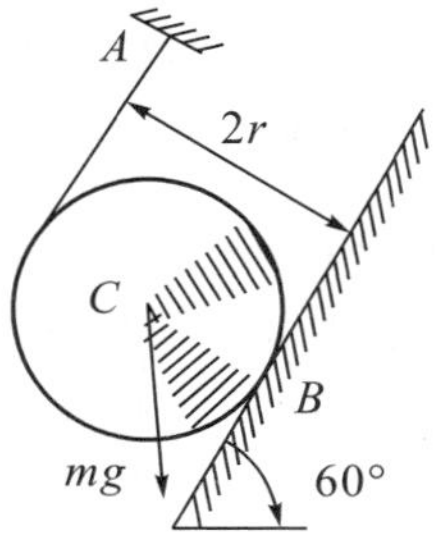

习题 4－12 图

4－13　质量为 m、半径为 r、质心在 C 点的均质圆盘可绕安装在 O 点的铅垂轴转动，偏心距为 e，在图示力偶 M 的作用下，该圆盘绕铅垂轴在水平面内转动。忽略摩擦，试求从静止开始至圆盘作用在轴上的法向和切向分力变成相等时所需要的时间 t。

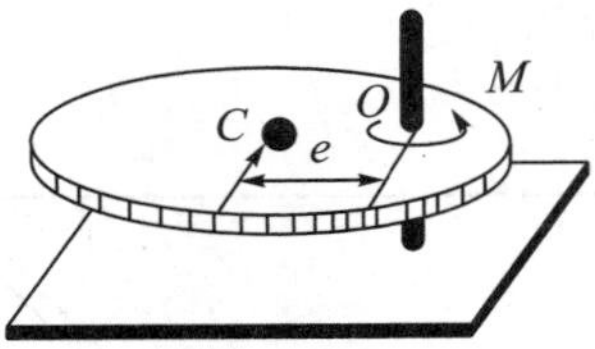

习题 4－13 图

4－14 板重 P_1，受水平力 F 的作用，沿水平面运动，板与平面间的动摩擦系数为 f_k；在板上放一重 P_2的实心圆柱，如图所示，此圆柱相对板只滚不滑，求板的加速度。

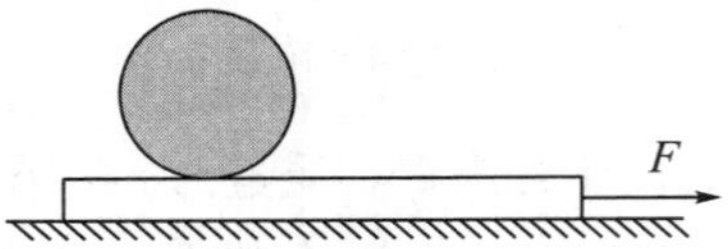

习题 4－14 图

4－15 图示齿轮 A 和鼓轮是一整体，放在齿条 B 上，齿条则放在光滑水平地面上。鼓轮上绕有不可伸长的软绳，绳的另一端水平地系在 D 点。已知齿轮、鼓轮的半径分别为 $R=1.0\text{m}$，$r=0.6\text{m}$，总质量 $m_A=200\text{kg}$，对质心 C 的回转半径 $\rho=0.8\text{m}$，齿条质量 $m_B=100\text{kg}$。初始系统处于静止，若在齿条上作用一个水平力 $F=1500\text{N}$，试求：(1) 绳子的拉力；(2) 鼓轮轮心的加速度及在开始 5 秒内转过的角度。

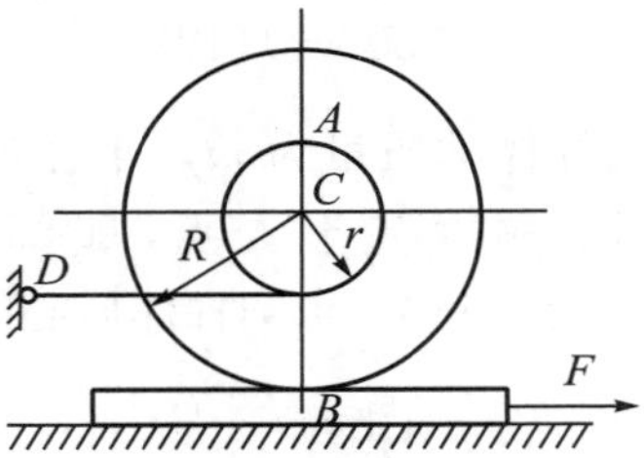

习题 4－15 图

4－16 如图所示，为求半径 $R=500\text{mm}$ 的飞轮 A 对于通过其质心轴的转动惯量，在飞轮上绕以细绳，绳的末端系质量为 $m_1=8\text{kg}$ 的重锤，重锤自高度 $h=2\text{m}$ 处落下，测得落下时间 $t_1=16\text{s}$。为消去轴承摩擦的影响，再用质量为 $m_2=4\text{kg}$ 的重锤做第二次试验。此重锤自同一高度处落下的时间为 $t_2=25\text{s}$。假定摩擦力矩是一常数，且与重锤的质量无关，求飞轮的转动惯量。

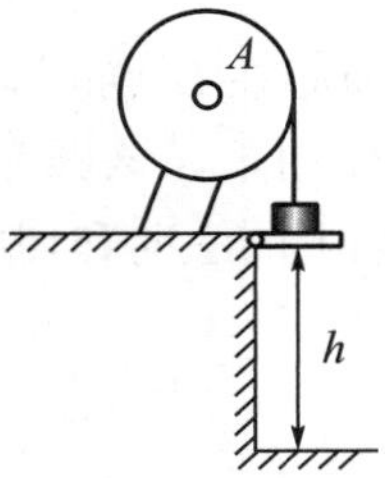

习题 4－16 图

4－17　图示直角曲尺 ADB 可绕其铅垂边 AD 旋转，在水平边上有一质量为 m 的物体 E。物体 E 到 D 点的距离 $ED=x$ 可调，开始时 $x=a$，系统以角速度 ω_0 绕 AD 轴转动。设曲尺对 AD 轴的转动惯量为 J，求曲尺转动的角速度 ω 与距离 x 之间的关系。

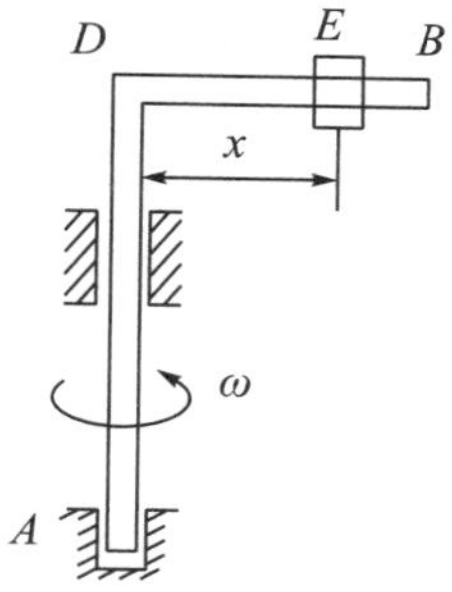

习题 4－17 图

4－18　均质杆 AB 长 l，A 端铰接，D 点用铅直绳 DE 将杆保持在水平静止状态，如图所示。欲使绳 DE 剪断后，铰链 A 的反力保持不变，悬挂点 D 至 A 端的距离 d 应为多大？

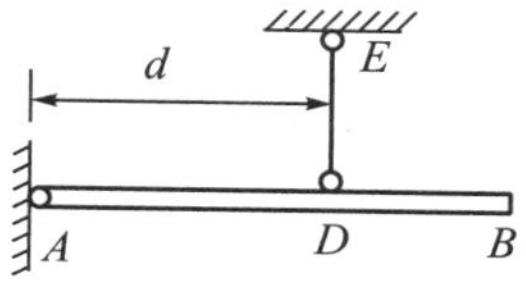

习题 4－18 图

4－19　如图所示，圆锥体可绕其中心铅直轴 z 自由转动，对 z 轴的转动惯量为 J。初始时刻它处于静止状态，有一质量为 m 的小球自圆锥顶 A 无初速地沿此圆锥表面的光滑螺旋槽滑下。滑至锥底 B 点时，小球沿水平切线方向脱离锥体。忽略摩擦力，问小球刚脱离圆锥体时，它的速度 v 和圆锥体的角速度 ω 等于多少？

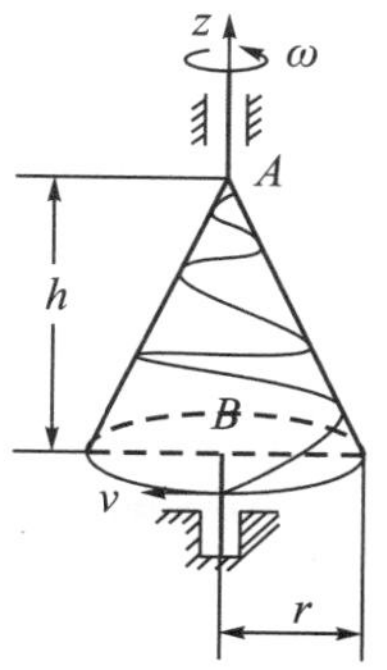

习题 4－19 图

4－20　如图所示，质量均为 2.5kg 的滑块 S_1、S_2 以 1.5m/s 的速度沿 AB 杆滑动，AB 杆则绕 CD 轴自由转动，如果只考虑二滑块的质量，不计摩擦，当物块距 CD 为 1.5m 时，AB 杆的角速度为 10rad/s，求 AB 杆的角加速度。

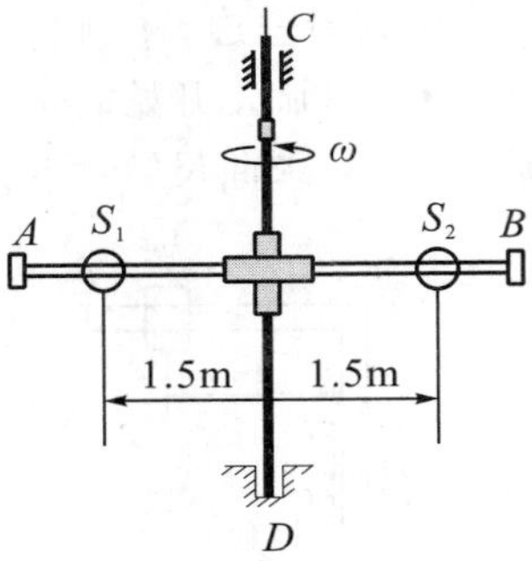

习题 4－20 图

4－21 如图所示，圆环以角速度 ω 绕铅直轴 AC 自由转动，圆环的半径为 R，对转轴的转动惯量为 J。在圆环中的 A 点放一质量为 m 的小球。设由于微小的干扰，小球离开 A 点，忽略一切摩擦。求：小球到达 B 点和 C 点时，圆环的角速度和小球的速度大小。

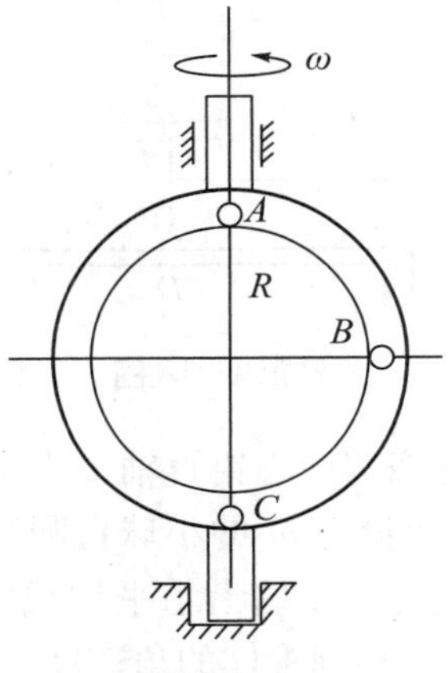

习题 4－21 图

4－22 如图所示，曲柄 OA 以角速度 $\omega_0=4.5\text{rad/s}$ 沿顺时针方向在铅直面内匀速转动。已知 AB 杆的质量为 10kg，轮 B 的质量可忽略不计。当 OA 处于水平位置时，求细直杆 AB 的 B 端所受的反力。

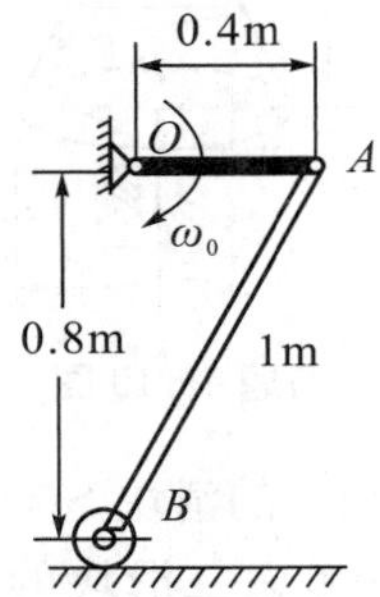

习题 4－22 图

4－23　均质直杆 AB 长为 $2l$，质量为 m，A 端被约束在光滑水平滑道内。开始时，直杆位于图示的虚线位置 A_0B_0；由静止释放后，该杆受重力作用而运动。求 A 端所受的约束反力。

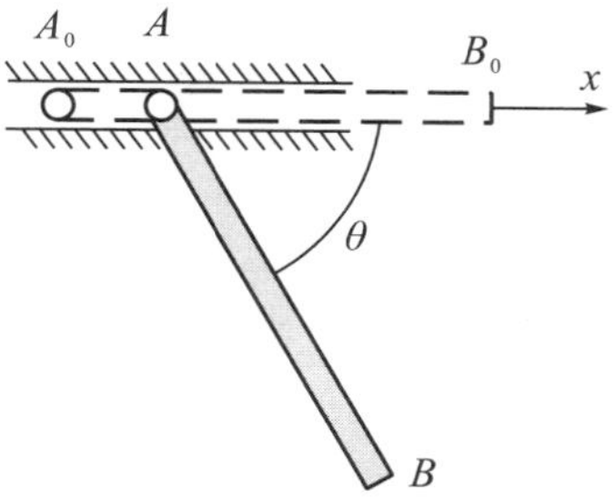

习题 4－23 图

4－24　图示机构中，均质圆盘 A 和鼓轮 B 的质量分别为 m_1 和 m_2，半径均为 R，斜面的倾角为 θ。圆盘沿斜面做纯滚动，不计滚动摩阻，并略去软绳的质量。若在鼓轮上作用矩为 M 的不变力偶，求：(1) 鼓轮的角加速度；(2) 轴承 O 的水平方向约束反力。

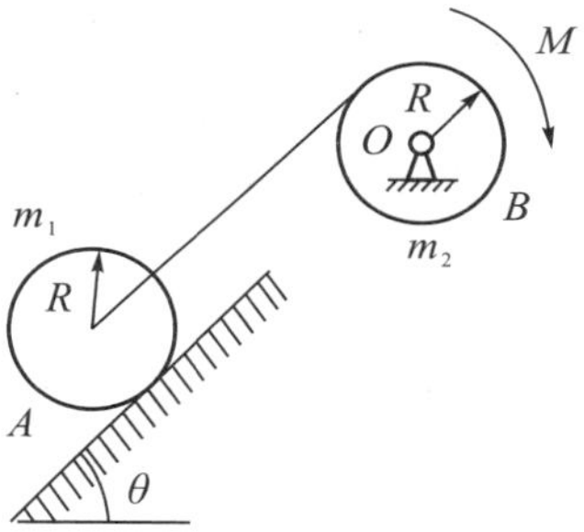

习题 4－24 图

4－25　边长 $l=0.25\text{m}$，质量 $m=2.0\text{kg}$ 的正方形均质物块，借助于 O 点上的小滚轴可在光滑水平面上自由运动，滚轴的大小及摩擦均可忽略。如果该物块在图示的铅直位置静止释放，试计算该物块的 A 点即将触及水平面时，物块的角速度、角加速度及滚轴 O 的反力。

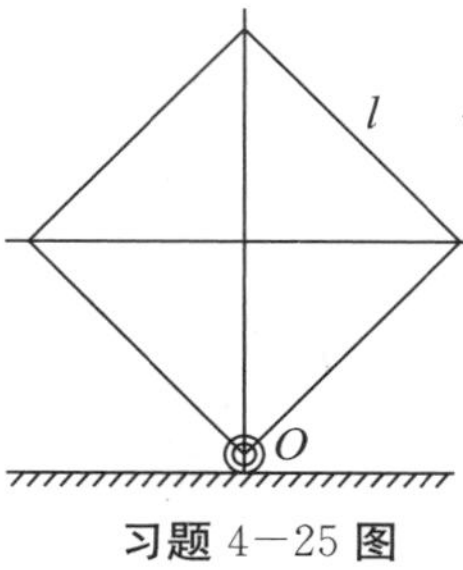

习题 4－25 图

4－26　将长为 l 的均质细杆的一段平放在水平桌面上，使其质心 C 与桌缘的距离为 a，如图所示。若当杆与水平面夹角超过 θ_0 时，即开始相对桌缘滑动，试求摩擦系数 f。

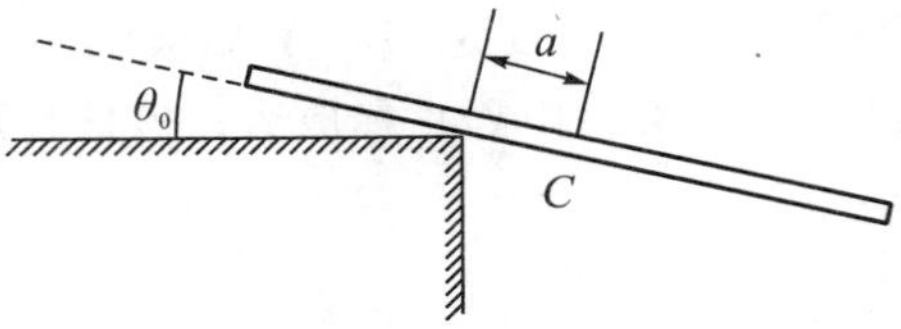

习题 4－26 图

4－27 在图示机构中，轮Ⅰ的质量为 m_1，半径为 r，轮Ⅱ的质量为 m_2，半径为 R，两轮均被视为均质圆盘。在轮Ⅰ上作用矩为 M（常数）的力偶，无重绳与斜面平行，系统由静止开始运动，轮Ⅱ做纯滚动。求轮Ⅰ的角加速度 α_1 和绳的张力 F_T。

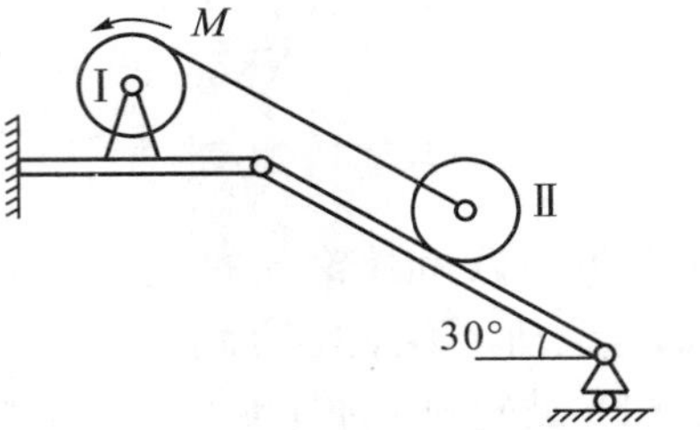

习题 4－27 图

4－28 均质圆柱体 A 的质量为 m，在外圆上绕以细绳，绳的一端 B 固定不动，如图所示。当 BC 铅垂时圆柱下降，其初速为零。求当圆柱体的质心 A 下降了高度 h 时，质心 A 的速度和绳子的张力。

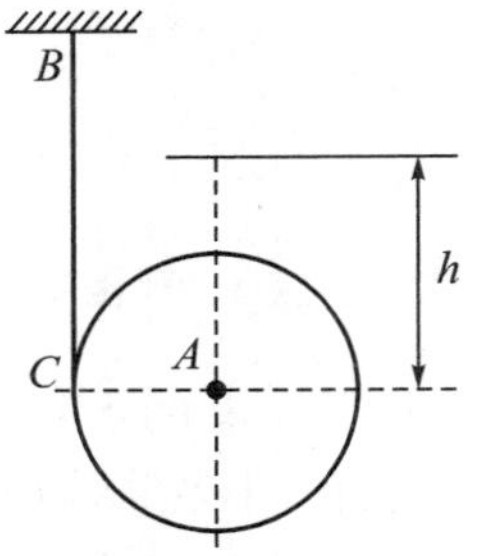

习题 4－28 图

4－29 均质杆 OA 重为 P，对固定轴 O 的转动惯量为 J，弹簧的刚度系数为 k，当杆处于铅垂位置时弹簧无形变，求 OA 杆在铅垂位置附近做微幅振动的运动微分方程。

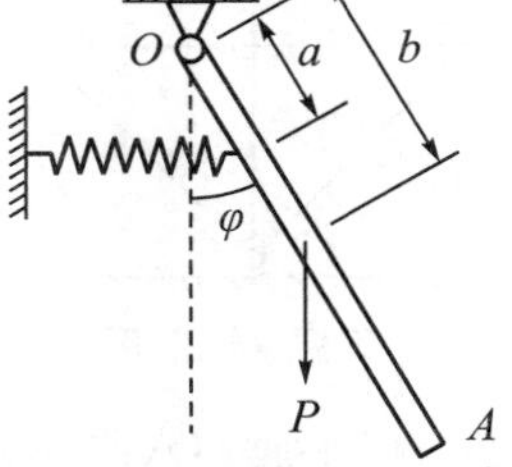

习题 4－29 图

4−30　均质细杆 AB 长为 l，质量为 m，起初紧靠在铅垂墙壁上，由于微小干扰，杆绕 B 点倾倒，如图所示。不计摩擦，求：

（1）B 端未脱离墙时 AB 杆的角速度、角加速度及 B 处的反力；

（2）B 端脱离墙壁时的 θ_1 角；

（3）杆着地前瞬时质心的速度及杆的角速度。

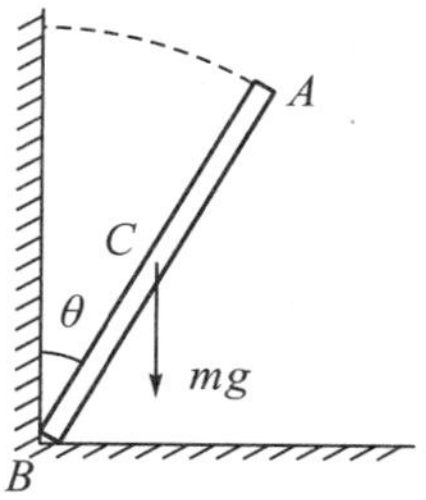

习题 4−30 图

4−31　如图所示，质量为 m，半径为 r 的均质圆柱，开始时其质心位于与 OB 同一高度的点 C。设圆柱由静止开始沿斜面滚动而不滑动，当它滚到半径为 R 的圆弧 AB 上时，求在任意位置上对圆弧的正压力和摩擦力。

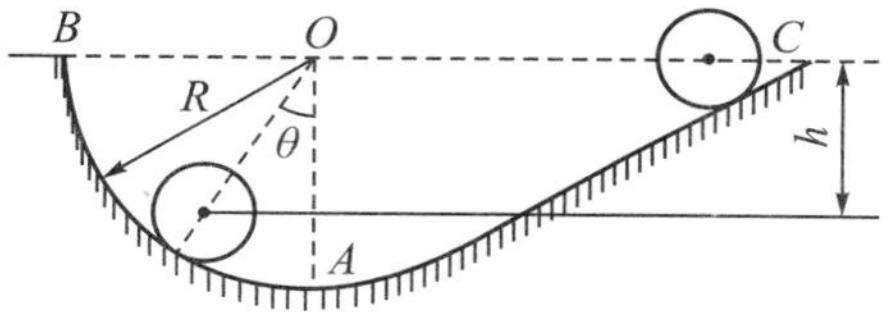

习题 4−31 图

4−32　如图所示，均质杆长为 $2l$，质量为 m，初始时位于水平位置。若 A 端脱落，杆可绕通过 B 端的轴转动，当杆转到铅垂位置时，B 端也脱落了。不计各种阻力，求该杆在 B 端脱落后的角速度及其质心的轨迹。

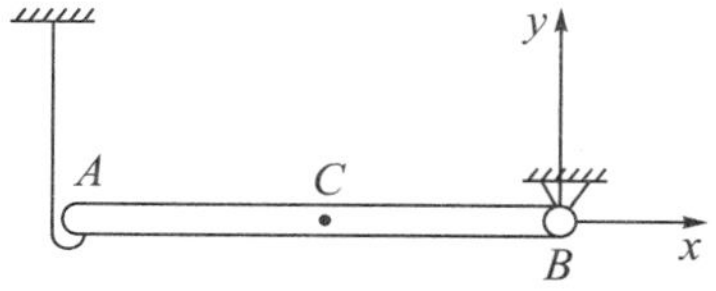

习题 4−32 图

4−33　图示为曲柄滑槽机构，均质曲柄 OA 绕水平轴 O 作匀角速度转动，A 点初始位置在 OD 水平线上。已知曲柄 OA 的质量为 m_1，$OA=r$，滑槽 BC 的质量为 m_2（重心在点 D）。滑块 A 的重量和各处摩擦均忽略不计。求当曲柄转至图示位置时，滑槽 BC 的加速度、轴承 O 的约束反力以及作用在曲柄上的力偶矩 M。

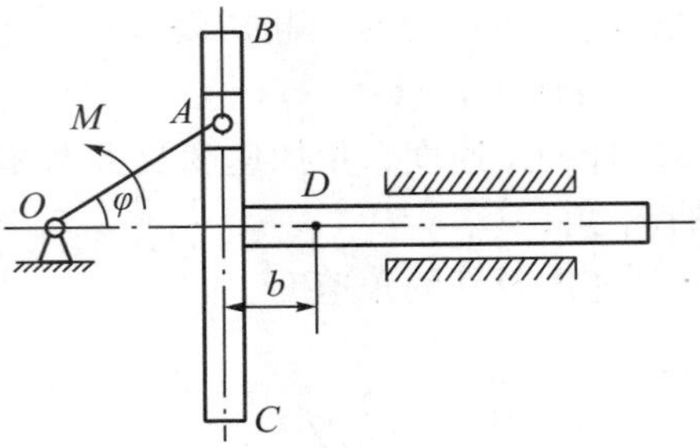

习题 4－33 图

4－34 图示 A 和 B 为两个三棱柱物块，A 和 B 的质量分别为 m_1 和 m_2，三棱柱 B 的斜面与水平面成 θ 角。若开始时物系静止，忽略摩擦，求运动时物块 B 的加速度。

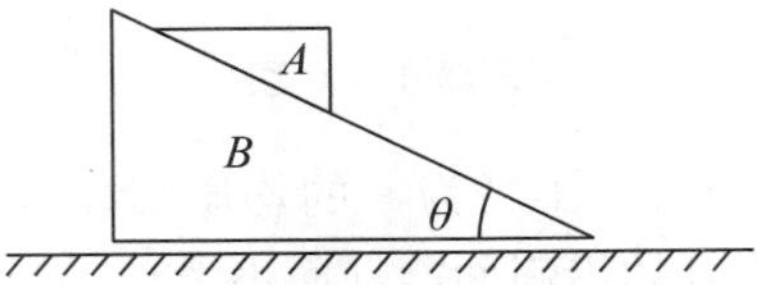

习题 4－34 图

4－35 如图所示，均质圆轮 A，C 的重量均为 P，半径均为 R。轮 A 在矩为 $M=PR$ 的常力偶的作用下逆时针旋转，使系统由静止开始运动。设绳子不可伸长，绳子与轮之间无相对滑动，且不计质量及轴承摩擦。试求：

（1）轮心 C 位移为 s 时的速度和加速度；

（2）两轮间绳子的张力。

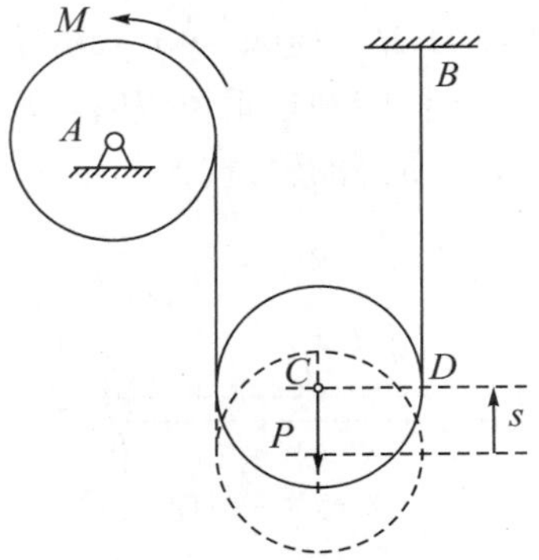

习题 4－35 图

4－36 质量为 m，半径为 r 的均质圆轮 A 安装在支架 DEA 的 A 处，可绕 A 自由转动，通过不可伸长的绳子带动轮 B 沿固定的水平轨道纯滚动，如图所示。轮 B 半径为 $R=2r$，质量为 $2m$。杆 AD，AE 的质量不计。设轮 A 上作用矩为 M 的不变力偶使系统由静止开始运动。试求：

（1）轮心 B 的加速度；

（2）两轮间水平段绳子的张力。

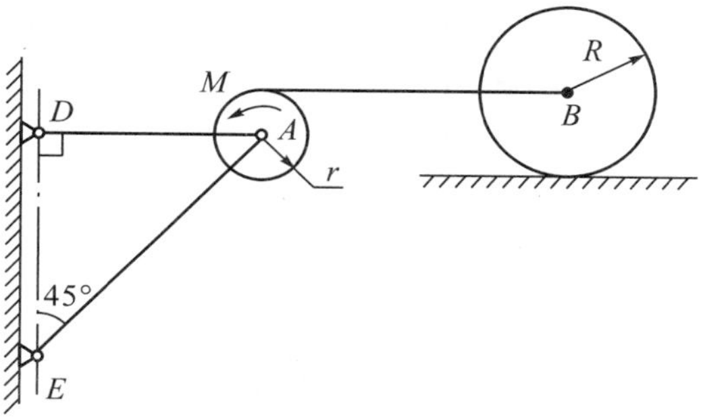

习题 4－36 图

4－37　在图示起重设备中，已知物块 A 重为 P，滑轮 O 半径为 R，绞车 B 的半径为 r，绳索与水平线的夹角为 β。若不计轴承处的摩擦及滑轮、绞车、绳索的质量，试求：

（1）重物 A 匀速上升时，绳索拉力及力偶矩 M；

（2）重物 A 以匀加速度 a 上升时，绳索拉力及力偶矩 M。

（3）若考虑绞车 B 重为 P，可视为均质圆盘，力偶矩 $M=$常数，初始时重物静止，当重物上升距离为 h 时的速度和加速度，以及支座 O 处的约束力。

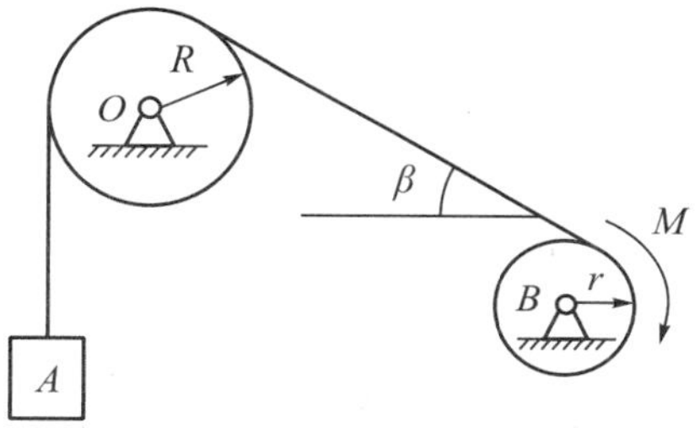

习题 4－37 图

4－38　图示系统中，均质轮 C 质量为 m_1，半径为 R_1，沿水平面做纯滚动，均质轮 O 的质量为 m_2，半径为 R_2，绕轴 O 做定轴转动。物块 B 的质量为 m_3，绳 AE 段水平。系统初始静止，求：

（1）轮心 C 的加速度 a_C，物块 B 的加速度 a_B；

（2）两段绳中的拉力。

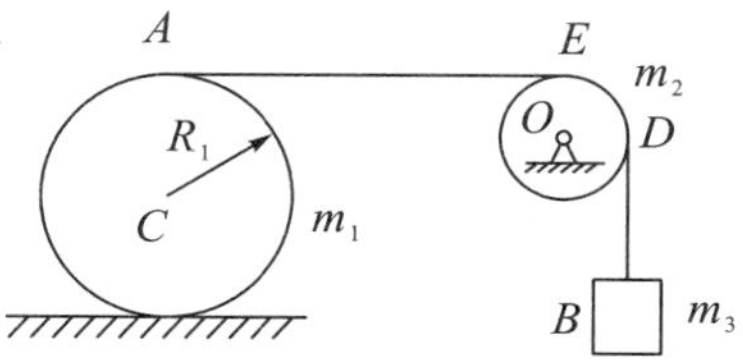

习题 4－38 图

4－39　滑块 M 的质量为 m，在半径为 R 的光滑圆环上无摩擦地滑动。此圆环固定在铅直面内，如图所示。滑块 M 上系有刚度系数为 k 的弹性绳 MOA，此绳穿过光滑的

固定圆孔 O，并固结在点 A。已知当滑块在点 O 时绳的张力为零，开始时滑块在点 B 处于不稳定的平衡状态；当它受到微小扰动时，开始沿圆环滑动。试求下滑速度 v 与 φ 角的关系和圆环作用在滑块上的法向压力 F_N。

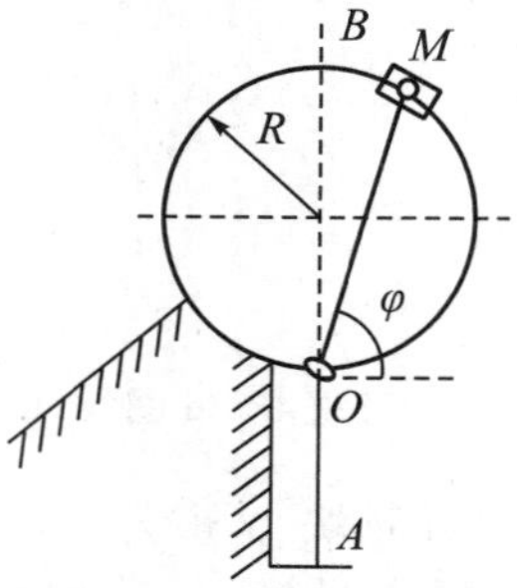

习题 4－39 图

第 5 章　动静法

【本章内容提要】前面第 4 章动力学综合涉及动力学的三个定理：动量定理（质心运动定理）、动量矩定理和动能定理（机械能守恒定理）。应用这些定理可以写出动力学方程，求解动力学问题。本章介绍另外一种求解动力学问题的方法，该方法建立在惯性力概念的基础上，通过在系统中加入惯性力，将动力学方程转换为包含惯性力的平衡方程，用求解静力学问题的方法求解动力学问题，因此，这种方法称为动静法。

5.1　达朗贝尔原理——包含惯性力的平衡方程

达朗贝尔原理的核心概念是惯性力，下面首先引入惯性力的概念。设质量为 m 的质点 A 受主动力 $\boldsymbol{F}$、约束力 $\boldsymbol{F}_N$作用，质点 A 的加速度记为$\boldsymbol{a}$，根据牛顿第二定律，有

$$\boldsymbol{F} + \boldsymbol{F}_N = m\boldsymbol{a} \tag{5-1-1a}$$

如果质点 A 的加速度$\boldsymbol{a}=0$，上式成为 $\boldsymbol{F}+\boldsymbol{F}_N=0$，这就是我们熟悉的静力学平衡方程，它表示当作用在质点上的主动力 $\boldsymbol{F}$ 与约束力 $\boldsymbol{F}_N$的合力为零时，质点将处于静止（速度为零）或匀速直线运动状态（速度矢量保持不变）。如果质点 A 的加速度 $\boldsymbol{a}\neq 0$，可以将方程（5－1－1a）改写为

$$\left.\begin{aligned} \boldsymbol{F}_I + \boldsymbol{F} + \boldsymbol{F}_N &= 0 \\ \boldsymbol{F}_I &= -m\boldsymbol{a} \end{aligned}\right. \tag{5-1-1b}$$

式中引入的矢量 $\boldsymbol{F}_I$ 具有与力相同的物理单位，它与质点受到的主动力 $\boldsymbol{F}$、约束力 $\boldsymbol{F}_N$相加等于零，可以看成一种特殊的力。由于力 $\boldsymbol{F}_I$ 与反映质点惯性的质量 m 有关，所以，将这样引入的矢量 $\boldsymbol{F}_I=-m\boldsymbol{a}$ 称为质点运动的惯性力。因此，当运动质点 A 的加速度 $\boldsymbol{a}\neq 0$ 时，只要在质点 A 上加上与其加速度方向相反、大小等于其质量乘以加速度的惯性力，就可以写出包括惯性力的质点运动的平衡方程（5－1－1b）。该方程表明，惯性力 $\boldsymbol{F}_I$ 与质点所受的主动力 $\boldsymbol{F}$、约束力 $\boldsymbol{F}_N$ 三者的矢量和等于零，这个结论称为质

点的达朗贝尔原理。动静法建立在达朗贝尔原理的基础上，用动静法求解质点动力学问题，其关键就是写出包含惯性力的方程（5－1－1b），这个方程可称为动静法平衡方程。

我们知道，牛顿第一定律（惯性定律）给出了惯性参考系的定义，牛顿第二定律只能适用于惯性参考系，牛顿第三定律（作用力与反作用力定律）给出了判别真实力的准则。上面通过改写牛顿方程（5－1－1a）引进了惯性力概念，惯性力 $\boldsymbol{F}_I=-m\boldsymbol{a}$ 与真实的主动力 $\boldsymbol{F}$、约束力 $\boldsymbol{F}_N$ 在本质上是不同的。任何真实的作用力都有反作用力，当把惯性力加到质点上时，它没有反作用力，因为根本就没有施力者。惯性力的价值在于，利用它可以写出包括惯性力的平衡方程，使得可以像求解静力平衡问题那样求解动力学问题，这种求解动力学问题的方法就是动静法。由于牛顿第二定律只适用于惯性参考系，如果想要在非惯性参考系里继续采用牛顿第二定律研究动力学问题，那么，引入惯性力概念是必要的。

为了研究方便，建立固定参考系 $Oxyz$ 与运动参考系 $O'x'y'z'$（以下简称动系），这里，运动参考系 $O'x'y'z'$ 是非惯性系。我们在这两个参考系里，研究质量为 m 的质点 A 的运动。记 $\boldsymbol{a}$，$\boldsymbol{a}_r$，$\boldsymbol{a}_e$，$\boldsymbol{a}_C$ 分别为质点 A 的绝对加速度、相对加速度、牵连加速度和科氏加速度，质点 A 受真实的主动力 $\boldsymbol{F}$ 和约束力 $\boldsymbol{F}_N$ 作用。因为固定参考系 $Oxyz$ 是惯性系，根据牛顿第二定律和加速度合成定理，有

$$\boldsymbol{F}+\boldsymbol{F}_N=m(\boldsymbol{a}_r+\boldsymbol{a}_e+\boldsymbol{a}_C) \tag{5-1-2a}$$

根据上式，在非惯性参考系 $O'x'y'z'$ 中，质点 A 的相对运动的动力学方程为

$$\begin{aligned}&\boldsymbol{F}+\boldsymbol{F}_N+\boldsymbol{F}_I=m\,\boldsymbol{a}_r\\&\boldsymbol{F}_I=-m(\boldsymbol{a}_e+\boldsymbol{a}_C)\end{aligned} \tag{5-1-2b}$$

式中 $\boldsymbol{F}_I$ 称为非惯性系中质点运动的惯性力，它由两部分组成：通过牵连加速度定义的牵连惯性力和通过科氏加速度定义的科氏惯性力。由此可知，在非惯性参考系里研究质点的运动必须加上惯性力。质点 A 的相对加速度 $\boldsymbol{a}_r$ 不仅与该质点受到的主动力 $\boldsymbol{F}$、约束力 $\boldsymbol{F}_N$ 有关，还与惯性力有关；如果在非惯性参考系 $O'x'y'z'$ 中，质点 A 处于相对静止或相对匀速直线运动状态，那么 $\boldsymbol{a}_r=0$，此时质点运动的绝对加速度 $\boldsymbol{a}=\boldsymbol{a}_e+\boldsymbol{a}_C$，则式（5－1－2b）成为

$$\begin{aligned}&\boldsymbol{F}_I+\boldsymbol{F}+\boldsymbol{F}_N=0\\&\boldsymbol{F}_I=-m\boldsymbol{a}\end{aligned} \tag{5-1-2c}$$

注意到上式与式（5－1－1b）完全相同，于是得到惯性力的另一种含义：在非惯性参考系里，质点 A 处于相对静止或相对匀速直线运动状态的条件是质点 A 受到的主动力 $\boldsymbol{F}$、约束力 $\boldsymbol{F}_N$ 与质点运动的惯性力 $\boldsymbol{F}_I$ 的矢量和等于零。因此，如果在非惯性参考系里研究质点的运动，只要加上惯性力 $\boldsymbol{F}_I$，牛顿第二定律和平衡原理就可以继续发挥作用，这正是惯性力概念的价值所在。

如果动系 $O'x'y'z'$ 是惯性系，那么，式（5－1－2b）和（5－1－2c）中的惯性力 $\boldsymbol{F}_I=0$，式（5－1－2b）成为牛顿方程，式（5－1－2c）成为通常意义的平衡方程。因此，惯性力会出现在以下两种情况：①在惯性系里引入惯性力，可以将质点动力学问题转变为含有惯性力的静力学问题；②在非惯性系里引入惯性力，可以像在惯性系里那样写出经过改写的牛顿方程或平衡方程，即写出含有惯性力的动力学方程（5－1－2b）和平衡方程（5－1－2c）。

5.2　刚体动力学方程与惯性力系的简化

根据质点的达朗贝尔原理，可以得到质点系的动静法平衡方程。与静力学平衡方程相比，动静法平衡方程中包含惯性力系的主矢和惯性力的主矩。对于由任意多个质点组成的质点系的动力学问题，如果系统所受的外力系的主矢和对任意 O 点的主矩分别记为 $\boldsymbol{F}_R^e=\sum\boldsymbol{F}_i$ 和 $\boldsymbol{M}_O=\sum\boldsymbol{M}_O(\boldsymbol{F}_i)$，惯性力系的主矢和主矩分别记为 $\boldsymbol{F}_{IR}$ 和 $\boldsymbol{M}_{IO}$，则动静法平衡方程包括下面两个矢量方程：

$$\boldsymbol{F}_{IR}+\sum\boldsymbol{F}_i=0 \tag{5-2-1a}$$

$$\boldsymbol{M}_{IO}+\sum\boldsymbol{M}_O(\boldsymbol{F}_i)=0 \tag{5-2-1b}$$

这表明：对于任意质点系，系统所受的外力系的主矢与惯性力系的主矢的矢量和等于零，同时，外力系和惯性力系对任意 O 点的主矩的矢量和等于零，这个结论称为质点系的达朗贝尔原理。显然，只要正确地写出了惯性力系的主矢 $\boldsymbol{F}_{IR}$ 和主矩 $\boldsymbol{M}_{IO}$，并分别代入上述两个矢量方程，就可以求解质点系的动力学问题。为此，方程（5－2－1a）和（5－2－1b）称为质点系的动静法平衡方程。

要得到惯性力系的主矢 $\boldsymbol{F}_{IR}$ 和主矩 $\boldsymbol{M}_{IO}$，需要对惯性力系进行简化。

在三种情况下，对刚体惯性力系进行简化。

（1）平动：将惯性力系简化为一个通过质心的合力 $\boldsymbol{F}_{IR}=-m\boldsymbol{a}_C$。

（2）定轴转动：如果刚体有对称平面，该平面与转轴 z 垂直，则惯性力系向对称平面与转轴 z 的交点 O 简化，得到在对称平面内的力和力偶矩：

$$\boldsymbol{F}_{IR}=-m\boldsymbol{a}_C,\quad M_{Iz}=-J_z\alpha$$

（3）平面运动：惯性力系向质心 C 简化，主矢和主矩分别为

$$\boldsymbol{F}_{IR}=-m\boldsymbol{a}_C,\quad M_{IC}=-J_C\alpha$$

其实，对于由任意多个质点组成的质点系的动力学问题，可以像改写单个质点的牛顿方程那样改写质点系的动力学方程（根据动量定理和动量矩定理写出的方程），从而方便地得到惯性力系的主矢 F_{IR} 和主矩 M_{IO} 的表达式，由此也得到了包含惯性力主矢和主矩的动静法平衡方程。当然，动静法可以用来求解刚体动力学问题。刚体动力学方程与动静法平衡方程的对比见表 5－2－1。

表 5－2－1　刚体动力学方程与动静法平衡方程的对比

动力学问题	动力学方程	动静法平衡方程
刚体平行移动	$m\boldsymbol{a}_C=\sum\boldsymbol{F}_i$	$\boldsymbol{F}_{IR}+\sum\boldsymbol{F}_i=0$, $\boldsymbol{F}_{IR}=-m\boldsymbol{a}_C$
刚体定轴转动	$J_z\alpha=\sum M_z(\boldsymbol{F}_i)$	$M_{Iz}+\sum M_z(\boldsymbol{F}_i)=0$, $M_{Iz}=-J_z\alpha$
刚体平面运动	$m\boldsymbol{a}_C=\sum\boldsymbol{F}_i$ $J_C\alpha=\sum M_C(\boldsymbol{F}_i)$	$\boldsymbol{F}_{IR}+\sum\boldsymbol{F}_i=0$, $\boldsymbol{F}_{IR}=-m\boldsymbol{a}_C$ $M_{IC}+\sum M_C(F_i)=0$, $M_{IC}=-J_C\alpha$

注意：表中第三列给出的动静法平衡方程，其实可以通过将第二列给出的动力学方程简单移项得到。惯性力系的主矢 $\boldsymbol{F}_{IR}=-m\boldsymbol{a}_C$，表明它的数值等于刚体的质量 m 乘以刚体质心的加速度 $\boldsymbol{a}_C$ 的大小，主矢 $\boldsymbol{F}_{IR}$ 的方向与加速度 $\boldsymbol{a}_C$ 方向相反。对于转动刚体或做平面运动的刚体，$M_{Iz}=-J_z\alpha$ 或 $M_{IC}=-J_C\alpha$ 是惯性力系的主矩矢量在固定轴 z 或质心轴 C（与运动平面垂直并通过刚体质心 C 的轴）上的投影，其大小等于刚体转动惯量 J_z 或 J_C 与刚体角加速度 α 的乘积，式中负号表示惯性力系的主矩与角加速度的方向相反。

例 5−1 讨论图示三种情况下，均质轮的惯性力系的简化结果。

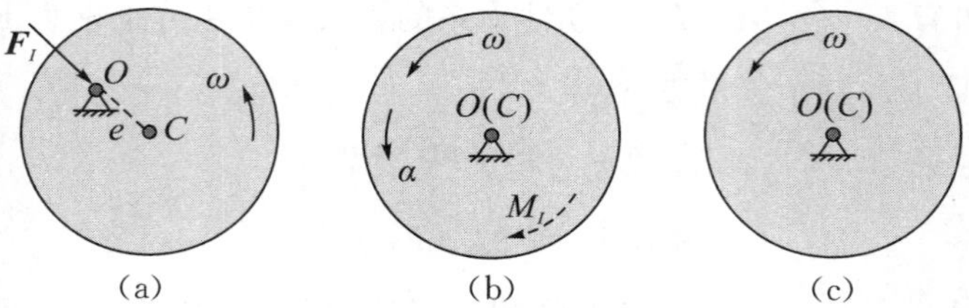

例 5−1 图

解 图（a）：均质轮绕轴 O 做匀速转动，偏心距为 e，质心 C 的加速度为法向加速度 $a_C=e\omega^2$，惯性力系向 O 点简化，主矩 $M_{IO}=0$，惯性力系简化为通过质心 C 的合力 $F_I=me\omega^2$，沿 OC 方向（与加速度 a_C 的方向相反）。

图（b）：均质轮绕轴 O 做加速转动，质心 C 与轴 O 重合，质心 C 的加速度 $a_C=0$，惯性力系向 O 点简化，主矢 $F_I=0$，惯性力系简化为合力偶 $M_I=-J_z\alpha$（与角加速度 α 方向相反）。

图（c）：均质轮绕轴 O 做匀速转动，质心 C 与轴 O 重合，质心 C 的加速度 $a_C=0$，角加速度 $\alpha=0$。在这种情况下，惯性力系为平衡力系，即主矢 $\boldsymbol{F}_I=0$，对任意点的主矩 $\boldsymbol{M}_I=0$。

例 5−2 如图（a）所示均质细杆弯成的带缺口圆环半径为 r，转轴 O 通过圆心垂直于环面，A 端自由，AD 段为微小缺口。设圆环以匀角速度 ω 绕轴 O 转动，环的质量密度为 ρ（kg/m），不计重力，求任意截面 B 处对 AB 段的约束反力。

解 AB 段的惯性力呈放射状，为交于 O 点的汇交力系，其简化结果为过 O 点的合力 $\boldsymbol{F}_I$，与 OA 的夹角 $\beta=\dfrac{1}{2}(\pi-\theta)$，方向如图所示。图（b）中已画出截面 B 的内力，惯性力系的合力大小可通过下面的积分计算：

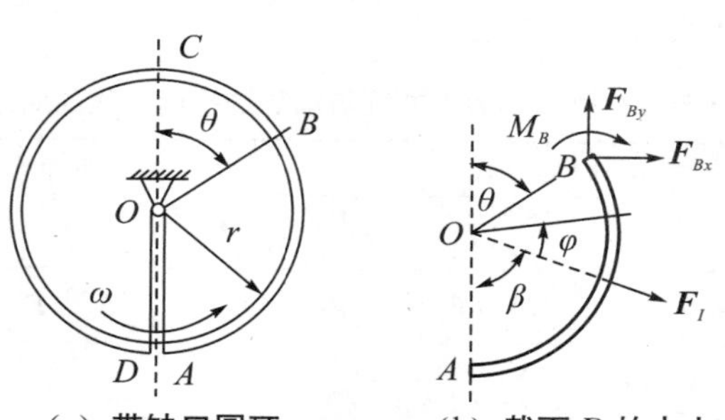

例 5−2 图

$$F_I = 2\int_0^{(\pi-\theta)/2} r\omega^2(\rho r d\varphi)\cos\varphi$$
$$= 2\rho r^2\omega^2\cos\frac{\theta}{2} \tag{a}$$

对于 AB 段，由式（5－2－1a），有

$$\sum F_x = 0: F_{Bx} = -F_I\cos\frac{\theta}{2} = -\rho r^2\omega^2(1+\cos\theta)(\leftarrow) \tag{b}$$

$$\sum F_y = 0: F_{By} = F_I\sin\frac{\theta}{2} = \rho r^2\omega^2\sin\theta \tag{c}$$

由式（5－2－1b），有

$$\sum M_O = 0: M_B = F_{By}r\cos\left(\frac{\pi}{2}-\theta\right) - F_{Bx}r\sin\left(\frac{\pi}{2}-\theta\right)$$

将式（b），（c）代入，得到

$$M_B = \rho r^3\omega^2(1+\cos\theta)$$

5.3　动静法求解刚体系统动力学问题

下面举例说明用动静法求解刚体动力学问题的分析步骤和技巧。

例 5－3　已知均质滚轮的质量为 m_1，半径为 R；均质杆的质量为 m_2，长度为 $l=2R$，圆盘做纯滚动。问：加在轮心的水平方向的主动力 F 多大时，能使杆的 B 端刚好离开地面？滚轮做纯滚动的条件是什么？

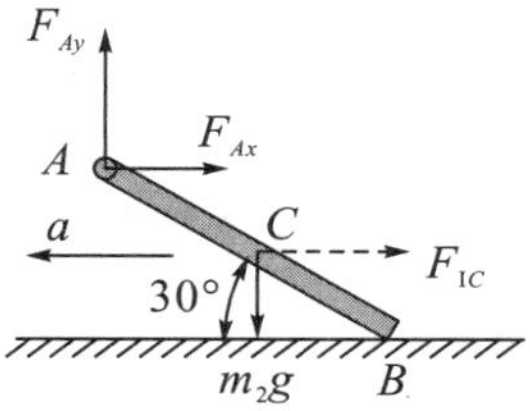

（a）杆 AB 受力

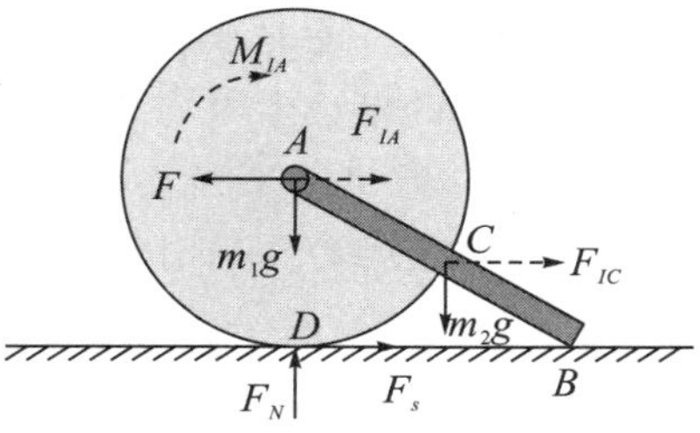

（b）系统受力

例 5－3 图

解　（1）研究 AB 杆并求其加速度 a，AB 杆离开地面时，因为没有接触，B 端的约束反力为零。在自身重力、惯性力和 A 端约束力的共同作用下，AB 杆做加速平行移动。根据方程（5－2－1b），对 A 点计算力矩，有

$$\sum M_A = 0: F_{IC}R\sin 30^\circ - m_2 gR\cos 30^\circ = 0$$

注意惯性力主矢的大小 $F_{IC}=m_2 a$，代入上式，得到 $a=\sqrt{3}g$。

（2）研究系统整体，求水平力 F。如图（b）所示，作系统的受力分析图，其中 $F_{IA}=m_1 a$，$M_{IA}=m_1 aR/2$，分别为滚轮的惯性力系的主矢和对轮心轴 A 的主矩的大小，对 D 点计算力矩，有

$$\sum M_D = 0: FR - F_{IA}R - M_{IA} - F_{IC}R\sin30° - m_2 gR\cos30° = 0$$

由此解得 $F=(1.5m_1+m_2)\sqrt{3}g$。

另外，对系统整体，有

$$\sum F_x = 0: F_S - F + F_{IA} + F_{IC} = 0$$

$$\sum F_y = 0: F_N - (m_1 + m_2)g = 0$$

解得

$$F_s = \frac{\sqrt{3}}{2}m_1 g, F_N = (m_1 + m_2)g$$

(3) 纯滚动条件。纯滚动就是无滑动，在纯滚动时上面求出的摩擦力 F_s 小于其最大值 $F_{max}=f_s F_N$，所以欲使滚轮做纯滚动，其与地面的摩擦系数必满足下面的条件：

$$f_s \geqslant \frac{F_s}{F_N} = \frac{\sqrt{3}m_1}{2(m_1+m_2)}$$

【解题技巧分析】本例题计算过程分三个步骤：①研究 AB 杆，求其加速度 a；②写出整体的动静法平衡方程，求解主动力 F，同时计算滚轮受到的法向压力和摩擦力；③根据无滑动时摩擦力不超过其最大值的数值关系，最后得到纯滚动时摩擦系数满足的条件。在作受力分析时，正确写出惯性力系的主矢和主矩是解题的关键，这里采用的技巧是，将滚轮和杆的惯性力系向各自的质心简化，在写力矩方程时，可以根据具体情况和方便选取不同点作为矩心。另外要注意的是，本题中 AB 杆做加速平行移动，所以 AB 杆的惯性力系简化为通过其质心的合力$F_{IC}=-m_2 a$（沿加速度的反方向），惯性力系对其质心 C 的主矩等于零。

用动静法解动力学题目，看起来好像用的是类似静力学的方法，即写出平衡方程，然后求解，但是由于问题的动力学本质并没有发生变化，所以运动分析仍然是必须的，它主要体现在惯性力系的简化结果（主矢和主矩）的正确表达上。除非刚体做定轴转动，否则通常的做法是将惯性力系向刚体的质心简化，这样在主矢和主矩的表达上比较方便和统一。

例 5−4　在图示机构中，沿斜面向上做纯滚动的 A 轮和鼓轮 O 均为均质物体，重分别为 P 和 Q，半径均为 R，绳子不可伸长，其质量不计，斜面倾角为 θ，若在鼓轮上作用常力偶矩 M，试求：

(1) A 轮轮心的加速度；

(2) 绳子的拉力；

(3) 轴承 O 处的支反力；

(4) A 轮与斜面间的摩擦力（不计滚动摩阻）。

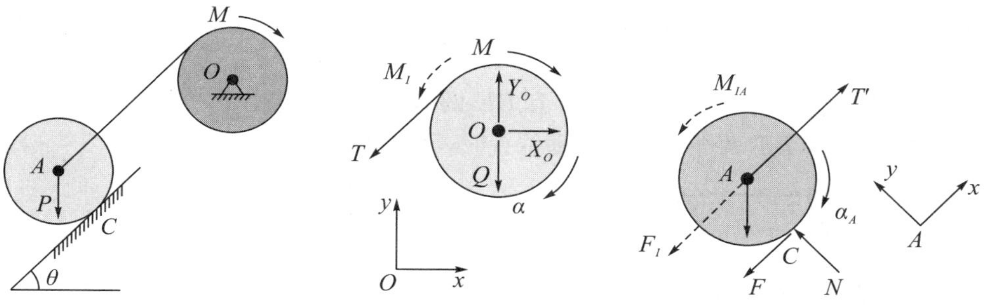

(a) 机构　　(b) 鼓轮 O 受力图　　(c) 滚轮 A 受力图

例 5—4 图

解　分别研究 O 轮、A 轮。

根据式（5—2—1a）、（5—2—1b），对 O 轮，有

$$\sum M_O = 0: TR + M_I - M = 0 \tag{a}$$

$$\sum F_x = 0: X_O - T\cos\theta = 0 \tag{b}$$

$$\sum F_y = 0: Y_O - Q - T\sin\theta = 0 \tag{c}$$

对 A 轮，有（注意，x 轴沿平行斜面方向）

$$\sum M_C = 0: PR\sin\theta + F_I R - T'R + M_{IA} = 0 \tag{d}$$

$$\sum F_x = 0: T' - F_I - F - P\sin\theta = 0 \tag{e}$$

注意到

$$M_I = J_O\alpha = \frac{1}{2}\frac{Q}{g}Ra_A$$

$$M_{IA} = J_A\alpha = \frac{1}{2}\frac{P}{g}Ra_A$$

$$F_I = \frac{P}{g}a_A, T' = T$$

代入式（a）～（e），解得

$$a_A = \frac{2(M - PR\sin\theta)}{(Q + 3P)R}g$$

$$T = \frac{P(3M + QR\sin\theta)}{(Q + 3P)R}$$

$$X_O = \frac{P(3M + QR\sin\theta)}{(Q + 3P)R}\cos\theta$$

$$Y_O = \frac{P(3M + QR\sin\theta)}{(Q + 3P)R}\sin\theta + Q$$

$$F = \frac{P(M - PR\sin\theta)}{(Q + 3P)R}$$

【解题技巧分析】本例题因为要求绳的张力，分别针对 O 轮、A 轮写出动静法平衡方程进行求解。运动分析比较简单：O 轮做定轴转动，A 轮做平面运动，根据纯滚动和几何条件可知 O 轮、A 轮的角加速度相同。

例 5－5　边长 $b=100\text{mm}$ 的正方形均质板重 400N，由三根轻绳拉住，$AD=BE$，如图（a）所示。试求：

（1）当 FG 绳被剪断的瞬间，AD 和 BE 两绳的张力；

（2）当 AD 和 BE 两绳运动到铅垂位置时，两绳的张力。

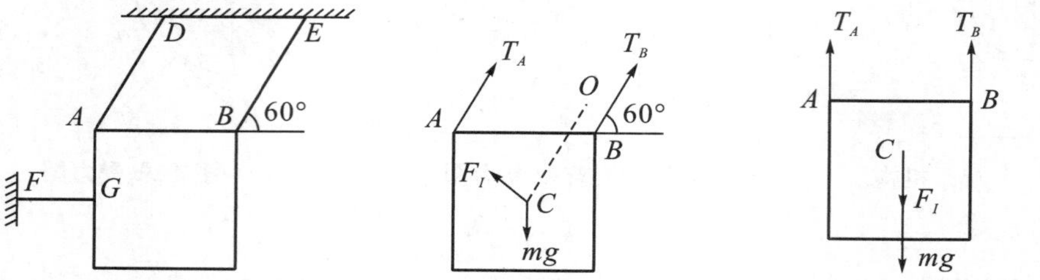

（a）受约束方板　　（b）方板初始受力　　（c）方板受竖直方向力

例 5－5 图

解　（1）FG 绳被剪断瞬间，方板的惯性力 F_I 与 OC 垂直，$OC \parallel AD$，方板做平动。

根据式（5－2－1b），对质心 C 取矩有

$$T_B(\cos30° - \sin30°)b/2 = T_A(\cos30° + \sin30°)b/2 \tag{a}$$

根据式（5－2－1a），将各力沿 OC 方向投影，得到

$$T_A + T_B - 400\cos30° = 0 \tag{b}$$

由上两式解得

$$T_A = 73.2\text{N},\ T_B = 273.2\text{N}$$

（2）FG 绳被剪断后，方板做平动。方板的质心 C 以 $l=OC=AD$ 为半径做圆周运动。当 AD 和 BE 两绳到达铅垂位置时，方板受力分析如图（c）所示，设此时方板质心的速度为 v_C，加速度为 $a_C=v_C^2/l$，由动能定理，有

$$\frac{1}{2}mv_C^2 = 400l(1-\cos30°) \tag{c}$$

式中 l 为 AD，BE 两绳的长度，m 为方板的质量。另外，由式（5－2－1a），将各力沿铅垂方向投影，得到（注意此时 $T_A=T_B$）

$$2T_A - F_I - 400 = 0, F_I = mv_C^2/l \tag{d}$$

由（c），（d）二式解得

$$T_A = T_B = 253.6\text{N}$$

【解题技巧分析】本题在解题时比较重要的一步是利用方板平行移动及其质心在半径 $l=OC=AD$ 的圆周上移动的特性。运动开始，方板质心只有切向加速度，质心到达最低位置时，由受力分析推知此时质心又只有法向加速度。为了计算方板质心的法向加速度，需利用动能定理求解方板质心的速度。

例 5－6　均质细杆 AB 的质量为 $m=45\text{kg}$，A 端放在光滑的水平面上，B 端用不计质量、不可伸长的软绳 DB 固定，如图（a）所示。杆长 $l=3.5\text{m}$，绳长 $h=1.2\text{m}$。图示瞬时，绳子铅直，杆与水平面的倾角 $\theta=30°$，点 A 以匀速度 $v_A=2\text{m/s}$ 向左运动。求在该瞬时：

（1）杆的角加速度 α；

（2）作用在 A 端的水平主动力 P 的大小；

（3）绳中的张力 T。

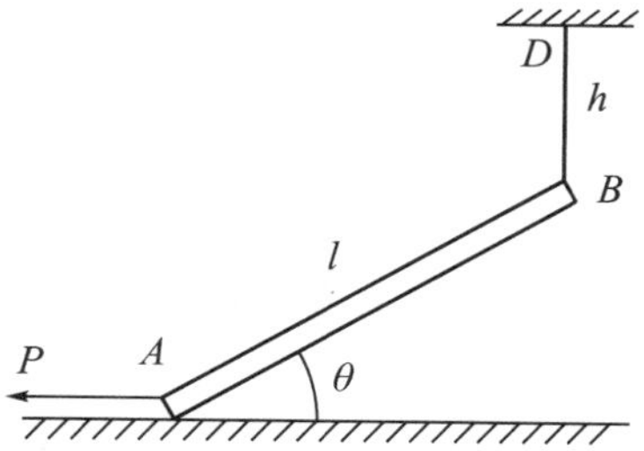

（a）杆 AB 受主动力 P

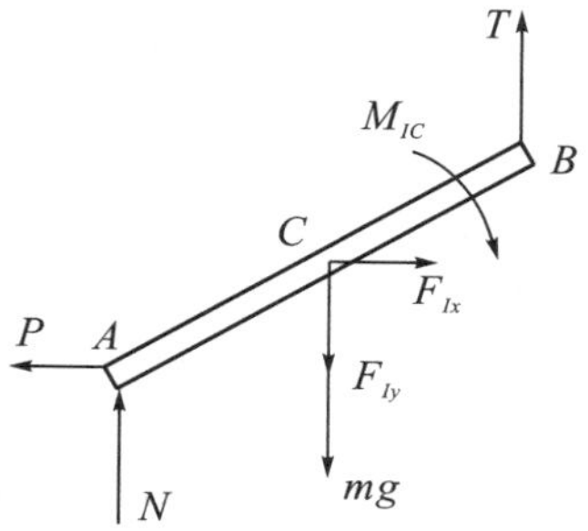

（b）杆 AB 受力图

例 5－6 图

解　（1）作受力分析，画受力图。

将 AB 杆的惯性力系向质心 C 简化，其中惯性力的主矢和对质心 C 的主矩的方向如图（b）所示，其大小分别为

$$F_{Ix}=ma_{Cx},F_{Ix}=ma_{Cy},M_{IC}=\frac{1}{12}ml^2\alpha \tag{a}$$

（2）运动分析。已知 A 点的速度 $v_A=2\text{m/s}$，加速度 $a_A=0$，求 AB 杆的角加速度 α，并计算惯性力的主矢和主矩。

在图示瞬时，AB 杆做瞬时平动，所以

$$v_B=v_A=2\text{m/s}$$

另外，因为软绳 DB 不可伸长，所以 B 点以 D 点为圆心、DB 为半径做圆周运动，图示瞬时，其法向加速度大小为

$$a_B^n=\frac{v_B^2}{h}=\frac{4}{1.2}=3.33\text{m/s}^2 \tag{b}$$

以点 A 为基点，注意到点 A 的加速度 $a_A=0$ 以及 AB 杆做瞬时平动，根据基点法，有

$$\boldsymbol{a}_B^n+\boldsymbol{a}_B^\tau=\boldsymbol{a}_A+\boldsymbol{a}_{BA}^\tau=\boldsymbol{a}_{BA}^\tau \tag{c}$$

$$\boldsymbol{a}_C=\boldsymbol{a}_A+\boldsymbol{a}_{CA}^\tau=\boldsymbol{a}_{CA}^\tau \tag{d}$$

将式（c）沿 BD 方向投影，得到

$$a_B^n=a_{BA}^\tau\cos30^\circ=\frac{\sqrt{3}}{2}l\alpha$$

将式（b）及 $l=3.5\text{m}$ 代入，解得

$$\alpha=1.1\text{rad/s}^2\text{（沿逆时针方向）} \tag{e}$$

根据式（d），有

$$a_{Cx}=-\frac{1}{2}l\alpha\sin30^\circ=-0.96\text{m/s}^2\text{（向左）} \tag{f}$$

$$a_{Cy} = \frac{1}{2}l\alpha\cos30° = 1.67\text{m/s}^2 \tag{g}$$

再将式（e）、（f）和（g）及 m=45kg 代入式（a），得到惯性力主矢和主矩的大小为

$$F_{Ix} = 43.2\text{N}, F_{Iy} = 75\text{N}, M_{IC} = 50.5\text{N. m} \tag{h}$$

（3）动静法求主动力 P 和张力 T

根据式（5−2−1a），有

$$\sum F_x = 0: F_{Ix} - P = 0 \tag{i}$$

根据式（5−2−1b），有

$$\sum M_A = 0: Tl\cos30° = M_{IC} + \frac{1}{2}F_{Ix}l\sin30° + \frac{1}{2}(F_{Iy} + mg)l\cos30° \tag{j}$$

将式（h）及 m=45kg 代入式（i），（j），最后得到

$$P = F_{Ix} = 43.2\text{N}, T = 287.2\text{N}$$

【解题技巧分析】本题因为要求解主动力 P 和张力 T，如果再考虑到 A 点受到的法向压力 N，共计 3 个未知力，而 AB 杆惯性力系的主矢和主矩又与杆的角加速度 α 有关，对于单个刚体 AB，由动静法只能写出 3 个平衡方程，因此，通过运动分析求出 α 成为解答本题的关键。具体分析时，要充分利用 AB 杆做瞬时平动、B 点做圆周运动以及 A 点加速度等于零的条件，运用基点法，写出 B 点的加速度式（c）和 AB 杆质心加速度的表达式（d）。另外，利用 $v_B = v_A$ 计算得到 B 点的法向加速度 a_B^n 也至关重要。

例 5−7　均质刚杆 AC 的长为 l，质量为 m，弹簧刚度系数为 k，自由端固定质量为 m 的物体。试建立系统的运动方程，并确定系统做自由振动时的固有频率。

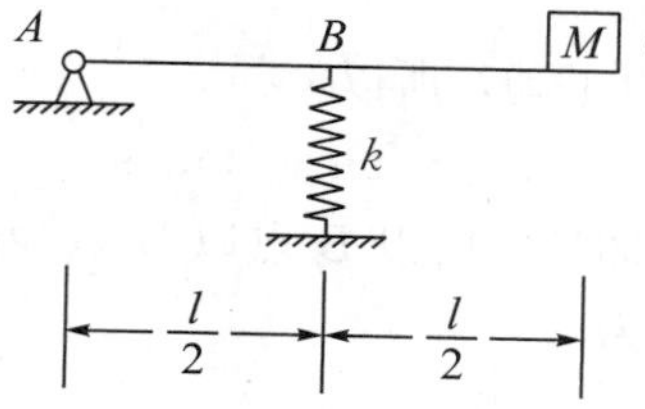

（a）**刚杆−弹簧系统**

例 5−7 **图**

解　以静平衡位置为参考位置，设刚杆 AC 的偏转角较小，记为 φ，刚杆 AC 转动的角加速度记为 $\ddot{\varphi}$。将刚杆 AC 的惯性力向 A 点简化，系统的惯性力（杆 AC 方向的惯性力未画出）和惯性力偶如图所示。

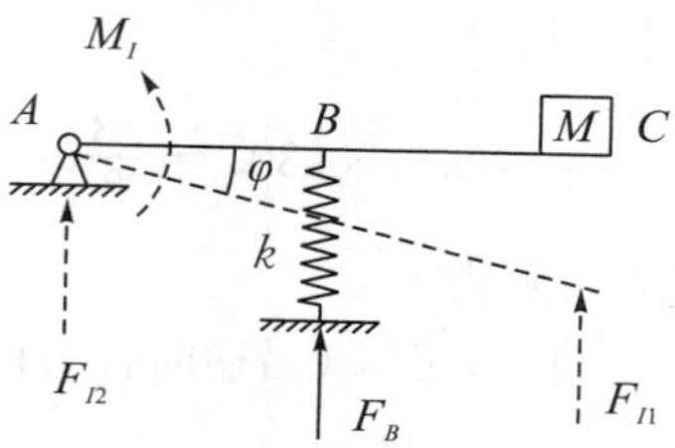

（b）**惯性力和惯性力偶**

例 5−7 **图**

$$F_{I1} = ml\ddot{\varphi}, F_B = \frac{1}{2}k\varphi \tag{a}$$

$$F_{I2} = \frac{1}{2}ml\ddot{\varphi}, M_I = \frac{1}{3}ml^2\ddot{\varphi} \tag{b}$$

列写动静法平衡方程如下：

$$\sum M_A = 0: F_{I1}l + M_I + \frac{1}{2}F_B l = 0 \tag{c}$$

将式（a），（b）代入式（c），得到系统的运动方程：

$$\frac{4}{3}ml^2\ddot{\varphi} + \frac{1}{4}kl^2\varphi = 0 \tag{d}$$

或化简为

$$\ddot{\varphi} + \omega_0^2\varphi = 0$$

式中 ω_0 即为系统做自由振动时的固有频率

$$\omega_0 = \frac{1}{4}\sqrt{\frac{3k}{m}}$$

例 5－8　滚轮 A、滑轮 B 和重物 C 的重量均为 P，滑轮半径为 r，滚轮半径 $R = 2r$，滚轮 A 与刚度系数为 k 的无重弹簧相连。挂重物的无重软绳不可伸长且与滑轮之间无相对滑动，地面足够粗糙保证滚轮做纯滚动。开始时系统静止，弹簧处于自然位置，求重物 C 下降一段距离 x 时：

（1）重物 C 的加速度 a；

（2）DE 段软绳的张力和支座 B 的约束反力。

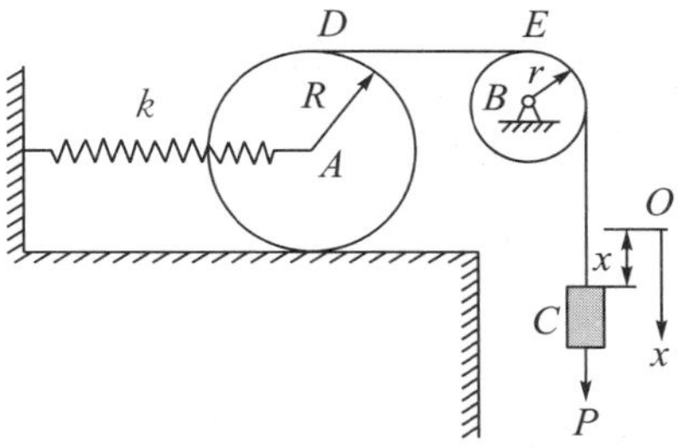

（a）**滚轮－弹簧系统**

例 5－8 图

解　（1）设重物 C 下降 x 时的速度为 v，加速度为 a，则系统的动能为

$$T = \frac{P}{2g}\left[v^2 + \frac{1}{2}r^2\left(\frac{v}{r}\right)^2 + \frac{3}{2}R^2\left(\frac{v}{2R}\right)^2\right] = \frac{15P}{16g}v^2$$

初始时刻系统的动能等于零，弹簧的最终形变量为 $x/2$。在运动过程中，重力做正功，弹簧的弹性恢复力做负功，应用动能定理，有

$$T - 0 = \frac{15P}{16g}v^2 = Px - \frac{1}{2}k\left(\frac{x}{2}\right)^2$$

上式对时间求导，得

$$\frac{15P}{8g}va = Pv - \frac{1}{4}kxv$$

由此解得

$$a = \frac{2g}{15P}(4P - kx)$$

(2) 研究滑轮 B 与重物 C 组成的系统，加惯性力 F_I 和惯性力偶 M_I，系统的受力图如图所示。

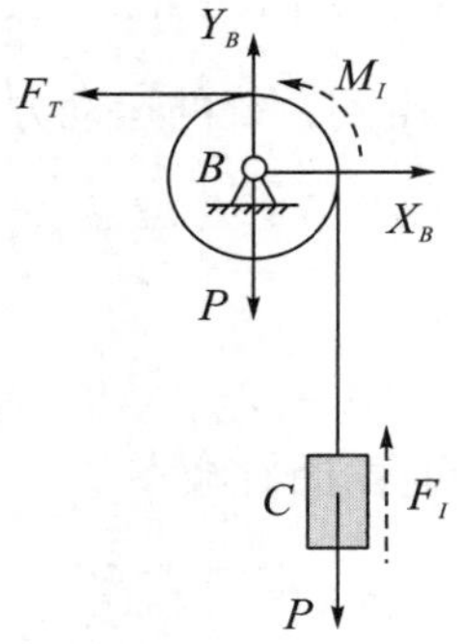

(b) **轮 B 与物块 C 的受力**

例 5-8 图

$$F_I = \frac{P}{g}a = \frac{2}{15}(4P - kx) \tag{a}$$

$$M_I = \frac{1}{2}\frac{P}{g}r^2\left(\frac{a}{r}\right) = \frac{1}{15}(4P - kx)r \tag{b}$$

列写动静法平衡方程如下：

$$\sum M_A = 0: F_T r + M_I + F_I r - Pr = 0 \tag{c}$$

将式 (a)，(b) 代入式 (c)，得到

$$F_T = \frac{1}{5}(P + kx)$$

由

$$\sum F_x = 0: X_B - F_T = 0$$

$$\sum F_y = 0: Y_B + F_I - P - P = 0$$

得到

$$X_B = \frac{1}{5}(P + kx),\ Y_B = \frac{2}{15}(11P + kx)$$

例 5-9　用动静法解第 1 章例 1-10：质量为 m 的两个相同的小球，串在质量为 M 的光滑圆环上，无初速地自高处滑下，圆环竖直地立在地面上。试求圆环可能从地面跳起时，圆环与小球的质量比。

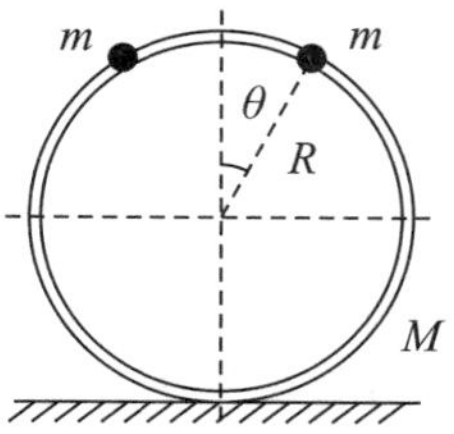

（a）小球—圆环系统

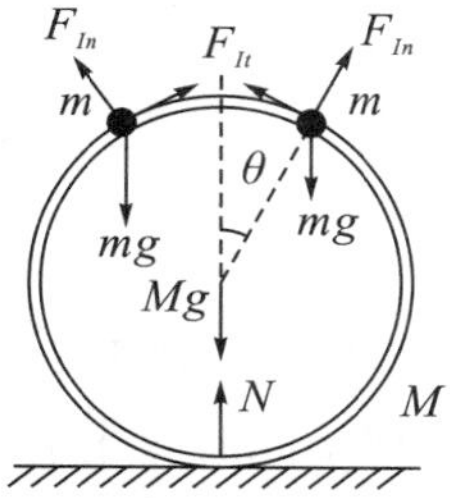

（b）系统受力

例 5—9 图

解　设圆环半径为 R，在圆环跳离地面之前，圆环静止，小球做圆周运动。以该系统为研究对象，系统所受外力和惯性力如图所示。将动静法平衡方程沿竖直方向投影，得到

$$N + 2F_{In}\cos\theta + 2F_{It}\sin\theta - 2mg - Mg = 0 \tag{1}$$

式中

$$F_{In} = mR\dot{\theta}^2, F_{It} = mR\ddot{\theta} \tag{2}$$

另外，根据小球做圆周运动，由动能定理，可得

$$\frac{1}{2}mv^2 = mgR(1-\cos\theta) \tag{3}$$

将 $v=R\dot{\theta}$ 代入式（3），得到

$$\dot{\theta}^2 = \frac{2g}{R}(1-\cos\theta) \tag{4}$$

对式（4）两端关于时间求导，可得

$$\ddot{\theta} = \frac{g}{R}\sin\theta \tag{5}$$

小球的法向加速度、切向加速度分别为

$$a_n = R\dot{\theta}^2 = 2(1-\cos\theta)g \tag{6}$$

$$a_t = R\ddot{\theta} = g\sin\theta \tag{7}$$

将式（6），（7）代入式（2），再代入式（1），得到

$$N + 4mg\cos\theta - 6mg\cos^2\theta - Mg = 0 \tag{8}$$

令 $\xi=\cos\theta$，并将圆环能够脱离地面的临界条件 $N=0$ 代入式（8），得到

$$\xi^2 - \frac{2}{3}\xi + \frac{M}{6m} = 0 \tag{9}$$

关于 ξ 的方程（9）有实根的条件是 $\frac{M}{m}\leqslant\frac{2}{3}$。

【解题技巧分析】对于系统分析，有时用动静法解题确实很方便，但因为要添加惯性力系，所以，首先必须求解有关的加速度，这是动静法解题成功的关键。

思考题

1. 用动静法求解刚体动力学问题，为什么通常将惯性力系向刚体的质心简化？可以向其他点简化吗？选取不同的简化中心会影响求解结果吗？

2. 在本章例题 3 中，研究系统整体时，可否选取地面上任意固定点 O 作为矩心，写出力矩的动静法平衡方程？

3. 机车的连轩 AB 重 P，两端用铰链连接于轮 O 与 O_1上，如图所示。A，B 铰链至轮心的距离为 r，两轮的半径 R 相同，两轮均沿地面做纯滚动。当机车在水平地面沿直线方向匀速前进时，问：铰链 A 和 B 对连轩的约束力是否相同？为什么？

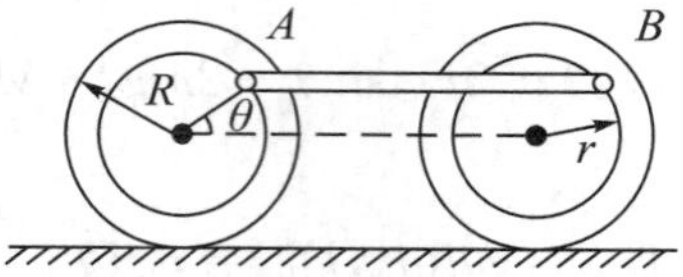

思考题 3 图

4. 物块 A 和 B 沿斜面从静止状态开始下滑，如图所示。如果斜面的倾角 θ 大于摩擦角，两物块之间的接触压力是否等于零？如果斜面光滑，两物块之间的接触压力是否等于零？所得结论与两物块的质量比有何关系？

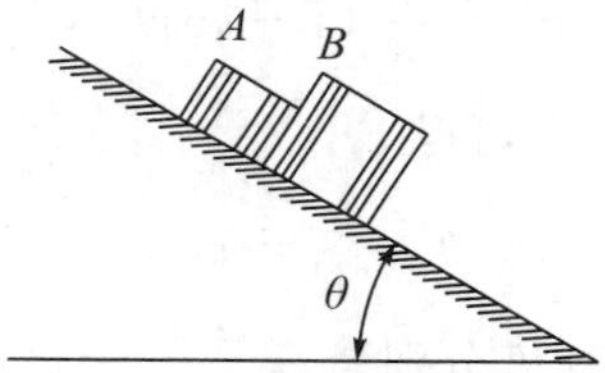

思考题 4 题

5. 均质圆盘以等角速度 ω 绕通过盘心的铅垂轴 z 转动，圆盘平面法线与转轴 z 成 θ 角，如图所示。若圆盘的半径为 R、质量为 m，圆盘的惯性力系向盘心简化，其简化结果是什么？

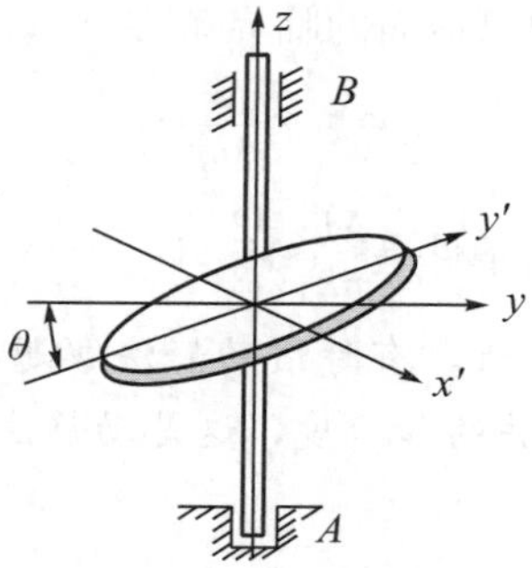

思考题 5 题

6. 杆 AB 和 BC 其单位长度的质量为 m，连接如图所示。圆盘在铅垂平面内绕 O 轴以等角速度 ω 转动，问：在图示位置时，作用在 AB 杆上 A 点和 B 点的力是否相等？

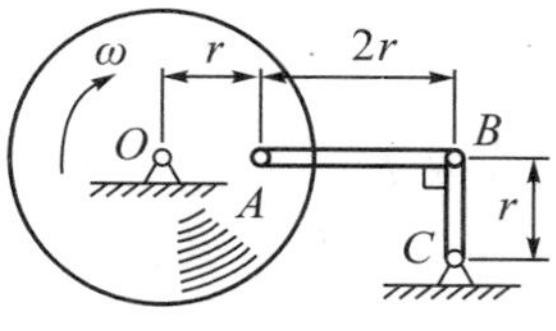

思考题 6 题

7. 均质杆 AB 长 l，质量为 m，置于光滑水平面上。在杆的 B 端作用水平推力 F，只要力 F 的大小合适并且始终作用在杆的 B 端，就可以使杆保持图示角度 θ 沿力 F 的方向做平动而不会倒下，为什么？

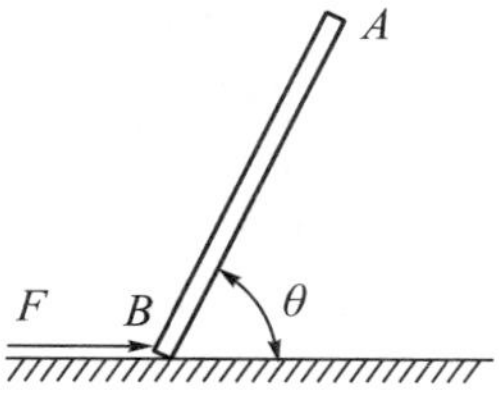

思考题 7 题

8. 均质杆 AB 长 l，重 W，用两根软绳悬挂，如图所示。考虑两种情况：①软绳不可伸长；②软绳为弹性绳，可伸缩。问：在这两种情况下，当其中一根软绳被切断，杆开始运动的瞬时，另一根软绳中的拉力如何变化？杆 AB 的角加速度如何变化？

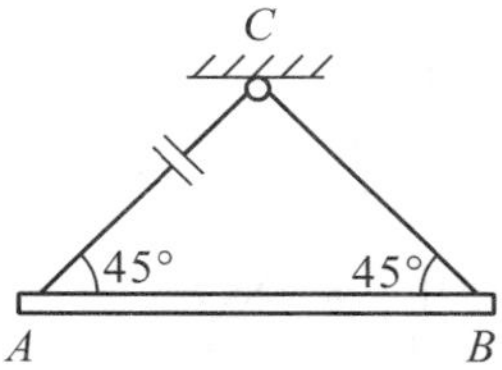

思考题 8 题

9. 均质杆 AB 由三根等长细绳悬挂在水平位置，在图示位置突然割断 O_1B，问：该瞬时杆 AB 质心的加速度沿什么方向？在杆 AB 运动过程中，两根绳 O_1A，O_2B 的张力是否相等？

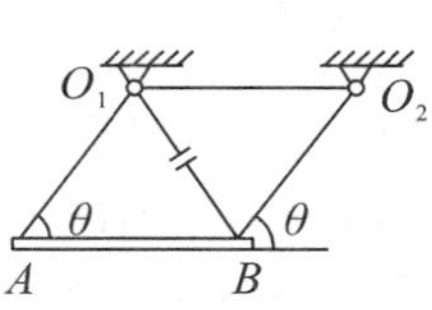

思考题 9 题

10. 用动量矩定理解题，通常利用对固定点的动量矩定理或对质心的动量矩定理。根据动静法解题，是否可以选取任意点为矩心从而写出力矩的平衡方程？如果选取不同的点（既非质心又非固定点）为矩心，会影响求解结果吗？

习　题

5-1　两均质直杆，长分别为 a 和 b（$a<b$），互成直角地固结在一起，其顶点 O 与铅垂轴以圆柱铰链相连，此轴以等角速度 ω 转动，如图所示。求长为 a 的杆偏离铅垂线的夹角 φ 和 ω 间的关系。

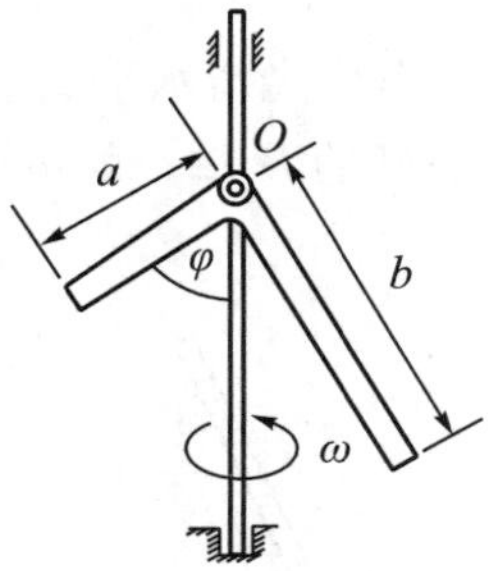

习题 5-1 图

5-2　图示为一转速计（测量角速度的仪表）的简化图。小球 A 的质量为 m，固联在杆 AB 的一端。AB 杆长为 l，可绕轴 BC 转动，在此杆上与 B 点相距为 l_1 的点 E 连有弹簧 DE，其自然长度为 l_0，弹簧刚度系数为 k。杆对 BC 轴的偏角为 φ，弹簧在水平面内。试求在以下两种情况下，稳态运动的角速度 ω：（1）杆 AB 的重量不计；（2）均质杆 AB 的质量为 M。

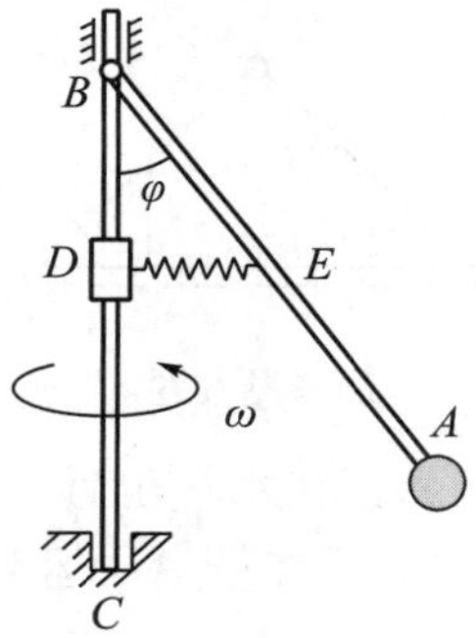

习题 5-2 图

5-3　图示调速器由两个质量为 m_1 的均质圆盘构成，圆盘偏心地悬于距转轴为 a 的两边。调速器以等角速度 ω 绕铅垂轴转动，圆盘中心到悬挂点的距离为 l。调速器的外壳质量为 m_2，并放在两个圆盘上而与调速装置相连。如不计摩擦，试求角速度与圆盘偏离铅垂线的夹角 φ 之间的关系。

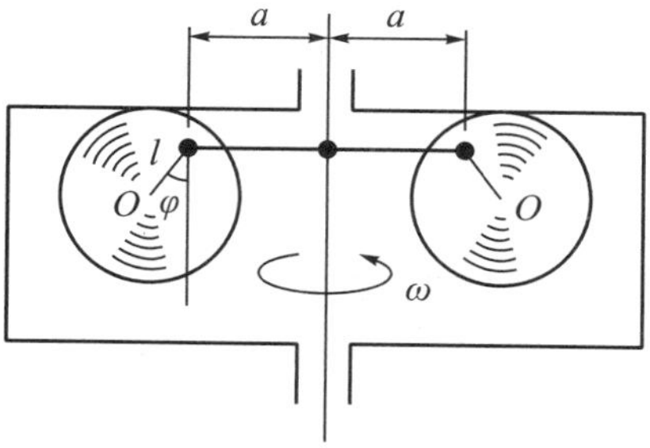

习题 5−3 图

5−4　质量为 m_1的物体 A 沿三角柱体 D 的斜面下降，用绳子绕过滑轮 C 使质量为 m_2的物体 B 上升，如图所示。设斜面与水平面的夹角为 θ，绳子质量与摩擦不计。求下列两种情况下约束 E 对三角柱体的水平约束力：

（1）不计滑轮 C 的质量；（2）均质滑轮 C 的质量为 m_3。

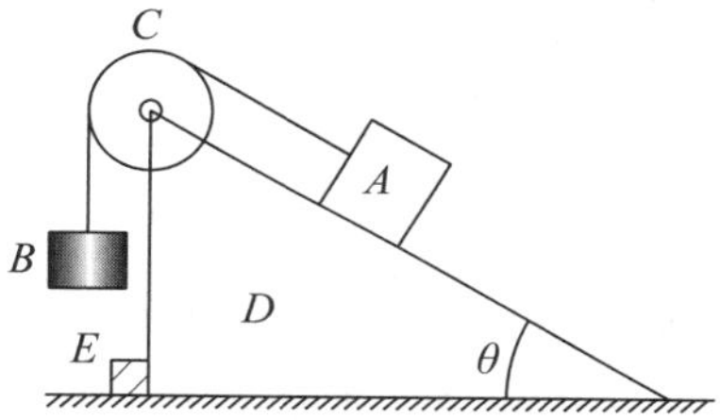

习题 5−4 图

5−5　如图所示，质量为 m 的物体用 AC，BC 两绳悬挂，C 为物体质心。$AC=BC=l$，$\theta=30°$，初始静止。（1）若将绳 BC 剪断，求剪断前后瞬间绳 AC 张力的比值 e_1；（2）若 AC 与 BC 两绳改为弹簧，求 BC 弹簧断裂前后瞬间，弹簧 AC 所受力的比值 e_2。

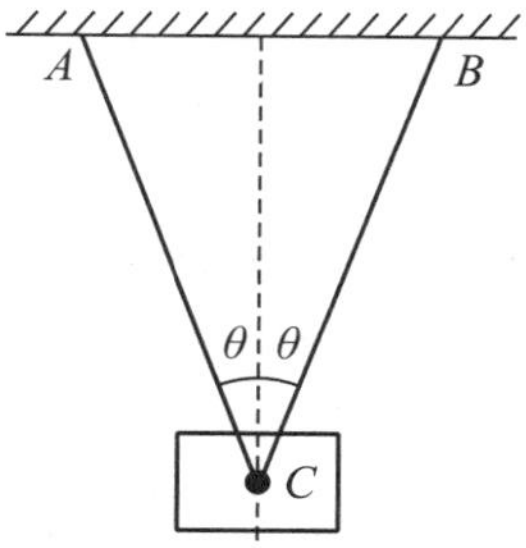

习题 5−5 图

5−6　长方形均质平板长 $a=200\text{mm}$，宽 $b=150\text{mm}$，质量为 27kg，由两个销 A 和 B 悬挂。如果突然撤去销 B，求在撤去销 B 的瞬时：（1）平板的角加速度；（2）销 A 的约束反力。

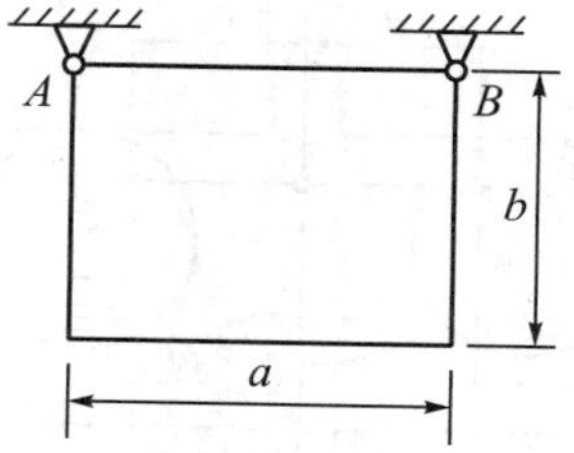

习题 5-6 图

5-7 均质圆柱 C 重 $P=200\text{N}$，被绳拉住沿水平面滚动而不滑动，此绳跨过均质滑轮 B 并系重物 $Q=100\text{N}$，如图所示。求下列两种情况下滚子中心 C 的加速度 a_c：(1) 不计滑轮 B 的质量；(2) 滑轮 B 的重量 $W=50\text{N}$。

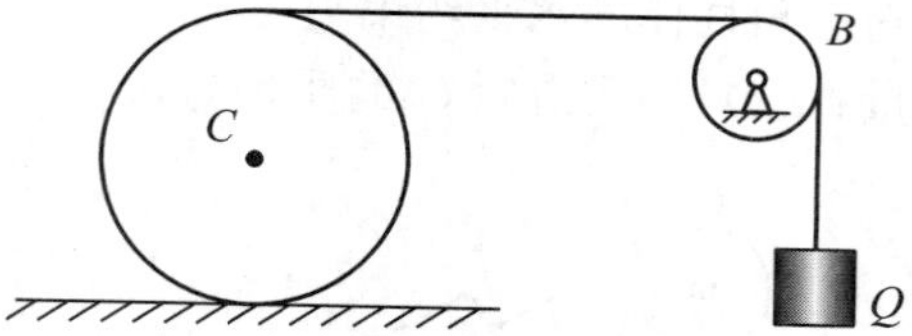

习题 5-7 图

5-8 质量为 m 的均质方板，边长为 b，通过两根弹簧悬挂，如图所示。假定某时刻弹簧 BD 断裂，求此瞬时：(1) 板的角加速度；(2) A 点的加速度。

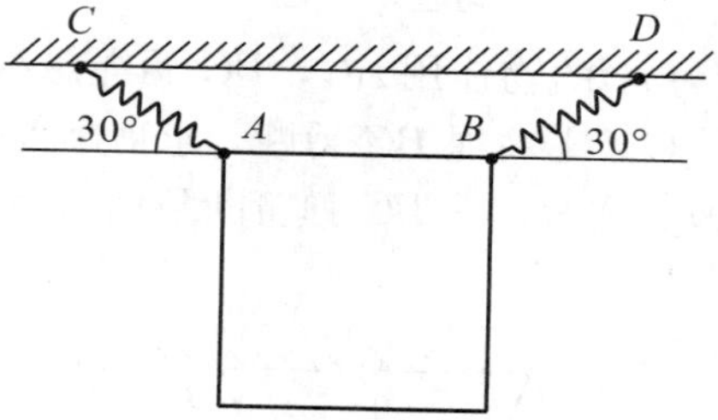

习题 5-8 图

5-9 均质板的质量为 m，放在两个均质圆柱滚子上，如图所示。各滚子的质量均为 $m/2$，其半径均为 r。如在板上作用水平力 P，并设滚子无滑动，求板的加速度。

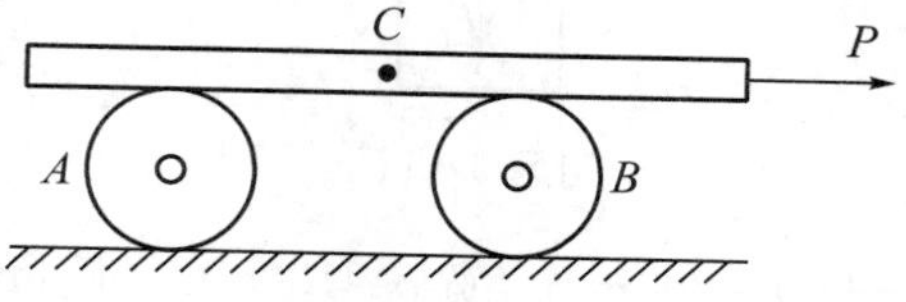

习题 5-9 图

5-10 两均质物体 A，B 的质量分别为 m_1，m_2，用不计自重且不可伸长的绳子相连接，并跨过滑轮 C；DC，GE 杆铰接，如图所示。已知 $DE=l_1$，$DC=l_2$，$\angle DEG=\theta$，略去各杆及滑轮 C 的质量，求 GE 杆所受的力。

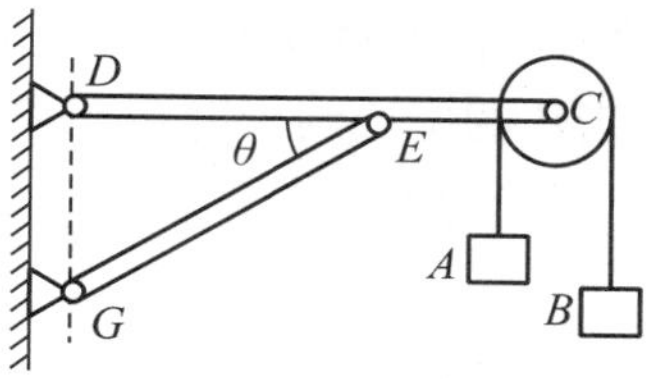

习题 5—10 图

5—11　嵌入墙内的悬臂梁 AB 的端点 B 装有质量为 m_B、半径为 R 的均质轮，如图所示。矩为 M 的力偶作用于鼓轮以提升质量为 m_C 的物体。设 $AB=l$，梁和绳子的自重都略去不计。求固定端 A 处的约束反力。

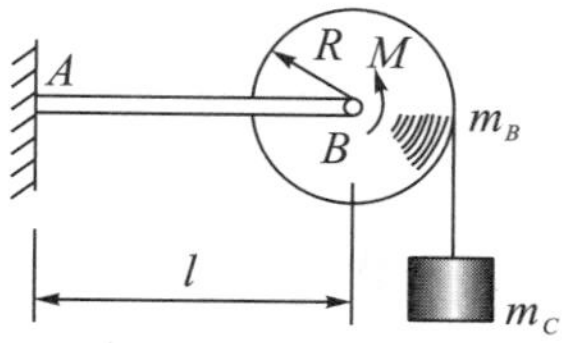

习题 5—11 图

5—12　凸轮质量为 m_O，具有半径 R 和 r，其对轴 O 的转动惯量为 J，在轮轴上系有两个物体 A 与 B，其质量分别为 m_A 和 m_B，如图所示。若物体 B 以加速度下降，绳与凸轮无相对滑动，忽略绳的自重及轴承 O 的摩擦，试求凸轮的角加速度 α 及轴承 O 的约束反力。

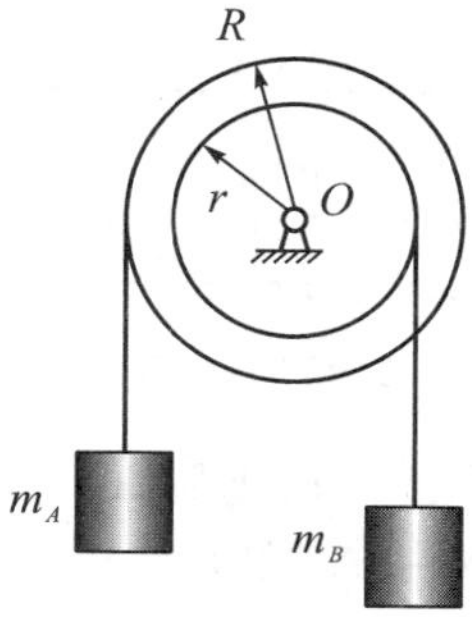

习题 5—12 图

5—13　半径为 r、质量为 m 的均质圆柱放在静止的水平胶带上，并靠在铅直的墙 D 上，如图所示。已知接触点 A 与 B 处的动摩擦系数为 f_k。求：当胶带开始以速度 v 运动时，圆柱体的角加速度 α。

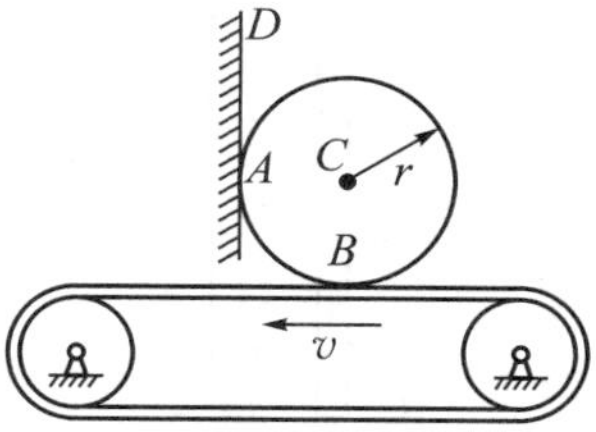

习题 5—13 图

5－14 如图所示为撞击试验机，已知固定在杆上的撞击块 M 的质量为 $m=20\text{kg}$，杆重和轴承摩擦均忽略不计，撞击块的中心到铰链 O 的距离为 $l=1\text{m}$。今撞击块从最高位置 A 无初速地落下，试求 OM 杆受力 F 与杆的位置 φ 之间的关系，并讨论 φ 等于多少时，F 最大或最小？

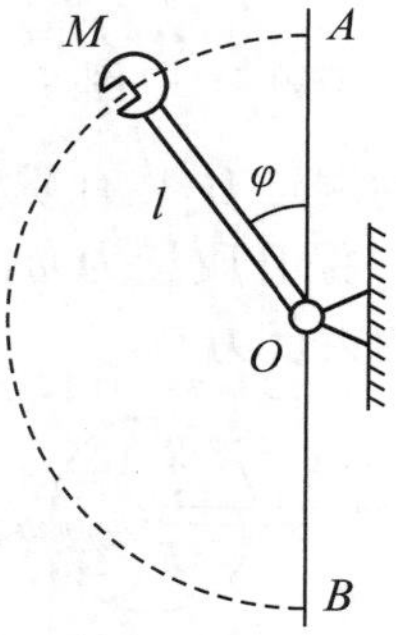

习题 5－14 图

5－15 如图所示，轮的质量为 2kg，半径 $R=150\text{mm}$，质心 C 离轮心 O 的距离为 $e=50\text{mm}$，轮对质心的回转半径 $\rho=75\text{mm}$。已知在图示 C，O 位于同一高度时，角速度 $\omega=12\text{rad/s}$，求此时轮的角加速度 α 。

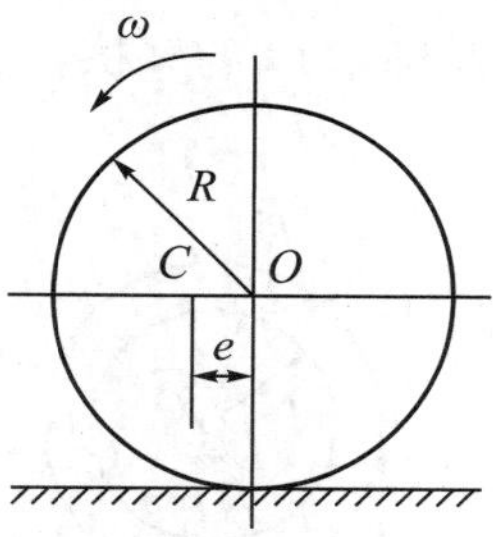

习题 5－15 图

5－16 图示均质杆 AB 和 BC 置于铅垂位置，其质量均为 $m=12\text{kg}$，长均为 $l=1\text{m}$，在 BC 杆上作用力偶矩 $M=8\text{N}\cdot\text{m}$，在运动开始瞬时，求：(1) AB 杆和 BC 杆的角加速度；(2) 铰链 A 的约束反力。

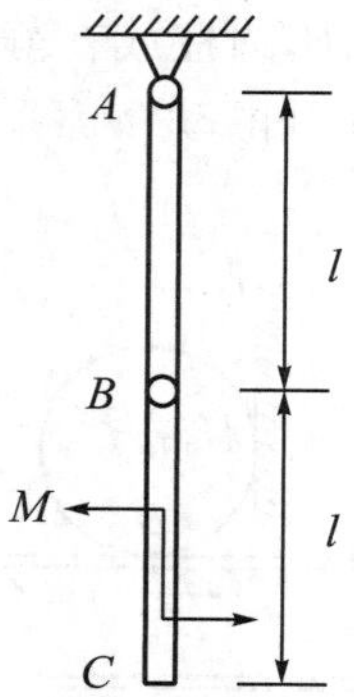

习题 5－16 图

5－17　质量为 m、半径为 r 的均质圆柱体放在质量为 m 的平板上，板放在光滑水平面上，在圆柱周围绕以柔线，用力 T 水平向右拉，如图所示。设圆柱与板间有足够的摩擦，而不致发生相对滑动，求圆柱中心加速度 a_1、水平板加速度 a_2 和圆柱的角加速度 α。

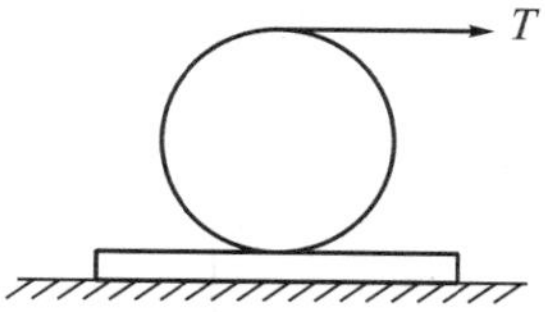

习题 5－17 图

5－18　铅垂平面内运动的四连杆机构如图所示，均质杆 AB，BC 和 CD 的质量分别为 4kg，3kg 和 6kg。主动杆 AB 通过连杆 BC 带动 CD 杆转动，已知某瞬时杆 AB 的角速度和角加速度分别为 $\omega_1=2\text{rad/s}$，$\alpha_1=3\text{rad/s}^2$，试求支座 D 的约束反力。

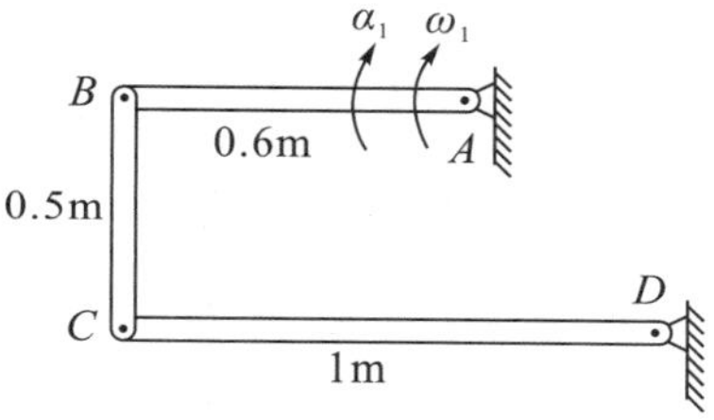

习题 5－18 图

5－19　物块 A 重 W_1，置于重量为 W_2 的平板 BC 上，由两根等长、不可伸长的软绳悬挂，如图所示。软绳的重量不计。试证明：当系统从图示位置无初速地开始运动的瞬间，要使物块 A 不在 BC 上滑动，接触面间的静摩擦系数 f_s 应大于 $\tan\theta$。

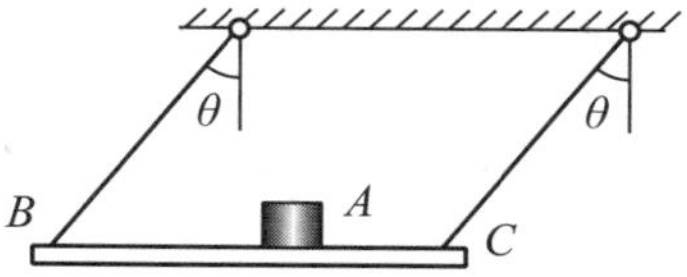

习题 5－19 图

5－20　如图所示，曲柄 OA 质量为 m_1，长为 r，以等角速度 ω 绕水平轴 O 沿逆时针方向转动。曲柄的 A 端推动水平板 B，使质量为 m_2 的滑杆 C 沿铅直方向运动。忽略摩擦，求当曲柄 OA 与水平方向的夹角为 30°时，力偶矩 M 及轴承 O 的反力。

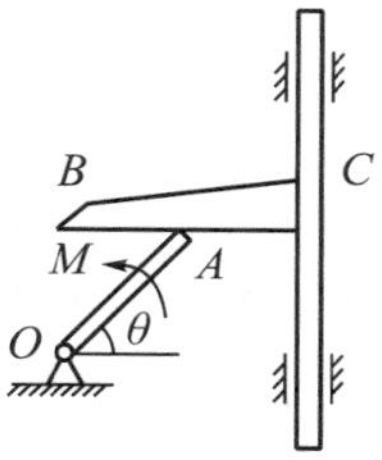

习题 5－20 图

5−21 质量为 m_1 的物块 A 置于光滑水平面上，它与质量为 m_2、长为 l 的均质杆 AB 铰接。系统初始静止，AB 位于铅垂位置，$m_1=2m_2$。当有一水平碰撞冲量 I 作用于杆的 B 端，求碰撞结束时，物块 A 的速度。

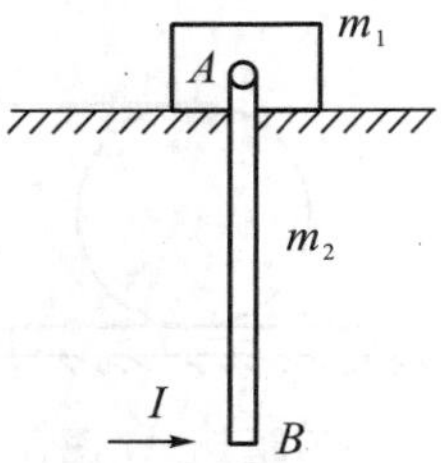

习题 5−21 图

5−22 图示滑轮中，三个物块的质量分别为 $m_A=10\text{kg}$，$m_B=20\text{kg}$，$m_C=20\text{kg}$，物块与平面间的动摩擦系数均为 $f_d=0.2$，滑轮质量不计。求各重物的加速度。

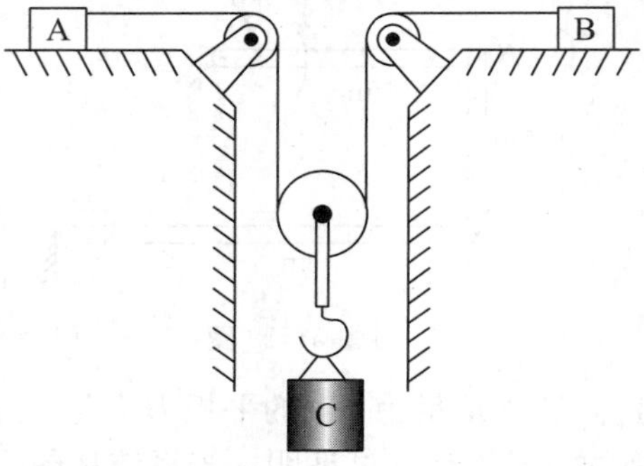

习题 5−22 图

5−23 图示刚性杆 OA 可绕 O 点在铅垂平面内转动。杆上套有质量为 m 的滑块，并与刚度为 k 的弹簧连接。弹簧未形变时位于 B 处，距 O 点长度为 l。若杆自水平位置以等角速度 ω 顺时针转动，忽略摩擦，试列出滑块相对于 OA 杆的运动微分方程，并讨论做相对振动的条件。

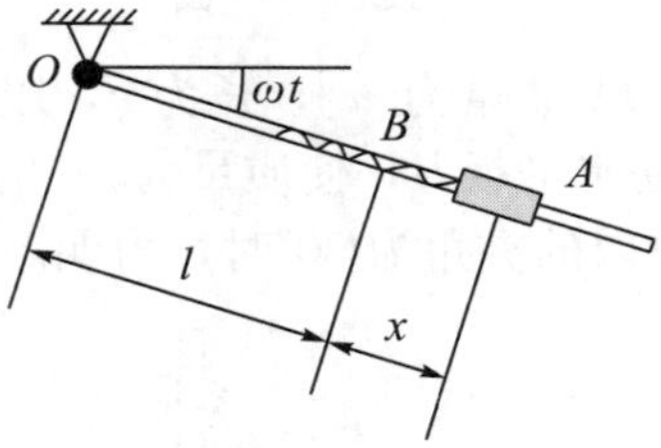

习题 5−23 图

5−24 已知单摆质量为 m，导杆机构带动单摆的支点 O 按已知规律 $x=x_0\sin\omega t$ 做水平运动，假设摆线不可伸长，试求图示位置摆线的角加速度 $\ddot{\theta}$。

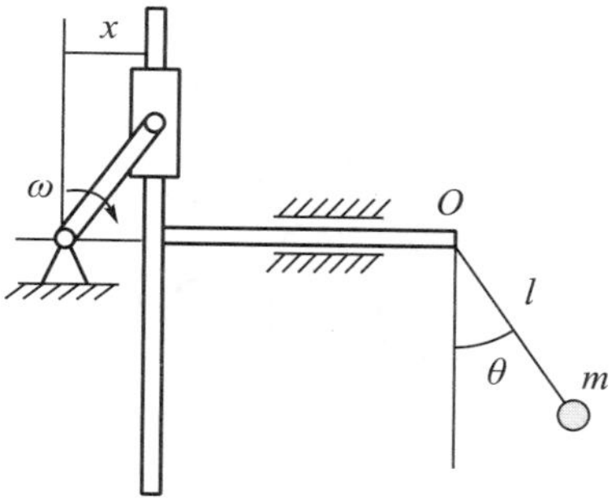

习题 5－24 图

5－25　装在试验台上的均质 K 轮的半径为 R，对质心的转动惯量为 J。均质鼓轮 A 与 B 的半径为 r，转动惯量为 J_A。鼓轮 B 上作用矩为 M 的力偶，如图所示。设轴承 A，B 的摩擦不计，各轮之间无相对滑动，求 K 轮转动的角加速度 α。

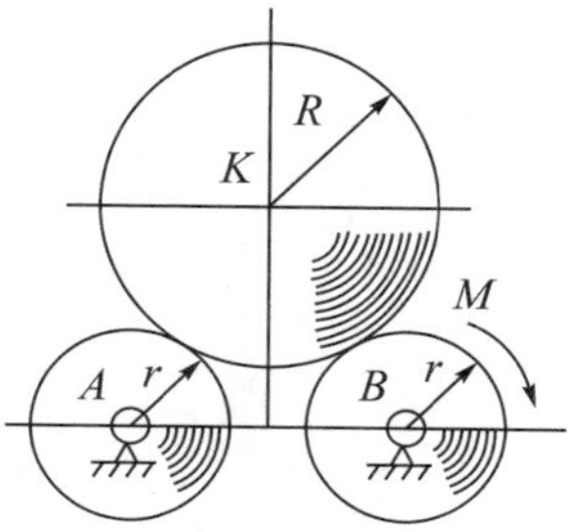

习题 5－25 图

5－26　半径为 r、质量为 m 的均质半圆柱在水平面上来回摆动，如图所示。其质心 C 至 O 点的距离为 d，对过质心与图面垂直轴的回转半径为 ρ。设接触表面有足够的摩擦力防止半圆柱滑动，试求半圆柱在其铅垂平衡位置附近做微摆动的周期。

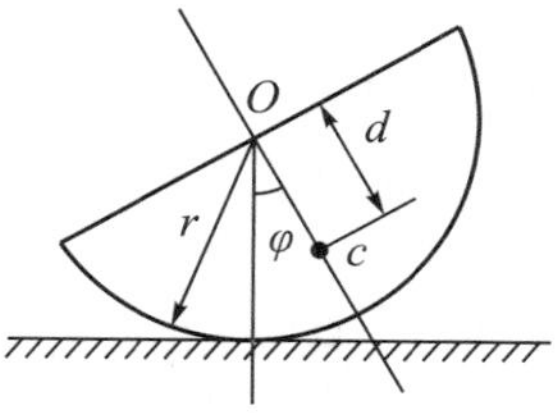

习题 5－26 图

5－27　图示物系由定滑轮 O_1、动滑轮 O_2 以及三个用不可伸长的绳挂起的重物 A，B 和 C 所组成。各重物的质量分别为 m_1，m_2 和 m_3，且 $m_1 < m_2 + m_3$，滑轮的质量不计。假设系统初始静止，求质量 m_1，m_2 和 m_3 应具有何种关系，重物 A 方能下降？并求重物 A 所受绳子的张力。

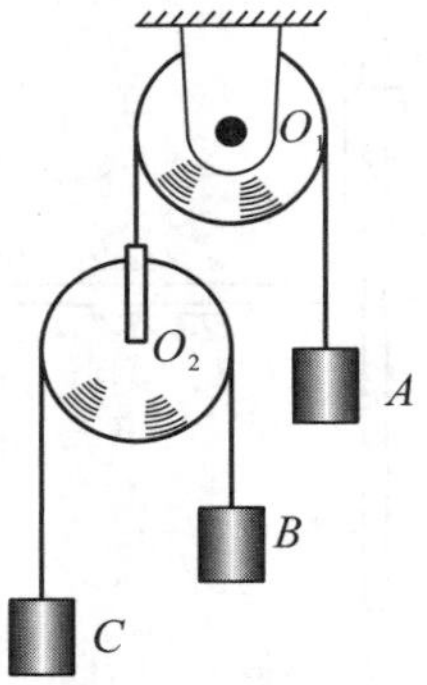

习题 5－27 图

5－28 在水平面内的齿轮 1，2 之间，有一齿轮 3 与其相啮合，如图所示。均质齿轮 1，2，3 的质量分别为 m_1，m_2，m_3，半径分别为 r_1，r_2，$r_3=\frac{1}{2}(r_2-r_1)$。在齿轮 1，2 上分别作用矩为 M_1，M_2 的力偶。略去摩擦，求齿轮 1 与齿轮 2 的角加速度。

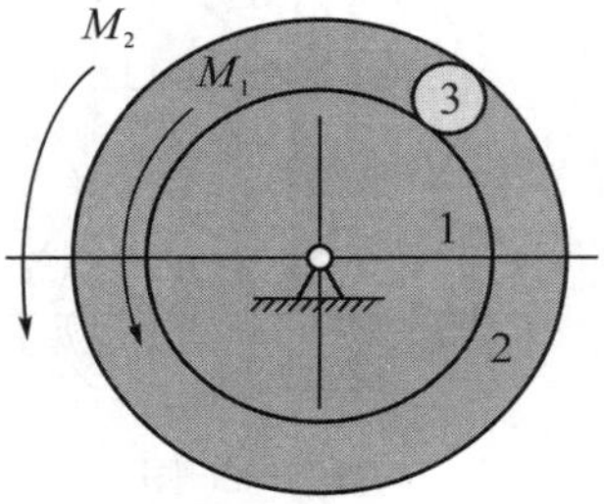

习题 5－28 图

5－29 绕在圆柱体 A 上的绳子，其另一端跨过质量为 M 的均质滑轮 O，并与质量为 m_B 的物体 B 相连，如图所示。已知圆柱体的质量为 m_A，半径为 r，对于轴心的回转半径为 ρ。如绳与滑轮 O、圆柱体 A 之间无相对滑动，开始时系统静止，问：回转半径 ρ 满足什么条件，物体 A 能向上运动？

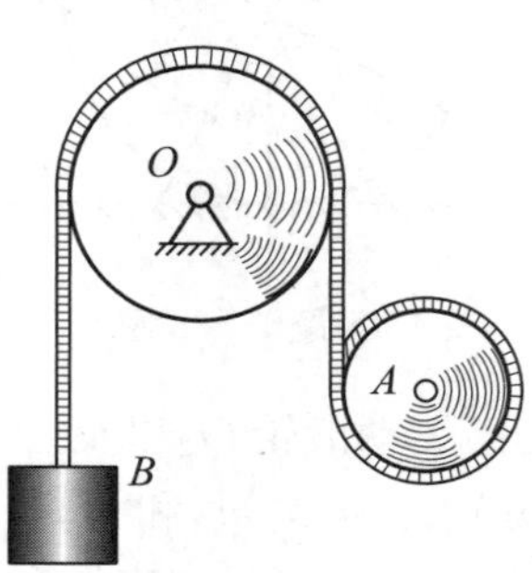

习题 5－29 图

第6章　动力学普遍方程

【本章内容提要】第5章介绍了动静法的达朗贝尔原理，通过在系统里添加惯性力，将动力学问题转换为平衡问题求解。根据虚位移原理，通过计算系统的虚功，建立虚功方程可以求解平衡问题。如果将动静法的达朗贝尔原理与分析静力学的虚位移原理相结合，可以建立包含惯性力的动力学普遍方程。本章将首先介绍包含惯性力的虚功方程，即分析力学的动力学普遍方程，然后引入广义坐标与广义惯性力的概念，讨论保守系统的平衡稳定性，最后在动力学普遍方程的基础上推导第二类拉格朗日方程，并给出保守系统的拉格朗日方程，拉格朗日方程实际上是用广义坐标表示的动力学普遍方程。作为知识点补充，本章对刚体定点运动的动量矩和动能计算公式作简要介绍，利用速度合成定理，给出自由运动刚体上点的速度与加速度公式。

6.1　动力学普遍方程——包含惯性力的虚功方程

设系统由 n 个质点组成，m_i 为第 i 个质点的质量，其位置矢径和加速度为 $\boldsymbol{r}_i$，$\ddot{\boldsymbol{r}}_i$，如果将惯性力 $\boldsymbol{F}_{Ii}=-m_i\ddot{\boldsymbol{r}}_i$ 加在每个质点 i 上，则由达朗贝尔原理可知，加在系统上的主动力、约束力和惯性力系组成平衡力系。对于只受理想约束（约束力的虚功为零）作用的系统，在任意瞬时所受的主动力 F_i 和虚加的惯性力 $\boldsymbol{F}_{Ii}=-m_i\ddot{\boldsymbol{r}}_i$（$i=1$，2，…，$n$）在虚位移上的总虚功等于零，即

$$\sum_{i=1}^{n}(\boldsymbol{F}_i-m_i\ddot{\boldsymbol{r}}_i)\cdot\delta\boldsymbol{r}_i=0 \tag{6-1-1a}$$

写成解析式为

$$\sum_{i=1}^{n}[(F_{ix}-m_i\ddot{x}_i)\cdot\delta x_i+(F_{iy}-m_i\ddot{y}_i)\cdot\delta y_i+(F_{iz}-m_i\ddot{z}_i)\cdot\delta z_i]=0 \tag{6-1-1b}$$

这就是包含惯性力的虚功方程，通常称为动力学普遍方程。由于系统受有约束，式

中虚位移 $\delta \boldsymbol{r}_i$（$i=1, 2, \cdots, n$）不是独立的，因此，很少直接应用这个方程分析动力学问题。当系统平衡时，式（6－1－1b）成为

$$\sum_{i=1}^{n}(F_{ix}\delta x_i + F_{iy}\delta y_i + F_{iz}\delta z_i) = 0 \qquad (6-1-1c)$$

这是分析静力学的虚功方程。

6.2 保守系统的平衡稳定性

对于保守系统，势能是质点坐标的函数，称为势函数，记为

$$V = V(x_1, y_1, z_1, \cdots, x_n, y_n, z_n)$$

作用在质点系上的主动力 F_i（$i=1, 2, \cdots, n$）都是有势力，即主动力可以通过势函数的偏导数计算：

$$F_{ix} = -\frac{\partial V}{\partial x_i}, F_{iy} = -\frac{\partial V}{\partial y_i}, F_{iz} = -\frac{\partial V}{\partial z_i}$$

于是有

$$\begin{aligned}\delta W_F &= \sum(F_{ix}\delta x_i + F_{iy}\delta y_i + F_{iz}\delta z_i) \\ &= -\sum\left(\frac{\partial V}{\partial x_i}\delta x_i + \frac{\partial V}{\partial y_i}\delta y_i + \frac{\partial V}{\partial z_i}\delta z_i\right) = -\delta V\end{aligned}$$

根据式（6－1－1c），对于保守系统，平衡的充分必要条件是

$$\delta V = 0$$

因此，保守系统处于平衡位置时，系统的势能取极值。通过进一步分析可知，在稳定平衡位置处，系统势能取极小值；在不稳定平衡位置处，系统势能大于其极小值；对于随遇平衡位置，系统的势能在该位置附近不变，其附近任何可能位置都是平衡位置。通过计算系统的势能，可以确定保守系统的平衡位置，还可以分析哪些平衡位置是稳定的，哪些是不稳定的。

6.3 广义坐标与广义力

设系统由 n 个质点组成，受到 s 个完整双面约束，系统共有 $N=3n-s$ 个自由度（自由度可以定义为系统的独立的虚位移数目），选取 N 个可以独立变化的广义坐标 q_k（$k=1, 2, \cdots, N$）（包括线坐标 x，y，s 或角坐标 ψ，φ，θ 等），将质点的矢径写成广义坐标的函数：

$$\boldsymbol{r}_i = \boldsymbol{r}_i(q_1, q_2, \cdots, q_N, t) \quad (i = 1, 2, \cdots, n) \qquad (6-3-1)$$

由于虚位移是约束允许的与时间变化无关的无穷小位移，比较的是系统在给定时刻约束允许的无限接近的两个位置（构形），因此质点 i 的虚位移可通过求变分（与微分运算类似）的方式得到：

$$\delta \boldsymbol{r}_i = \sum_{k=1}^{N} \frac{\partial \boldsymbol{r}_i}{\partial q_k} \delta q_k \quad (i = 1,2,\cdots,n)$$

式中 δq_k（$k=1$，2，…，N）为广义坐标 q_k 的变分（为无穷小量）。主动力 F_i（$i=1$，2，…，n）的总虚功为

$$\begin{aligned}
\delta W_F &= \sum_{i=1}^{n} \left(F_{ix} \sum_{k=1}^{N} \frac{\partial x_i}{\partial q_k} \delta q_k + F_{iy} \sum_{k=1}^{N} \frac{\partial y_i}{\partial q_k} \delta q_k + F_{iz} \sum_{k=1}^{N} \frac{\partial z_i}{\partial q_k} \delta q_k\right) \\
&= \sum_{k=1}^{N} \left[\sum_{i=1}^{n} \left(F_{ix} \frac{\partial x_i}{\partial q_k} + F_{iy} \frac{\partial y_i}{\partial q_k} + F_{iz} \frac{\partial z_i}{\partial q_k} \right) \right] \delta q_k \qquad (6-3-2) \\
&= \sum_{k=1}^{N} Q_k \delta q_k
\end{aligned}$$

式中

$$Q_k = \sum_{i=1}^{n} \left(F_{ix} \frac{\partial x_i}{\partial q_k} + F_{iy} \frac{\partial y_i}{\partial q_k} + F_{iz} \frac{\partial z_i}{\partial q_k} \right) \quad (k = 1,2,\cdots,N)$$

称为与广义坐标 q_k 相对应的广义力。如果用广义坐标 q_1，q_2，…，q_N 表示质点系的位置，则质点系的势能可以写成广义坐标的函数：

$$V = V(q_1, q_2, \cdots, q_N)$$

利用上面广义力的表达式，在势力场中可将广义力 Q_k 写成用势能表达的形式

$$\begin{aligned}
Q_k &= \sum \left(F_{xi} \frac{\partial x_i}{\partial q_k} + F_{yi} \frac{\partial y_i}{\partial q_k} + F_{zi} \frac{\partial z_i}{\partial q_k} \right) \\
&= - \sum \left(\frac{\partial V}{\partial x_i} \frac{\partial x_i}{\partial q_k} + \frac{\partial V}{\partial y_i} \frac{\partial y_i}{\partial q_k} + \frac{\partial V}{\partial z_i} \frac{\partial z_i}{\partial q_k} \right) \\
&= - \frac{\partial V}{\partial q_k} \quad (k = 1,2,\cdots,N)
\end{aligned}$$

根据式（6—3—2），主动力的虚功可改写为

$$\delta W_F = - \sum_{k=1}^{N} \frac{\partial V}{\partial q_k} \delta q_k = - \delta V \qquad (6-3-3)$$

因为式中 δq_k（$k=1$，2，…，N）是独立的变分，所以势能表示的平衡条件可写成如下形式：

$$\frac{\partial V}{\partial q_k} = 0, k = 1,2,\cdots,N$$

因此，在势力场中，具有理想约束的质点系的平衡条件是势能对于每个广义坐标的偏导数都等于零。

对于只有一个自由度的保守系统，只需要一个广义坐标 q，因此系统势能可以表示为 q 的一元函数，即 $V=V(q)$，当系统平衡时，有

$$\frac{\partial V}{\partial q} = 0$$

如果系统处于稳定平衡状态，则在平衡位置处，系统势能取极小值，即系统势能对广义坐标的二阶导数大于零：

$$\frac{\partial^2 V}{\partial q^2} > 0$$

这是单自由度系统平衡的稳定性判据，对于多自由度系统平衡的稳定性判据可根据多元函数的极值条件给出。

例 6−1 （第四届四川省孙训方大学生力学竞赛试题，2012 年）已知重量为 P、半径为 r 的均质圆盘可绕通过其盘缘 O 的水平轴自由旋转。自然长度为$\sqrt{2}r$、刚度为 k 的弹簧将轮心 C 与地面上的点 A 相连，且 $OA=r$，假定 $kr\geqslant 3P$。试求解下列问题：

（1）系统的静平衡位置数以及各静平衡位置的平衡稳定性；

（2）如果 $\varphi=150°$为系统的静平衡位置之一，那么参数 k，r 和 P 应满足什么关系以及在 $\varphi=90°$时圆盘以多大的初始角速度 ω_0 逆时针转动，才能使圆盘运动到 $\varphi=180°$处？

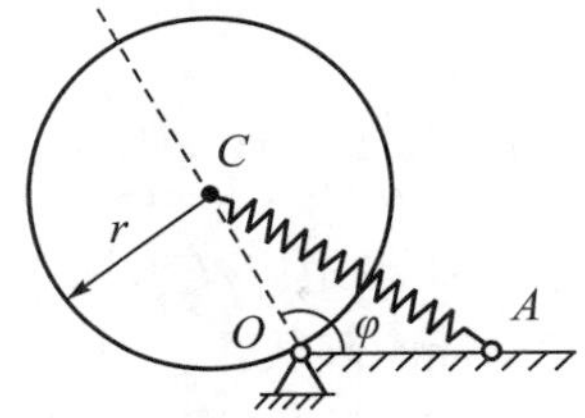

例 6−1 图　圆盘的稳定平衡位置

解　（1）设 OA 所在的水平面为重力零势能面，以弹簧原长对应弹性势能零位置，则在任意 φ 角位置，系统的总势能为

$$V=\frac{1}{2}k\left(AC-\sqrt{2}r\right)^2+Pr\sin\varphi$$

将几何关系 $AC=2r\sin\dfrac{\varphi}{2}$ 代入，得到

$$V=2kr^2\left(\sin\frac{\varphi}{2}-\frac{\sqrt{2}}{2}\right)^2+Pr\sin\varphi \tag{a}$$

令 $a=\dfrac{P}{kr}\leqslant\dfrac{1}{3}$，上式对 φ 求导得

$$\frac{\mathrm{d}V}{\mathrm{d}\varphi}=2kr^2\left[\left(\sin\frac{\varphi}{2}-\frac{\sqrt{2}}{2}\right)\cos\frac{\varphi}{2}+\frac{1}{2}a\cos\varphi\right] \tag{b}$$

$$\frac{\mathrm{d}^2V}{\mathrm{d}\varphi^2}=kr^2\left[\cos^2\frac{\varphi}{2}-\left(\sin\frac{\varphi}{2}-\frac{\sqrt{2}}{2}\right)\sin\frac{\varphi}{2}-a\sin\varphi\right] \tag{c}$$

势能 V 在系统平衡位置取极值，即

$$\left(\sin\frac{\varphi}{2}-\frac{\sqrt{2}}{2}\right)\cos\frac{\varphi}{2}=-\frac{1}{2}a\cos\varphi \tag{d}$$

令 $x=\sin\dfrac{\varphi}{2}>0$（$0<\varphi<2\pi$），注意到

$$\cos\frac{\varphi}{2}=\sqrt{1-\sin^2\frac{\varphi}{2}}=\sqrt{1-x^2},\quad -\frac{1}{2}\cos\varphi=\sin^2\frac{\varphi}{2}-\frac{1}{2}=x^2-\frac{1}{2}$$

将式（d）化为

$$\left(x-\frac{\sqrt{2}}{2}\right)^2\left[a^2\left(x+\frac{\sqrt{2}}{2}\right)^2-(1-x^2)\right]=0$$

或

$$\left(x-\frac{\sqrt{2}}{2}\right)^2\left[\left(x+\frac{\sqrt{2}a^2}{2(1+a^2)}\right)^2-\frac{2+a^2}{2\,(1+a^2)^2}\right]=0 \tag{e}$$

方程（e）的根为

$$x_i=\sin\frac{\varphi_i}{2}=\frac{\sqrt{2}}{2},\quad i=1,2,\quad \varphi_2=\varphi_1+\pi$$

$$x_k=\frac{\sqrt{2}}{2(1+a^2)}(-a^2\pm\sqrt{2+a^2}),\quad k=3,4$$

因为 $x=\sin\frac{\varphi}{2}>0$（$0<\varphi<2\pi$），所以 $x_4=\frac{-\sqrt{2}}{2(1+a^2)}(a^2+\sqrt{2+a^2})<0$ 不合要求应舍去，而

$$x_3=\sin\frac{\varphi_3}{2}=\frac{\sqrt{2}}{2}\frac{\sqrt{2+a^2}-a^2}{1+a^2} \tag{f}$$

如果记 $f_1(a)=\sqrt{2+a^2}-a^2$，$f_2(a)=1+a^2$，则式（f）成为

$$x_3=\frac{\sqrt{2}}{2}\frac{f_1(a)}{f_2(a)}$$

这里 $f_1(a)=\sqrt{2+a^2}-a^2$ 和 $f_2(a)=1+a^2$ 分别是 a 的减函数和增函数，故 x_3 是 a 的减函数，又 $0<a\leqslant\frac{1}{3}$，所以

$$\left.\frac{\sqrt{2}}{2}\frac{f_1(a)}{f_2(a)}\right|_{a=\frac{1}{3}}=0.8539\leqslant x_3<\left.\frac{\sqrt{2}}{2}\frac{f_1(a)}{f_2(a)}\right|_{a=0}=1 \tag{g}$$

综上，系统有三个平衡位置：

$$\varphi_1=90^\circ,\quad \varphi_2=270^\circ,$$

$$\varphi_3\geqslant 2\arcsin(0.8539)=2.046(\text{rad})\approx 117^\circ$$

下面讨论这三个平衡位置的稳定性。为此，将 $\varphi=\varphi_1$，$\varphi=\varphi_2$ 和 $\varphi=\varphi_3$ 分别代入式（c），得到

$$\frac{1}{kr^2}\frac{\mathrm{d}^2V}{\mathrm{d}\varphi^2}=\begin{cases}\frac{1}{2}-a>0, & \varphi=90^\circ\\ \frac{1}{2}+a>0, & \varphi=270^\circ\\ <0, & \varphi=117^\circ\end{cases} \tag{h}$$

系统在稳定的平衡位置，势能取极小值（即二阶导数 $\frac{\mathrm{d}^2V}{\mathrm{d}\varphi^2}>0$）。由式（h）可知，平衡位置 $\varphi=90^\circ$ 和 $\varphi=270^\circ$ 是稳定的平衡位置，而 $\varphi=117^\circ$ 是不稳定的平衡位置。

（2）因为系统的平衡位置满足方程（d），注意到 $a=\frac{P}{kr}$，将 $\varphi=150^\circ$ 代入，得到

$$kr = \frac{\sqrt{3}P}{1-2\sqrt{2}\cos 75^\circ} \approx 6.5P \tag{i}$$

设 $\varphi=90^\circ$时，圆盘的初始角速度为 ω_0，转到 $\varphi=180^\circ$时角速度为 $\omega \geqslant 0$，则由机械能守恒定律，有

$$\frac{1}{2}\frac{3}{2}\frac{P}{g}r^2\omega_0^2 + Pr = \frac{1}{2}k(2r-\sqrt{2}r)^2 + \frac{1}{2}\frac{3}{2}\frac{P}{g}r^2\omega^2$$

由此解得

$$\omega_0 = \sqrt{\frac{(3-2\sqrt{2})kr-P}{3P}\cdot\frac{4g}{r}+\omega^2} \geqslant \sqrt{\frac{(3-2\sqrt{2})kr-P}{3P}\cdot\frac{4g}{r}}$$

将式（i）代入，得到

$$\omega_0 \geqslant 0.78\sqrt{\frac{g}{r}} \tag{j}$$

由式（j）可以计算圆盘能够从 $\varphi=90^\circ$开始运动到 $\varphi=180^\circ$处所需要的最小初始角速度。

【解题技巧分析】本题利用势能极小原理，研究系统的平衡位置及其稳定性；利用机械能守恒定律求解满足题设条件的初始角速度。其中，在求解平衡位置时，由于要处理三角函数方程，相对繁琐。另外，在研究可能的平衡位置时，由于三角函数的解不唯一，具有多值性，所以，容易漏掉方程的某些解。例如本题 $\varphi=270^\circ$这个平衡点，稍不小心就会漏掉，这是在求解三角函数方程时必须加以注意的。

例 6－2　如图所示是倒置的摆，摆锤重量为 P，摆杆长度为 l，在摆杆上的点 A 连有一刚度为 k 的水平弹簧，摆在铅直位置时弹簧未发生形变。设 $OA=a$，摆杆重量不计，试确定摆杆的平衡位置及稳定平衡时所应满足的条件。

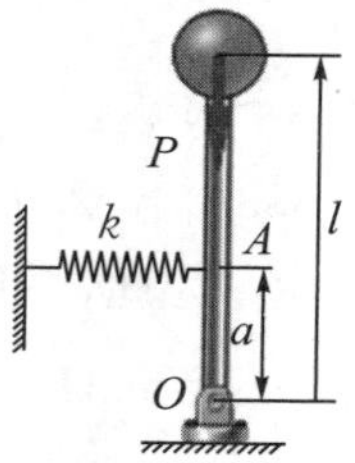

例 6－2 图　摆杆的稳定平衡位置

解　该系统只有一个自由度，选择摆角 φ 为广义坐标。以摆的铅直位置为摆锤重力势能和弹簧弹性势能的零点，则对任一摆角，系统的总势能等于摆锤的重力势能和弹簧的弹性势能之和：

$$V = -Pl(1-\cos\varphi) + \frac{1}{2}ka^2\varphi^2 = -2Pl\sin^2\frac{\varphi}{2} + \frac{1}{2}ka^2\varphi^2$$

当$|\varphi| \ll 1$时，有 $\sin\frac{\varphi}{2} \approx \frac{\varphi}{2}$，则势能函数简化为

$$V = \frac{1}{2}(ka^2 - Pl)\varphi^2$$

将势能函数 V 对 φ 求一阶导数，得

$$\frac{\mathrm{d}V}{\mathrm{d}\varphi}=(ka^2-Pl)\varphi$$

由 $\frac{\mathrm{d}V}{\mathrm{d}\varphi}=0$ 得到系统的平衡位置为 $\varphi=0$。为判别该位置处系统是否处于稳定平衡，将势能对 φ 求二阶导数，得

$$\frac{\mathrm{d}^2V}{\mathrm{d}\varphi^2}=ka^2-Pl$$

对于稳定平衡，要求 $\frac{\mathrm{d}^2V}{\mathrm{d}\varphi^2}>0$，即 $ka^2-Pl>0$，所以

$$a>\sqrt{\frac{Pl}{k}}$$

对于多自由度非平衡系统，还需要将惯性力在虚位移上的虚功通过广义坐标变换其形式，并引入广义惯性力。虚位移和主动力的虚功通过广义坐标可表示为

$$\delta r_i=\sum_{k=1}^{N}\frac{\partial r_i}{\partial q_k}\delta q_k\quad(i=1,2,\cdots,n)$$

$$\sum_{i=1}^{n}F_i\cdot\delta r_i=\sum_{k=1}^{N}Q_k\delta q_k$$

将其代入式（6—1a）并交换求和次序，得到

$$\sum_{k=1}^{N}\left(Q_k-\sum_{i=1}^{n}m_i\ddot{r}_i\cdot\frac{\partial r_i}{\partial q_k}\right)\delta q_k=0$$

对于完整约束（包括几何约束和可积分的运动约束）系统，其广义坐标的变分是相互独立的变量，即变分 δq_k（$k=1$，2，…，N）可以任意取值，故必有

$$Q_k-\sum_{i=1}^{n}m_i\ddot{r}_i\cdot\frac{\partial r_i}{\partial q_k}=0\quad(k=1,2,\cdots,N)\tag{6—3—4}$$

式中的第二项通常称为广义惯性力。

例 6—3　（第一届全国青年力学竞赛题，1988 年）内半径 $R=30$cm 的空心圆柱 O 水平固定放置。质量为 M，半径为 $r=10$cm 的均匀圆环 O_1 可以在圆柱内做纯滚动。质量为 m 的质点 A 固联在圆环 O_1 的边缘上。当圆环 O_1 处于圆柱 O 的最低位置时，质点 A 处于圆环的最高位置。设 OO_1 与向下竖直线的夹角为 θ。求：当（1）$M=2m$ 和（2）$m=2M$ 时，圆环的稳定平衡位置 θ 以及在此平衡位置附近微振动的周期 T。

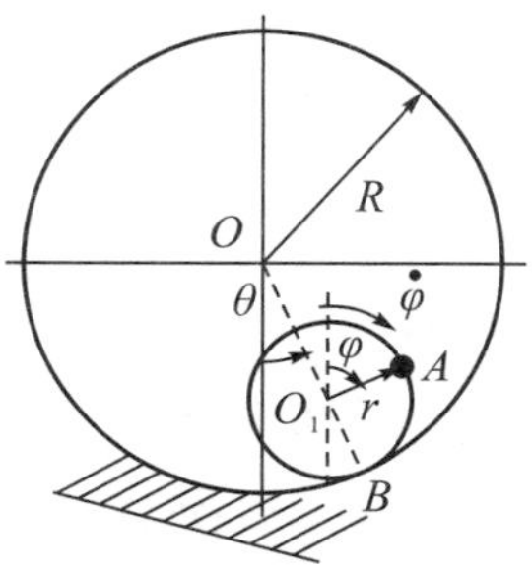

例 6—3 图　带质点 A 的小圆环的纯滚动

解 设圆环的绝对转角为 φ，由纯滚动条件（O_1绕 O 点做圆周运动，B 点为小圆环的速度瞬心），有

$$v_{O_1} = (R-r)\dot{\theta} = r\dot{\varphi}$$

$$v_A = AB\dot{\varphi} = \left(2r\cos\frac{\theta+\varphi}{2}\right)\dot{\varphi}$$

将已知条件 $R=3r$ 代入上面第一式，得到 $2\dot{\theta}=\dot{\varphi}$，考虑到初始位置，有 $2\theta=\varphi$，系统动能为

$$\begin{aligned} T &= \frac{1}{2}(Mr^2)\dot{\varphi}^2 + \frac{1}{2}Mv_{O_1}^2 + \frac{1}{2}mv_A^2 \\ &= 4Mr^2\dot{\theta}^2 + 8mr^2\dot{\theta}^2\cos^2\frac{3\theta}{2} \end{aligned}$$

如果令

$$f(\theta) = 8\left(M + 2m\cos^2\frac{3\theta}{2}\right)r^2$$

则系统动能可简写为

$$T = \frac{1}{2}f(\theta)\dot{\theta}^2 \tag{a}$$

取过点 O 的水平面为零势能面，则系统势能为

$$\begin{aligned} V &= -Mg(R-r)\cos\theta - mg[(R-r)\cos\theta - r\cos\varphi] \\ &= -2(M+m)gr\cos\theta + mgr\cos 2\theta \end{aligned} \tag{b}$$

$$\frac{\mathrm{d}V}{\mathrm{d}\theta} = 2gr[(M+m) - 2m\cos\theta]\sin\theta$$

$$\frac{\mathrm{d}^2V}{\mathrm{d}\theta^2} = 2gr[(M+m)\cos\theta - 4m\cos^2\theta + 2m]$$

系统在稳定的平衡位置，势能取极小值，令$\frac{\mathrm{d}V}{\mathrm{d}\theta}=0$，由此确定系统的两个平衡位置 $\theta_1=0$ 和 $\theta_2=\arccos\frac{M+m}{2m}$。将 $\theta=0$ 代入势能的二阶导数表达式，有

$$\left.\frac{\mathrm{d}^2V}{\mathrm{d}\theta^2}\right|_{\theta=0} = 2gr(M-m)$$

所以，当 $M>m$ 时，$\theta=0$ 为稳定的平衡位置。再将 $\theta=\theta_2=\arccos\frac{M+m}{2m}$代入势能的二阶导数表达式，有

$$\left.\frac{\mathrm{d}^2V}{\mathrm{d}\theta^2}\right|_{\theta=\theta_2} = 4mgr\left[1-\left(\frac{M+m}{2m}\right)^2\right]$$

所以，当 $M<m$ 时，$\theta=\theta_2$ 为稳定的平衡位置。综合上述分析，可知：

（1）当 $M=2m>m$ 时，$\theta=\theta_1=0$ 为稳定的平衡位置；

（2）当 $M=\frac{1}{2}m<m$ 时，$\theta=\theta_2$ 为稳定的平衡位置。

为了计算系统在两个稳定的平衡位置附近做微振动的周期 τ，可以引用下面的

公式：

$$\tau = 2\pi\sqrt{\frac{f(\xi)}{V''(\xi)}} \tag{c}$$

式中 $f(\xi)=f(\theta)\big|_{\theta=\xi}$ 是动能表达式（a）中的函数 $f(\theta)$ 在平衡位置的函数值，$V''(\xi)=\left.\frac{\mathrm{d}^2V}{\mathrm{d}\theta^2}\right|_{\theta=\xi}$ 是势能函数式（b）的二阶导数在平衡位置的函数值。

将式（a）和式（b）代入式（c），可得到当 $M=2m$ 时，系统在稳定平衡位置 $\theta=0$ 附近做微振动的周期如下：

$$\tau_1 = 2\pi\sqrt{\frac{f(0)}{V''(0)}} = 2\pi\sqrt{\frac{16r}{g}} = 2.54\mathrm{s}$$

如果 $M=\frac{m}{2}$，则系统在稳定平衡位置 $\theta=\theta_2=\arccos\frac{3}{4}$ 附近做微振动，有

$$f(\theta_2) = 8Mr^2(1+4\cos^2\frac{3}{2}\theta_2)$$

$$V''(\theta_2) = \frac{7}{2}Mgr$$

代入式（c），得到微振动周期为

$$\tau_2 = 2\pi\sqrt{\frac{f(\theta_2)}{V''(\theta_2)}} = 1.32\mathrm{s}$$

【解题技巧分析】系统在稳定的平衡位置，势能取极小值。本例题利用这个性质，先求出在给定条件下系统稳定的平衡点。为了计算系统在稳定的平衡点附近做微振动的周期，利用了公式（c），这是少学时理论力学教学大纲以外的内容，下面以知识点补充的方式对本例题涉及的公式（c）加以论证。

【知识点补充】证明：对于只有一个自由度的保守系统，如果取 q 为系统的广义坐标，设势能 $V=V(q)$，将系统的动能表示为

$$T = \frac{1}{2}f(q)\dot{q}^2$$

则系统在稳定平衡点 $q=\xi$ 附近做微振动的周期 τ 可以通过式（c）计算，即

$$\tau = 2\pi\sqrt{\frac{f(\xi)}{V''(\xi)}}$$

证明　根据假设，系统为保守系统，机械能守恒，即

$$T+V = \frac{1}{2}f(q)\dot{q}^2 + V(q) = \text{常数}$$

上式对时间求导数，可得到

$$f(q)\ddot{q} + V'(q) = -\frac{1}{2}f'(q)\dot{q}^2 = F(q)\dot{q}^2$$

在平衡点 $q=\xi$ 附近，令 $x=q-\xi$，则 x 和速度 $\dot{x}=\dot{q}$ 均为一阶小量，上式右端项为二阶小量可以略去，并且 $f(q)\approx f(\xi)>0$。另外，由于在稳定的平衡点有 $V'(\xi)=0$，$V''(\xi)>0$，所以在系统微振动时，$V'(q)\approx V''(\xi)x$，$\ddot{x}=\ddot{q}$，上式化为

$$f(\xi)\ddot{x} + V''(\xi)x = 0$$

因此，振动的圆频率为

$$\omega=\sqrt{\frac{V''(\xi)}{f(\xi)}}$$

振动周期为

$$\tau=\frac{2\pi}{\omega}=2\pi\sqrt{\frac{f(\xi)}{V''(\xi)}}$$

证毕。

6.4 保守系统的拉格朗日方程

拉格朗日方程可以从式（6－3－4）推导出来。对于保守系统，前面已给出广义力通过势能和广义坐标表示的公式：

$$Q_k=-\frac{\partial V}{\partial q_k}\quad (k=1,2,\cdots,N) \tag{6－4－1}$$

为了进一步将式（6－3－4）中广义惯性力与系统的动能联系起来，需要用到下面两个拉格朗日恒等式：

(a) $\dfrac{\partial \boldsymbol{r}_i}{\partial q_k}=\dfrac{\partial \dot{\boldsymbol{r}}_i}{\partial \dot{q}_k}$；(b) $\dfrac{\mathrm{d}}{\mathrm{d}t}\left(\dfrac{\partial \boldsymbol{r}_i}{\partial q_k}\right)=\dfrac{\partial \dot{\boldsymbol{r}}_i}{\partial q_k}$。

恒等式（a）可以通过对式（6－3－1）两端关于时间求导数等步骤获得证明。根据式（6－3－1），矢径为广义坐标和时间的函数：

$$\boldsymbol{r}_i=\boldsymbol{r}_i(q_1,q_2,\cdots,q_N,t)\quad (i=1,2,\cdots,n) \tag{6－4－2}$$

该式两端对时间求导数，得到

$$\dot{\boldsymbol{r}}_i=\sum_{k=1}^{N}\frac{\partial \boldsymbol{r}_i}{\partial q_k}\dot{q}_k+\frac{\partial \boldsymbol{r}_i}{\partial t} \tag{6－4－3}$$

式中 $\dot{q}_k$（$k=1$，2，…，N）称为广义速度。显然，偏导数$\dfrac{\partial \boldsymbol{r}_i}{\partial t}$只是时间和广义坐标的函数，与广义速度无关，式（6－4－3）两端再对广义速度 $\dot{q}_k$（$k=1$，2，…，N）求导，即得到恒等式（a）。如果对式（6－4－3）两端关于广义坐标 q_k（$k=1$，2，…，N）计算偏导数，并且假设矢径具有直到二阶的连续偏导数，则有

$$\frac{\partial \dot{\boldsymbol{r}}_i}{\partial q_k}=\frac{\partial}{\partial q_k}\left(\sum_{j=1}^{N}\frac{\partial \boldsymbol{r}_i}{\partial q_j}\dot{q}_j+\frac{\partial \boldsymbol{r}_i}{\partial t}\right)=\sum_{j=1}^{N}\frac{\partial^2 \boldsymbol{r}_i}{\partial q_k\partial q_j}\dot{q}_j+\frac{\partial^2 \boldsymbol{r}_i}{\partial q_k\partial t}$$

另外，如果对偏导数关于时间计算全导数，则有

$$\frac{\mathrm{d}}{\mathrm{d}t}\left(\frac{\partial \boldsymbol{r}_i}{\partial q_k}\right)=\sum_{j=1}^{N}\frac{\partial}{\partial q_j}\left(\frac{\partial \boldsymbol{r}_i}{\partial q_k}\right)\dot{q}_j+\frac{\partial}{\partial t}\left(\frac{\partial \boldsymbol{r}_i}{\partial q_k}\right)=\sum_{j=1}^{N}\frac{\partial^2 \boldsymbol{r}_i}{\partial q_k\partial q_j}\dot{q}_j+\frac{\partial^2 \boldsymbol{r}_i}{\partial q_k\partial t}$$

比较这两式，可知

$$\frac{\mathrm{d}}{\mathrm{d}t}\left(\frac{\partial \boldsymbol{r}_i}{\partial q_k}\right)=\frac{\partial \dot{\boldsymbol{r}}_i}{\partial q_k}$$

这就是恒等式（b）。利用恒等式（a）和（b），广义惯性力可以通过系统的动能和广义坐标表示为

$$\sum_{i=1}^{n} -m_i\ddot{\boldsymbol{r}}_i \cdot \frac{\partial \boldsymbol{r}_i}{\partial q_k} = -\left[\frac{\mathrm{d}}{\mathrm{d}t}\left(\frac{\partial T}{\partial \dot{q}_k}\right) - \frac{\partial T}{\partial q_k}\right]$$

因为

$$\sum_{i=1}^{n} m_i\ddot{\boldsymbol{r}}_i \cdot \frac{\partial \boldsymbol{r}_i}{\partial q_k} = \frac{\mathrm{d}}{\mathrm{d}t}\left(\sum_{i=1}^{n} m_i\dot{\boldsymbol{r}}_i \cdot \frac{\partial \boldsymbol{r}_i}{\partial q_k}\right) - \sum_{i=1}^{n} m_i\dot{\boldsymbol{r}}_i \cdot \frac{\mathrm{d}}{\mathrm{d}t}\left(\frac{\partial \boldsymbol{r}_i}{\partial q_k}\right)$$

将恒等式（a）和（b）代入，有

$$\sum_{i=1}^{n} m_i\ddot{\boldsymbol{r}}_i \cdot \frac{\partial \boldsymbol{r}_i}{\partial q_k} = \frac{\mathrm{d}}{\mathrm{d}t}\left(\sum_{i=1}^{n} m_i\dot{\boldsymbol{r}}_i \cdot \frac{\partial \dot{\boldsymbol{r}}_i}{\partial \dot{q}_k}\right) - \sum_{i=1}^{n} m_i\dot{\boldsymbol{r}}_i \cdot \frac{\partial \dot{\boldsymbol{r}}_i}{\partial q_k}$$

所以

$$\sum_{i=1}^{n} m_i\ddot{\boldsymbol{r}}_i \cdot \frac{\partial \boldsymbol{r}_i}{\partial q_k} = \frac{\mathrm{d}}{\mathrm{d}t}\left(\frac{\partial T}{\partial \dot{q}_k}\right) - \frac{\partial T}{\partial q_k}$$

式中 $T = \frac{1}{2}\left(\sum_{i=1}^{n} m_i\dot{\boldsymbol{r}}_i \cdot \dot{\boldsymbol{r}}_i\right) = \sum_{i=1}^{n} \frac{1}{2}m_i v_i^2$ 为系统的动能。将上式代入式（6−3−4），得到

$$\frac{\mathrm{d}}{\mathrm{d}t}\left(\frac{\partial T}{\partial \dot{q}_k}\right) - \frac{\partial T}{\partial q_k} = Q_k \ (k = 1,2,\cdots,N) \tag{6−4−4a}$$

这就是用质点系的动能 T、广义力 Q_k（$k=1, 2, \cdots, N$）表示的广义坐标形式的动力学普遍方程，通常称为拉格朗日方程（第二类），其中不含与约束力对应的广义力，方程总数等于自由度数，即 $N=3n-s$。对于保守系统，因为有式（6−4−1），并且势能与广义速度无关，所以拉格朗日方程可以改写为更简洁的形式：

$$\frac{\mathrm{d}}{\mathrm{d}t}\left(\frac{\partial L}{\partial \dot{q}_k}\right) - \frac{\partial L}{\partial q_k} = 0 \quad (k = 1,2,\cdots,N) \tag{6−4−4b}$$

式中 $L=T-V$ 为系统的动能与势能之差，称为拉格朗日函数。因此，保守系统的拉格朗日方程是通过拉格朗日函数表示的。如果将系统的动能和势能写成广义坐标、广义速度的函数，并假设系统受理想、完整约束，那么利用拉格朗日方程，可以方便地写出多自由度系统的动力学方程，在此基础上可以进一步研究系统的动力学问题及其解的特性。式（6−4−4a）是一般非保守系统的拉格朗日方程，式（6−4−4b）是保守系统的拉格朗日方程。

例 6−4　在图示振动系统中，已知：均质刚杆 AB 的长 $L=0.6$m，质量 $m_1=3$kg，弹簧的刚度系数为 $k=32$N/cm，均质轮 O 的质量为 $m_2=2$kg，物块 D 的质量为 $m_3=1$kg；杆 AB 铅垂时为平衡位置。设运动开始时，物块 D 的位移为 $y_0=0$，速度为 $\dot{y}_0=6$cm/s，试求：（1）系统微振动的运动微分方程；（2）系统的固有频率；（3）物块 D 的振幅。

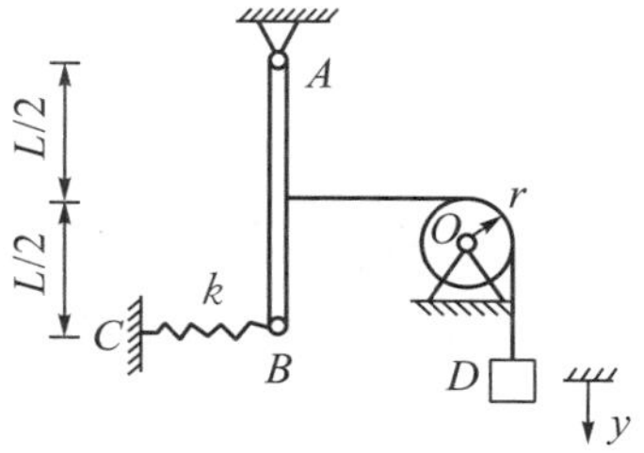

例 6−4 图　振动系统

解 (1) 题给系统为保守系统，受理想完整约束，有一个自由度。以物块 D 的位移 y 为广义坐标，设物块 D 的速度为 $v_D=\dot{y}$，轮 O、杆 AB 的角速度分别为 ω_O，ω_{AB}，则 $\omega_O=\dot{y}/r$，$\omega_{AB}=2\dot{y}/L$，系统的动能为

$$T=\frac{1}{2}\left(m_3\dot{y}^2+\frac{1}{2}m_2r^2\omega_O^2+\frac{1}{3}m_1L^2\omega_{AB}^2\right)$$
$$=\frac{1}{2}\left(m_3+\frac{1}{2}m_2+\frac{4}{3}m_1\right)\dot{y}^2$$

以系统的静平衡位置为零势能位置，则系统的势能为位移 y 的函数：

$$V=-m_3gy+m_1g\,\frac{1}{2}L\left(1-\cos\frac{2y}{L}\right)+\frac{1}{2}k\left[(\delta_{st}+2y)^2-\delta_{st}{}^2\right]$$

δ_{st}为弹簧的静伸长。拉格朗日函数 $L=T-V$，偏导数计算如下：

$$\frac{\partial L}{\partial y}=m_3g-m_1g\sin\frac{2y}{L}-2k(\delta_{st}+2y)$$
$$\frac{\mathrm{d}}{\mathrm{d}t}\left(\frac{\partial L}{\partial\dot{y}}\right)=(m_3+\frac{1}{2}m_2+\frac{4}{3}m_1)\ddot{y}$$

代入拉格朗日方程 $\frac{\mathrm{d}}{\mathrm{d}t}\left(\frac{\partial L}{\partial\dot{y}}\right)-\frac{\partial L}{\partial y}=0$，注意到对于微振动有 $\sin\frac{2y}{L}\approx\frac{2y}{L}$，得到

$$(m_3+\frac{1}{2}m_2+\frac{4}{3}m_1)\ddot{y}-m_3g+\frac{2m_1gy}{L}+2k\delta_{st}+4ky=0$$

将静平衡关系 $2k\delta_{st}-m_3g=0$ 代入，得到系统微振动的运动微分方程

$$(m_3+\frac{1}{2}m_2+\frac{4}{3}m_1)\ddot{y}+\left(\frac{2m_1g}{L}+4k\right)y=0$$

(2) 系统的固有频率计算如下：

$$\omega_n{}^2=\frac{(2m_1g/L)+4k}{m_3+\frac{1}{2}m_2+\frac{4}{3}m_1}=2150,\omega_n=46.4\ (\mathrm{s}^{-1})$$

(3) 物块 D 的振幅为

$$A=\sqrt{y_0{}^2+(\dot{y}_0{}^2/\omega_n{}^2)}=0.129\ \mathrm{cm}$$

【解题技巧分析】由于本题只有一个自由度，因此也可以方便地利用动能定理求解。

例 6-5 在图示系统中，已知：均质圆柱 A 的质量为M，半径为 r，板 B 的质量为m，F 为常力，圆柱 A 沿板面做纯滚动，板 B 沿光滑水平面运动。试利用动力学普遍方程：(1) 以 x 和 φ 为广义坐标，写出系统的运动微分方程；(2) 求圆柱 A 的角加速度 $\ddot{\varphi}$ 和板 B 的加速度 $\ddot{x}$。

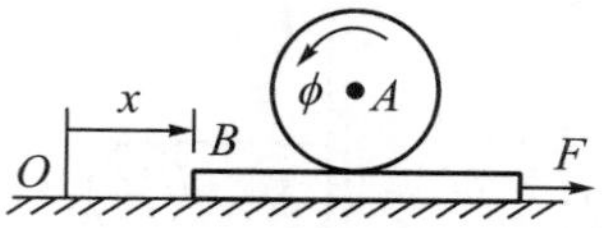

例 6-5 图　圆柱-平板系统

解　系统受理想完整约束，有两个自由度，以 x 和 φ 为广义坐标，其动力学普遍方程为

$$-M\ddot{x}_A\delta x_A - J_A\ddot{\varphi}\delta\varphi + (F - m\ddot{x})\delta x = 0$$

式中 $-M\ddot{x}_A$，$-J_A\ddot{\varphi}$ 分别为圆柱体的惯性力和对其质心 A 的惯性力偶矩，$-m\ddot{x}$ 为板的惯性力。由纯滚动，有

$x_A = x - r\varphi + L$（L 为初始时，圆柱与板交点到板左端的距离）

$\delta x_A = \delta x - r\delta\varphi$

$\ddot{x}_A = \ddot{x} - r\ddot{\varphi}$

代入上面的动力学方程，有

$$-M(\ddot{x} - r\ddot{\varphi})(\delta x - r\delta\varphi) - J_A\ddot{\varphi}\delta\varphi + (F - m\ddot{x})\delta x = 0$$

因为变分 δx，$\delta\varphi$ 是各自独立变化的，所以有

$$F - m\ddot{x} - M(\ddot{x} - r\ddot{\varphi}) = 0$$

$$-J_A\ddot{\varphi} + Mr(\ddot{x} - r\ddot{\varphi}) = 0$$

这就是系统的运动微分方程，从中解得圆柱 A 的角加速度 $\ddot{\varphi}$ 和板 B 的加速度 $\ddot{x}$ 为

$$\ddot{\varphi} = (2F/r)/(M + 3m)\text{；}\ddot{x} = 3F/(M + 3m)$$

例 6—6　在图示系统中，已知：均质圆盘 A 的质量为 M，半径为 r，单摆长为 b，摆锤 B 的质量为 m，圆盘在水平面上做纯滚动，杆 AB 质量不计，A 点为铰接。试用拉格朗日方程建立系统的运动微分方程，以 φ 和 θ 为广义坐标。

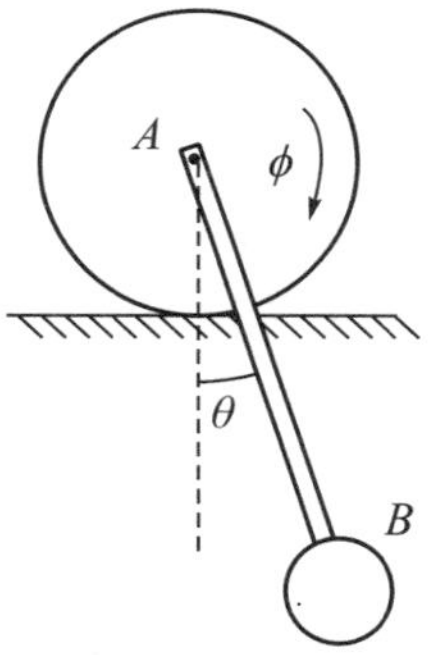

例 6—6 图　悬挂点 A 运动的单摆系统

解　题给系统为保守系统，受理想完整约束，有两个自由度，以 φ 和 θ 为广义坐标，系统的动能和势能为

$$T = \frac{1}{2}\left(\frac{3}{2}Mr^2\right)\dot{\varphi}^2 + \frac{1}{2}m(r^2\dot{\varphi}^2 + b^2\dot{\theta}^2 + 2rb\dot{\varphi}\dot{\theta}\cos\theta)$$

$$V = -mgb\cos\theta$$

拉格朗日函数 $L = T - V$，各偏导数计算如下：

$$\frac{\partial L}{\partial\dot{\varphi}}=\frac{3}{2}Mr^2\dot{\varphi}+mr^2\dot{\varphi}+mrb\dot{\theta}\cos\theta$$

$$\frac{\mathrm{d}}{\mathrm{d}t}\left(\frac{\partial L}{\partial\dot{\varphi}}\right)=\frac{3}{2}Mr^2\ddot{\varphi}+mr^2\ddot{\varphi}+mrb\ddot{\theta}\cos\theta-mrb\dot{\theta}^2\sin\theta$$

$$\frac{\partial L}{\partial\varphi}=0$$

$$\frac{\partial L}{\partial\dot{\theta}}=mb^2\dot{\theta}+mr\dot{\varphi}b\cos\theta$$

$$\frac{\mathrm{d}}{\mathrm{d}t}\left(\frac{\partial L}{\partial\dot{\theta}}\right)=mb^2\ddot{\theta}+mr\ddot{\varphi}b\cos\theta-mr\dot{\varphi}\dot{\theta}b\sin\theta$$

$$\frac{\partial L}{\partial\theta}=-mr\dot{\varphi}b\dot{\theta}\sin\theta-mgb\sin\theta$$

代入以 φ 和 θ 为广义坐标的拉格朗日方程组：

$$\frac{\mathrm{d}}{\mathrm{d}t}\left(\frac{\partial L}{\partial\dot{\varphi}}\right)-\frac{\partial L}{\partial\varphi}=0$$

$$\frac{\mathrm{d}}{\mathrm{d}t}\left(\frac{\partial L}{\partial\dot{\theta}}\right)-\frac{\partial L}{\partial\theta}=0$$

得系统的运动微分方程为

$$\left(\frac{3M}{2m}+1\right)r\ddot{\varphi}+b\ddot{\theta}\cos\theta-b\dot{\theta}^2\sin\theta=0$$

$$b\ddot{\theta}+r\ddot{\varphi}\cos\theta+g\sin\theta=0$$

在本题中，因为$\dfrac{\partial L}{\partial\varphi}=0$，根据拉格朗日方程，有

$$\frac{\mathrm{d}}{\mathrm{d}t}\left(\frac{\partial L}{\partial\dot{\varphi}}\right)=0$$

上式关于时间积分，得到

$$\frac{\partial L}{\partial\dot{\varphi}}=\frac{3}{2}Mr^2\dot{\varphi}+mr^2\dot{\varphi}+mrb\dot{\theta}\cos\theta=\text{常数}$$

在分析力学中，将导数$\dfrac{\partial L}{\partial\dot{\varphi}}$称为与广义坐标 φ 对应的广义动量。拉格朗日函数通常是广义坐标和广义速度的函数，如果拉格朗日函数中不显含某一个广义坐标，则关于该广义坐标的偏导数等于零，这样的坐标称为循环坐标，系统与循环坐标对应的广义动量守恒。广义动量等于常数的表达式也称为拉格朗日方程的首积分。

例 6-7 （第一届全国青年力学竞赛题，1988 年）质量为 M、半径为 b 的空心薄圆柱 O_1 在光滑水平面上运动。另一质量为 m、半径为 a（$a<b$）的空心薄圆柱 O_2 在圆柱 O_1 的内表面做纯滚动。令 θ 角为 O_1O_2 与向下竖直线的夹角。设初始时静止，且 $\theta=\theta_0$。试写出运动过程中 $\dot{\theta}$ 与 θ 的关系式。

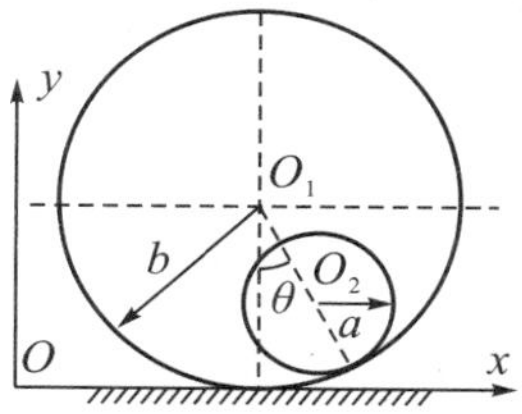

例 6—7 图（a）

解　建立图（a）所示坐标系。利用拉格朗日方程可写出运动关系式。设 O_1的坐标记为（x_1，b），O_2的坐标记为（x_2，y_2），则 O_1，O_2两点坐标的几何关系为

$$x_2 = x_1 + (b-a)\sin\theta,$$
$$y_2 = b-(b-a)\cos\theta$$

系统动能为

$$T = \frac{1}{2}M\dot{x}_1^2 + \frac{1}{2}Mb^2\dot{\varphi}^2 + \frac{1}{2}m(\dot{x}_2^2+\dot{y}_2^2) + \frac{1}{2}ma^2\dot{\psi}^2$$

系统势能（空心圆柱 O_1的势能不变，可取为零；取 $y_2=a$ 为空心圆柱 O_2的势能零点）为

$$V = mg(y_2-a)$$

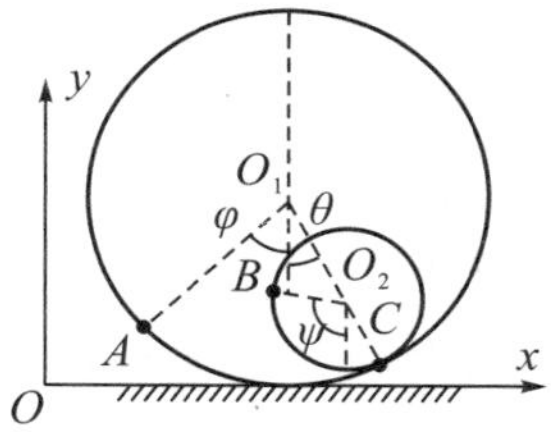

例 6—7 图（b）

假设某时刻 A 点与 B 点重合，如图（b）所示，纯滚动的条件为$\overset{\frown}{AC}=\overset{\frown}{BC}$，即

$$b(\theta+\varphi) = a(\theta+\psi)$$

所以三个角度 θ，φ，ψ 中只有两个可以独立变化，系统有三个自由度，取 x_1，θ，φ 为广义坐标。系统的拉格朗日函数为

$$L = T-V = \frac{1}{2}(M+m)\dot{x}_1^2 + m(b-a)\dot{x}_1\dot{\theta}\cos\theta$$
$$+\frac{1}{2}(M+m)b^2\dot{\varphi}^2 + mb(b-a)\dot{\varphi}\dot{\theta}$$
$$+m(b-a)^2\dot{\theta}^2 - mg(b-a)(1-\cos\theta)$$

因为式中不含广义坐标 x_1，φ，所以 x_1和 φ 是循环坐标，根据拉格朗日方程

$$\frac{\mathrm{d}}{\mathrm{d}t}\left(\frac{\partial L}{\partial \dot{q}_i}\right)-\frac{\partial L}{\partial q_i} = 0,\quad i=1,2,3$$
$$q_1 = x_1,\quad q_2=\theta,\quad q_3=\varphi$$

并利用初始条件，可得到拉格朗日方程的两个首积分如下：

$$\frac{\partial L}{\partial \dot{x}_1} = (M+m)\dot{x}_1 + m(b-a)\dot{\theta}\cos\theta = 0$$

$$\frac{\partial L}{\partial \dot{\varphi}} = (M+m)b^2\dot{\varphi} + mb(b-a)\dot{\theta} = 0$$

由此，可将广义速度 $\dot{x}_1$，$\dot{\varphi}$ 表示为 θ 和 $\dot{\theta}$ 的函数：

$$\dot{x}_1 = -\frac{m}{M+m}(b-a)\dot{\theta}\cos\theta$$

$$\dot{\varphi} = -\frac{m}{M+m}\left(1-\frac{a}{b}\right)\dot{\theta}$$

因为题给系统的机械能守恒且初始静止，所以

$$\begin{aligned} T+V = & \frac{1}{2}(M+m)\dot{x}_1^2 + m(b-a)\dot{x}_1\dot{\theta}\cos\theta \\ & + \frac{1}{2}(M+m)b^2\dot{\varphi}^2 + mb(b-a)\dot{\varphi}\dot{\theta} + m(b-a)^2\dot{\theta}^2 \\ & + mg(b-a)(1-\cos\theta) = mg(b-a)(1-\cos\theta_0) \end{aligned}$$

式中第二个等号右端项是系统初始位置的势能。将前面广义速度 $\dot{x}_1$，$\dot{\varphi}$ 的表达式代入，得到 $\dot{\theta}$ 和 θ 的函数关系式：

$$\dot{\theta}^2 = \frac{2(M+m)(\cos\theta - \cos\theta_0)}{(2M + m\sin^2\theta)(b-a)}g$$

【解题技巧分析】本题属于常规题目，首先判定系统的自由度数等于3，并选好广义坐标 x_1，θ，φ。利用系统是保守系统的性质，写出系统的动能、势能，从而得到系统的拉格朗日函数和机械能守恒的表达式，根据拉格朗日方程，利用 x_1，φ 是循环坐标的有利条件，得到拉格朗日方程的两个首积分是本题解题的重要步骤。实际上，保守系统的机械能守恒表达式也是拉格朗日方程的首积分。因为拉格朗日方程含广义坐标的二阶导数，所以首积分的表达式中只含广义坐标及其对时间的一阶导数，广义速度包含在首积分的表达式中。本题利用拉格朗日方程的三个首积分得到了解答。

例 6－8　轮轴大半径为 R，小半径为 r，轮轴整体对轴 O 的转动惯量为 J_O，连在轮轴上的弹簧刚度系数为 k，物块质量为 m。现以平衡位置为坐标原点，以轮轴的转角为广义坐标，试写出系统的拉格朗日方程，并求出系统做微振动的固有频率。

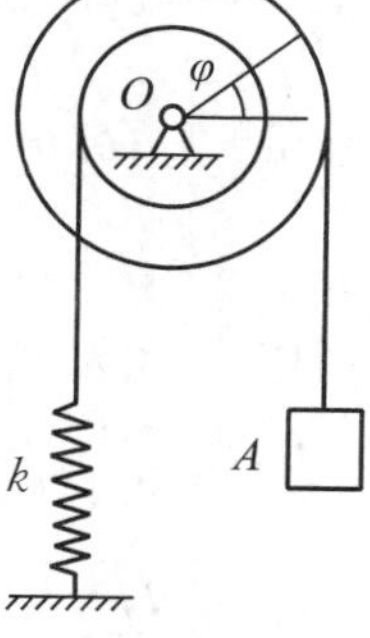

例 6－8 图　系统的微振动

解　以轮轴的转角 φ 为广义坐标，静平衡位置为零势能位置，则系统动能为

$$T=\frac{1}{2}J_O\dot{\varphi}^2+\frac{1}{2}m(R\dot{\varphi})^2$$

系统势能为

$$V=\frac{1}{2}k(r\varphi)^2$$

拉格朗日函数为

$$L=T-V=\frac{1}{2}J_O\dot{\varphi}^2+\frac{1}{2}mR^2\dot{\varphi}^2-\frac{1}{2}kr^2\varphi^2$$

代入拉格朗日方程

$$\frac{\mathrm{d}}{\mathrm{d}t}\left(\frac{\partial L}{\partial\dot{\varphi}}\right)-\frac{\partial L}{\partial\varphi}=0$$

得到

$$(J_O+mR^2)\ddot{\varphi}+kr^2\varphi=0$$

或者改写为

$$\ddot{\varphi}+\frac{kr^2}{J_O+mR^2}\varphi=0$$

由此，得系统微振动的固有频率为 $\omega_0=\sqrt{\dfrac{kr^2}{J_O+mR^2}}$。

例 6－9　图示三棱柱体 ABC 的质量为 m_1，放在光滑的水平面上，可以无摩擦地滑动。质量为 m_2 的均质圆柱体 O 沿三棱柱体的斜面 AB 向下做纯滚动，斜面倾角为 θ。以 x 和 s 为广义坐标，用拉格朗日方程建立系统的运动微分方程，并求出三棱柱体的加速度。

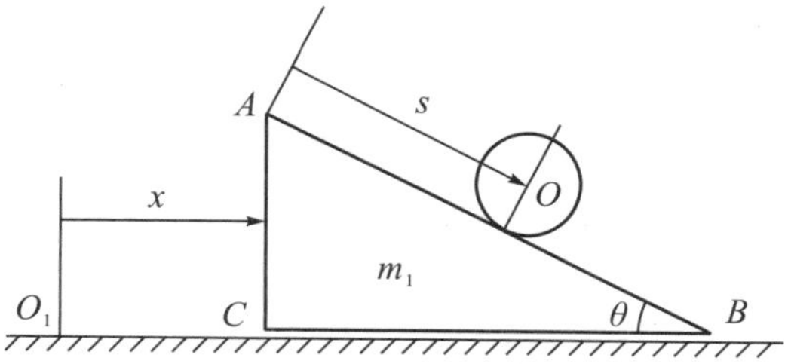

例 6－9 图　圆柱与三棱柱系统

解　以三棱柱体 ABC 的水平位移 x 和圆柱体 O 沿三棱柱体斜面相对位移 s 为广义坐标，以 $z=AC$ 高度处为零势能位置，则系统的动能为

$$T=\frac{1}{2}m_1v^2+\frac{1}{2}m_2v_O^2+\frac{1}{2}J_O\omega_O^2$$

式中 $v=\dot{x}$，$\omega_O=\dfrac{\dot{s}}{r}$，$v_O^2=\dot{x}^2+\dot{s}^2+2\dot{x}\dot{s}\cos\theta$，$J_O=\dfrac{1}{2}m_2r^2$，代入上式，得到

$$T=\frac{1}{2}(m_1+m_2)\dot{x}^2+\frac{3}{4}m_2\dot{s}^2+m_2\dot{x}\dot{s}\cos\theta$$

系统势能为（常数略去，因为后面要求导数，这些常数不起作用）

$$V=-m_2gs\sin\theta$$

拉格朗日函数为

$$L = T - V = \frac{1}{2}(m_1 + m_2)\dot{x}^2 + \frac{3}{4}m_2\dot{s}^2 + m_2\dot{x}\dot{s}\cos\theta + m_2 g s\sin\theta$$

代入第二类拉格朗日方程

$$\frac{\mathrm{d}}{\mathrm{d}t}\left(\frac{\partial L}{\partial \dot{x}}\right) - \frac{\partial L}{\partial x} = 0$$

$$\frac{\mathrm{d}}{\mathrm{d}t}\left(\frac{\partial L}{\partial \dot{s}}\right) - \frac{\partial L}{\partial s} = 0$$

得到系统的运动微分方程：

$$(m_1 + m_2)\ddot{x} + m_2\ddot{s}\cos\theta = 0$$

$$\frac{3}{2}\ddot{s} + \ddot{x}\cos\theta - g\sin\theta = 0$$

联立以上两式，得三棱柱体的加速度：

$$\ddot{x} = -\frac{m_2 g\sin 2\theta}{3m_1 + (3 - 2\cos^2\theta)m_2}\text{（水平向左）}$$

例 6－10　在图示系统中，已知：均质圆盘 A 和 B 的半径分别为 R 和 r，质量分别为 M 和 m。试以 φ 和 θ 为广义坐标，用拉格朗日方程建立系统的运动微分方程。

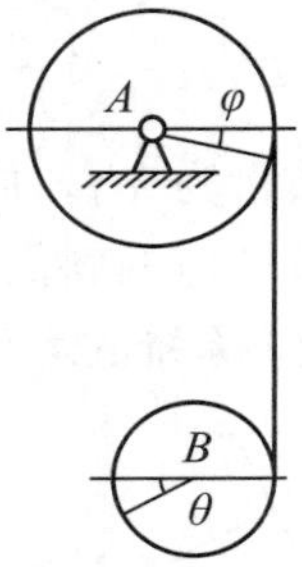

例 6－10 图　双圆盘系统

解　以圆盘 A 和 B 的转角 φ 和 θ 为广义坐标，以 A 位置为零势能位置，系统动能、势能分别为

$$T = \frac{1}{2}J_A\dot{\varphi}^2 + \frac{1}{2}m_B v_B^2 + \frac{1}{2}J_B\dot{\theta}^2$$

$$= \frac{1}{4}MR^2\dot{\varphi}^2 + \frac{1}{2}m(R\dot{\varphi} + r\dot{\theta})^2 + \frac{1}{4}mr^2\dot{\theta}^2$$

$$V = V_0 - mg(R\varphi + r\theta)$$

式中 V_0 是 $\varphi=0$ 和 $\theta=0$ 位置处系统的势能。拉格朗日函数为

$$L = T - V = \frac{1}{4}MR^2\dot{\varphi}^2 + \frac{1}{2}m(R\dot{\varphi} + r\dot{\theta})^2 + \frac{1}{4}mr^2\dot{\theta}^2 + mg(R\varphi + r\theta) - V_0$$

代入第二类拉格朗日方程

$$\frac{\mathrm{d}}{\mathrm{d}t}\left(\frac{\partial L}{\partial \dot{\varphi}}\right) - \frac{\partial L}{\partial \varphi} = 0$$

$$\frac{\mathrm{d}}{\mathrm{d}t}\left(\frac{\partial L}{\partial \dot{\theta}}\right) - \frac{\partial L}{\partial \theta} = 0$$

得到系统的运动微分方程为

$$\left(\frac{M}{2}+m\right)R\ddot{\varphi}+mr\ddot{\theta}-mg=0$$

$$\frac{3}{2}mr\ddot{\theta}+mR\ddot{\varphi}-mg=0$$

例 6－11 图示机械系统中，质量为 m、半径为 r 的均质半圆板通过支座固定在圆形底盘上，半圆板可绕水平的 x 轴转动。已知支座和圆形底盘对 z 轴的转动惯量为 J_O，在没有外力矩的作用时可绕 z 轴自由转动。试用拉格朗日方程证明半圆板绕 x 轴转动不受底盘转动的影响。

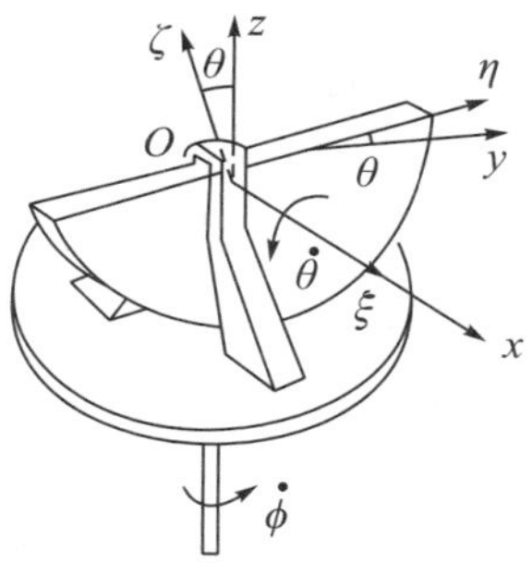

例 6－11 图　半圆板机械系统

证明　题给系统为保守系统，受理想完整约束，有两个自由度，以 θ，φ 为广义坐标，分别为半圆板绕 x 轴转动的角度和底盘绕固定轴 z 转动的角度，建立半圆板的固连坐标系 $O\xi\eta\zeta$，如图所示，$O\xi$ 轴与 x 轴重合，半圆板的角速度矢量在固连坐标系中的表达式为

$$\boldsymbol{\omega}=\dot{\theta}\boldsymbol{e}_{\xi}+\dot{\varphi}\sin\theta\boldsymbol{e}_{\eta}+\dot{\varphi}\cos\theta\boldsymbol{e}_{\zeta}=\omega_{\xi}\boldsymbol{e}_{\xi}+\omega_{\eta}\boldsymbol{e}_{\eta}+\omega_{\zeta}\boldsymbol{e}_{\zeta}$$

系统的动能包括半圆板的动能和支座与底盘的动能两部分，即 $T=T_1+T_2$，其中半圆板的动能为

$$T_1=\frac{1}{2}(J_{\xi}\omega_{\xi}^{2}+J_{\eta}\omega_{\eta}^{2}+J_{\zeta}\omega_{\zeta}^{2})$$

式中

$$J_{\eta}=J_{\zeta}=\frac{1}{4}mr^2,\quad J_{\xi}=\frac{1}{2}mr^2$$

为转动惯量，而

$$\omega_{\xi}=\dot{\theta},\omega_{\eta}=\dot{\varphi}\sin\theta,\omega_{\zeta}=\dot{\varphi}\cos\theta$$

为半圆板角速度矢量在固连坐标系 $O\xi\eta\zeta$ 中的投影值。

支座与底盘的动能为

$$T_2=\frac{1}{2}J_0\dot{\varphi}^2$$

系统的动能为

$$T=\frac{1}{2}(J_{\xi}\dot{\theta}^2+J_{\eta}(\dot{\varphi}\sin\theta)^2+J_{\zeta}(\dot{\varphi}\cos\theta)^2+J_0\dot{\varphi}^2)$$

系统的势能只与 θ 有关，记为 $V=V(\theta)$，拉格朗日函数 $L=T-V$，各偏导数计算如下：

$$\frac{\partial L}{\partial \dot{\theta}} = J_{\xi}\dot{\theta}$$

$$\frac{\partial L}{\partial \theta} = J_{\eta}\dot{\varphi}^2 \sin\theta\cos\theta - J_{\zeta}\dot{\varphi}^2\cos\theta\sin\theta - \frac{\mathrm{d}V}{\mathrm{d}\theta}$$

$$\frac{\mathrm{d}}{\mathrm{d}t}\left(\frac{\partial L}{\partial \dot{\theta}}\right) = J_{\xi}\ddot{\theta}$$

代入以 θ，φ 为广义坐标的拉格朗日方程组的第一式：

$$\frac{\mathrm{d}}{\mathrm{d}t}\left(\frac{\partial L}{\partial \dot{\theta}}\right) - \frac{\partial L}{\partial \theta} = 0$$

$$\frac{\mathrm{d}}{\mathrm{d}t}\left(\frac{\partial L}{\partial \dot{\varphi}}\right) - \frac{\partial L}{\partial \varphi} = 0$$

可得

$$J_{\xi}\ddot{\theta} - J_{\eta}\dot{\varphi}^2 \sin\theta\cos\theta + J_{\zeta}\dot{\varphi}^2\cos\theta\sin\theta = -\frac{\mathrm{d}V}{\mathrm{d}\theta}$$

因为 $J_\eta = J_\zeta$，所以有

$$J_{\xi}\ddot{\theta} = -\frac{\mathrm{d}V}{\mathrm{d}\theta}$$

因此，$\dot{\theta}$ 不受底盘转动的影响，证毕。

在本题中，因为拉格朗日函数不显含广义坐标 φ，所以与其对应的广义动量守恒，即

$$\frac{\partial L}{\partial \dot{\varphi}} = \left(\frac{1}{4}mr^2 + J_0\right)\dot{\varphi} = 常数$$

因此，底盘绕 z 轴转动的角速度 $\dot{\varphi}$ 保持不变，这里的广义动量 $\frac{\partial L}{\partial \dot{\varphi}}$ 实际上是系统对 z 轴的动量矩，系统对 z 轴的动量矩守恒，是因为对 z 轴的外力矩等于零。

本例题用到了刚体定点运动的知识。作为知识点补充，下面对刚体定点运动的动量矩和动能计算公式作简要介绍，并利用速度合成定理，给出自由运动刚体上点的速度与加速度公式。

*6.5　刚体定点运动的动量矩和动能公式

刚体的定点运动可以看成是绕通过固定点 O 的瞬时轴的转动，角速度矢量 $\boldsymbol{\omega}$ 沿瞬时轴方向（如果 $\boldsymbol{\omega}$ 的方向在运动中保持不变，即为定轴转动），刚体上每一质点的速度可以像定轴转动刚体那样用角速度矢量表示为 $\boldsymbol{v}=\boldsymbol{\omega}\times\boldsymbol{r}$，这里 $\boldsymbol{r}$ 是从固定点 O 引出、指向质点的矢径。根据质点系动量矩的定义，刚体对固定点 O 的动量矩为

$$\boldsymbol{L}_O = \sum \boldsymbol{r}\times m\boldsymbol{v} \tag{6-5-1}$$

式中 m 表示刚体上任意质点的质量。如果将 $\boldsymbol{v}=\boldsymbol{\omega}\times\boldsymbol{r}$ 代入上式，再利用矢量双叉积恒等式

$$\boldsymbol{c}\times(\boldsymbol{a}\times\boldsymbol{b})=(\boldsymbol{c}\cdot\boldsymbol{b})\boldsymbol{a}-(\boldsymbol{c}\cdot\boldsymbol{a})\boldsymbol{b} \tag{6-5-2}$$

则可得到

$$\boldsymbol{L}_O=(\sum mr^2)\boldsymbol{\omega}-\sum m(\boldsymbol{r}\cdot\boldsymbol{\omega})\boldsymbol{r} \tag{6-5-3}$$

在继续简化动量矩计算之前，我们先来验证恒等式（6－5－2）。为此，将任意矢量 $\boldsymbol{a}$，$\boldsymbol{b}$，$\boldsymbol{c}$ 表示为

$$\boldsymbol{a}=a_x\boldsymbol{i}+a_y\boldsymbol{j}+a_z\boldsymbol{k}$$
$$\boldsymbol{b}=b_x\boldsymbol{i}+b_y\boldsymbol{j}+b_z\boldsymbol{k}$$
$$\boldsymbol{c}=c_x\boldsymbol{i}+c_y\boldsymbol{j}+c_z\boldsymbol{k}$$

这里 $\boldsymbol{i}$，$\boldsymbol{j}$，$\boldsymbol{k}$ 为单位矢量，分别沿 x，y，z 轴方向。利用矢量叉积公式

$$\boldsymbol{a}\times\boldsymbol{b}=(a_yb_z-a_zb_y)\boldsymbol{i}+(a_zb_x-a_xb_z)\boldsymbol{j}+(a_xb_y-a_yb_x)\boldsymbol{k}$$

可得

$$\begin{aligned}\boldsymbol{c}\times(\boldsymbol{a}\times\boldsymbol{b})&=c_y(a_xb_y-a_yb_x)\boldsymbol{i}+c_z(a_yb_z-a_zb_y)\boldsymbol{j}+c_x(a_zb_x-a_xb_z)\boldsymbol{k}\\&\quad-c_z(a_zb_x-a_xb_z)\boldsymbol{i}-c_x(a_xb_y-a_yb_x)\boldsymbol{j}-c_y(a_yb_z-a_zb_y)\boldsymbol{k}\\&=(c_xb_x+c_yb_y+c_zb_z)\boldsymbol{a}-(c_xa_x+c_ya_y+c_za_z)\boldsymbol{b}\end{aligned}$$

再注意到

$$\boldsymbol{c}\cdot\boldsymbol{b}=c_xb_x+c_yb_y+c_zb_z$$
$$\boldsymbol{c}\cdot\boldsymbol{a}=c_xa_x+c_ya_y+c_za_z$$

所以

$$\boldsymbol{c}\times(\boldsymbol{a}\times\boldsymbol{b})=(\boldsymbol{c}\cdot\boldsymbol{b})\boldsymbol{a}-(\boldsymbol{c}\cdot\boldsymbol{a})\boldsymbol{b}$$

即恒等式（6－5－2）成立。为了化简式（6－5－3），通常选取刚体固连直角坐标系 $Ox_1x_2x_3$，并将刚体角速度矢量 ω 和刚体上任意点的矢径 $\boldsymbol{r}$ 表示为

$$\boldsymbol{\omega}=\omega_1\boldsymbol{i}_1+\omega_2\boldsymbol{i}_2+\omega_3\boldsymbol{i}_3 \tag{6-5-4}$$
$$\boldsymbol{r}=x_1\boldsymbol{i}_1+x_2\boldsymbol{i}_2+x_3\boldsymbol{i}_3 \tag{6-5-5}$$

这里 $\boldsymbol{i}_1$，$\boldsymbol{i}_2$，$\boldsymbol{i}_3$ 为单位矢量，分别沿 Ox_1，x_2，x_3 轴方向。如果选取刚体的三个相互正交的惯性主轴为 Ox_1，x_2，x_3，将式（6－5－4），（6－5－5）代入式（6－5－3）并化简，则得到惯性主轴坐标系下，刚体对定点 O 的动量矩计算公式：

$$\boldsymbol{L}_O=J_1\omega_1\boldsymbol{i}_1+J_2\omega_2\boldsymbol{i}_2+J_3\omega_3\boldsymbol{i}_3 \tag{6-5-6}$$

式中 J_1，J_2，J_3 分别为刚体对其惯性主轴 Ox_1，x_2，x_3 的转动惯量。对于刚体的惯性主轴 Ox_1，x_2，x_3 轴，$J_{12}=0$，$J_{13}=0$，$J_{23}=0$，它们定义为

$$J_{12}=\sum mx_1x_2,J_{13}=\sum mx_1x_3,J_{23}=\sum mx_2x_3 \tag{6-5-7}$$

称为惯性积。对于非惯性主轴，惯性积不等于零，它们是系统相对于坐标平面质量分布的非对称性度量。所以，刚体的对称轴和垂直于刚体质量对称平面的坐标轴都是惯性主轴。已知惯性主轴的三个转动惯量 J_1，J_2，J_3，根据转动惯量的定义容易证明刚体对通过 O 点的任意 ON 轴的转动惯量为

$$J_{ON}=J_1\cos^2\alpha+J_2\cos^2\beta+J_3\cos^2\gamma \tag{6-5-8}$$

式中 α，β，γ 分别为 ON 轴与惯性主轴 Ox_1，x_2，x_3 的夹角，利用这个公式和刚体关

于主轴的转动惯量，可以方便计算刚体对任意轴的转动惯量。考虑到式（6-5-6）是在固连坐标系里给出的刚体动量矩，如果应用动量矩定理研究刚体的运动规律，需要计算动量矩的绝对导数，它与相对导数 $\frac{\tilde{\mathrm{d}}\boldsymbol{L}_O}{\mathrm{d}t}$ 的关系如下：

$$\frac{\mathrm{d}\boldsymbol{L}_O}{\mathrm{d}t}=\frac{\tilde{\mathrm{d}}\boldsymbol{L}_O}{\mathrm{d}t}+\boldsymbol{\omega}\times\boldsymbol{L}_O \tag{6-5-9}$$

刚体定点运动动能的计算相对简单，根据动能定义，刚体的动能为

$$T=\frac{1}{2}\sum m(\boldsymbol{v}\cdot\boldsymbol{v}) \tag{6-5-10}$$

由于刚体上每一质点的速度可表示为 $\boldsymbol{v}=\boldsymbol{\omega}\times\boldsymbol{r}$，所以

$$\boldsymbol{v}\cdot\boldsymbol{v}=(\boldsymbol{\omega}\times\boldsymbol{r})\cdot\boldsymbol{v}=(\boldsymbol{r}\times\boldsymbol{v})\cdot\boldsymbol{\omega}$$

代入式（6-5-10），有

$$T=\frac{1}{2}\sum(\boldsymbol{r}\times m\boldsymbol{v})\cdot\boldsymbol{\omega}=\frac{1}{2}\boldsymbol{L}_O\cdot\boldsymbol{\omega} \tag{6-5-11}$$

将式（6-5-6）代入，即得惯性主轴坐标系下，刚体定点运动的动能计算公式为

$$T=\frac{1}{2}(J_1\omega_1^2+J_2\omega_2^2+J_3\omega_3^2) \tag{6-5-12}$$

对于自由刚体，可以将其运动分解为随质心的平动（用质心运动定理研究）和相对于质心的定点运动（用相对于质心的动量矩定理研究）。上面推导动能计算式（6-5-12），利用了恒等式

$$(\boldsymbol{a}\times\boldsymbol{b})\cdot\boldsymbol{c}=(\boldsymbol{b}\times\boldsymbol{c})\cdot\boldsymbol{a}$$

事实上，根据矢量叉积和点积公式，有

$$\begin{aligned}(\boldsymbol{a}\times\boldsymbol{b})\cdot\boldsymbol{c}&=(a_yb_z-a_zb_y)c_x+(a_zb_x-a_xb_z)c_y+(a_xb_y-a_yb_x)c_z\\&=(b_yc_z-b_zc_y)a_x+(b_zc_x-b_xc_z)a_y+(b_xc_y-b_yc_x)a_z\\&=(\boldsymbol{b}\times\boldsymbol{c})\cdot\boldsymbol{a}\end{aligned}$$

*6.6 自由运动刚体上点的速度和加速度公式

根据运动分解与合成的方法，刚体的自由运动可以分解为随刚体上任意选取的点 O（通常称 O 为基点）的平动与绕基点 O 的运动（即相对于基点 O 的定点运动），这两个运动合成为刚体的自由运动。如果记基点 O 的速度为 $\boldsymbol{v}_O$，加速度为 $\boldsymbol{a}_O=\dot{\boldsymbol{v}}_O$，自由运动刚体的角速度为 $\boldsymbol{\omega}$，则由速度合成定理可得刚体上任意点 A 的速度公式为

$$\boldsymbol{v}=\boldsymbol{v}_O+\boldsymbol{\omega}\times\boldsymbol{r} \tag{6-6-1}$$

这里 $\boldsymbol{r}$ 是从基点 O 引出、指向点 A 的矢径，式中第二项 $\boldsymbol{\omega}\times\boldsymbol{r}$ 显然是刚体上任意点 A 相对于平动坐标系 $Oxyz$ 的速度。对式（6-6-1）两端关于时间求导数，得到

$$\boldsymbol{a}=\boldsymbol{a}_O+\dot{\boldsymbol{\omega}}\times\boldsymbol{r}+\boldsymbol{\omega}\times\dot{\boldsymbol{r}}$$

注意到 $\dot{\boldsymbol{\omega}}=\boldsymbol{\alpha}$ 为刚体的角加速度，$\dot{\boldsymbol{r}}=\boldsymbol{\omega}\times\boldsymbol{r}$ 为点 A 的相对速度，则得到自由运动

刚体上点 A 的加速度公式为

$$\boldsymbol{a}=\boldsymbol{a}_O+\boldsymbol{\alpha}\times\boldsymbol{r}+\boldsymbol{\omega}\times(\boldsymbol{\omega}\times\boldsymbol{r}) \tag{6-6-2}$$

式中 $\boldsymbol{\alpha}\times\boldsymbol{r}$ 称为转动加速度，$\boldsymbol{\omega}\times(\boldsymbol{\omega}\times\boldsymbol{r})$ 称为向心加速度，这两个加速度分量是刚体上任意点 A 相对于平动坐标系 $Oxyz$ 的加速度。

思考题

1. 对于什么系统，系统的拉格朗日方程数目恰好等于系统的自由度数目？
2. 拉格朗日方程的循环积分具有什么物理意义？它们与系统的动量守恒或动量矩守恒存在什么关系？
3. 对于任意质点系，各广义坐标的变分 δq 都是彼此独立的吗？
4. 广义坐标可以在动参考系中选取吗？
5. 在图示系统中，已知摆锤 B 的质量为 m，摆长为 b，其他物体的质量忽略不计，弹簧的刚度系数为 k。如果用 y 表示点 A 相对于静平衡位置的竖直方向位移，系统的广义力分别记为 Q_y，Q_θ，那么 Q_y 和 Q_θ 的物理意义是什么？

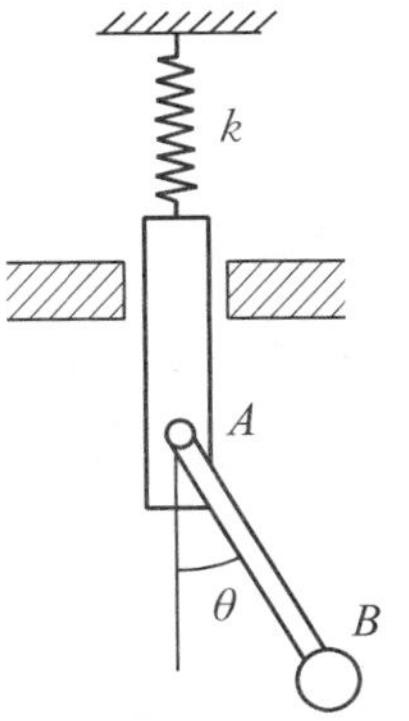

思考题 5 图

6. 对于只有一个自由度的系统，分别用拉格朗日方程与动能定理的微分形式可以推出完全相同的运动微分方程吗？如果系统有两个或三个自由度呢？
7. 对于具有两个自由度的系统，最多可以写出几个循环积分？
8. 在理论力学中，任何其他的动力学方程都可由动力学普遍方程推导出来吗？

习　题

6−1　刚杆 AB 的长为 l，质量不计；杆的一端 B 铰支，另一端固连质量为 m 的物体 A，其下连接刚度系数为 k 的弹簧，并挂有质量为 m 的物体 D，杆 AB 中点用刚度系数为 k 的弹簧系住，使杆在水平位置平衡，如图所示。求系统振动的微分方程。（提

示：可用动静法分析）

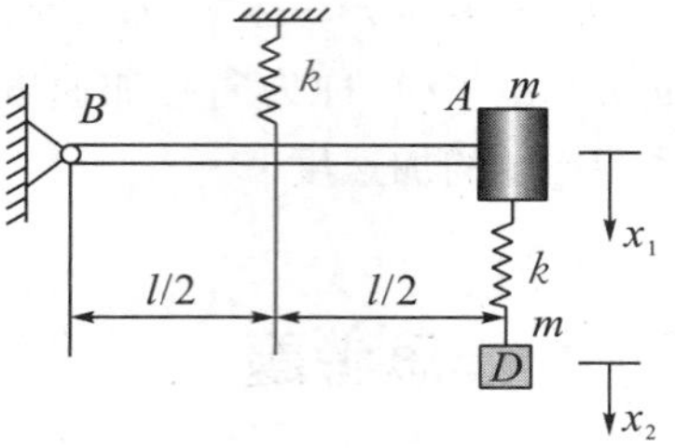

习题 6−1 图

6−2 一对用弹簧连结的单摆，可在图示平面内做微幅摆动，两摆杆长均为 l，两摆锤的质量均为 m，弹簧刚度系数为 k，不计摆杆和弹簧的质量。试建立系统的运动微分方程。

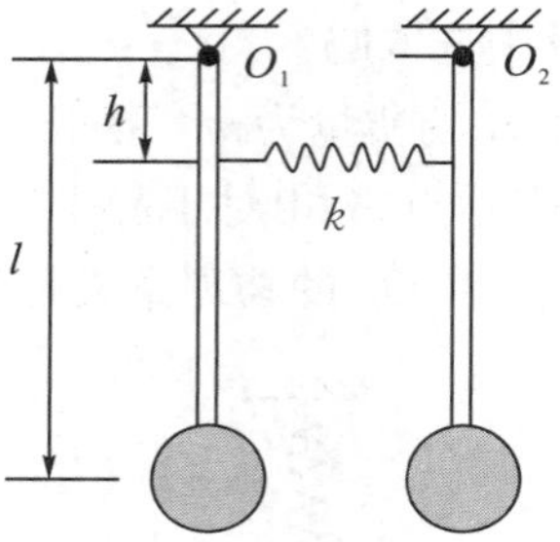

习题 6−2 图

6−3 质量为 M 的水平台用长为 l 的绳子悬挂起来，如图所示。小球的质量为 m，半径为 r，沿水平台无滑动地滚动。试以 θ 和 x 为广义坐标列出此系统的运动微分方程。

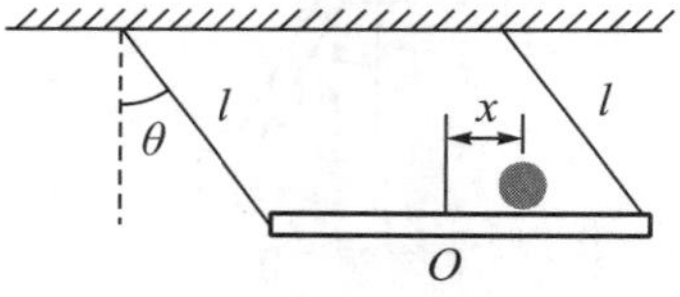

习题 6−3 图

6−4 图示薄板 AB 的质量为 m_1，用两根等长的绳子 O_1A 与 O_2B 悬挂起来。已知 $O_1O_2=AB$，AB 与水平面的倾角为 α。当绳铅垂时，将质量为 m_2 的物块 C 放在静止的板上，略去绳的质量及摩擦。求此瞬时板 AB 的绝对加速度 a_{AB} 和物块 C 相对于板的加速度 a_{cr}。

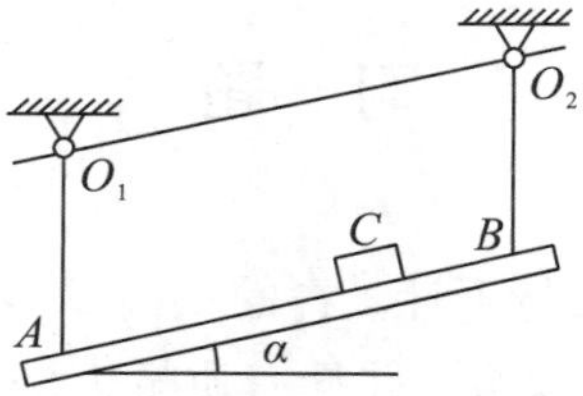

习题 6−4 图

6-5　一绕其铅垂中心轴转动的质量为 M 的均质圆柱体上，刻有光滑的螺旋槽，其倾角为 α。今在槽中放有质量为 m 的小球，自静止开始，小球沿槽下滑，同时使圆柱体转动，如图所示。圆柱的半径为 R，对转动轴的回转半径为 $R/\sqrt{2}$，轴承摩擦不计。试用拉格朗日方程的一次积分求小球下降高度为 h 时，小球相对圆柱体的速度，以及圆柱体转动的角速度。

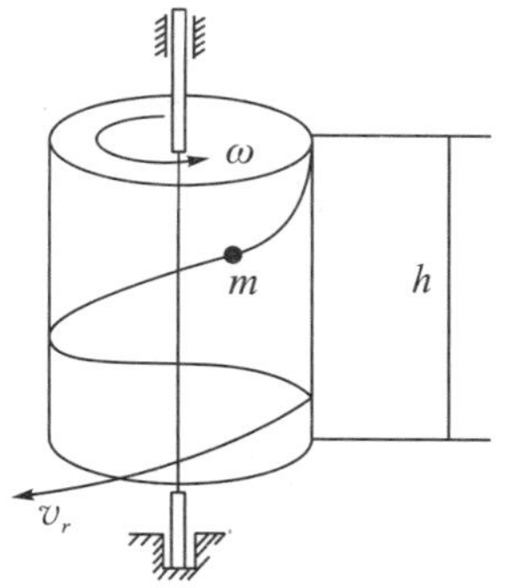

习题 6-5 图

6-6　已知曲线方程为悬轮线方程，$x=R(\theta-\sin\theta)$，$y=R(1-\cos\theta)$，小环 M 在重力作用下，沿该光滑曲线滑动，如图所示，求小环的运动微分方程（提示：以 θ 为广义坐标）。

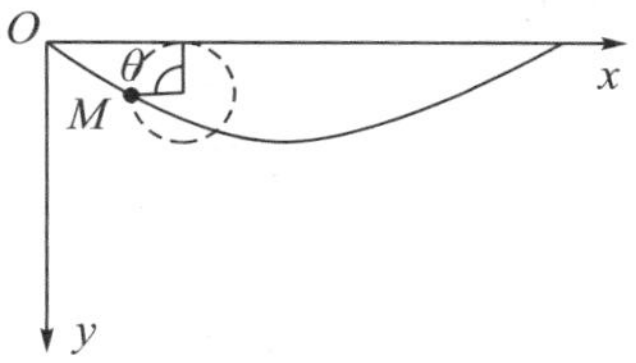

习题 6-6 图

6-7　质量为 m 的小球连接在线的一端，线的另一端绕在半径为 r 的固定圆柱体上，构成一摆，如图所示。设在平衡位置时，线的下垂部分长度为 l，假设线不可伸长且不计线的质量。求摆的运动微分方程。

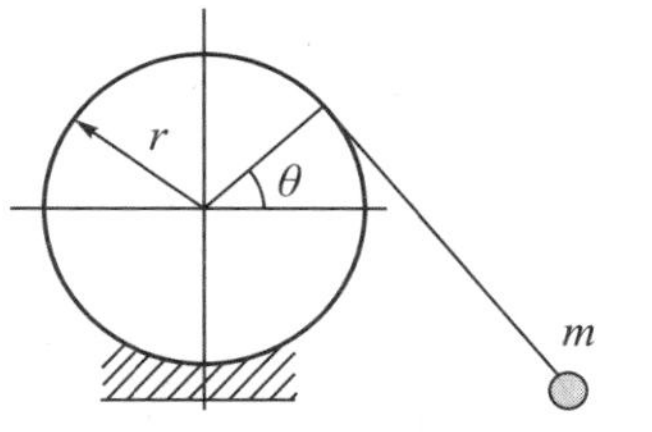

习题 6-7 图

6-8　重为 Q 的重物 M 铅垂下降，带动固连于轮 A 的动齿轮 B 及齿条 CD，齿条 CD 沿水平面向右滑动，如图所示。固连组合轮（齿轮 B 和鼓轮 A）的半径分别为 R 和 r，二者总重为 P_1，相对于其质心轴 O 的转动惯量为 J。齿条 CD 重为 P_2，略去滑

轮 K 和绳索的重量及摩擦。求轮心 O 及齿条 CD 的加速度。（提示：以 O 点的水平坐标 x 和组合轮的转角 φ 为广义坐标）

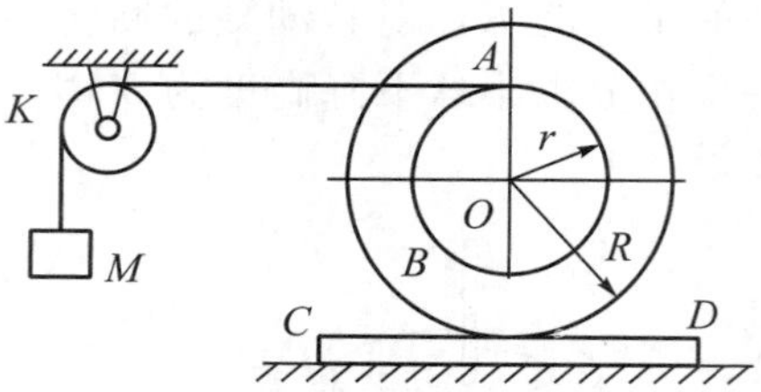

习题 6−8 图

6−9 直角三角块 A 可以沿光滑水平面滑动，在三角块的光滑斜面上放置一个均质圆柱 B，其上绕有不可伸长的绳索，绳索通过理想滑轮 C 悬挂质量为 m 的物块 D，如图所示。已知圆柱 B 的质量为 $2m$，三角块的质量为 $3m$，$\alpha=30°$。设开始时系统处于静止状态，且滑轮 C 的大小和质量略去不计。假设绳与圆柱 B 无相对滑动，求三角块 A 的运动规律及物块 D 和圆柱中心 B 相对于三角块的运动规律。（提示：分别以三角块的水平方向位移 s_A、圆柱中心 B 相对于三角块的位移 s_B 以及物块 D 的竖直方向位移 s_D 为广义坐标）

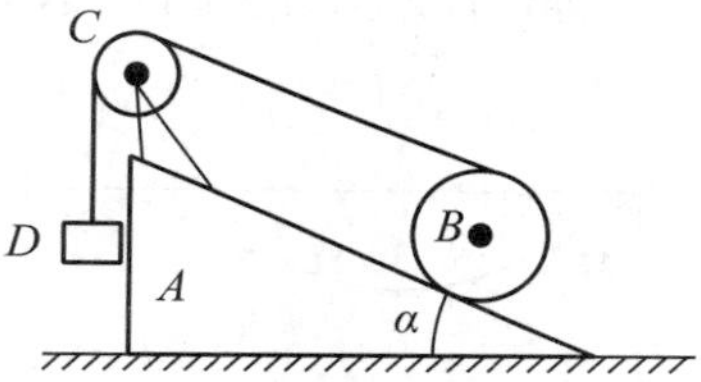

习题 6−9 图

6−10 定滑轮Ⅰ的半径为 r_1，质量为 m_1；滑轮上跨有绳子，绳的两端分别缠在轮Ⅱ和轮Ⅲ上，这两轮的半径分别是 r_2 和 r_3，质量分别是 m_2 和 m_3，且 $m_2>m_3$，如图所示。设绳的垂下部分都是铅直的，又绳与各轮间都没有相对滑动，绳的质量和轴承的摩擦不计，各轮都可以看成均质圆盘。试求滑轮Ⅰ的角加速度，以及轮Ⅱ、轮Ⅲ的质心加速度。

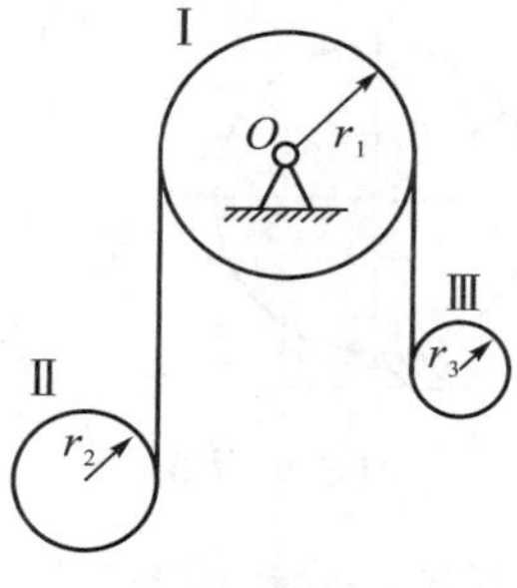

习题 6−10 图

6−11 图示物块 M_1，M_2，M_3 的质量分别为 m_1，m_2，m_3；动滑轮 O、定滑轮 A，

B 及绳的质量略去不计，并忽略各处摩擦。求当物块 M_2 下落时，各物块的加速度。

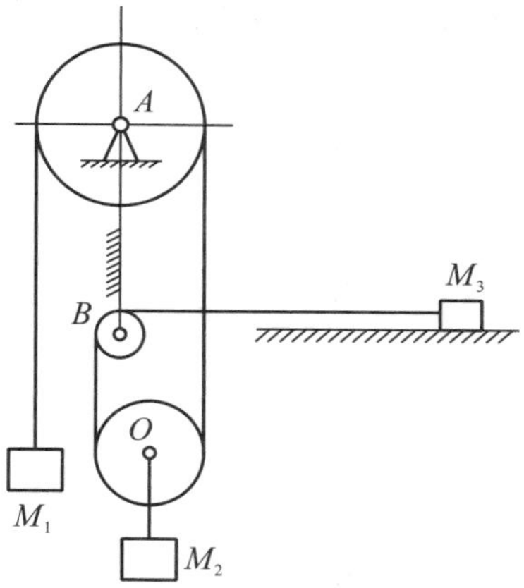

习题 6－11 图

6－12　如图所示，光滑的水平桌面上放着小球 A，另一同样的小球 B 用穿过桌面中心孔 O 的理想柔绳与球 A 相连。假定球 B 被限制在铅直线上运动。试写出系统的运动微分方程，以及球 A 做圆周运动的条件。

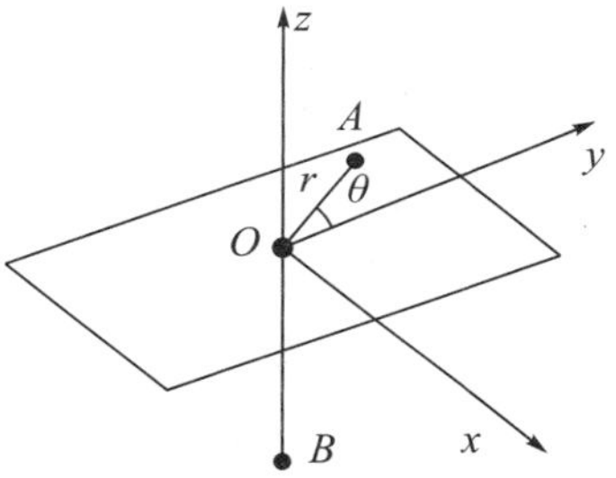

习题 6－12 图

6－13　杆 OA 的长 $l=1.5\text{m}$，质量不计，可绕水平轴 O 摆动；在 A 端装有质量 $m=2\text{kg}$、半径 $r=0.5\text{m}$ 的均质圆盘，A 处为光滑圆柱铰；在圆盘边上 B 点固结一质量 $m=1\text{kg}$ 的质点，如图所示。试求系统在平衡位置附近做微小振动的运动微分方程。

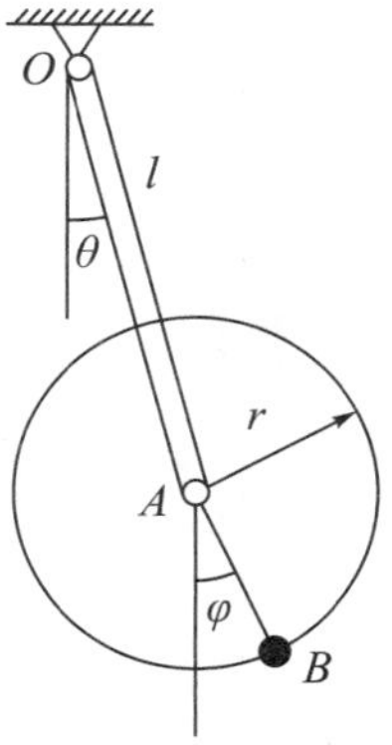

习题 6－13 图

6-14 均质圆盘的半径为 r，质量为 M，可绕垂直于盘面并通过盘心的水平轴 O 转动；在圆盘上用长为 l 的理想柔绳 AB 连接质量为 m 的质点 B，如图所示。试写出该系统的运动微分方程。

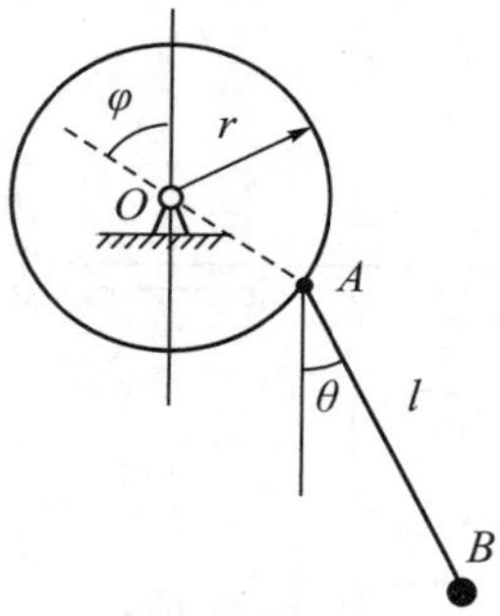

习题 6-14 图

6-15 长为 l 的细杆 OA 上端铰支在 O 点，下端固结质量为 m_1 的小球；另一质量为 m_2、系以弹簧的滑块 B，在重力和弹性力作用下，可沿细杆自由滑动，如图所示。已知弹簧刚度系数为 k，自然长度为 l_0，不计摩擦和细杆的质量。试求细杆在铅垂平面内摆动时系统的运动微分方程。

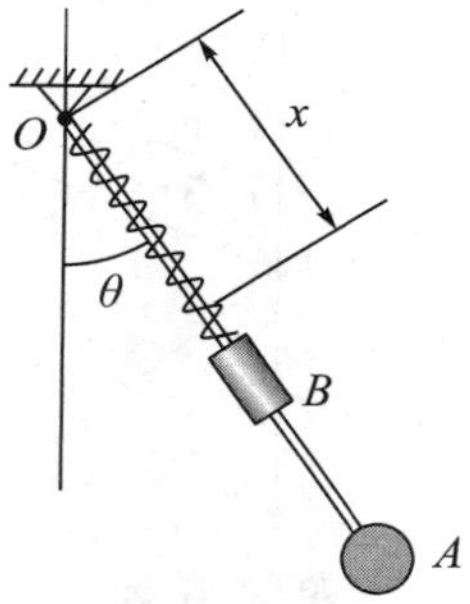

习题 6-15 图

6-16 均质细杆 AB 长为 l，质量为 m，其 A 端与滑块铰接，滑块可沿导轨 CD 滑动，同时连接有刚度系数为 k 的弹簧，杆 AB 可以绕 A 点在铅垂面内摆动，如图所示。滑块 A 的质量忽略不计，试用拉格朗日方程导出杆的运动微分方程。

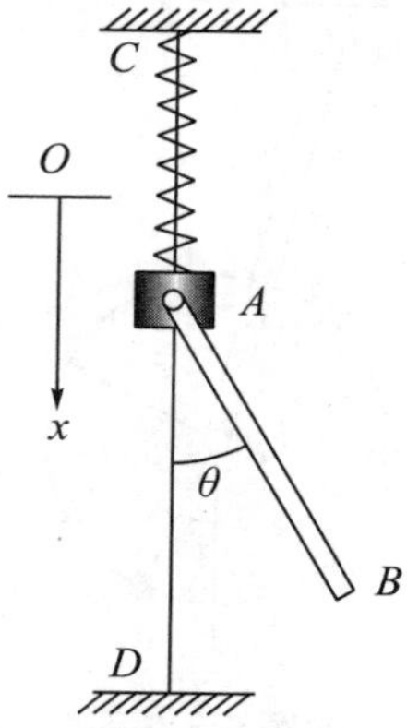

习题 6-16 图

6－17　飞轮在水平面内绕铅垂轴 O 转动，它对转轴的转动惯量为 J_O；轮幅上套有滑块 A，并以弹簧与轴心相连，如图所示。滑块的质量为 m，弹簧刚度系数为 k，弹簧原长为 l。试以飞轮的转角 θ 和弹簧的伸长 x 为广义坐标，写出系统的运动微分方程和一次积分。

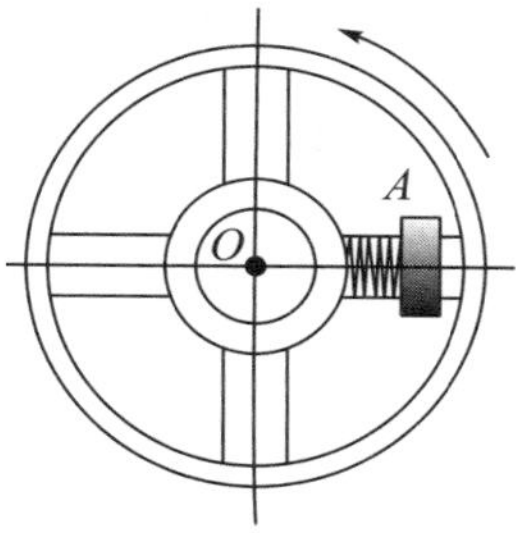

习题 6－17 图

6－18　两相同的均质实心圆盘的半径为 r，质量为 m，两圆盘中心用弹簧相连接，如图所示。弹簧刚度系数为 k，其变形前的长度为 l。假设斜面与水平面成 θ 角，圆盘沿斜面纯滚动，运动自静止状态开始，此时弹簧张力等于 $mg\sin\theta$，试写出系统的运动微分方程。

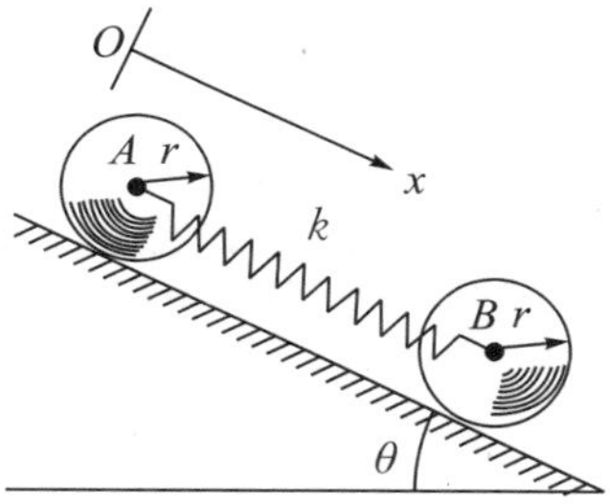

习题 6－18 图

6－19　在图示系统中，已知均质圆柱 A 的质量为 m_1，半径为 r，沿水平面做纯滚动；均质薄壁圆筒 B 的质量为 m_2，半径也为 r。绳与薄壁圆筒 B 无相对滑动，滑轮的质量忽略不计。(1) 试以圆柱 A 和薄壁圆筒 B 的转角 θ_1，θ_2 为广义坐标，用拉格朗日方程建立系统的运动微分方程；(2) 求圆柱 A 和薄壁圆筒 B 的角加速度 α_1 和 α_2。

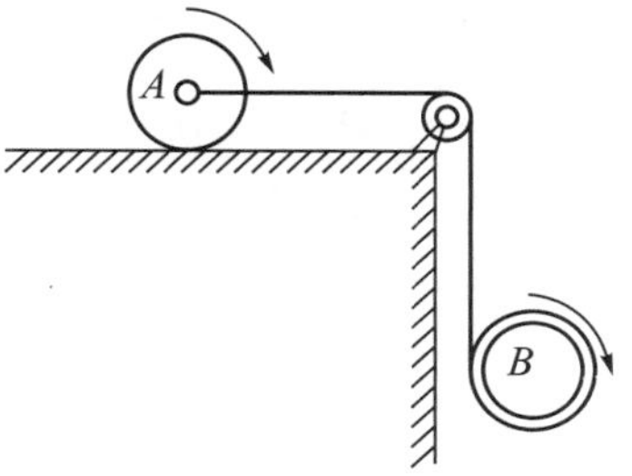

习题 6－19 图

6-20 图示均质刚杆 AB 长 $l=0.817\text{m}$，质量 $m_1=3\text{kg}$，A 端受圆柱铰链约束，B 端系有水平弹簧，其弹簧刚度系数 $k=3\text{N/cm}$。在 AB 杆中点系有不可伸长的细绳，此绳绕过质量 $m_2=2\text{kg}$、半径为 r 的均质圆轮 O，轮的中心通过转轴 O，绳的另一端悬挂有质量 $m_3=1\text{kg}$ 的重物 C。假设图示位置为系统的静平衡位置，绳与轮 O 无相对滑动，忽略绳的质量和 A，O 处的摩擦，试用动能定理求系统做微幅振动的微分方程。

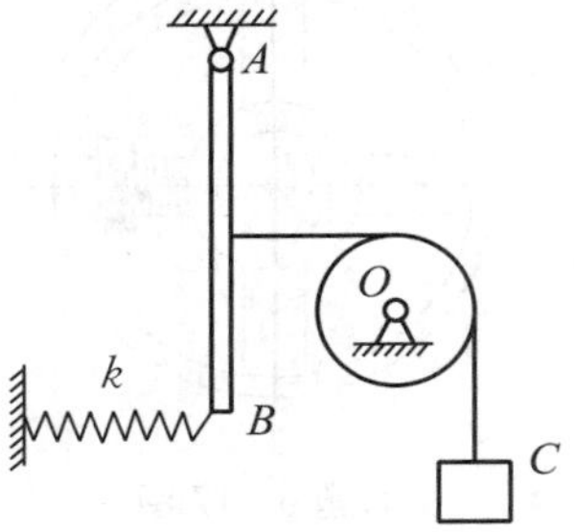

习题 6-20 图

6-21 在图示系统中，已知物块 A 的质量为 M，可沿框架 CD 内的光滑水平面滑动，单摆 AB 长为 b，摆锤 B 的质量为 m，两根弹簧的刚度系数均为 k。已知框架 CD 沿光滑水平面按规律 $s=e\sin\omega t$ 运动。当 $s=0$，$x=0$ 时，两弹簧处于原长。试以 x 和 θ 为广义坐标，用拉格朗日方程建立系统微幅振动的微分方程。

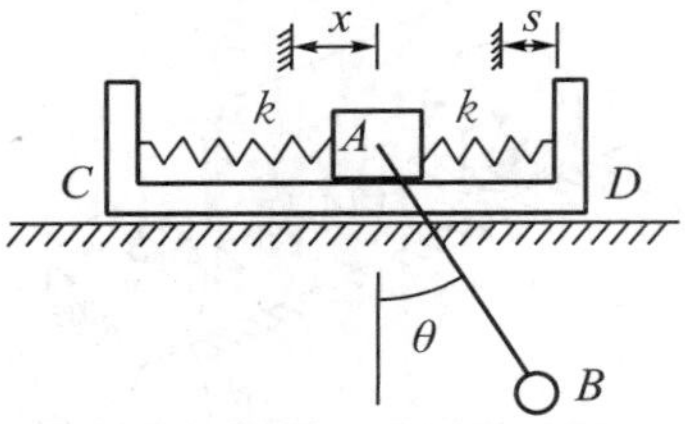

习题 6-21 图

6-22 在图示系统中，均质圆柱 B 的质量 $m_1=2\text{kg}$，通过绳和弹簧 C 与质量 $m_2=1\text{kg}$ 的物块 M 相连，弹簧的刚度系数 $k=2\text{N/cm}$，斜面倾角 $\theta=30°$。假设圆柱 B 滚动而不滑动，绳子的倾斜段与斜面平行，不计定滑轮 A、绳子和弹簧的质量，以及轴承 A 处的摩擦，试求系统的运动微分方程。

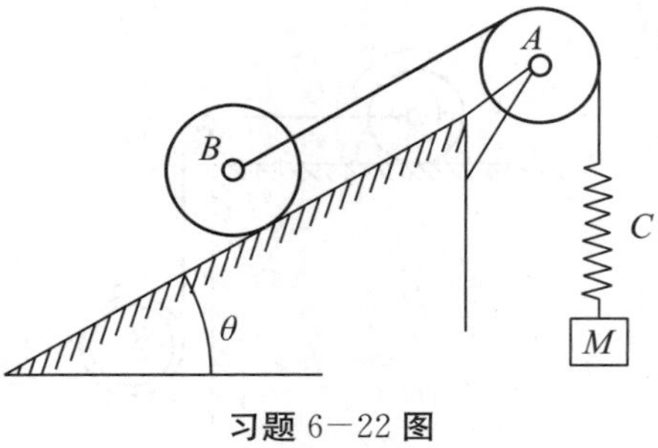

习题 6-22 图

第 7 章　竞赛题选解

【本章内容提要】首先简要介绍全国周培源大学生力学竞赛的基本情况，全国大学生力学竞赛涉及的知识点和近年来力学竞赛赛制的一些变化，然后选取了一些历届全国大学生力学竞赛题作了详细的分析和解答，并配有一些赛题作为本章习题，供读者练习。

7.1　全国大学生力学竞赛简介

全国周培源大学生力学竞赛的前身是全国青年力学竞赛。青年力学竞赛是北京大学武际可教授（1987 年出任《力学与实践》第三届主编）于 1986 年 8 月提议，并于两年后即 1988 年举办了首届全国青年力学竞赛，于 1992 年举办了第二届全国青年力学竞赛[①]。周培源 1902－1993，我国近代力学奠基人和理论物理奠基人之一，中国科学院院士，著名流体力学家、理论物理学家、教育家和社会活动家。据天津大学王振东教授回忆，1995 年《力学与实践》第五届编委会决定让他（时任副主编，1999 年任主编）负责筹办第 3 届力学竞赛。考虑到周培源是钱三强、朱光亚、王竹溪、林家翘、彭桓武、钱伟长、郭永怀、胡宁、何泽慧、王大珩等许多前辈科学家的老师，德高望重，如果力学竞赛能用周培源的名字冠名，既能够激励青年学生，又可以纪念老一辈科学家，于是王振东副主编提议将“全国青年力学竞赛”改名为“全国周培源大学生力学竞赛”。经过《力学与实践》编委会和中国力学学会常务理事会同意，自 1996 年第 3 届起，竞赛就正式改名为“全国周培源大学生力学竞赛”，由中国力学学会和周培源基金会共同主办。

据北京航空航天大学蒋持平教授 2007 年（时任《力学与实践》副主编，2011 年任

① 王振东. 关于力学竞赛的琐忆 [J]. 力学与实践，2017，39 (3)：311－314.

主编）撰文介绍，2006 年 6 月，教育部高教司发函，批准“全国周培源大学生力学竞赛”为高教司委托主办的大学生科技竞赛，委托教育部高等学校力学基础课程教学指导分委员会、中国力学学会和周培源基金会共同主办①。从 2007 年开始，竞赛由原来每 4 年一届（前五届）改为每 2 年一届，分个人赛和以团队参加的以动手实验为主的团体决赛。为了保证竞赛的公正性，推进高等学校力学教学创新和交流，规定命题由上届团体赛冠军学校（特等奖获得学校）承担，同时，负责本届命题的学校不参赛。截至 2019 年 5 月，全国周培源大学生力学竞赛共举办了十二届，其规模和影响越来越大，受到了全国高等学校和大学生的普遍欢迎，颁奖在每两年一届（与全国周培源大学生力学竞赛在同一年）的中国力学学术大会上进行，大大促进了高等学校力学教学的交流，并吸引越来越多的力学爱好者参与，从中受到锻炼，为力学人才的培养发挥了积极作用。

7.2　全国大学生力学竞赛涉及知识点

除了前几届以外，全国周培源大学生力学竞赛的内容主要涵盖普通高等学校基础力学课程（理论力学、材料力学）教学大纲规定的教学内容。最近几届力学竞赛试题包括基础题和提高题两部分，其中提高题有超出少学时课程教学大纲的内容，例如由清华大学命题的第十二届力学竞赛试题的理论力学提高题，就涉及了刚体的定点运动的动量矩计算、角速度及动量矩的相对导数公式、对动点的动量矩定理等内容。

根据最新的竞赛规则，全国周培源大学生力学竞赛个人赛奖项分为特等奖，一、二、三等奖和优秀奖。全国特等奖，一、二等奖评选的标准是，提高题得分进入全国前 5%，并且总得分排在全国前列，根据得分名次最终确定获奖者。因此，能否在竞赛中取得好成绩，不仅需要扎实的基础课程知识，也需要适当补充少学时课程教学大纲以外的基础力学知识，包括前面提到的刚体定点运动、对动点的动量矩定理以及碰撞、平衡的稳定性、动力学普遍方程和拉格朗日方程等内容。

7.3　历届全国大学生力学竞赛题选解

迄今为止，全国周培源大学生力学竞赛已举办了十二届。竞赛题一半为理论力学题，一半为材料力学题。这里选取汇集其中的理论力学竞赛题和部分综合题进行分析和解答，旨在引导本书读者加强理论力学的基础训练，提高分析问题和解决问题的综合能力。本书每章后面选编的习题也可以作为赛前练习使用。

例 7－1　试分析绕过固定圆柱上绳索两端的张力平衡关系，设绳索与圆柱之间的摩擦系数为 μ，绳索绕过的角度为 φ［参考图 (a)］，不计绳索自重。

① 蒋持平. 全国周培源大学生力学竞赛 20 年总结 [J]. 力学与实践，2007，29 (2)：91－92.

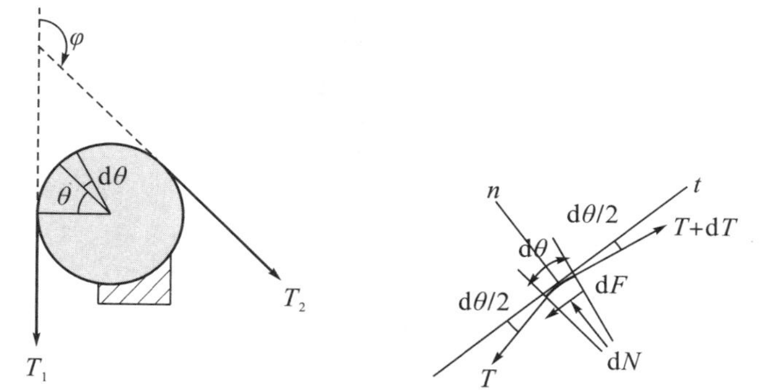

（a）圆柱上绳索两端的张力　　（b）微段绳索受力图

例 7—1 图

解　取微段绳索进行分析。如图（b）所示，绳索张力沿切线 t 的方向，微段上的摩擦力为无穷小量 $\mathrm{d}F$，法向压力也是无穷小量，记为 $\mathrm{d}N$。假设绳索有沿切线方向的滑动趋势，根据平衡条件和库仑定理，有

$$\sum F_{it}=0:(T+\mathrm{d}T)\cos(\mathrm{d}\theta/2)-\mathrm{d}F-T\cos(\mathrm{d}\theta/2)=0$$

$$\sum F_{in}=0:\mathrm{d}N-(T+\mathrm{d}T)\sin(\mathrm{d}\theta/2)-T\sin(\mathrm{d}\theta/2)=0$$

$$\mathrm{d}F\leqslant\mu\mathrm{d}N$$

注意到

$$\sin(\mathrm{d}\theta/2)\approx\mathrm{d}\theta/2$$
$$\cos(\mathrm{d}\theta/2)\approx1$$

略去高阶小量，得到

$$\mathrm{d}T=\mathrm{d}F\leqslant\mu\mathrm{d}N=\mu T\mathrm{d}\theta$$

所以

$$0\leqslant\frac{\mathrm{d}T}{T}\leqslant\mu\mathrm{d}\theta$$

对上式两端同时积分，有

$$0\leqslant\int_{T_1}^{T_2}\frac{\mathrm{d}T}{T}\leqslant\int_0^{\varphi}\mu\mathrm{d}\theta$$

由此得到 $0\leqslant\ln\frac{T_2}{T_1}\leqslant\mu\varphi$，即

$$1\leqslant\frac{T_2}{T_1}\leqslant e^{\mu\varphi}$$

可见，沿滑动趋势方向一端的张力较大。同样，如果绳索有反方向（沿 T_1 方向）的滑动趋势，则 $1\leqslant\frac{T_1}{T_2}\leqslant e^{\mu\varphi}$，因此绳索的平衡条件为

$$e^{-\mu\varphi}\leqslant\frac{T_2}{T_1}\leqslant e^{\mu\varphi}$$

与圆柱半径大小无关。

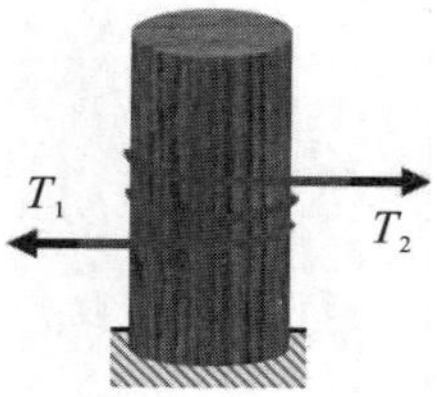

（c）绳索绕树两周

例 7—1 图

如果 $\varphi=4\pi$［如图（c），绳索绕树两周］，摩擦系数 $\mu=0.5$，绳索一端的张力 $T_1=500\text{kN}$，代入上式，因为 $e^{2\pi}\approx 534$，得到

$$0.93\text{kN}\leqslant T_2\leqslant 267750\text{kN}$$

这就是说，由于绳索与树桩之间的摩擦力发挥作用，当 $T_1=500\text{kN}$，$T_2=1\text{kN}$ 时，即可维持绳索的平衡；但是若摩擦系数 $\mu=0$，则 $T_2=T_1=500\text{kN}$ 时，绳索才能平衡。

【解题技巧分析】本题属于静力学问题。微元分析是静力学分析中非常重要的方法，对于某些问题甚至是唯一可用的方法。在微元分析中，要与无穷小量打交道。在列写包含无穷小量的平衡方程时，忽略高阶小量是必须采用的分析技巧。物体整体平衡要求其任意取出的局部也平衡，这是进行微元平衡分析的理论依据。微元分析的方法既适用于刚体，也适用于变形体。

例 7—2 （第一届全国青年力学竞赛题，1988 年）假设一动点在平面内运动，其切向和法向加速度都是非零的常量，求动点的运动轨迹。

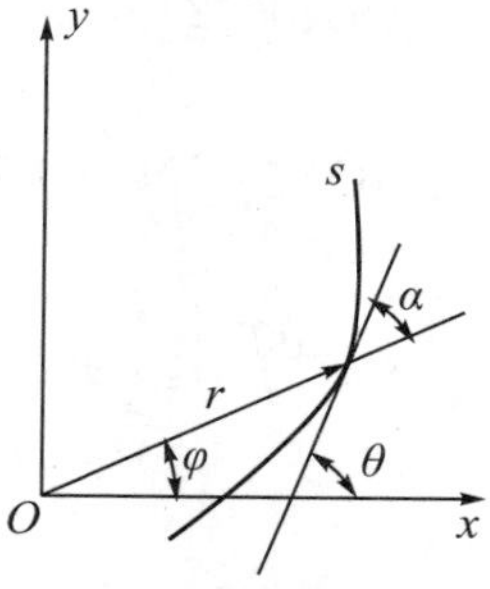

平面曲线运动

例 7—2 图

解 根据切向和法向加速度公式，有

$$a_\tau=\frac{\mathrm{d}v}{\mathrm{d}t}=\frac{\mathrm{d}s}{\mathrm{d}t}\frac{\mathrm{d}v}{\mathrm{d}s}=v\frac{\mathrm{d}v}{\mathrm{d}s}=c_1 \tag{a1}$$

$$a_n=\frac{v^2}{\rho}=c_2 \tag{a2}$$

将 $\dfrac{1}{\rho}=\dfrac{\mathrm{d}\theta}{\mathrm{d}s}$ 代入，得到

$$v^2\frac{\mathrm{d}\theta}{\mathrm{d}s}=c_2 \tag{a3}$$

由（a1），（a3）两式，可得到

$$\frac{1}{v}\frac{\mathrm{d}v}{\mathrm{d}\theta}=\frac{c_1}{c_2}=c$$

对上式积分有

$$v=v_0\mathrm{e}^{c(\theta-\theta_0)} \tag{b}$$

将式（b）代入式（a3），可得

$$\mathrm{d}s=\frac{1}{c_2}v^2\mathrm{d}\theta=\left(\frac{1}{c_2}v_0^2\mathrm{e}^{-2c\theta_0}\right)\mathrm{e}^{2c\theta}\mathrm{d}\theta \tag{c1}$$

注意到

$$\mathrm{d}x=\mathrm{d}s\cos\theta,\mathrm{d}y=\mathrm{d}s\sin\theta \tag{c2}$$

或者

$$\mathrm{d}x+i\mathrm{d}y=\mathrm{e}^{i\theta}\mathrm{d}s,i=\sqrt{-1} \tag{c3}$$

将式（c1）代入式（c3）并积分，有

$$x+iy=r\mathrm{e}^{i\varphi}=\int\mathrm{e}^{i\theta}\mathrm{d}s=\frac{1}{(2c+i)}\left(\frac{1}{c_2}v_0^2\mathrm{e}^{-2c\theta_0}\right)\mathrm{e}^{(2c+i)\theta}$$

分离实、虚部，得到

$$x=\frac{v_0^2\mathrm{e}^{-2c\theta_0}}{c_2(4c^2+1)}\mathrm{e}^{2c\theta}(2c\cos\theta+\sin\theta) \tag{d1}$$

$$y=\frac{v_0^2\mathrm{e}^{-2c\theta_0}}{c_2(4c^2+1)}\mathrm{e}^{2c\theta}(2c\sin\theta-\cos\theta) \tag{d2}$$

$$r=\sqrt{x^2+y^2}=A\mathrm{e}^{2c\theta} \tag{d3}$$

将式（d1），（d2）代入 $\tan\varphi=\dfrac{y}{x}$，并化简得到

$$\tan\varphi=\frac{\tan\theta-(1/2c)}{1+(\tan\theta)(1/2c)} \tag{e1}$$

另外，由几何关系，有

$$\tan\varphi=\tan(\theta-\alpha)=\frac{\tan\theta-\tan\alpha}{1+\tan\theta\tan\alpha} \tag{e2}$$

比较（e1），（e2）两式，可知

$$\tan\alpha=\frac{1}{2c} \tag{e3}$$

所以，角度 α 是常数，$\theta=\varphi+\alpha$，代入式（d3），有

$$r=A\mathrm{e}^{2c\theta}=r_0\mathrm{e}^{2c\varphi} \tag{f}$$

这是由极坐标（r，φ）表示的动点的轨迹方程，式中 r_0 是动点的初始（$\varphi=0$）位置到极点（坐标原点）的距离。根据式（e3），c 由轨迹曲线初始斜率值 $\tan\alpha$ 确定。

【解题技巧分析】本题是点的运动学题目。利用题给加速度条件和自然法公式，推导出点的速度参数 v 与弧微分 $\mathrm{d}s$ 和轨迹曲线切线方向角 θ 的关系，其中使用了变量替换的技巧。其实，运动学分析在很大程度上就是几何分析，本题也是这样。为了便于积分得到动点直角坐标（x，y）与方向角 θ 的关系，利用了坐标的复数表达技巧将坐标微分 $\mathrm{d}x$，$\mathrm{d}y$ 与弧微分 $\mathrm{d}s$ 联系起来。最后，发现点的极坐标角度 φ 只与轨迹曲线切线方向角 θ 相差一个初始角度。事实上，式（d1），（d2）已经给出点的运动轨迹的参数方

程，只是相对复杂，不方便描图，而式（f）给出非常简单的极坐标形式的点的轨迹方程。根据式（f），很容易作出动点的轨迹曲线。

例 7－3　（第一届全国青年力学竞赛题，1988 年）质量为 m 的杆 AB 斜靠在竖直墙上，A 端有一小虫，其质量也为 m。（编者评述：小虫与杆 AB 具有相同大小的质量，可见杆多么轻！）墙和地面都是光滑的。原系统处于静止状态。今小虫突然以相对速度 u（常量）沿杆向 B 端爬动。试写出杆与地面夹角 θ 所满足的微分方程及初始条件。

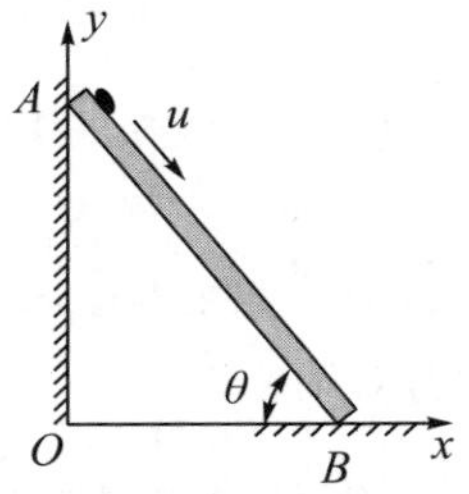

（a）小虫与杆 AB

例 7－3 图

解　虫子突然爬动，杆的运动包括初始启动和常规运动两个过程。

（一）初始启动为冲击过程，需要应用冲量和冲量矩定理分析。分以下几种情况讨论。

（1）A，B 两端受到的冲量非零，如图（b）所示：$I_A \neq 0$，$I_B \neq 0$；杆长记为 l，由冲量定理

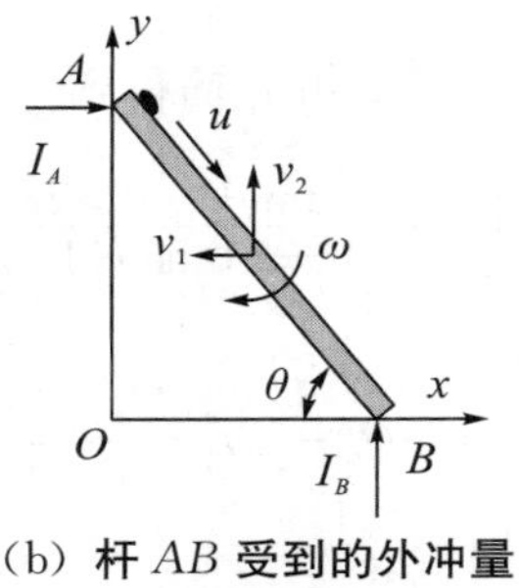

（b）杆 AB 受到的外冲量

例 7－3 图

$$I_A = p'_x - 0 = -mv_1 + m\left(u\cos\theta - v_1 + \frac{1}{2}\omega l\sin\theta\right) \quad \text{(a1)}$$

$$I_B = p'_y - 0 = mv_2 + m\left(-u\sin\theta + v_2 + \frac{1}{2}\omega l\cos\theta\right) \quad \text{(a2)}$$

对点 A 应用冲量矩定理（在极短的冲击过程中，A 点可看成是固定不动的点）

$$I_B l\cos\theta = -\frac{1}{12}ml^2\omega - mv_1\left(\frac{1}{2}l\sin\theta\right) + mv_2\left(\frac{1}{2}l\cos\theta\right) \quad \text{(a3)}$$

由运动学关系（以杆 AB 的质心为基点），有

$$v_{Ax} = -v_1 + \frac{1}{2}\omega l\sin\theta = 0 \quad \text{(a4)}$$

$$v_{By} = v_2 - \frac{1}{2}\omega l\cos\theta = 0 \quad \text{(a5)}$$

联立求解上述 5 个方程，得

$$\omega = 3u\sin\theta\cos\theta/[l(1+3\cos^2\theta)]$$
$$v_1 = 3u\sin^2\theta\cos\theta/[2(1+3\cos^2\theta]$$
$$v_2 = 3u\sin\theta\cos^2\theta/[2(1+3\cos^2\theta)]$$
$$I_B = mu\sin\theta(3\cos^2\theta-2)/[2(1+3\cos^2\theta)]$$
$$I_A = mu\cos\theta(9\cos^2\theta-1)/[2(1+3\cos^2\theta)]$$

因为假设 $I_A>0$，$I_B>0$，故初始角度

$$0<\theta_0<\arccos\sqrt{2/3}$$

(2) 如果 $I_A=0$，$I_B>0$，与上面类似可写出 5 个方程：

$$0=-mv_1+m\left(u\cos\theta-v_1+\frac{1}{2}\omega l\sin\theta\right) \tag{b1}$$

$$I_B=mv_2+m\left(-u\sin\theta+v_2+\frac{1}{2}\omega l\cos\theta\right) \tag{b2}$$

$$I_B l\cos\theta=-\frac{1}{12}ml^2\omega-mv_1\left(\frac{1}{2}l\sin\theta\right)+mv_2\left(\frac{1}{2}l\cos\theta\right) \tag{b3}$$

$$v_{By}=v_2-\frac{1}{2}\omega l\cos\theta=0 \tag{b4}$$

$$v_{Ar}=-v_1+\frac{1}{2}\omega l\sin\theta\geqslant 0 \tag{b5}$$

由前 4 个方程可解得

$$\omega = 18u\sin\theta\cos\theta/[l(5+27\cos^2\theta)]$$
$$v_1 = u\cos\theta(7+9\cos^2\theta)/(5+27\cos^2\theta)$$
$$v_2 = 9u\sin\theta\cos^2\theta/(5+27\cos^2\theta)$$
$$I_B = -5mu\sin\theta/(5+27\cos^2\theta)$$

这里得到的解答 $I_B\leqslant 0$ 与假设矛盾，表明 $I_A=0$，$I_B>0$ 这种情况不可能出现。

(3) 如果 $I_A>0$，$I_B=0$，可写出 5 个方程：

$$I_A=-mv_1+m\left(u\cos\theta-v_1+\frac{1}{2}\omega l\sin\theta\right) \tag{c1}$$

$$0=mv_2+m\left(-u\sin\theta+v_2+\frac{1}{2}\omega l\cos\theta\right) \tag{c2}$$

$$0=-\frac{1}{12}ml^2\omega-\frac{1}{2}mv_1 l\sin\theta+\frac{1}{2}mv_2 l\cos\theta \tag{c3}$$

$$v_{Ar}=-v_1+\frac{1}{2}\omega l\sin\theta=0 \tag{c4}$$

$$v_{By}=v_2-\frac{1}{2}\omega l\cos\theta\geqslant 0 \tag{c5}$$

由前 4 个方程可解得

$$\omega = 6u\sin\theta\cos\theta/[l(5+3\sin^2\theta)]$$
$$v_1 = 3u\sin^2\theta\cos\theta/(5+3\sin^2\theta)$$
$$v_2 = u\sin\theta(1+3\sin^2\theta)/(5+3\sin^2\theta)$$

$$I_A = 5mu\cos\theta/(5+3\sin^2\theta)$$

如果初始角度 $\theta_0=0$，即杆 AB 初始处于水平位置，见图（c），由上面的解答得到

$$\omega = 0, v_1 = 0, v_2 = 0, I_A = mu, I_B = 0$$

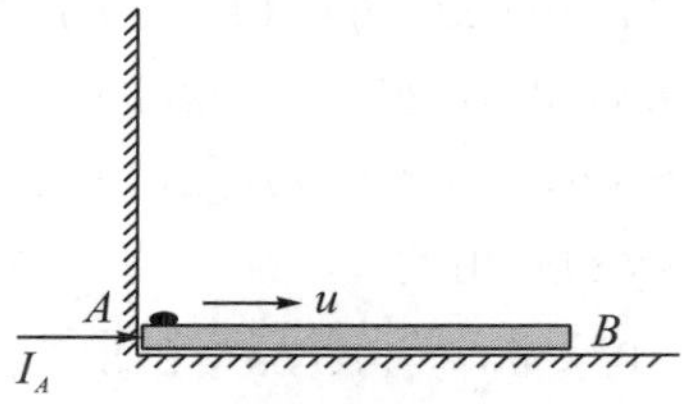

（c）杆 AB 处于水平位置

例 7－3 图

即当杆 AB 初始位于水平位置时，虽然杆的 A 端受冲量 $I_A=mu$ 作用，但是杆 AB 保持不动。这可理解为杆 AB 同时受到虫子的大小为 mu 的作用冲量和墙体的反冲量 I_A 作用而保持静止平衡状态，虫子与杆的相互作用使虫子获得与冲量 $I_A=mu$ 相等的动量；$I_B=0$ 表明杆的 B 端无冲量作用。如果初始角度 $\theta_0\neq0$，考虑式（c5），可得初始条件

$$\theta_0 \geqslant \arccos\sqrt{2/3}$$

所以当初始角度 $\theta_0\geqslant\arccos\sqrt{2/3}$ 时，同样有 $I_B=0$，表明虫子突然爬动，已使杆的 B 端脱离与地面接触。另外，如果 $\theta_0=\dfrac{\pi}{2}$，还有 $I_A=0$，这是因为当杆 AB 直立时，虫子突然爬动，由于墙体对杆 AB 无支撑，因此 A 端也没有冲量作用。

综合以上分析，可知：

（1）$0<\theta_0<\alpha$，$I_A>0$，$I_B>0$；

（2）$\theta_0=0$ 或 $\theta_0\geqslant\alpha$，$I_A>0$，$I_B=0$；

（3）$\theta_0=\pi/2$，$I_A=0$，$I_B=0$。

式中 $\alpha=\arccos\sqrt{2/3}$。

（二）根据不同的初始条件，常规过程分两种情况：

（1）初始角度 $0<\theta_0<\arccos\sqrt{2/3}$。

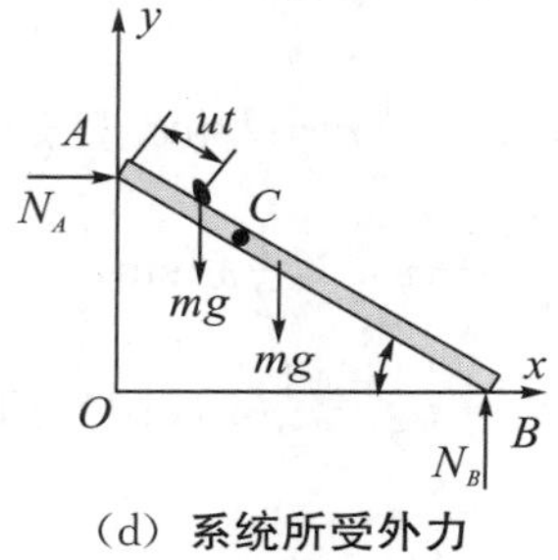

（d）系统所受外力

例 7－3 图

设经过时间 t，系统质心 C 位于图（d）所示位置，其坐标记为（x_c，y_c），则由质心运动定理和对质心的动量矩定理，有

$$N_A = 2m\ddot{x}_c, N_B = 2m\ddot{y}_c + 2mg \tag{d1}$$

$$\begin{aligned}\frac{\mathrm{d}L_C}{\mathrm{d}t} &= \frac{\mathrm{d}}{\mathrm{d}t}\left\{\left(\frac{1}{2}\left(\frac{l}{2}-ut\right)\right)^2 m\dot{\theta} + m\left[\frac{l^2}{12}+\left(\frac{1}{2}\left(\frac{l}{2}-ut\right)\right)^2\right]\dot{\theta}\right\} \\ &= N_A x_c \tan\theta - N_B(l\cos\theta - x_c)\end{aligned} \tag{d2}$$

式中

$$x_c = AC\cos\theta = \frac{ut+l/2}{2}\cos\theta \tag{d3}$$

$$y_c = (l-AC)\sin\theta = \left(l - \frac{ut+l/2}{2}\right)\sin\theta \tag{d4}$$

将式（d1），（d3）和（d4）代入式（d2）得到杆 AB 的运动微分方程为

$$\begin{aligned}&\left[u^2t^2 - 2utl\cos^2\theta + \left(\frac{1}{3}+\cos^2\theta\right)l^2\right]\ddot{\theta} + (2ut-l)l\dot{\theta}^2\sin\theta\cos\theta \\ &+ 2(ut - l\cos^2\theta)u\dot{\theta} + \left(ut - \frac{3}{2}l\right)g\cos\theta = 0\end{aligned} \tag{e1}$$

初始条件为

$$\begin{aligned}&0 < \theta_0 < \arccos\sqrt{2/3} \\ &\dot{\theta}_0 = 3u\sin\theta_0\cos\theta_0/[l(1+3\cos^2\theta_0)]\end{aligned} \tag{e2}$$

如果初始角度 $\theta_0=0$，杆 AB 将保持静止状态。

(2) 初始角度 $\theta_0 \geqslant \arccos\sqrt{2/3}$，由前面的分析，有

$$N_A = 2m\ddot{x}_c, N_B = 2m\ddot{y}_c + 2mg = 0$$

将上式及仍然成立的式（d3）代入式（d2），得到

$$\begin{aligned}&\left[u^2t^2(1+\sin^2\theta) - utl\cos^2\theta + \frac{l^2}{12}(5+3\sin^2\theta)\right]\ddot{\theta} \\ &+ \frac{1}{4}(2ut+l)2\dot{\theta}^2\sin\theta\cos\theta + [2ut(1+\sin^2\theta) - l\cos^2\theta]u\dot{\theta} = 0\end{aligned} \tag{f1}$$

$$\begin{aligned}&\theta_0 \geqslant \arccos\sqrt{2/3} \\ &\dot{\theta}_0 = \frac{6u\sin\theta_0\cos\theta_0}{l(5+3\sin^2\theta_0)}\end{aligned} \tag{f2}$$

如果初始角度 $\theta_0=\frac{\pi}{2}$，即杆 AB 处于直立状态，见图（e），则由于 A 端自由，虫子突然爬动使杆 B 端脱离与地面接触，$N_A=N_B=0$，有

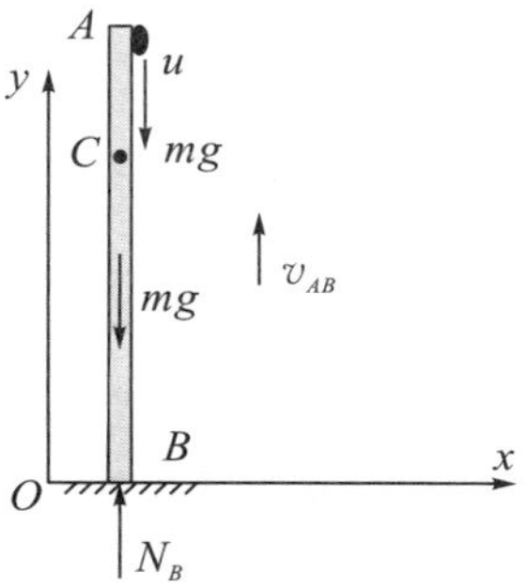

（e）杆 AB 处于直立状态

例 7—3 图

$$\ddot{x}_c = 0,$$
$$2m\ddot{y}_c = -2mg,$$
$$\dot{x}_{c0} = 0, \quad \dot{y}_{c0} = 0,$$

设杆 AB 向上的速度为 v_{AB}，则系统质心 C 的速度为

$$\dot{y}_c = [mv_{AB} + m(v_{AB} - u)]/(2m) = -gt$$

由此解得杆 AB 向上的速度

$$v_{AB} = \frac{u - 2gt}{2} \quad \left(0 \leqslant t \leqslant \frac{u}{2g}\right)$$

直到速度减小为零，然后以重力加速度 g 向下运动很快撞击地面。

【解题技巧分析】从本题的分析可以看到一些似乎很奇特的现象，例如当杆 AB 与地面的初始夹角 $\theta_0 \geqslant \arccos\sqrt{2/3}$ 时，如果 A 端的虫子突然开始向下爬动，杆的 B 端会脱离与地面的接触，这是由假设杆 AB 很轻以至于其质量与虫子的质量相等引起的。对于瞬间完成的动力学变化（像碰撞、冲击等过程），不属于常规力学过程，需要使用冲量定理这样积分形式的动力学定律。本题由于考虑虫子的突然爬动，使用了冲量定理和冲量矩定理，分析杆 AB 由初始静止状态向瞬间（极短时间里）获得速度和角速度状态的变化。杆 AB 在平面内运动，有 3 个自由度对应的运动学参数：杆的角速度 ω 和杆质心的两个速度分量 v_1，v_2，考虑到 A，B 两端的未知冲量 I_A 和 I_B，所以冲击过程的分析涉及 5 个未知量，需要列写 5 个方程才能求解，其中 3 个方程由动力学定理给出，另外两个方程由运动学关系给出。初始冲击过程的分析需要对杆 AB 的角速度 ω 和速度分量 v_1，v_2 的方向作假设，如果开始假设的方向与实际的方向相反也没有关系，因为最后解得的结果中必然会出现负值，由此可确定相关量的真实方向。本题在一开始分析时还有一个难点，即可能会认为杆 AB 无论初始处于什么角度，其 B 端在整个动力学过程中总是保持与地面接触。其实，这个问题也不难用下面的方法加以解决：如果在结果中发现，对于某个初始角度，I_A 或 I_B 的计算结果出现负值（对于真实过程，这是不可能的），那么表明可能存在某个初始角度，A 端或 B 端在杆受冲击过程中无冲量，需要在 $I_A=0$ 或 $I_B=0$ 的条件下重新分析，因为相应的几何条件随之发生了改变。

例 7-4 （第二届全国青年力学竞赛题，1992 年）质量为 m、长为 l 的均质细杆 AB 静止于光滑水平桌面上，其质心 C 恰好位于桌面边沿，见图（a）。另一质量亦为 m 的质点 D 从高为 h 处自由落下，正好与 AB 杆的端点 B 相碰撞，设恢复系数 $k=0$。试分析碰撞结束时的运动：

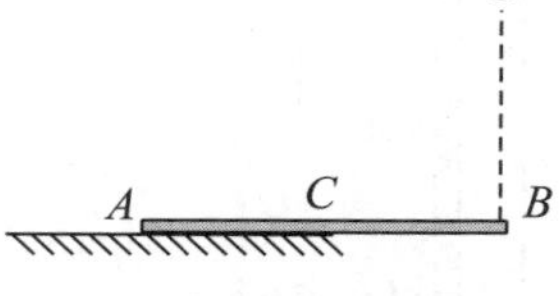

（a）系统初始状态

例 7-4 图

（1）AB 杆端点 A 的速度大小；

（2）系统的总动量大小；

（3）系统的总动能；

（4）系统对 B 点的动量矩大小。

在碰撞结束后，AB 杆将继续运动。试分析它在继续运动的初瞬时，下列各有关物理量：

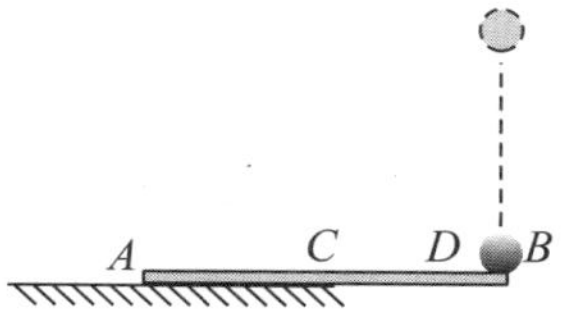

（b）碰撞结束状态

例 7—4 图

（5）AB 杆质心 C 的加速度 a_C 的大小；

（6）AB 杆的角加速度 α 大小；

（7）桌面对 AB 杆的约束反力 N 的大小；

（8）质点 D 的加速度 a_D 的大小。

解　如图（b）所示，质点 D 无初速地由高度 h 下落到 B 点，在与杆碰撞之前的速度为

$$u_D = \sqrt{2gh} \tag{a}$$

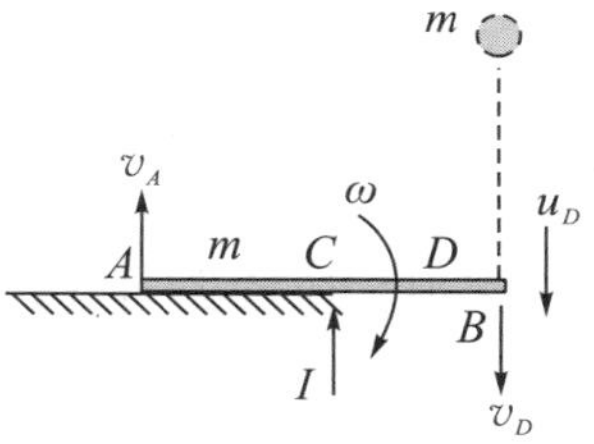

（c）系统各点速度

例 7—4 图

由于恢复系数 $k=0$，故碰撞结束时，质点 D 与杆端 B 的相对速度为零，即 $v_D = v_B$，见图（c），此时点 C 的速度为零。系统在碰撞过程中，对点 C 的冲量矩守恒，有

$$-J_C\omega - mv_D l/2 = -mu_D l/2 \tag{b}$$

另外，A，B，D 三点的速度关系为

$$v_D = v_B = v_A = \omega l/2 \tag{c}$$

将式（a），（c）代入式（b），解得

$$\omega = \frac{3}{2l}\sqrt{2gh} \tag{d}$$

（1）将式（d）代入式（c），得 AB 杆端点 A 的速度大小为 $v_A = \frac{3}{4}\sqrt{2gh}$。

（2）因为 $v_C=0$，将式（d）代入式（c），得系统的总动量大小为 $p = mv_D = \frac{3m}{4}\sqrt{2gh}$。

(3) 系统的总动能为 $T=\frac{1}{2}J_c\omega^2+\frac{1}{2}mv_D^2=\frac{3}{4}mgh$。

(4) 系统对 B 点的动量矩大小为 $L_B=J_c\omega=\frac{1}{8}ml\sqrt{2gh}$。

碰撞结束，AB 杆继续运动的初瞬时各有关物理量分析如下：

(5)

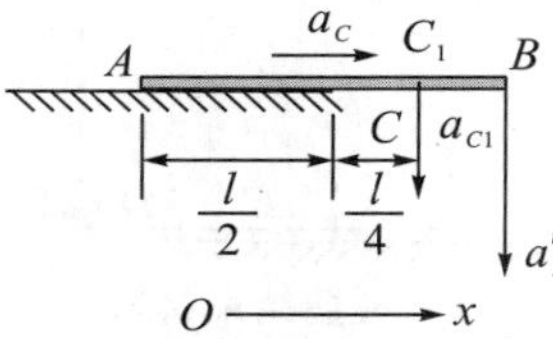

(d) 系统各点加速度

例 7—4 图

由质心运动定理，系统的质心 C_1 只有向下的加速度，故 $a_{C_1x}=0$，而 a_C 只有水平分量，见图 (d)。根据基点法公式，将其投影到 x 轴方向，得到

$$a_C=(a_{C_1}+a^t_{CC_1}+a^n_{cc_1})_x=\frac{1}{4}l\omega^2=\frac{9gh}{8l} \tag{e}$$

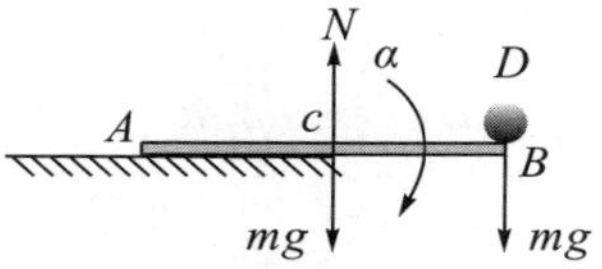

(e) 系统受力

例 7—4 图

(6) 由系统对动点 C 的动量矩定理，注意到动点 C 的加速度沿水平方向，通过系统的质心 C_1，而约束反力 N 和杆的重力 mg 均过 C 点，见图 (e)，所以

$$\frac{\mathrm{d}}{\mathrm{d}t}(J_C\omega+\frac{1}{2}mv_Dl)=\frac{1}{2}mgl$$

将式 (c) 代入，解得

$$\alpha=\frac{3g}{2l} \tag{f}$$

(7)

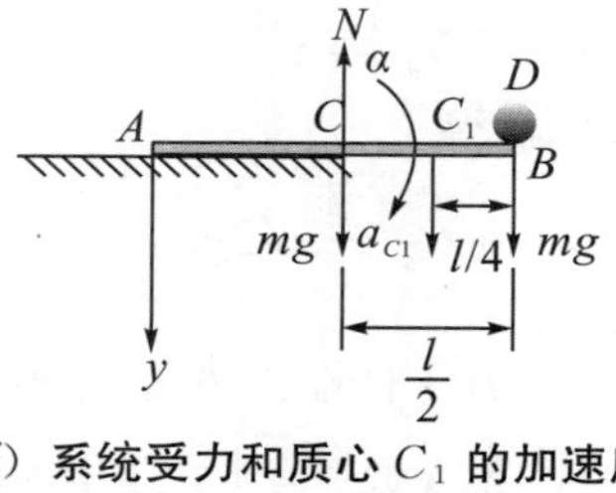

(f) 系统受力和质心 C_1 的加速度

例 7—4 图

AB 杆质心 C 的加速度 a_C 沿水平方向，系统质心 C_1 的加速度竖直向下，以 C 为基

点，根据基点法公式，将其投影到 y 轴并利用式（f），得到

$$a_{C_1}=(a_C+a_{CC_1}^n+a_{CC_1}^t)_y=\frac{1}{4}l\alpha=\frac{3g}{8} \tag{g}$$

根据图（f），由质心运动定理

$$N=2mg-2ma_{C_1}=\frac{5}{4}mg$$

（8）由质心的加速度公式，有

$$a_{C_1}=\frac{1}{2}(a_C+a_D)$$

因为 $a_{Cy}=0$，$a_{C_1x}=0$，将上式分别投影到 x 轴和 y 轴方向，并利用式（e），式（g），得到

$$a_{Dx}=-a_C=-\frac{9gh}{8l}(\leftarrow)$$

$$a_{Dy}=2a_{C_1}=\frac{3}{4}g$$

【解题技巧分析】利用研究系统的方法，由于外冲量作用于 C 点，系统对 C 点的冲量矩守恒，求出杆 AB 的角速度 ω 是解答前面 4 个问题的关键步骤。为了求解杆 AB 的角加速度 α，使用了对动点 C 的动量矩定理，这里巧妙利用了动点 C 的加速度 a_C 沿水平方向的有利条件；利用质心运动定理和基点法先求出系统质心的加速度 a_{C_1}，再由质心运动定理求约束反力 N，最后由质心加速度公式解得 D 点的加速度。

例 7－5　（第三届全国周培源大学生力学竞赛题，1996 年）均质圆盘的半径为 r，可绕其中心 O 在铅垂面内自由转动，转动惯量为 J。质量为 m 的甲虫以不变的相对速度 u 沿此圆盘的边缘运动。初瞬时，圆盘静止不动，甲虫位于圆盘的最底部，且已有相对速度 u。试分析给出：

（1）圆盘的运动微分方程（以转角 φ 表示）；

（2）甲虫绝对运动微分方程（以转角 θ 表示）；

（3）圆盘沿切线方向给甲虫的作用力；

（4）甲虫能升高到与 O 点相同高度的条件。

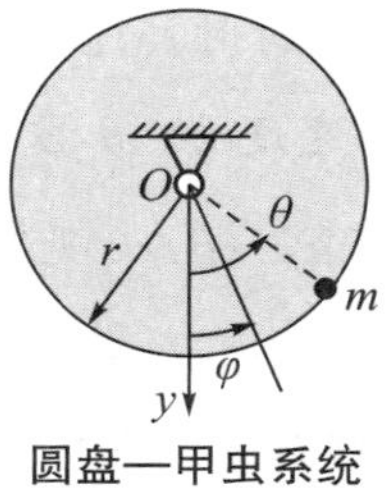

圆盘—甲虫系统

例 7－5 图

解　研究圆盘和甲虫组成的系统，根据对固定点 O 的动量矩定理，有

$$\frac{\mathrm{d}}{\mathrm{d}t}[J\dot{\varphi}+m(r\dot{\varphi}+u)r]=-mgr\sin\theta$$

注意到 $r\theta=r\varphi+ut$，$r\dot{\theta}=r\dot{\varphi}+u$，$\ddot{\theta}=\ddot{\varphi}$，代入上式，得

（1）圆盘的转动微分方程为

$$(J+mr^2)\ddot{\varphi}+mgr\sin\left(\varphi+\frac{ut}{r}\right)=0 \tag{a}$$

（2）甲虫的绝对运动微分方程为

$$(J+mr^2)\ddot{\theta}+mgr\sin\theta=0 \tag{b}$$

（3）设圆盘沿切线方向给甲虫的作用力为 F_t，则由牛顿第二定律，得到

$$F_t=mr\ddot{\theta}+mg\sin\theta=\frac{J}{J+mr^2}mg\sin\theta \tag{c}$$

（4）将甲虫的运动微分方程（b）乘以积分因子 $\dot{\theta}$，然后对时间积分，得到

$$\dot{\theta}^2=\frac{2mgr}{J+mr^2}\cos\theta+C \tag{d}$$

由于 $r\dot{\theta}=r\dot{\varphi}+u$，初始 $\dot{\varphi}=0$，所以

$$\dot{\theta}_0=\dot{\theta}|_{\theta=0}=\frac{u}{r}$$

由此确定式（d）的常数为

$$C=\left(\frac{u}{r}\right)^2-\frac{2mgr}{J+mr^2}$$

代入式（d），得

$$\dot{\theta}^2=\frac{2mgr}{J+mr^2}(\cos\theta-1)+\left(\frac{u}{r}\right)^2 \tag{e}$$

从式（e）可知，角速度 $\dot{\theta}$ 随 θ 增大而减小，因此，如果甲虫能升高到与 O 点相同的高度，必有

$$\dot{\theta}|_{\theta=\frac{\pi}{2}}\geqslant 0$$

将式（e）代入，得甲虫的相对速度 u 满足的条件是

$$u\geqslant\sqrt{2mgr^3/(J+mr^2)} \tag{f}$$

【解题技巧分析】本题为常规题，没有太大难度。为了推导甲虫的运动微分方程（b），只用到了动量矩定理。在由方程（b）积分推导式（e）时，利用了积分因子对方程进行积分的技巧。另外，在刚开始分析时，通常假设物体的运动方向（包括转动方向）沿正方向，在本题中就是假设角速度 $\dot{\varphi}$，$\dot{\theta}$ 方向相同，都沿逆时针方向。但从式（a）看到，由于运动开始后 $\varphi+\frac{ut}{r}=\theta>0$（$\theta>0$ 见后文说明），圆盘的角加速度 $\ddot{\varphi}<0$，又由于圆盘的初始角速度 $\dot{\varphi}_0=0$，因此角速度 $\dot{\varphi}<0$，就是说圆盘实际转动的方向是沿反方向，即顺时针方向。因为至少在圆盘刚刚开始转动后，θ 角度增大的方向应与相对速度 u 的方向相同，否则不合题意，所以运动开始后 $\theta>0$。从式（b）看到，角加速度 $\ddot{\theta}<0$，又因为初始角速度 $\dot{\theta}_0=u/r>0$，所以，只要甲虫的相对速度 u 满足式（f），必然有角速度 $\dot{\theta}\geqslant 0$，所以 θ 角会一直沿正方向——运动开始的方向，即逆时针方向增大（虽然角速度 $\dot{\theta}$ 在不断减小），直到增大到 $\theta\geqslant\frac{\pi}{2}$。

例 7—6　（第四届全国周培源大学生力学竞赛题，2000 年）在光滑水平桌面上，质点 A，B 的质量均为 m，由一不计质量的刚性直杆连接，杆长为 l，如图（a）所示。运动开始时 $\theta=0$，A 点在坐标原点，速度为零，B 点速度为 v，方向沿 y 轴正方向。试求系统在运动过程中：

（1）直杆转动的角速度 $\dot{\theta}$；

（2）A 点和 B 点的运动轨迹；

（3）直杆的内力 N。

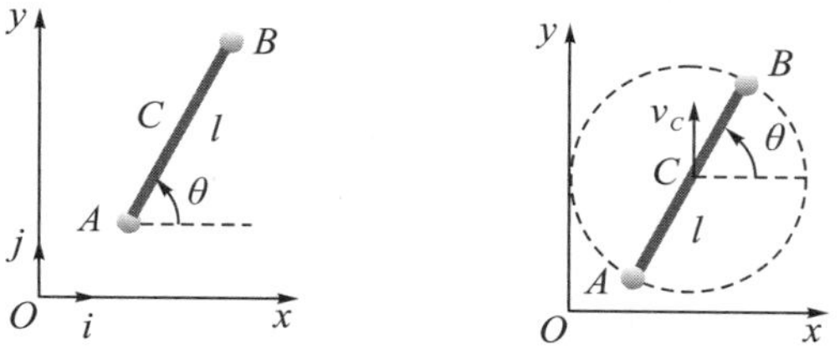

（a）**双质点刚性连接**　　（b）**系统质心速度**

例 7—6 图

解　（1）系统对质心 C 的动量矩守恒，有

$$2m\left(\frac{l}{2}\right)^2\dot{\theta}=\frac{1}{2}mvl$$

所以以直杆转动的角速度为 $\dot{\theta}=v/l$。

（2）系统质心的坐标记为（x_C，y_C），由系统动量守恒，可知质心 C 沿竖直线做匀速运动，参见图（b），其速度大小为

$$v_c=\dot{y}_c=\frac{p_0}{2m}=\frac{mv}{2m}=\frac{1}{2}v,\dot{x}_c=0$$

根据初始条件，得系统质心的运动方程为

$$x_c=\frac{1}{2}l,y_c=\frac{1}{2}vt$$

A 点和 B 点在固定直角坐标系 Oxy 里的轨迹方程为

$$x=\frac{l}{2}\left[1\pm\cos\left(\frac{vt}{l}\right)\right],\quad y=\frac{1}{2}\left[vt\pm l\sin\left(\frac{vt}{l}\right)\right]$$

这是旋轮线的方程。

（3）

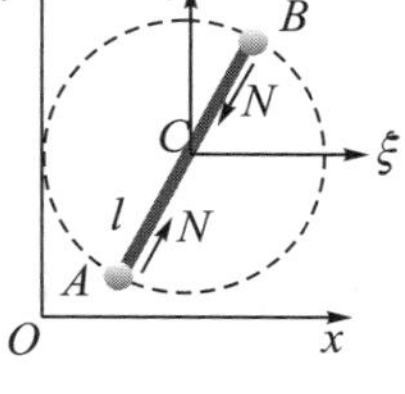

（c）**直杆的内力**

例 7—6 图

质心平动坐标系 $C\xi\eta$ 为惯性系，质点 A，B 在该惯性系里以 $l/2$ 为半径做圆周运动，直杆的内力等于 A，B 受到的向心力，如图（c）所示，其大小为

$$N = \frac{1}{2}ml\dot{\theta}^2 = \frac{1}{2l}mv^2$$

【解题技巧分析】无质量刚性杆件在运动中只起在质点之间传递力的作用。利用动量守恒定理，确定系统质心的运动规律和直杆转动的角速度是求解本题的关键步骤。

例 7−7 （第五届全国周培源大学生力学竞赛题，2004 年）AB，BC 为无质量细杆，铰接于 B 点。质量为 m 的质点固连于 C 点，从图（a）所示位置（$\varphi=\theta$）由静止开始运动。若不计各处摩擦，求此瞬时质点 C 的加速度。

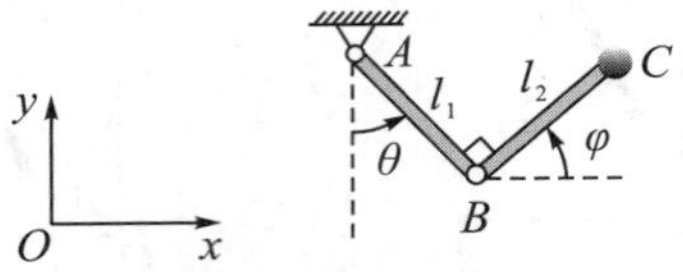

（a）无质量的杆一质点系统

例 7−7 图

解 系统受理想完整约束，只有保守力做功，有 2 个自由度，以 B 点为基点，C 点的速度为

$$v_C = v_B + v_{CB}$$

将其分别沿 x，y 轴方向投影，有

$$v_{Cx} = l_1\dot{\theta}\cos\theta - l_2\dot{\varphi}\sin\varphi$$

$$v_{Cy} = l_1\dot{\theta}\sin\theta + l_2\dot{\varphi}\cos\varphi$$

系统的动能为

$$T = \frac{1}{2}m(v_{Cx}^2 + v_{Cy}^2) = \frac{1}{2}m[l_1^2\dot{\theta}^2 + l_2^2\dot{\varphi}^2 + 2l_1 l_2\dot{\theta}\dot{\varphi}\sin(\theta-\varphi)]$$

取 $\theta=0$，$\varphi=-\frac{\pi}{2}$ 为零势能点，系统的势能为

$$V = mg(l_1 - l_1\cos\theta + l_2 + l_2\sin\varphi)$$

拉格朗日函数 $L=T-V$，将系统的动能和势能代入拉格朗日方程，有

$$\frac{\mathrm{d}}{\mathrm{d}t}\left(\frac{\partial L}{\partial \dot{q}_i}\right) - \frac{\partial L}{\partial q_i} = 0, \quad i = 1,2$$

$$q_1 = \theta, \quad q_2 = \varphi$$

得到

$$l_1^2\ddot{\theta} + l_1 l_2\ddot{\varphi}\sin(\theta-\varphi) - l_1 l_2\dot{\varphi}^2\cos(\theta-\varphi) = -gl_1\sin\theta$$

$$l_2^2\ddot{\varphi} + l_1 l_2\ddot{\theta}\sin(\theta-\varphi) + l_1 l_2\dot{\theta}^2\cos(\theta-\varphi) = -gl_2\cos\varphi$$

将初始条件 $\varphi=\theta$，$\dot{\theta}=0$，$\dot{\varphi}=0$ 代入上列方程，得到

$$l_1\ddot{\theta} = -g\sin\theta$$

$$l_2\ddot{\varphi} = -g\cos\theta$$

以 B 点为基点，C 点在此时的加速度为

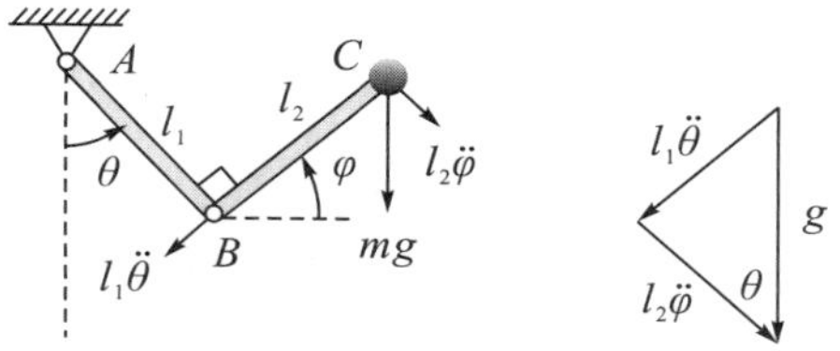

（b）加速度

例 7—7 图

$$a_C = a_B + a_{CB},\quad a_B = l_1\ddot{\theta},\quad a_{CB} = l_2\ddot{\varphi}$$

这里 $a_B \perp a_{CB}$，参见图（b），所以，质点 C 的加速度大小为

$$a_C = \sqrt{(l_1\ddot{\theta})^2 + (l_2\ddot{\varphi})^2} = g$$

方向竖直向下，此时质点 C 的运动状态与自由落体相同，好像杆 AB 和杆 BC 不存在一样。那么，下一时刻呢？

【解题技巧分析】为了写出质点的动能方程，利用基点法将质点 C 的速度通过角度 θ，φ 表达出来。其实也可以通过几何分析，先写出质点 C 的直角坐标 x_C 和 y_C 的表达式，再通过对时间求导得到质点 C 的速度分量与角度 θ，φ 的关系式。由于忽略杆 AB，BC 的质量以及各处摩擦，本例题利用拉格朗日方程得出结论：在运动初始，质点 C 的加速度等于重力加速度，其运动状态与自由落体相同，这是很奇特的结论。实际上，质点 C 的这种运动状态不可能出现，因为不存在没有质量的刚性杆件。

例 7—8　（第五届全国周培源大学生力学竞赛题，2004 年）如图（a）所示，质量为 m、半径为 r 的均质圆盘绕盘心 O 轴转动，圆盘上绕有绳子，绳子的一端系有一置于水平面上质量也为 m 的重物，重物与水平面的动摩擦系数 f 为 0.25，不计绳子质量及 O 轴摩擦。圆盘以角速度 ω_0 转动，绳子初始时松弛，求绳子被拉紧后重物能够移动的最大距离。

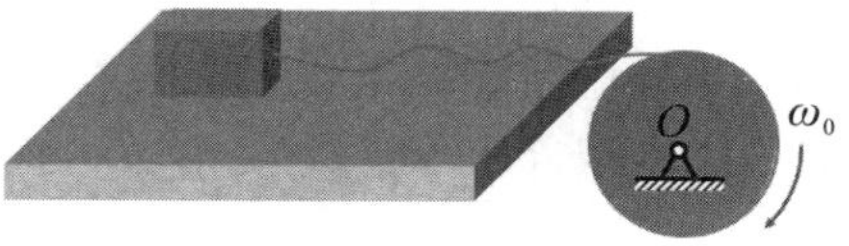

（a）系统初始状态

例 7—8 图

解　系统经历两个阶段：重物移动之前和开始移动之后。

（1）第一阶段：从绳子拉紧到重物移动之前瞬间的冲击。

系统受到绳子张力和 O 轴处冲量的作用，摩擦力与之相比很小，可忽略不计，系统对 O 轴的动量矩守衡。冲击结束时，设圆盘的角速度变为 ω，重物的速度为 v，参见图（b），则

$$\frac{1}{2}mr^2\omega_0 = \frac{1}{2}mr^2\omega + mvr \tag{a}$$

将运动学条件 $v = r\omega$ 代入上式，得到

$$\omega = \frac{1}{3}\omega_0 \tag{b}$$

（2）第二阶段：冲击结束之后，设重物移动的距离为 d。

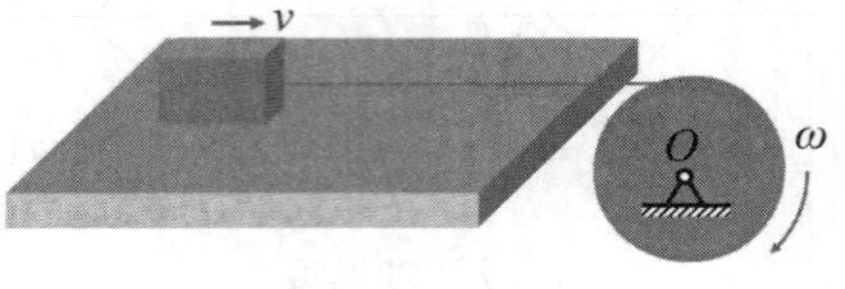

（b）冲击约束

例 7—8 图

因为系统全部的动能被摩擦功所耗散，所以

$$\frac{1}{4}mr^2\omega^2 + \frac{1}{2}mv^2 = fmgd \tag{c}$$

将 $v=r\omega$，动摩擦系数 $f=0.25$ 和式（b）代入，得到

$$d = \frac{r^2\omega_0^2}{3g}$$

【解题技巧分析】对于包括冲击过程和常规运动的系统，对冲击过程必须使用冲量定理或冲量矩定理这样的积分形式的动力学定理。研究重物和圆盘组成的系统，在极短暂的冲击过程中，摩擦力作为有限大小的普通力与 O 轴处受到的冲击力相比太小了，不起作用，因此，系统对固定轴的动量矩守恒，由此解得冲击结束时圆盘的角速度和重物的速度。注意到这一点是本例题求解的关键。

例 7—9 （第五届全国周培源大学生力学竞赛题，2004 年）两相同的均质细杆，长为 l，质量为 m，在 A 处光滑铰接。AC 杆放在光滑水平面上，AB 杆铅直，开始时静止。受扰动后 AB 杆沿顺时针方向倒下，如图（a）所示。求当 AB 杆水平，在接触地面前瞬时：

（1）杆 AC 的加速度；

（2）地面对 AC 杆作用力合力的作用线距 A 点的距离。

解 根据质心运动定理，建立固定坐标系，y 轴通过系统的质心，取 A 点的坐标 x 和 AB 的转角 θ 为广义坐标，参见图（b）系统的动能为

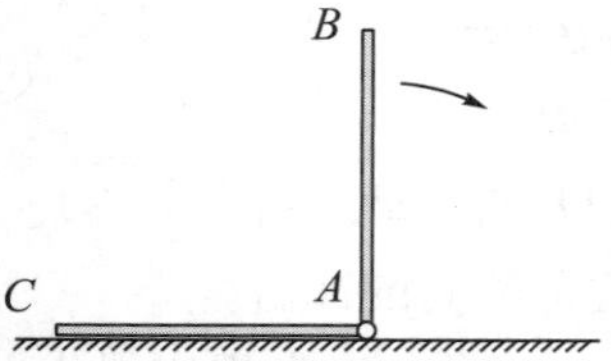

（a）系统初始状况

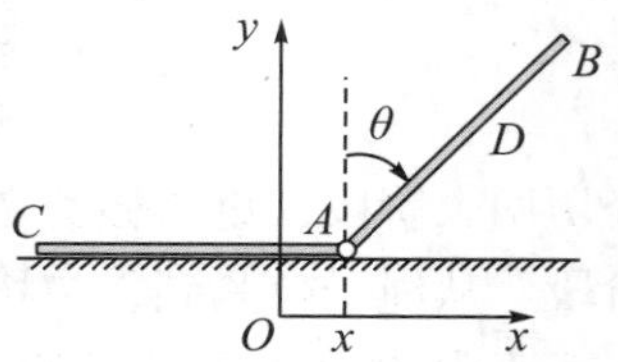

（b）运动状态

例 7—9 图

$$T = \frac{1}{2}m\dot{x}^2 + \left(\frac{1}{2}J\dot{\theta}^2 + \frac{1}{2}mv_D^2\right), J = \frac{1}{12}ml^2 \tag{a}$$

AB 杆质心 D 的速度可表示为

$$v_{Dx}=\dot{x}+\frac{1}{2}l\dot{\theta}\cos\theta, v_{Dy}=-\frac{1}{2}l\dot{\theta}\sin\theta \tag{b}$$

代入式（a），得到

$$T=m\dot{x}^2+\frac{1}{6}ml^2\dot{\theta}^2+\frac{1}{2}ml\dot{x}\dot{\theta}\cos\theta \tag{c}$$

取水平面为零势能面，系统势能为

$$V=\frac{1}{2}mgl\cos\theta \tag{d}$$

系统为理想完整的保守系统，拉格朗日函数 $L=T-V$，将动能（c）式和势能（d）式代入拉格朗日方程，有

$$\frac{\mathrm{d}}{\mathrm{d}t}\left(\frac{\partial L}{\partial \dot{q}_i}\right)-\frac{\partial L}{\partial q_i}=0,\quad i=1,2$$

$$q_1=\theta,\quad q_2=x$$

并考虑初始条件，得到

$$\frac{1}{3}ml^2\ddot{\theta}+\frac{1}{2}ml\ddot{x}\cos\theta-\frac{1}{2}ml\dot{x}\dot{\theta}\sin\theta=\frac{1}{2}mgl\sin\theta \tag{e}$$

$$2m\ddot{x}+\frac{1}{2}ml\ddot{\theta}\cos\theta-\frac{1}{2}ml\dot{\theta}^2\sin\theta=0 \tag{f}$$

以及首积分

$$2m\dot{x}+\frac{1}{2}ml\dot{\theta}\cos\theta=0 \tag{g}$$

将 $\theta=\pi/2$（与水平面接触前瞬间）代入（e），（f），（g）三式，得到

$$\ddot{\theta}=\frac{3g}{2l},\quad \ddot{x}=\frac{1}{4}l\dot{\theta}^2,\quad \dot{x}=0 \tag{h}$$

由系统的机械能守恒，有

$$m\dot{x}^2+\frac{1}{6}ml^2\dot{\theta}^2=\frac{1}{2}mgl \tag{i}$$

根据式（h），（i），有

$$\theta=\frac{\pi}{2},\quad \dot{x}=0,\quad \dot{\theta}=\sqrt{\frac{3g}{l}}$$

（1）当 AB 杆水平，在与水平面接触前瞬间，杆 AC 做平动，速度为零，加速度为

$$a_{AC}=\ddot{x}=\frac{l\dot{\theta}^2}{4}=\frac{3}{4}g \tag{j}$$

可以验证：此时系统的质心（与 A 点重合，但并非 AC 杆或 AB 杆上的 A 点）在 x 方向的加速度为零。因为，根据基点法，AB 杆质心 D 的水平方向加速度为

$$a_{Dx}=a_A+a_{DA}^n=\ddot{x}-\frac{1}{2}l\dot{\theta}^2=-\frac{1}{4}l\dot{\theta}^2$$

即

$$ma_{Dx}+m\ddot{x}=0$$

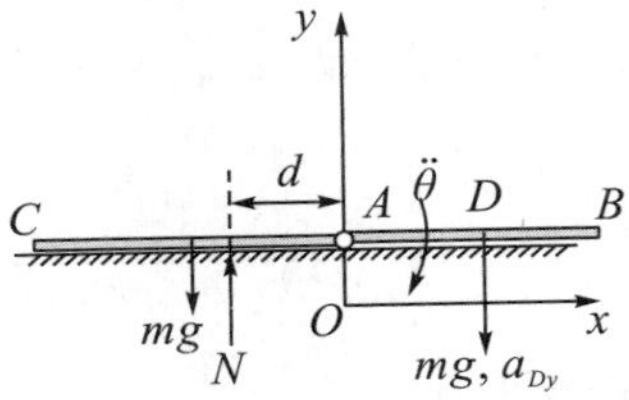

（c）杆 AB 与水平面接触前状态

例 7—9 图

(2) 设地面对 AC 杆作用力合力的作用线距 A 点的距离为 d。

如图（c）所示，系统的质心与 A 点重合，由质心运动定理并利用式（h），有

$$2ma_{Ay} = 2mg - N,\quad a_{Ay} = \frac{1}{2}a_{Dy} = \frac{1}{4}l\ddot{\theta},\quad \ddot{\theta} = \frac{3g}{2l}$$

系统对其质心 A 的动量矩方程为

$$Nd = \frac{1}{3}ml^2\ddot{\theta}$$

联立解方程得

$$d = \frac{2}{5}l$$

【解题技巧分析】由于系统的质心在水平方向静止不动，可建立 y 轴通过系统质心的固定直角坐标系。系统有两个自由度，取 A 点的坐标 x 和 AB 的转角 θ 为广义坐标，利用拉格朗日方程得到问题的解答。这里需要注意的是，刚体系统的质心位置与刚体上的某点在空间坐标上重合，但并非是同一个点，因为刚体上的点总是相对固定的点，而系统的质心在运动中，系统内部刚体间的相对位置在不停地变化，这与单个运动刚体的质心位置总是位于相对固定的位置不同。在本例题中，初始时刻，系统的质心不在 A 点，但随着杆 AB 的倒下，系统的质心沿 y 轴向下移动，最后与两杆交点 A 重合。由于系统无水平外力，初始静止，根据质心运动定理，系统的质心在水平方向既无速度也无加速度。但两杆交点 A 是运动的点，根据式（j），即使在杆 AB 与水平面接触前瞬间，系统的质心与交点 A 重合，两杆的交点 A（不能等同于系统的质心）在水平方向仍然具有非零的加速度。因此，对于由两个或更多个刚体组成的、刚体间可以有相对运动的系统，应该严格区分系统的质心与刚体上的点，不要将它们混淆。

例 7—10 （第六届全国周培源大学生力学竞赛题，2007 年）技高一筹的魔术师（25 分）

魔术师要表演一个节目。其中一个道具是边长为 a 的不透明立方体箱子，质量为 m_1；另一个道具是长为 L 的均质刚性板 AB，质量为 m_2，可绕光滑铰 A 转动；最后一个道具是半径为 R 的刚性球，质量为 m_3，放在刚性的水平面上。魔术师首先把刚性板 AB 水平放置在圆球上，板和圆球都可以保持平衡，且圆心 O 和接触点的连线与铅垂线夹角为 φ。然后，魔术师又把箱子固定在 AB 板的中间位置，系统仍可以保持平衡，如图（a）所示。

魔术师用魔棒轻轻向右推了一下圆球，竟然轻易地就把圆球推开了。更令人惊讶的

是，当圆球离开 AB 板后，AB 板及其箱子仍能在水平位置保持平衡。试分析回答下列问题：

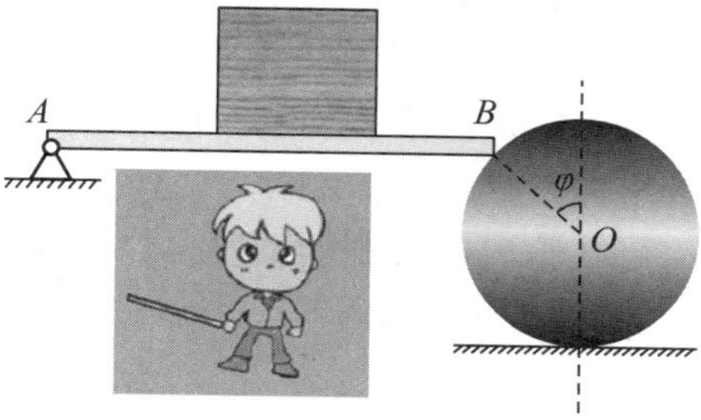

(a) 魔术师的道具

例 7—10 图

(1) 为什么在 AB 板上加很重的箱子不会把圆球挤压出去，而魔术师用很小的力却可以推开圆球？这其中涉及了什么力学内容？

(2) 为维持平衡，AB 板与圆球之间的摩擦系数 μ 必须满足什么条件？

(3) AB 板只在 A 处受支撑却仍能保持在水平位置。魔术师让观众检查，证明这时平板有且只有 A 点与地面接触，排除了看不见的支撑或悬挂等情况。请指出其中可能涉及的奥秘，并分析其中可能涉及的参数。

解　(1) 这与摩擦和自锁有关。

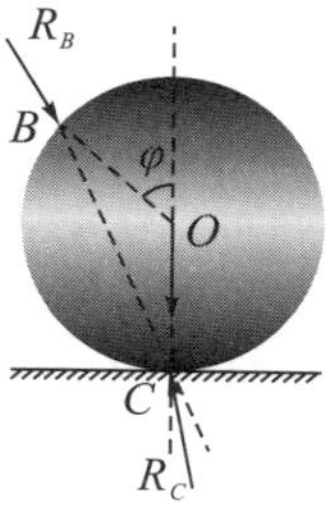

(b) 球体受力

例 7—10 图

当 AB 板压在球体上时，球可以在自重、地面全反力和 B 处全反力的作用下维持平衡。这时球体处于摩擦自锁状态，再放上箱子不破坏球的平衡条件。但是魔术师用水平力推球时，打破了三力平衡状态。如果之前摩擦力已达最大值，那么只需要很小的水平推力，即可破坏球的平衡，参见图 (b)。

(2) 根据几何条件，有 $\angle OBC=\angle OCB=\dfrac{1}{2}\varphi$，由自锁条件，全反力 R_B 的方向必须落在摩擦角 θ 以内，所以

$$\mu=\tan\theta\geqslant\tan\left(\frac{1}{2}\varphi\right)$$

魔术师用很小的水平力就可以破坏球的平衡，所以 R_B 与接触点法向的夹角等于摩擦角，因此

$$\mu = \tan\left(\frac{1}{2}\varphi\right)$$

这就是为维持平衡，摩擦系数 μ 满足的条件。

(3) 系统只有 A 铰而保持平衡，这从静力学角度来说是难以想象的，但是从动力学角度就可以实现。其中一种可能是，箱子中有一个转子，球离开时接通电源使圆轮加速转动。

设飞轮转动惯量为 J，可在箱内电机驱动下以角加速度 a 顺时针转动。为分析方便，暂时在 B 处加上铰链，如图（c）所示。

用动静法。飞轮上作用有惯性力偶矩：

$$M_I = J\alpha\text{（逆方向）}$$

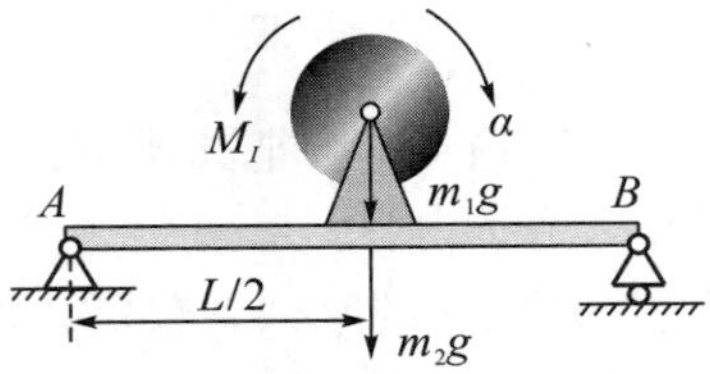

（c）飞轮上的惯性力偶

例 7－10 图

系统对 A 点取矩，有

$$-\frac{1}{2}(m_1 + m_2)gL + M_I + N_BL = 0$$

令 $N_B=0$，得到

$$\alpha = \frac{(m_1 + m_2)gL}{2J}$$

由于转子的转动与电流有关，而 α 是常数，因此事先设计好电流的大小即可。在表演魔术时，可以让 B 点与球接触时不通电，而球离开时通电。

【解题技巧分析】利用摩擦角和自锁的相关知识以及动静法的原理，解释和回答了上面魔术表演设计中的问题。前面（1），（2）问属于静力学问题，第（3）问属于动力学问题。

例 7－11　（第六届全国周培源大学生力学竞赛题，2007 年）声东击西的射击手（30 分）

射击的最高境界是指哪打哪。欢迎来到这个与众不同的射击场。在这里，共有 10 个小球 P_i（$i=0$，1，…，9），质量均为 m。你需要把某个小球放在圆弧的适当位置上，然后静止释放小球即可，如图（a）所示。

假设系统在同一竖直平面内，$CD=H/2$，其他几何尺寸如图所示。均质细杆 CD 的质量为M，不考虑摩擦和小球的半径。小球 P_i 与 CD 杆或地面碰撞的恢复系数为 $e_i=\sqrt{i/9}$，$i=0$，1，2，…，9，试分析解答下列问题：

(1) 为使小球 P_i 击中杆上 D 点，无初速释放时的 θ 角等于多少？距离 S 有何限制？

(2) 假设某小球击中 CD 杆上的 E 点，为使 E 点尽可能远离 D 点，试确定该小球的号码及静止释放时的 θ 角，此时 CE 的距离是多少？

(3) 假设某小球击中 CD 杆上的 E 点，为使悬挂点 C 处的冲量尽可能小，试确定该小球的号码及静止释放时的 θ，此时 CE 的距离是多少？冲量有多大？

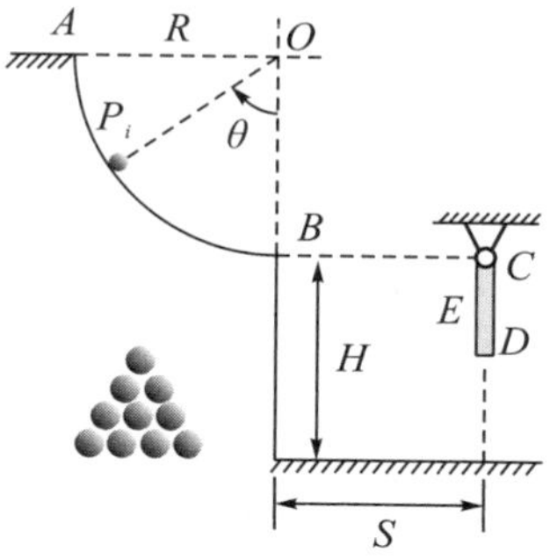

(a) 射击圆弧装置

例 7−11 图

解　(1) 研究小球。由动能定理，有

$$v_B = \sqrt{2gR(1-\cos\theta)} \tag{a}$$

小球以速度 v_B 从 B 点飞出，击中 D 点，所以

$$x = v_B t = S,\quad y = -\frac{1}{2}gt^2 = -\frac{1}{2}H$$

由此解得速度 v_B，代入式 (a) 得到

$$\theta = \arccos\left(1-\frac{S^2}{2HR}\right);\quad S \leqslant \sqrt{2HR}$$

(2)

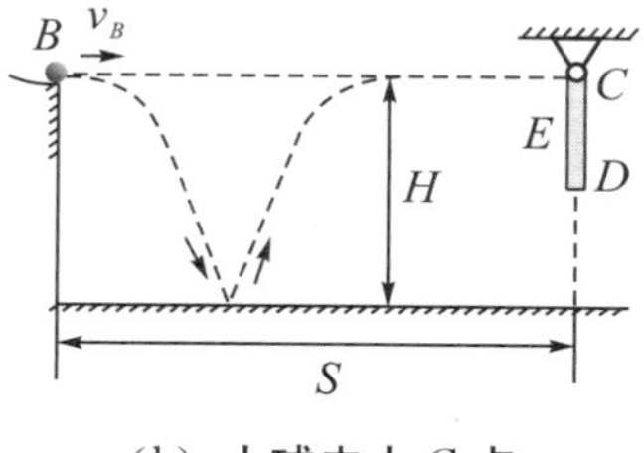

(b) 小球击中 C 点

例 7−11 图

为了击中 CD 杆上离 D 点最远的 C 点，参见图 (b)（即 E 点与 C 点重合），由于 C 点与 B 点具有同样的高度，必须利用小球与地面的碰撞来实现，且恢复系数必须是 1，显然只有 9 号小球满足该条件。设 9 号球与地面碰撞 n 次后，刚好击中 C 点，从高度 H 下落到达地面所需的时间为 t，则

$$2nv_B t = S,\quad \frac{1}{2}gt^2 = H$$

将式 (a) 代入，解得

$$\theta = \arccos\left(1 - \frac{S^2}{16n^2 HR}\right)$$

(3)

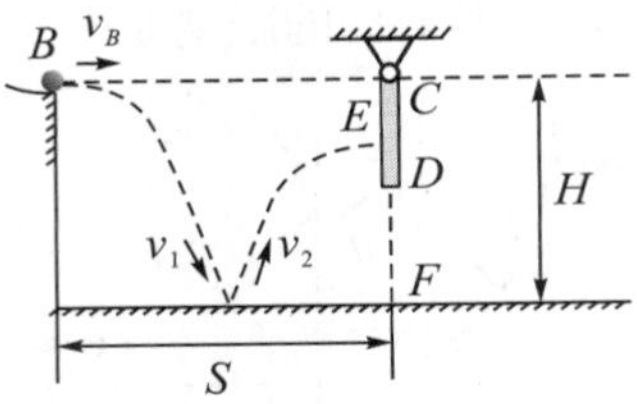

(c) 小球击中 E 点

例 7-11 图

如果小球击中 CD 杆上的撞击中心 E，参见图 (c)，那么约束冲量 $I_C=0$。令 $CE=d$，注意 $CD=H/2$，由撞击中心计算公式，得

$$d = \frac{J_C}{Ma} = \frac{1}{3}H, EF = H - d = \frac{2}{3}H \tag{b}$$

式中 $a=\frac{1}{2}CD=\frac{1}{4}H$ 是 CD 杆的质心到固定轴 C 的距离，而 $J_C=\frac{1}{3}M\left(\frac{H}{2}\right)^2$ 是 CD 杆对轴 C 的转动惯量。

现在设小球 P_i 与地面碰撞一次后击中 CD 杆上的撞击中心，那么悬挂点 C 处的冲量 $I_C=0$，$CE=H/3$。如果小球从高度 H 下落到达地面所需的时间记为 t_1，回弹击中杆 CD 的 E 点所需时间记为 t_2，则

$$EF = (e_i\sqrt{2Hg})t_2 - \frac{1}{2}gt_2^2 = \frac{2}{3}H$$

$$x = v_B(t_1 + t_2) = S, \quad \frac{1}{2}gt_1^2 = H, \quad t_1 = \sqrt{2H/g}$$

$$v_{1y} = gt_1 = \sqrt{2Hg}, \quad v_{2y} = e_i v_{1y} - gt_2 = 0, \quad t_2 = e_i\sqrt{2H/g}$$

利用式 (a)，联立以上方程求解，得到

$$e_i = \sqrt{2/3} = \sqrt{i/9}, \quad i = 6$$

$$\theta = \arccos\left(1 - \frac{S^2}{4(1+e_6)^2 HR}\right)$$

【解题技巧分析】首先利用动能定理得到式 (a)，然后由撞击中心公式计算得到问题的解答。本题对问题 (3) 的解答需要一定的技巧，在分析中假设 9 个小球中，某一个小球击中 CD 杆的撞击中心，于是轴 C 处的冲量等于零，不需要计算，只需要根据撞击中心公式 (b)，计算 C，E 两点的距离，确定对应小球的编号。计算结果显示：9 个小球中，刚好有一个小球（编号为 6 的小球）击中 CD 杆的撞击中心。

例 7-12 （第七届全国周培源大学生力学竞赛题，2009 年）小球在高脚玻璃杯中的运动（20 分）

一半球形高脚玻璃杯，半径 r=5cm，质量 m_1=0.3 kg，杯底座半径 R=5 cm，厚度不计，杯脚高度 h=10 cm。如果有一个质量 m_2=0.1kg 的光滑小球自杯子的边缘由

静止释放后沿杯的内侧滑下，小球的半径忽略不计，如图（a）所示。已知杯子底座与水平面之间的静摩擦系数 $f_s=0.5$。试分析小球在运动过程中：

（1）高脚玻璃杯会不会滑动?

（2）高脚玻璃杯会不会侧倾（即一侧翘起)?

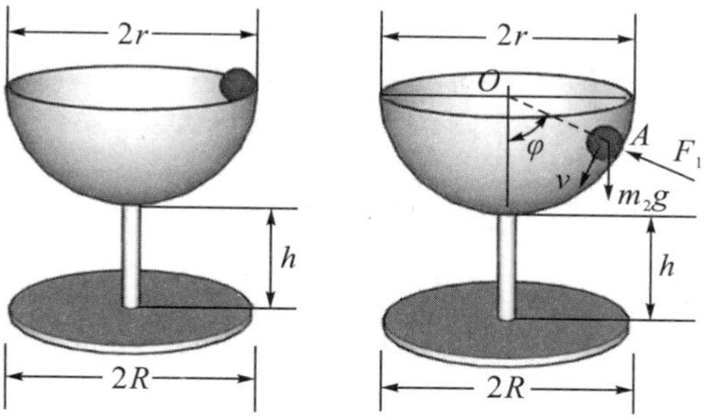

（a）小球初始位置　　（b）小球受力

例 7－12 图

解　（1）设杯子不动，分析小球，画受力图（b)，由动能定理，有

$$\frac{1}{2}m_2v^2-0=m_2gr\cos\varphi$$

所以

$$v^2=2gr\cos\varphi \tag{a}$$

根据牛顿定律，有

$$m_2\frac{v^2}{r}=F_1-m_2g\cos\varphi \tag{b}$$

将式（a）代入式（b)，得到

$$F_1=3m_2g\cos\varphi=m_1g\cos\varphi \tag{c}$$

下面研究杯子：取杯子（$m_1=3m_2$）为研究对象，画受力图（c)，由平衡条件，有

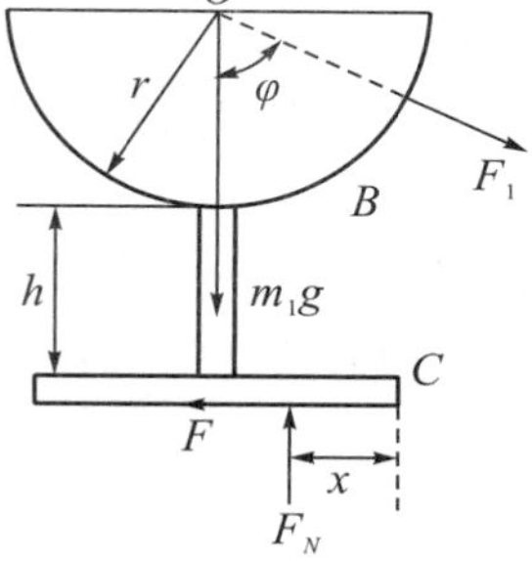

（c）杯子受力

例 7－12 图

$$\sum F_x=0: F_1\sin\varphi-F=0$$

$$\sum F_y=0: F_N-m_1g-F_1\cos\varphi=0$$

解得

$$F = \frac{3}{2}m_2 g\sin 2\varphi \tag{d}$$

$$F_N = 3m_2 g + 3m_2 g\cos^2\varphi$$

最大静滑动摩擦力 $F_{max}=f_s F_N=0.5F_N$，根据式（d）得到

$$F_{max} - F = \frac{3}{2}m_2 g(1+\cos^2\varphi - \sin 2\varphi) > 0$$

所以，杯子不会滑动。

（2）如果杯子处于侧倾临界状态，则 $x=0$，且

$$\sum M_C(F_i) = 0:$$

$$m_1 gR + RF_1\cos\varphi - (h+r)F_1\sin\varphi = 0$$

注意 $h+r=3R$，将式（c）代入，化简得

$$1+\cos^2\varphi - 3\sin\varphi\cos\varphi = 0$$

即

$$(\sin\varphi - 2\cos\varphi)(\sin\varphi - \cos\varphi) = 0$$

由此得两个解：$\varphi_1=\arctan 2=63.4°$，$\varphi_2=\arctan 1=45°$。小球先到达 φ_1 的位置，此时，杯子开始侧倾（一侧翘起）。

【解题技巧分析】本题是常规题。利用动能定理和牛顿定律得到式（a）和式（c），然后作静力平衡分析得到问题答案。

例 7－13　（第七届全国周培源大学生力学竞赛题，2009 年）杂耍圆环

1. 杂技演员将一个刚性圆环沿水平地面滚出，刚开始圆环一跳一跳地向前滚动，随后不离开地面向前滚动，为什么？

2. 杂技演员拿出一个半径为 r、质量为 m 的均质圆环，沿粗糙的水平地面向前抛出，不久圆环又自动返回到演员跟前。设圆环与地面接触瞬时圆环中心 O 点的速度大小为 v_0，圆环的角速度为 ω_0，圆环与地面间的静摩擦系数为 f_s，不计滚动摩阻，试问：

（1）圆环能自己滚回来的条件是什么？

（2）圆环开始向回滚动，直到无滑动地滚动，在此运动过程中，圆环所走过的距离是多少？

（3）当圆环在水平地面上无滑动地滚动时，其中心的速度大小为 v_1，圆环平面保持在铅垂平面内。试分析圆环碰到高为 h（$h<r/2$）的无弹性台阶后，能不脱离接触地面爬上该台阶所应满足的条件。

3. 演员又用细铁棍推动均质圆环在水平地面上匀速纯滚动，假设圆环保持在铅垂平面内滚动，如图（a）所示。又知铁棍与圆环之间的动摩擦系数为 f_t，圆环与地面间的静摩擦系数为 f_s，圆环与地面间的滚动摩阻系数为 δ。试求为使铁棍的推力（铁棍对圆环的作用力）最小，圆环上与铁棍的接触点的位置。

(a) 杂技演员　　(b) 圆环速度及角速度

例 7—13 图

解　问题 1：圆环一跳一跳地向前滚动，随后不离开地面向前滚动，其原因分析如下：

圆环不是均质的，质心不在圆环中心，开始滚动的角速度大。因为角速度大，当质心在上升到达圆心的高度时具有较大的向上的速度分量；之后质心继续运动到位于圆心的正上方时，其质心仍然具有非零的向上的速度分量，因而脱离地面；由于能量损失，圆环滚动的角速度逐渐减小，经过一定时间后，圆环不再脱离地面。

问题 2：(1) 分析均质圆环能自己滚回来的条件。

设初始时，圆环中心速度为 v_0，角速度为 ω_0，如图 (b) 所示，以后分别为 v，ω，圆环与地面接触点的速度大小为

$$u = v + r\omega \tag{a}$$

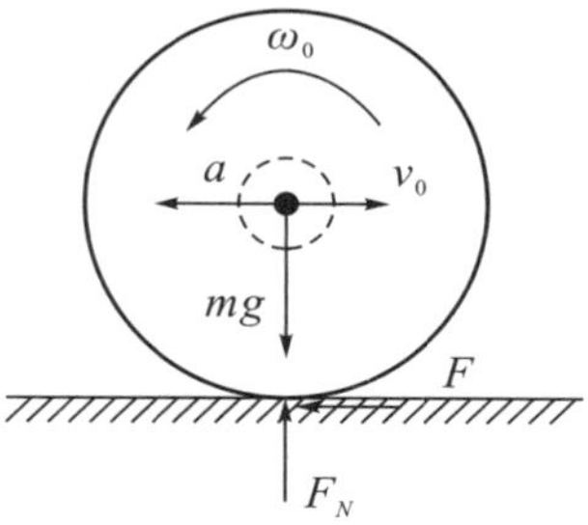

(c) 圆环中心加速度

例 7—13 图

第一阶段：圆环与地面有相对滑动，故 $u>0$，参见图 (c)，摩擦力为

$$F = F_{\max} = f_s F_N, \quad F_N = mg$$

根据质心运动定理，有

$$m\frac{\mathrm{d}v}{\mathrm{d}t} = -mgf_s$$

积分得到

$$v = v_0 - f_s gt \tag{b}$$

根据对质心的动量矩定理，有

$$mr^2\frac{d\omega}{dt}=-Fr=-mgf_sr$$

积分得到

$$\omega=\omega_0-f_sgt/r \tag{c}$$

从式（b），式（c）看出，由于存在摩擦力，v 和 ω 都随时间而减小。

第二阶段：由边滚边滑到纯滚动。

将式（b），式（c）代入式（a）得到

$$u=v_0+r\omega_0-2f_sgt$$

设经过时间 t_1，圆环开始纯滚动，此时与地面接触点的速度为零，即 $u=0$，由上式得到

$$t_1=\frac{v_0+r\omega_0}{2f_sg} \tag{d}$$

根据式（b），此时质心的速度大小为

$$v_1=v_0-f_sgt_1=(v_0-r\omega_0)/2 \tag{e}$$

要使圆环返回，必须有 $v_1<0$，即圆环自己滚回的条件为 $\omega_0>v_0/r$。

（2）因为圆环到达最远处时，质心速度为零，即 $v=0$（注意质心的速度经历由 $v>0$ 到 $v=0$ 的变化，同时与地面接触点的相对滑动速度 u 在减小，但还没有减小到零），由式（b）可知经历的时间为

$$t_2=\frac{v_0}{f_sg} \tag{f}$$

圆环到达最远处时（圆环质心的速度 $v=0$，加速度 $a=-f_sg$）开始向回滚动，直到无滑动地滚动，即相对滑动速度 u 减小到零，同时圆环质心的速度经历由 $v=0$ 到 $v<0$ 的变化，这段时间为 t_1-t_2，在这个过程中，圆环质心通过的距离由下式计算：

$$s=\frac{1}{2}f_sg\,(t_1-t_2)^2$$

将式（d），式（f）代入，得到

$$s=\frac{(r\omega_0-v_0)^2}{8f_sg}$$

（3）已知圆环无滑动地滚动时，其中心 C 的速度为 v_1，见式（e），所以，圆环的角速度为

$$\omega_1=v_1/r \tag{g}$$

设圆环与台阶碰撞结束时，角速度变为 ω_2，参见图（e）。由于在整个碰撞过程直到爬上平台前，圆环都保持与点 O 的接触（无滑动、圆环不跳起），故圆环的运动可看作定轴转动，中心速度为

$$u_c=r\omega_2 \tag{h}$$

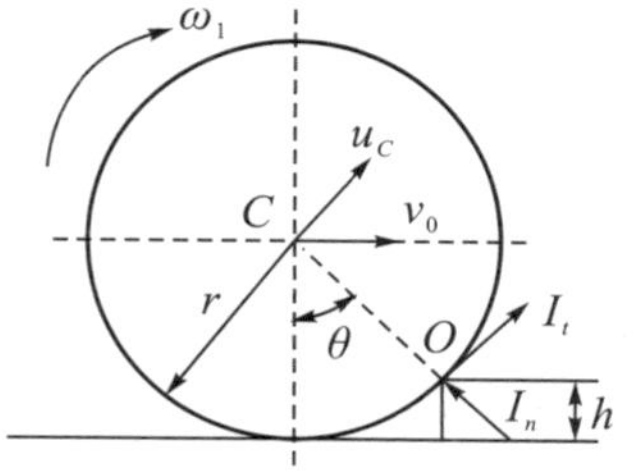

（d）小台阶给圆环的冲量

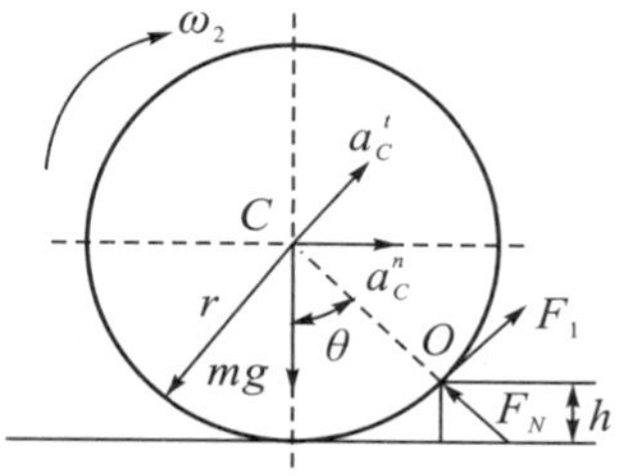

（e）圆环中心加速度

例 7－13 图

如图（d）所示，外冲量作用于 O 点，碰撞过程对 O 点的动量矩守恒有

$$L_O = mv_1(r-h) + J_C\omega_1 = J_O\omega_2$$

将 $J_C = mr^2$，$J_O = 2mr^2$ 及式（g）代入，得到

$$\omega_2 = (2r-h)v_1/(2r^2) \tag{i}$$

设 ω_3 为圆环重心上升到最高位置时圆环的角速度，则由动能定理，有

$$(J_O\omega_3^2 - J_O\omega_2^2)/2 = -mgh$$

即 $J_O\omega_2^2 - 2mgh = J_O\omega_3^2 > 0$。将式（i）代入，得到圆环爬上台阶的条件为

$$4r^2hg < v_1^2(2r-h)^2 \tag{j}$$

将圆环爬升过程中的角速度记为 Ω，将质心运动定理投影到 OC 方向，得到

$$mr\Omega^2 = mg\cos\theta - F_N,\quad \omega_2 \geqslant \Omega \geqslant \omega_3 \tag{k}$$

由此得到，圆环不跳起的条件为

$$F_{N\min} = mg\cos\theta_{\max} - mr\Omega_{\max}^2 > 0 \text{ 即}$$

$$r\Omega_{\max}^2 < g\cos\theta_{\max} = g(r-h)/r \tag{l}$$

因为 Ω 随时间减小，根据式（i），有 $\Omega_{\max} = \omega_2 = (2r-h)v_1/(2r^2)$，代入式（l）得到

$$v_1^2(2r-h)^2 < 4r^2(r-h)g$$

注意到式（j），可知圆环能爬上台阶、不脱离接触面的条件为

$$4r^2hg < v_1^2(2r-h)^2 < 4r^2(r-h)g$$

这里 v_1 由式（e）给出。

问题 3：如图（f），θ 为半径 CA 与铅锤线 BC 的夹角，A，B 两点的摩擦角分别记为

$$\varphi_A = \arctan f_t,\quad \varphi_B = \arctan f_s$$

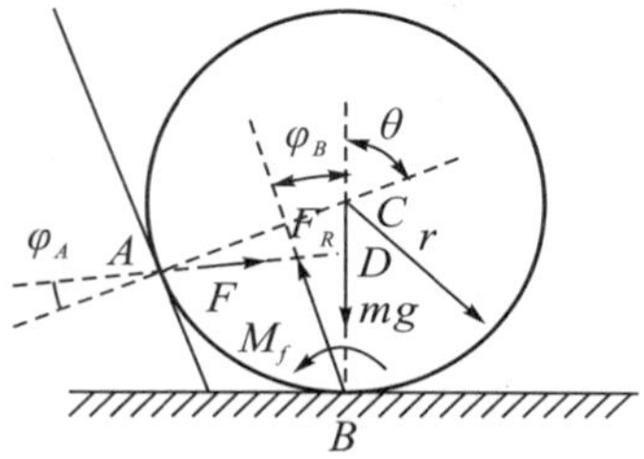

（f）圆环受力

例 7－13 图

F，F_R为A，B两点的全反力，M_f为滚动摩阻力偶矩，A点处为动摩擦，全反力F与AC的夹角等于摩擦角φ_A。对于$\triangle ACD$，由正弦定理，有

$$CD = \frac{r\sin\varphi_A}{\sin(\varphi_A + \theta)}$$

圆环匀速纯滚动，由质心运动定理和对动点B的动量矩定理，有

$$mg = F_N + F\cos(\varphi_A + \theta),$$
$$M_f = F(r - CD)\sin(\varphi_A + \theta) = Fr(\sin(\varphi_A + \theta) - \sin\varphi_A)$$

当F达到一定值（维持圆环匀速滚动所需要的最小值）时，圆环才能滚动起来，此时，滚动摩阻力偶矩达到最大值，即$M_f = \delta F_N$，联立上面两式解得

$$F = \frac{mg\delta}{r\sin(\varphi_A + \theta) + \delta\cos(\varphi_A + \theta) - r\sin\varphi_A}$$

当$\tan(\varphi_A + \theta) = r/\delta$时，上式分母取极大值，因而$F$取最小值，即所求角度为

$$\theta = \arctan(r/\delta) - \varphi_A$$

当$\delta \ll r$时，$\varphi_A + \theta \approx \pi/2$。

【解题技巧分析】均质圆环与非均质圆环的力学行为不同，考虑滚动摩阻与不考虑滚动摩阻也不同，纯滚动与边滚边滑的运动约束条件互异，再加上涉及碰撞过程，因此本题属于动力学综合分析题。本题最有趣的部分是问题2中对圆环回滚的分析。对于整个过程都是纯滚动的圆环，沿直线回滚是绝无可能的。另外，在问题2中，忽略滚动摩阻也使问题的分析得到了简化。

例 7－14 （第八届全国周培源大学生力学竞赛题，2011年）

看似简单的小试验

某学生设计了三个力学试验，其条件和器材很简单：已知光滑半圆盘质量为m，半径为r，可在水平面上左右移动，如图（a）所示。坐标系Oxy与半圆盘固结，其中O为圆心，x轴水平，y轴竖直。小球P_i（$i=1，2，3$）的质量均为m。重力加速度g平行于y轴向下，不考虑空气阻力和小球尺寸。在每次试验开始时，半圆盘都处于静止状态。

（1）如果学生扔出小球P_1，出手的水平位置$x_0 \geqslant r$，但高度、速度大小和方向均可调整，问小球P_1能否直接击中半圆盘边缘最左侧的A点？证明你的结论。

（2）如果学生把小球P_2从半圆盘边缘最高处B点静止释放，由于微扰动小球向右边运动。求小球P_2与半圆盘开始分离时的角度φ。

（3）如果学生让小球P_3竖直下落，以v_0的速度与半圆盘发生完全弹性碰撞（碰撞点在$\varphi=45°$处），求碰撞结束瞬时小球P_3与半圆盘的动能之比。

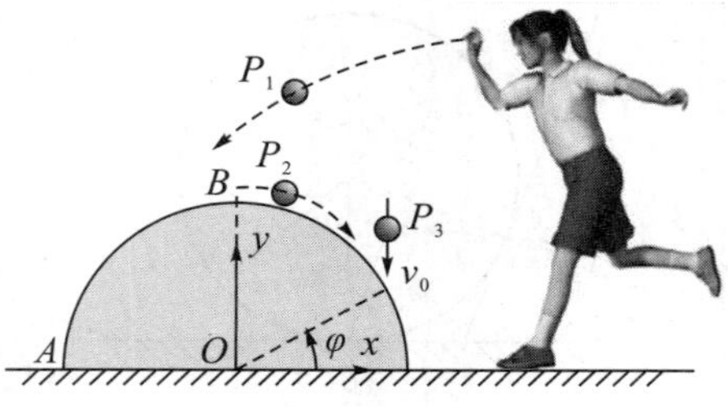

（a）**力学实验用半圆盘**

例 7－14 图

解　(1) 不能直接击中 A 点(参考图 (b))。

因为小球出手后开始做抛物线运动，如果该抛物线与圆盘轮廓曲线在 A 点相交，那么在此之前必然与另一点 B 相交，即小球不可能直接击中 A 点。证明如下。

将 C 点的坐标 $x=-r+\Delta x$，$y=y_1$ 代入圆的方程 $x^2+y^2=r^2$，得 C 点的高度为

$$y_1=\sqrt{(2r-\Delta x)\Delta x}\sim\sqrt{\Delta x}=\varepsilon$$

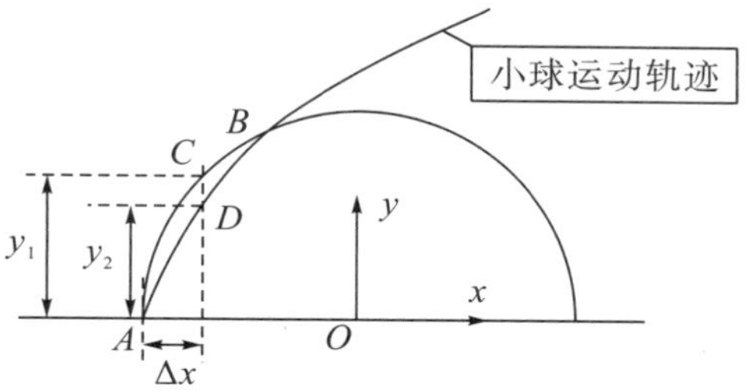

(b) 小球沿抛物线轨迹运动

例 7-14 图

通过点 A $(-r,0)$ 的抛物线方程可写为

$$y=-a[(x-b)^2-(r+b)^2],a>0,b>0$$

将 D 点的坐标 $x=-r+\Delta x$，$y=y_2$ 代入，得 D 点的高度为

$$y_2=a(2r+2b-\Delta x)\Delta x\sim\Delta x=\varepsilon^2$$

y_2 与 y_1 相比是 ε 的高阶小量，即在 A 点附近，总有 $y_1>y_2$。由于小球只能沿抛物线轨迹运动，欲通过(击中)点 A，必先通过半圆盘内部的点 D，而这显然是不可能的。

(2) 建立固定坐标系，与初始时刻的固连坐标系 Oxy 重合，参见图 (c)。

因为系统只受竖直方向的外力，所以系统水平方向动量守恒：

$$m\dot{x}+m(\dot{x}-r\dot{\varphi}\sin\varphi)=0$$

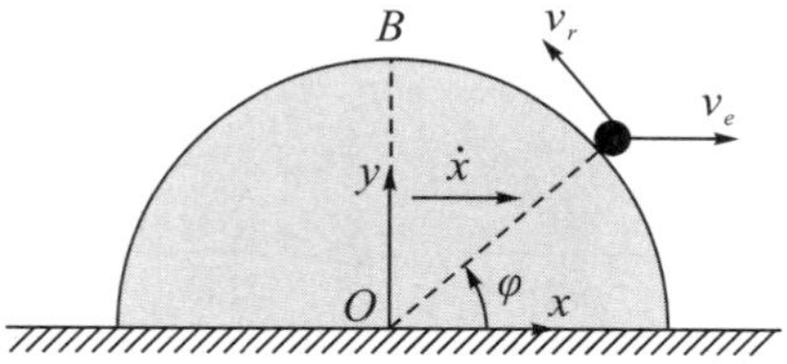

(c) 小球的速度分量

例 7-14 图

即小球的水平速度分量与半圆盘速度相等，但是方向相反。另外，由动能定理，有

$$\frac{1}{2}m\dot{x}^2+\frac{1}{2}m[(\dot{x}-r\dot{\varphi}\sin\varphi)^2+(r\dot{\varphi}\cos\varphi)^2]=mgr(1-\sin\varphi)$$

由上两式，可得到

$$\dot{x}=-\frac{1}{2}r\dot{\varphi}\sin\varphi,\quad \dot{\varphi}^2=\frac{4(1-\sin\varphi)g}{(2-\sin^2\varphi)r} \tag{a}$$

研究半圆盘，由质心运动定理，有

$$m\ddot{x}=-N\cos\varphi \tag{b}$$

N 为小球作用在半圆盘的法向压力。由式（a），（b）可解得

$$N = \frac{mg(4 + \sin^3\varphi - 6\sin\varphi)}{(2 - \sin^2\varphi)^2}$$

小球脱离接触时 $N = 0$，即

$$4 + \sin^3\varphi - 6\sin\varphi = 0 \tag{c}$$

如果记 $\xi = \sin\varphi$，由于 $0 \leqslant \varphi \leqslant \pi$，有 $0 \leqslant \xi \leqslant 1$，式（c）成为

$$4 + \xi^3 - 6\xi = (\xi - 2)(\xi^2 + 2\xi - 2) = 0$$

由此得到方程（c）在（0，1）之间的解：

$$\xi = \sin\varphi = \sqrt{3} - 1, \quad \varphi \approx 47^\circ$$

这就是小球与半圆盘分离时的角度。

(3) 先研究小球，设碰撞前后小球的绝对速度分别为 v_0，v，如图（d）所示，由于半圆盘光滑，小球切向速度不变，故有

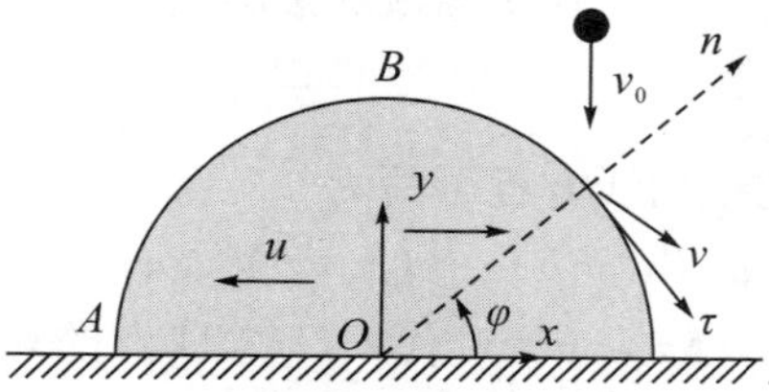

（d）**小球碰撞前、后速度**

例 7－14 **图**

$$v_\tau = v_0\cos\varphi \tag{d}$$

设碰撞后半圆盘的绝对速度为 u，根据完全弹性碰撞和恢复系数定义，有

$$e = \frac{v_n + u\cos\varphi}{v_0\sin\varphi} = 1, \quad v_n = v_0\sin\varphi - u\cos\varphi \tag{e}$$

再根据系统水平动量守恒，有

$$u = v_n\cos\varphi + v_\tau\sin\varphi \tag{f}$$

由式（d），（e）和（f），解得

$$v_n = \frac{v_0 \sin^3\varphi}{1 + \cos^2\varphi}, \quad u = \frac{2v_0\sin\varphi\cos\varphi}{1 + \cos^2\varphi} \tag{g}$$

小球、圆盘的动能分别为

$$T_1 = \frac{1}{2}m(v_\tau^2 + v_n^2), \quad T_2 = \frac{1}{2}mu^2 \tag{h}$$

将式（g）代入式（h）并令 $\varphi=45^\circ$，则得碰撞后，小球与半圆盘的动能之比 $T_1 : T_2 = 5 : 4$。

【解题技巧分析】利用抛射体的抛物线运动轨迹与圆周曲线的几何方程解答了问题（1）；利用动量定理、动能定理解答了问题（2）；由于问题（3）涉及碰撞过程，题设半圆盘光滑（因而碰撞点沿切向冲量为零）和完全弹性碰撞（恢复系数等于 1），简化了分析。问题（2），（3）属于常规题，解答问题（1）需要一定的分析技巧。

例 7－15 （第八届全国周培源大学生力学竞赛题，2011 年）

令人惊讶的魔术师

一根均质细长木条 AB 放在水平桌面上，已知沿着 AB 方向推力为 F_1 时刚好能推动木条。但木条的长度、重量和木条与桌面间的摩擦系数均未知。

魔术师蒙上眼睛，让观众把 N 个轻质光滑小球等间距地靠在木条前并顺序编号（设 N 充分大），然后在任意位置慢慢用力推木条（如图（a）所示），要求推力平行于桌面且垂直于 AB。当小球开始滚动时，观众只要说出运动小球的最小号码 $n_{\min}$ 和最大号码 $n_{\max}$，魔术师就能准确地说出推力的作用线落在某两个相邻的小球之间。

（a）**魔术师与观众**

例 7—15 图

魔术师让观众撤去小球后继续表演，观众类似前面方式在任意位置推动木条，只要说出刚好能推动木条时的推力 F_2，魔术师就能准确地指出推力位置。

（1）简单说明该魔术可能涉及的力学原理。

（2）如何根据滚动小球的号码知道推力作用在哪两个相邻小球之间？

（3）如果观众故意把 F_2 错报为 $F_2/2$，魔术师是否有可能发现？

解　（1）魔术的力学原理：沿不同方向推动木条时，需要的推力大小不同，木条运动方式也不同。

①沿 AB 方向推，推力 F_1 最大，木条平动；

②垂直 AB 方向在不同位置推动木条，木条绕不同点转动，且推力 F_2 的大小、转动位置均与推力位置有关。

（2）设木条质量为 M，长度为 L，与桌子的摩擦系数为 μ。

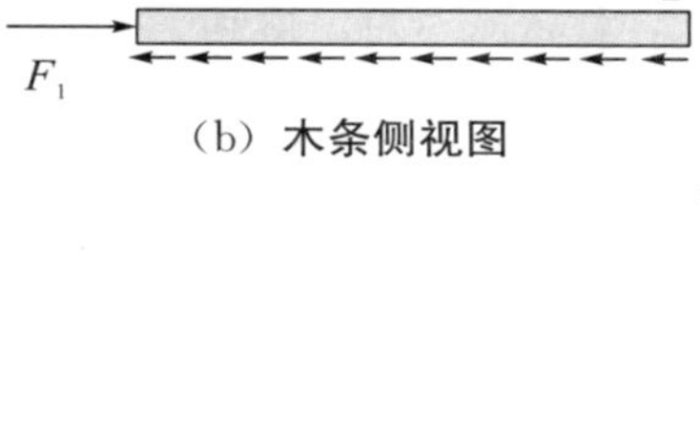

（b）**木条侧视图**

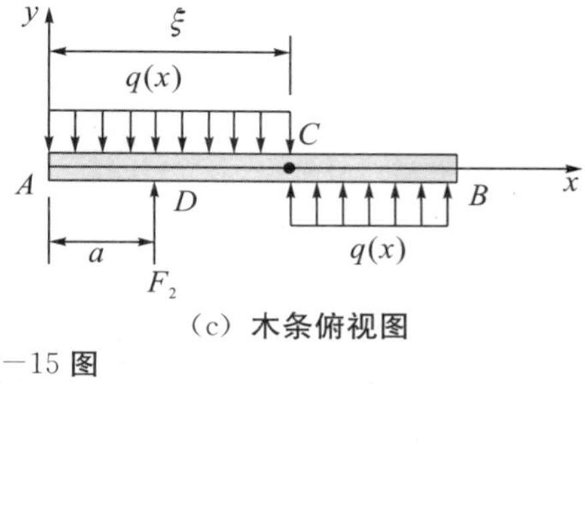

（c）**木条俯视图**

例 7—15 图

若沿 AB 方向推，如图（b）所示，木条平动，临界推力为 $F_1=\mu Mg$。建立如图所示坐标系 Axy，设垂直推 AB 的力 F_2 与 A 端的距离为 a（由对称性，设推力在左半部分，$a<L/2$），杆绕点 C 转动，AC 距离为 ξ。对均质杆，桌面的临界摩擦力分布为（参见图（c））

$$q(x)=\mu Mg/L \tag{a}$$

如果慢慢推动木条，可作为准静态平衡状态分析，列写 AB 的平衡方程如下：

$$\sum F_y=0: F_2-\int_0^\xi q(x)\mathrm{d}x+\int_\xi^L q(x)\mathrm{d}x=0 \tag{b}$$

$$\sum M_D(F_i)=0: -\int_0^\xi q(x)(x-a)\mathrm{d}x+\int_\xi^L q(x)(x-a)\mathrm{d}x=0 \tag{c}$$

将式（a）代入式（c），积分得到

$$a=\frac{2\xi^2-L^2}{4\xi-2L} \tag{d}$$

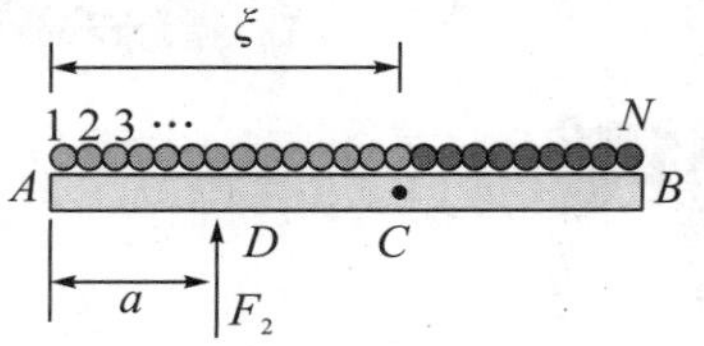

（d）木条受水平方向推力

例 7-15 图

木条绕点 C 运动时，AC 部分有 n 个小球运动，BC 部分小球不动。

如果运动小球的最小号码 $n_{\min}=1$，最大号码 $n_{\max}=n<N$，则表示 F_2 作用在 AB 左半段；

如果 $n_{\min}>1$，$n_{\max}=n=N$，则表示 F_2 作用在右半段；

如果 $n_{\min}=1$，$n_{\max}=n=N$，则表示 F_2 作用在正中间，AB 平动。

不失一般性，设 F_2 作用在 AB 左半段，如图（d）所示，则 $n_{\min}=1$，$n_{\max}=n<N$。

设 AB 长度 L 被 N 个小球平分为 K（$K=N$，或 $N-1$，或 $N+1$）等份，则 AC 长度 $\xi=n_{\max}L/K$，代入式（d），得到

$$m\frac{L}{K}<a<(m+1)\frac{L}{K},\quad m=\frac{2n_{\max}^2-K^2}{4n_{\max}-2K}(\text{取整数})$$

所以作用力 F_2 的位置在 $[m, m+1]$ 号码的小球之间。

（3）沿 AB 方向的推力为

$$F_1=\mu Mg \tag{e}$$

由式（a），（b）得垂直 AB 方向的推力

$$F_2=\frac{\mu Mg}{L}[\xi-(L-\xi)] \tag{f}$$

根据式（d），可得 $\xi=a+\frac{1}{2}\sqrt{(L-2a)^2+L^2}$，代入式（f），得到

$$F_2=\frac{\mu Mg}{L}[\sqrt{(L-2a)^2+L^2}-(L-2a)] \tag{g}$$

由式（e），（g），可得

$$\eta = F_2/F_1 = \sqrt{\left(1-\frac{2a}{L}\right)^2+1}-\left(1-\frac{2a}{L}\right) \tag{h}$$

因为 a 的取值范围为 $[0,L/2]$，所以

$$\eta \in [\sqrt{2}-1,1] = [0.414,1] \tag{i}$$

由于 η 的取值范围在区间［0.414，1］内，所以当观众故意把 F_2 错报为 $F_2/2$ 时，是否可能被魔术师发现，分以下两种情况：

①如果 h 落在区间［0.414，0.828）内，则会被魔术师发现；

②如果 h 落在区间［0.828，1］内，则不会被魔术师发现。

【解题技巧分析】本题为考虑摩擦力的准静态平衡问题，除了分布摩擦力概念之外，属于常规静力学平衡问题。当然，列写式（b）和式（c）需要一定的技巧，这里主要利用了摩擦力均匀分布的特性。另外，为了解答问题（3），需要写出式（e）、式（f）和式（g），并得到式（h），最后问题的圆满解答需要式（i）给出的数值分析结果。

例 7－16　（第九届全国周培源大学生力学竞赛题，2013 年）

如图所示为某个装在主机上的旋转部件的简图。4 个重量为 G，厚度为 b，宽度为 $3b$，长度为 L，弹性模量为 E 的均质金属片按如图所示的方式安装在轴 OO' 上。在 A 处相互铰接的上、下两个金属片构成一组，两组金属片关于轴 OO' 对称布置。两组金属片上方均与轴套 O 铰接，且该轴套处有止推装置，以防止其在轴向上产生位移。两组金属片下方均与 O' 处的轴套铰接，该轴套与轴 OO' 光滑套合。当主机上的电动机带动两组金属片旋转时，O' 处的轴套会向上升起。但轴套上升时，会使沿轴安装的弹簧压缩。弹簧的自然长度为 $2L$，其刚度 $k=23G/L$。O 和 O' 处的轴套、弹簧以及各处铰的重量均可以忽略。

（1）暂不考虑金属片的变形，如果在匀速转动时 O' 处的轴套向上升起的高度 $H=L$ 是额定工作状态，那么相应的转速 ω_0 是多少？

（2）当转速恒定于 ω_0 时，只考虑金属片弯曲变形的影响，试计算图（a）所示角度 $\angle OAO'$ 相对于把金属片视为刚体的变化量。

解　（1）以系统为研究对象，以 O 点为坐标原点，建立直角坐标系 Oxy。由于系统为对称机构，沿 y 轴方向具有一个自由度，由动静法，在重力、弹簧力、惯性力以及约束力的共同作用下处于平衡，因此，可以建立虚功方程如下：

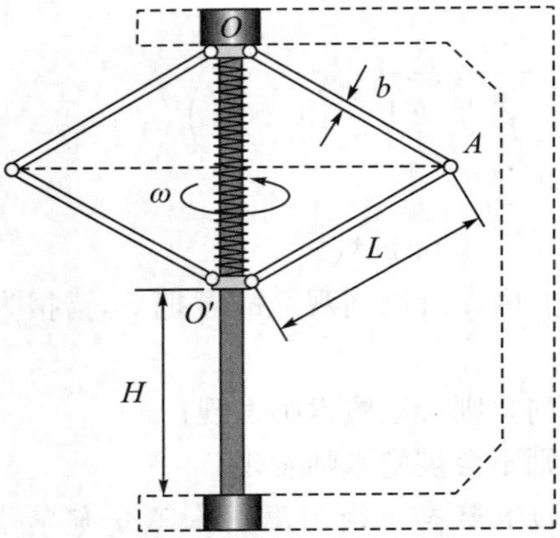

(a) 旋转机构

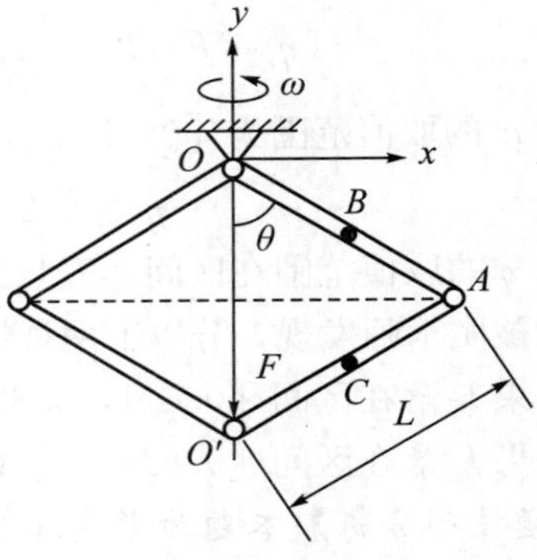

(b) 金属片的重心 B、C

例 7−16 图

$$-F\delta y_{O}{}' - 2G\delta y_B - 2G\delta y_C + 4\int_0^L \delta x \, \mathrm{d}Q_i = 0 \tag{a}$$

式中 y_B，y_C 分别是 OA，$O'A$ 杆的重心的 y 轴坐标，参见图（b），F 是弹簧力，$\mathrm{d}Q_i$ 是分布在各杆的惯性力：

$$F = kH = 23G,\quad y_O{}' = -2L\cos\theta,\quad \delta y_O{}' = 2L\sin\theta\delta\theta$$

$$y_B = -\frac{L}{2}\cos\theta,\quad \delta y_B = \frac{L}{2}\sin\theta\delta\theta$$

$$y_C = -\frac{3L}{2}\cos\theta,\quad \delta y_C = \frac{3L}{2}\sin\theta\delta\theta$$

$$x = s\sin\theta,\quad \delta x = s\cos\theta\delta\theta$$

$$\mathrm{d}Q_i = \frac{G}{Lg}\omega_0^2(s\sin\theta)\mathrm{d}s,\quad 0 \leqslant s \leqslant L,\quad \theta = 60^\circ$$

代入式（a）得到

$$\omega_0 = \sqrt{\frac{75g}{L}} \tag{b}$$

（2）因为要计算金属片弯曲变形，所以解答该问题要用到材料力学弯曲变形的有关知识。以 OAO' 为研究对象，杆 OA 所受惯性力与杆 $O'A$ 相同，忽略重力可能引起的角度 $\angle OAO'$ 的变化，只考虑分布惯性力引起的弯曲变形［见图（c）］，图中未画出重力。具体分析和计算略。（参考答案：角度 $\angle OAO'$ 的变化为 $\dfrac{10\sqrt{3}GL^2}{3Eb^4}$）

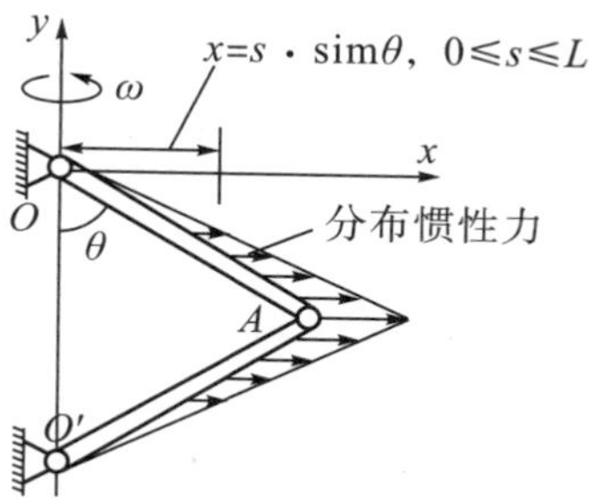

（c）**金属片的惯性力**

例 7－16 **图**

【解题技巧分析】本题涉及的知识点：理论力学的动静法、虚功原理和材料力学的弯曲变形。属于常规分析题目。

例 7－17　（第九届全国周培源大学生力学竞赛题，2013 年）

小明和小刚有一个内壁十分光滑的固定容器，他们已经知道这个容器的内壁是一条抛物线绕着其对称轴旋转而得到的曲面。如何用力学实验方法确定这条抛物线的方程是小明和小刚想要解决的问题。他们手里还有一根长度为 400mm 的同样光滑的均质直杆 AB，能不能借助这根杆件来做这件事呢？数次将这根杆件随意放入容器中时，他们意外发现，尽管各次放入后杆件滑动和滚动的情况都不一样，但最终静止时与水平面的夹角每次基本上是 45°，如图（a）所示。小明兴奋地认为，由此就可以确定抛物线方程了。小刚对此表示怀疑，他把杆件水平地放在容器里，杆件照样静止了下来。他认为，说不定杆件的平衡状态有很多，利用这根杆件来确定抛物线方程的想法不可靠。小明有些懊丧，一赌气把那根静止的水平杆拨弄了一下，那根杆立刻滑动起来，最终又静止在 45°的平衡角度上。小刚再次拨弄这根杆，杆运动一番后，仍然回到 45°的平衡角度上。两人就此进行了激烈的争论，反复讨论和细致演算，甚至还找了好几根长短不一的均质杆来进行实验验证。

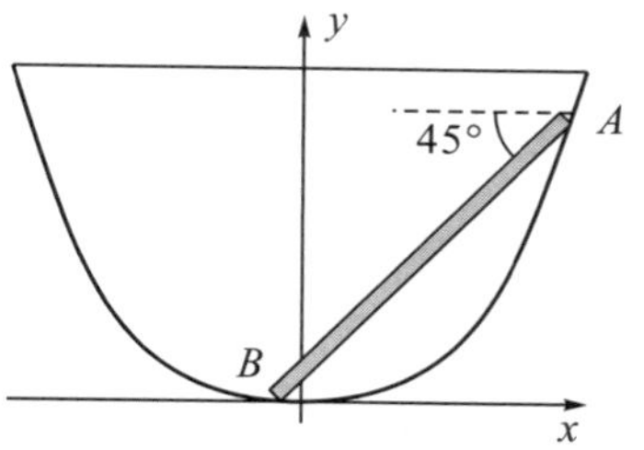

（a）**固定容器与杆** AB **的平衡位置**

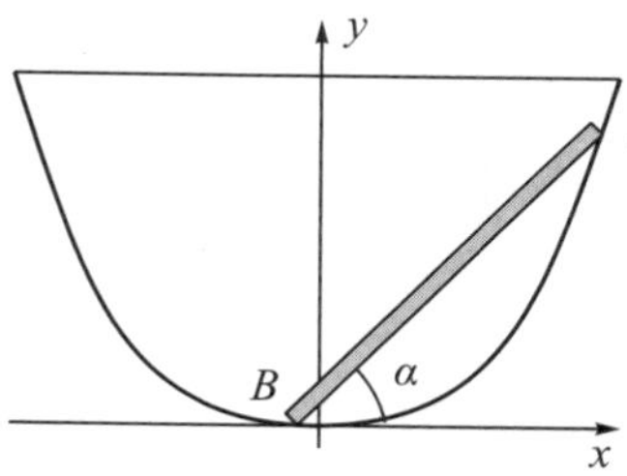

（b）**杆** AB **的任意位置**

例 7－17 **图**

（1）试以杆的轴线与水平面的夹角 α（$0°\leqslant\alpha\leqslant90°$）（参见图（b））为参数，推导出杆件所有可能的平衡位置。

（2）试确定这条抛物线的方程。

（3）试分析静止在这个容器内的各种光滑均质杆，在什么情况下受到扰动之后还能回到初始的平衡角度上，什么情况下不能？

解　(1) 设抛物线方程为

$$y = x^2/a,\quad a > 0 \tag{a}$$

则

$$\tan\alpha = \frac{y_A - y_B}{x_A - x_B} = \frac{x_A + x_B}{a}$$

所以

$$x_A + x_B = a\tan\alpha$$

另外，

$$x_A - x_B = 2L\cos\alpha$$

式中 $2L$ 为杆的长度，由以上两式得到

$$\begin{aligned} x_A &= \frac{1}{2}a\tan\alpha + L\cos\alpha \\ x_B &= \frac{1}{2}a\tan\alpha - L\cos\alpha \end{aligned} \tag{b}$$

杆的重心 C 的高度为 $y_C = \frac{1}{2}(y_A + y_B)$，利用式 (a)，(b)，得到

$$\begin{aligned} y_C &= \frac{1}{2a}(x_A^2 + x_B^2) \\ &= \frac{1}{a}(L^2\cos^2\alpha + \frac{1}{4}a^2\tan^2\alpha) \end{aligned} \tag{c}$$

如果取 $y=0$ 为零势能面，则杆的势能为

$$V = mgy_C = \frac{mg}{a}(L^2\cos^2\alpha + \frac{1}{4}a^2\tan^2\alpha) \tag{d}$$

因此，杆的势能 V 随角度 α 变化，式中 m，g 分别为杆的质量和重力加速度。杆的平衡位置与势能 V 取驻值的点对应，即势能 V 关于其自变量的一阶导数在平衡位置处为零，令

$$\frac{\mathrm{d}V}{\mathrm{d}\alpha} = 0$$

将式 (d) 代入得到

$$-L^2\sin\alpha\cos\alpha + \frac{1}{4}a^2\tan\alpha\,\frac{1}{\cos^2\alpha} = 0$$

即

$$\frac{\sin\alpha}{4\cos^3\alpha}(a^2 - 4L^2\cos^4\alpha) = 0$$

由此可知，在 Oxy 坐标平面内，杆有三个平衡位置：

①水平放置：$\alpha = \alpha_1 = 0$；

②倾斜放置：$\alpha = \alpha_2 = \arccos\sqrt{\frac{a}{2L}}$；

③倾斜放置：$\alpha = \alpha_3 = \alpha_2 + 90°$。

(2) 前面已设抛物线方程为 $y = x^2/a$，$a>0$，现在只需确定抛物线方程参数 a。根

据上面的分析，在 Oxy 坐标平面内看，杆有三个平衡位置，其实从 $Oxyz$ 坐标平面看，只对应水平和倾斜两种不同平衡的位置。根据题给条件，当 $2L=400\text{mm}$，杆在倾斜位置平衡时，与水平面成 45°角，即

$$\alpha=\alpha_2=\arccos\sqrt{\frac{a}{2L}}=\arccos\sqrt{\frac{a}{400}}=45^\circ$$

所以 $a=200\text{mm}$，抛物线方程为 $x^2=200y$（单位：mm）。

(3) 当 $2L\neq400\text{mm}$ 时，水平位置 $\alpha=\alpha_1=0$ 仍然是一个平衡位置，注意到 $a=200\text{mm}$，故倾斜平衡位置不再是 45°，将该平衡位置仍然记为

$$\alpha=\alpha_2=\arccos\sqrt{\frac{a}{2L}}=\arccos\sqrt{\frac{100}{L}},\quad 或\ \cos^2\alpha_2=\frac{100}{L} \tag{e}$$

下面讨论对于不同长度的杆件，这两个位置的平衡稳定性。根据最小势能原理，当杆的势能取极小值时，其对应位置的平衡是稳定的。对式（d）给出的势能函数 V 关于 α 求导数，有

$$\frac{a}{2mg}\frac{\mathrm{d}V}{\mathrm{d}\alpha}=-L^2\sin\alpha\cos\alpha+\frac{1}{4}a^2\frac{\sin\alpha}{\cos^3\alpha}$$

$$\frac{2a}{mg}\frac{\mathrm{d}^2V}{\mathrm{d}\alpha^2}=\frac{a^2}{\cos^4\alpha}(3\sin^2\alpha+\cos^2\alpha)+4L^2(\sin^2\alpha-\cos^2\alpha) \tag{f}$$

将 $\alpha=\alpha_1=0$ 及 $a=200\text{mm}$ 代入式（f），得到

$$\left.\frac{2a}{mg}\frac{\mathrm{d}^2V}{\mathrm{d}\alpha^2}\right|_{\alpha=0}=a^2-4L^2=4(100^2-L^2)\begin{cases}>0, & L<100\text{mm}\\<0, & L>100\text{mm}\end{cases}$$

由此可知，当杆长 $2L<200\text{mm}$ 时，在水平位置的平衡是稳定的；当 $2L>200\text{mm}$ 时，在水平位置的平衡是不稳定的。

现在考察平衡位置 $\alpha=\alpha_2$ 的稳定性。根据式（e），有

$$\cos^2\alpha_2=\frac{100}{L},\quad \sin^2\alpha_2=\frac{L-100}{L} \tag{g}$$

在式（f）中令 $\alpha=\alpha_2$，并将式（g）代入，得到

$$\left.\frac{2a}{mg}\frac{\mathrm{d}^2V}{\mathrm{d}\alpha^2}\right|_{\alpha=\alpha_2}=16L(L-100)\begin{cases}>0, & L>100\text{mm}\\<0, & L<100\text{mm}\end{cases}$$

所以，当杆长 $2L>200\text{mm}$ 时，杆在该倾斜位置（$\alpha=\alpha_2$）的平衡是稳定的；当 $2L<200\text{mm}$ 时，该倾斜位置的平衡不稳定。

【解题技巧分析】利用势能驻值原理结合实验结果确定抛物线方程参数是本题解题的重要步骤。然后，根据最小势能原理讨论平衡位置的稳定性。实际上，实验中使用的容器是旋转抛物面，其方程为

$$y=\frac{1}{200}(x^2+z^2)$$

这里 z 轴是另一水平轴，坐标平面 Oxz 位于水平面。本题的讨论相当于在上式中令 $z\equiv0$，这使讨论简化到 Oxy 铅垂平面内，从而问题也由三维问题简化为二维问题，并且由于旋转体具有轴对称性，故所得结果具有一般性。

例 7－18　（第九届全国周培源大学生力学竞赛题，2013 年）

在收拾整理上题中所用的光滑均质杆时，小刚不小心将一根杆件滑落在地上。小明“当心”的话还未说出口，就被杆件撞击地面时的现象所吸引，感觉与自己的想象并不一致。两人找出几根材质不同但长度均为 $2L$ 的杆件，让它们在高度为 $2L$ 处与铅垂线成 θ（$0\leqslant\theta<\pi/2$）角无初速地竖直落下，并与固定的光滑水平面碰撞，如图（a）所示。

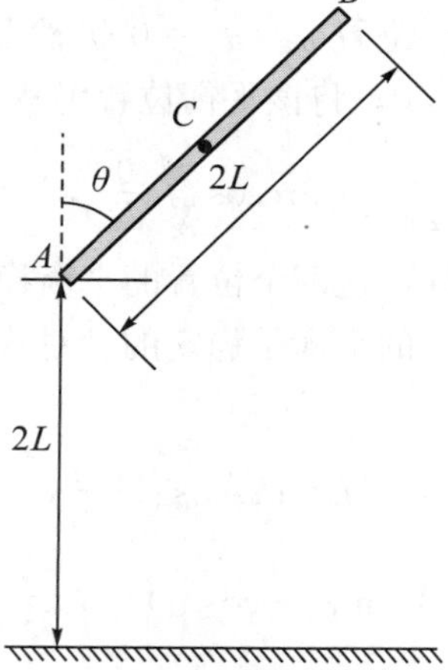

（a）杆 AB 的初始位置

例 7－18 图

（1）杆 AB 自由下落的倾角 $\theta=30°$。若在碰撞结束瞬时，质心 C 的速度恰好为零，那么碰撞恢复系数 e 为多大？

（2）另一根杆（也记其为 AB）自由下落的倾角 $\theta=45°$，A 端与地面发生完全非弹性碰撞。在碰撞后，杆 AB 达到水平位置的瞬时，质心 C 的速度为多少？

解 （1）设碰撞发生前瞬时，杆的质心速度为 v_0，碰撞结束瞬时，杆的角速度为 ω，杆的质量为 m，则由动能定理有 $2mgL=\frac{1}{2}mv_0^2$，即

$$v_0=2\sqrt{gL} \tag{a}$$

由题给条件，碰撞结束瞬时，杆的质心速度刚好为 0，则由冲量定理有 $0-(-mv_0)=I$，所以

$$I=mv_0=2m\sqrt{gL} \tag{b}$$

另外，根据相对于质心的冲量矩定理，有

$$J_C\omega=IL\sin30°=\frac{1}{2}IL,\quad J_C=\frac{1}{12}m(2L)^2=\frac{1}{3}mL^2$$

将式（b）代入上式，得到碰撞结束瞬时，杆的角速度 ω 为

$$\omega=3\sqrt{\frac{g}{L}} \tag{c}$$

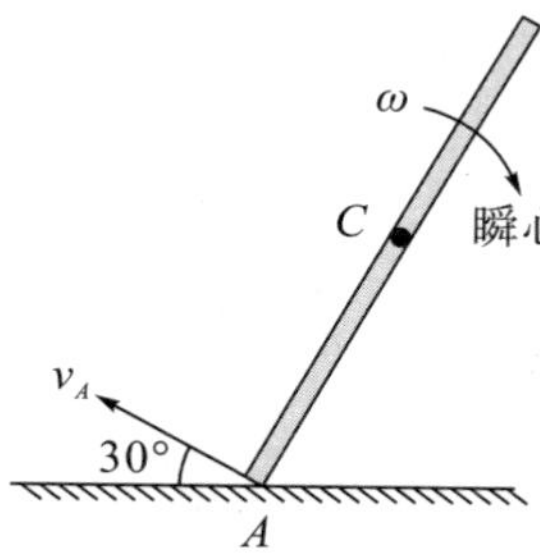

（b）碰撞结束时刻的瞬心 C

例 7—18 图

由题设，杆的质心 C 在碰撞结束瞬间速度为零，为该瞬时杆的速度瞬心，如图（b）所示，所以，A 点的速度大小为 $v_A = L\omega = 3\sqrt{gL}$，在接触面的法向分量的大小为

$$v_{An}^{+} = L\omega\sin30^{\circ} = \frac{3}{2}\sqrt{gL} \tag{d}$$

AB 杆在碰撞前做平动，A 的速度沿法向，在碰撞前瞬时，速度大小等于杆质心的速度，即

$$v_{An}^{-} = v_0 = 2\sqrt{gL} \tag{e}$$

根据式（d），（e），碰撞恢复系数为

$$e = \frac{v_{An}^{+}}{v_{An}^{-}} = \frac{3}{4}$$

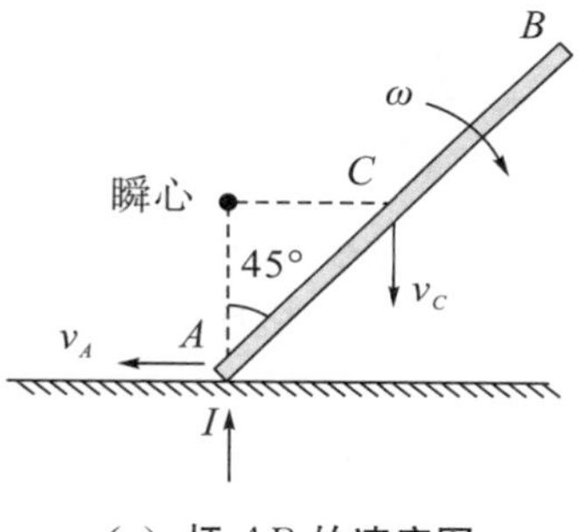

（c）杆 AB 的速度图

例 7—18 图

（2）对于完全非弹性碰撞，在碰撞结束瞬时，A 点的速度沿切向（水平方向，如图（c）所示）。由式（a）知，在碰撞发生前瞬时，杆的质心速度大小为 $v_C^{-} = v_0 = 2\sqrt{gL}$，设碰撞结束时，杆的角速度为 ω，由瞬心法，在该瞬时，杆的质心速度大小为

$$v_C^{+} = \omega L\sin45^{\circ} = \frac{\sqrt{2}}{2}\omega L \tag{f}$$

由冲量定理，有

$$I = -mv_C^{+} - (-mv_C^{-}) = 2m\sqrt{gL} - \frac{\sqrt{2}}{2}m\omega L \tag{g}$$

根据冲量矩定理，有

$$IL\sin 45° = J_C\omega - 0 = \frac{1}{3}m\omega L^2 \tag{h}$$

联立式（g）和式（h）解得

$$\omega = \frac{6}{5}\sqrt{\frac{2g}{L}}$$

代入式（f），得到

$$v_C^+ = \frac{\sqrt{2}}{2}\omega L = \frac{6}{5}\sqrt{gL}$$

下面讨论在碰撞结束后杆的运动。将这一阶段杆的初始角速度记为 ω_0，杆质心 C 的初速度记为 v_0，即

$$\omega_0 = \frac{6}{5}\sqrt{\frac{2g}{L}},\quad v_0 = \frac{6}{5}\sqrt{gL}$$

运动分析：如果碰撞结束后，A 端法向压力 $N>0$，则由瞬心法可知（参考图（c））

$$v_C = \omega L\sin\theta$$

另外，由基点法得到（参考图（d））

$$a_C = L\alpha\sin\theta + L\omega^2\cos\theta,\quad \theta \geqslant 45°$$

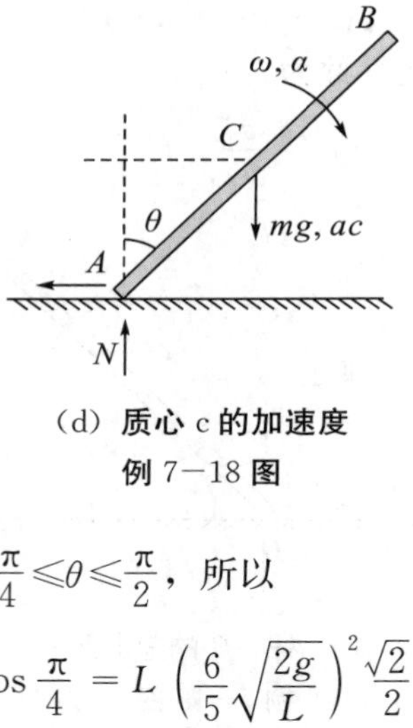

（d）质心 c 的加速度

例 7－18 图

注意到角加速度 $\alpha>0$ 以及 $\frac{\pi}{4}\leqslant\theta\leqslant\frac{\pi}{2}$，所以

$$a_C\big|_{\theta=\frac{\pi}{4}} \geqslant L\omega_0^2\cos\frac{\pi}{4} = L\left(\frac{6}{5}\sqrt{\frac{2g}{L}}\right)^2\frac{\sqrt{2}}{2} = \frac{36\sqrt{2}}{25}g > g$$

但是，由质心运动定理可知 $a_C\leqslant g$，与上式矛盾，所以必有

$$N\equiv 0,\quad \omega\equiv\omega_0,\quad a_C\equiv g,\quad \frac{\pi}{4}\leqslant\theta\leqslant\frac{\pi}{2}$$

由此可得到

$$\theta = \omega_0 t + \frac{\pi}{4} = \left(\frac{6}{5}\sqrt{\frac{2g}{L}}\right)t + \frac{\pi}{4} \tag{i}$$

$$v_C = gt + v_0 = gt + \frac{6}{5}\sqrt{gL} \tag{j}$$

当 AB 杆转到水平位置时，将 $\theta=\frac{\pi}{2}$ 代入式（i）解得

$$t = \frac{\pi}{4\omega_0} = \frac{5\pi}{48}\sqrt{\frac{2L}{g}} \tag{k}$$

将式（k）再代入式（j），得到

$$v_C = \left(\frac{6}{5} + \frac{5\sqrt{2}\,\pi}{48}\right)\sqrt{gL}$$

这就是杆 AB 达到水平位置的瞬时，质心 C 的速度。

【解题技巧分析】分析碰撞问题，通常需要考虑两个阶段：①极短暂的冲击过程；②碰撞结束后的常规过程。一方面对恢复系数的理解要准确，完全非弹性碰撞是指恢复系数等于零的碰撞，即在碰撞结束瞬时，碰撞接触点的相对法向速度分量等于零；另一方面要注意，物体在发生碰撞的极短暂的冲击过程中，通常都伴随有其质心的速度和角速度的显著变化。

例 7－19　（第 10 届全国周培源大学生力学竞赛题，2015 年）

某工厂利用传送带运输边长为 b 的均质正方体货箱。已知货箱质量为 m，绕自身中心轴的转动惯量为 $J=mb^2/6$，传送带 A 的倾角为 θ（$\theta<\pi/4$），速度为 v_0，传送带 C 水平放置，B 处为刚性支承。考虑货箱与传送带之间的摩擦，设两者之间的静摩擦系数为 f_s，动摩擦系数为 f，并且 $0<f<1$。

（1）若货箱在 O 处由静止轻轻放在传送带 A 上，如图 1（A）所示，试判断货箱在到达刚性支承 B 之前是否会翻倒，并证明你的结论。

（2）当货箱运动到传送带 A 底部时，其角部恰好与刚性支承 B 的顶端发生撞击，假设撞击过程为完全非弹性碰撞，货箱能顺利翻过刚性支承 B 到达传送带 C，如图 1（B）所示，则释放点 O 到传送带 A 底部的距离 s 应该满足什么条件？（忽略 A，C 两个传送带之间的距离）

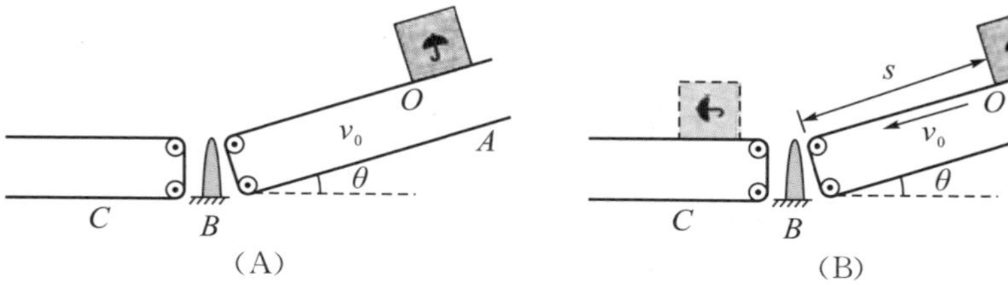

例 7－19 图－1

解　（1）首先分析货箱在传送带上的运动。

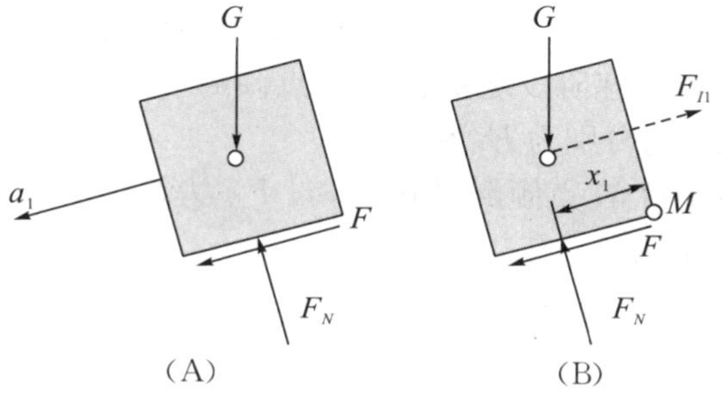

例 7－19 图－2

由于货箱静止放置在传送带上，而传送带具有速度 v_0，所以在初始运动阶段，货箱相对于传送带产生滑动。该阶段货箱受力分析如图 2（A）所示，图中 G 为货箱重力，F 为摩擦力，F_N 为传送带给货箱的法向反力，a_1 为货箱在初始加速阶段的加速度。

由质心运动定理，有

$$ma_1 = G\sin\theta + F$$
$$F_N - G\cos\theta = 0$$

将 $F = fF_N$ 代入上面第一式，并利用第二式，解得货箱质心的加速度为

$$a_1 = (\sin\theta + f\cos\theta)g \tag{a}$$

当货箱与传送带达到等速的瞬间，二者相对静止，无滑动摩擦。货箱的最大静摩擦力为

$$F_{\max} = f_sF_N = f_sG\cos\theta \tag{b}$$

若货箱重力沿斜面向下的分量 $G\sin\theta$ 大于该静摩擦力，货箱还将继续向下做加速运动，并且受力如图 3（A）所示，此时满足

$$G\sin\theta > f_sG\cos\theta \tag{c}$$

由此解得

$$\theta > \arctan f_s \tag{d}$$

此刻货箱质心的加速度为

$$a_2 = (\sin\theta - f\cos\theta)g \tag{e}$$

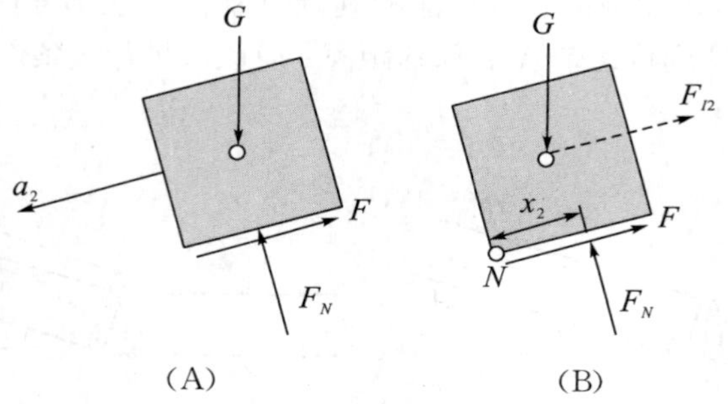

例 7－19 图－3

当 $\theta \leqslant \arctan f_s$，货箱与传送带同速后，将一起以速度 v_0 做匀速运动。

再分析货箱是否会倾倒。

货箱相对于传送带滑动过程中，可能存在两种倾倒情况：初始加速阶段绕右下角 M 点倾倒，或同速后再次加速阶段绕左下角 N 点倾倒。在货箱上考虑惯性力，记货箱在上述两种情况下的惯性力分别为 F_{I1} 和 F_{I2}。

首先分析货箱绕右下角 M 点倾倒的情况。设 F_N 力线与点 M 的距离为 x_1，如图 2（B）所示，根据达朗贝尔原理，有

$$\sum M_M(F) = 0: \frac{b}{2}G\sin\theta + \frac{b}{2}G\cos\theta - \frac{b}{2}F_{I1} - F_Nx_1 = 0 \tag{f1}$$

$$\sum F_y = 0: F_N - G\cos\theta = 0 \tag{f2}$$

式中

$$F_{I1} = ma_1 = G(\sin\theta + f\cos\theta) \tag{g}$$

将式（g）代入式（f1）并利用式（f2），解得

$$x_1 = \frac{1}{2}(1-f)b \tag{h}$$

再分析货箱绕左下角 N 点倾倒的情况。设 F_N 力线与点 N 的距离为 x_2，如图 3（B)所示，同样有

$$\sum M_N(F) = 0: \frac{b}{2}G\sin\theta - \frac{b}{2}G\cos\theta - \frac{b}{2}F_{I2} + F_N x_2 = 0 \tag{i1}$$

$$\sum F_y = 0: F_N - G\cos\theta = 0 \tag{i2}$$

式中

$$F_{I2} = ma_2 = G(\sin\theta - f\cos\theta) \tag{j}$$

联立以上三式，解得

$$x_2 = \frac{1}{2}(1-f)b \tag{k}$$

由于 $0<f<1$，所以由式（h)，（k）满足

$$0 < x_1 < b/2, 0 < x_2 < b/2 \tag{l}$$

即货箱在传送带 A 上运动时不会翻倒。

（2）设货箱运动到底部与刚性支承 B 撞击前质心速度为 v_1。货箱从 O 点开始运动到最后到达传送带 C 的整个运动过程分为三个阶段。

第一阶段：从 O 点运动到传送带底部并获得速度 v_1；

第二阶段：撞击刚性支承 B；

第三阶段：撞击后货箱运动到传送带 C。

先分析撞击过程。由于货箱和支承 B 碰撞过程为完全非弹性碰撞，所以撞击后货箱不会弹起，而是绕着碰撞点 B 做转动，碰撞前后质心速度方向发生突变。设碰撞后货箱质心速度为 v_2，角速度为 ω_2，碰撞前后的速度方向及碰撞冲量如图 4 所示。

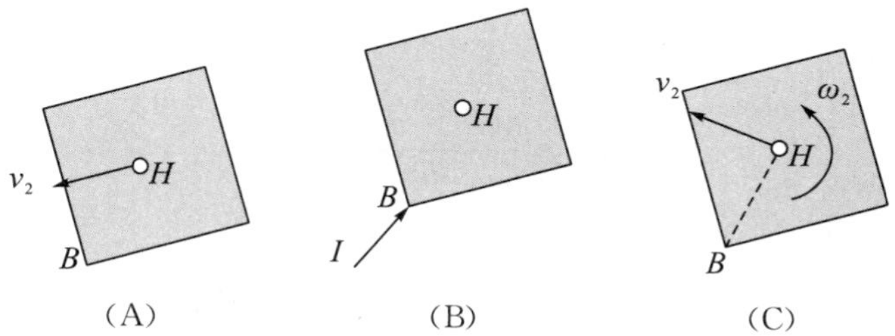

例 7－19 图－4

撞击前后货箱对 B 点的动量矩守恒，即

$$mv_1\frac{b}{2} = mv_2\frac{\sqrt{2}}{2}b + J\omega_2 \tag{m}$$

式中碰撞后速度 $v_2 = \frac{\sqrt{2}}{2}b\omega_2$，$J = \frac{1}{6}mb^2$ 为货箱相对于质心的转动惯量，将其代入式

(m) 可得撞击后货箱的角速度为

$$\omega_2 = \frac{3v_1}{4b} \tag{n}$$

再分析撞击后货箱的运动。碰撞结束后货箱运动过程中只有重力做功，故机械能守恒。撞击结束瞬间，如图 5（A）所示，货箱的动能为

$$T_2 = \frac{1}{2}mv_2^2 + \frac{1}{2}J\omega_2^2 = \frac{1}{3}mb^2\omega_2^2 \tag{o}$$

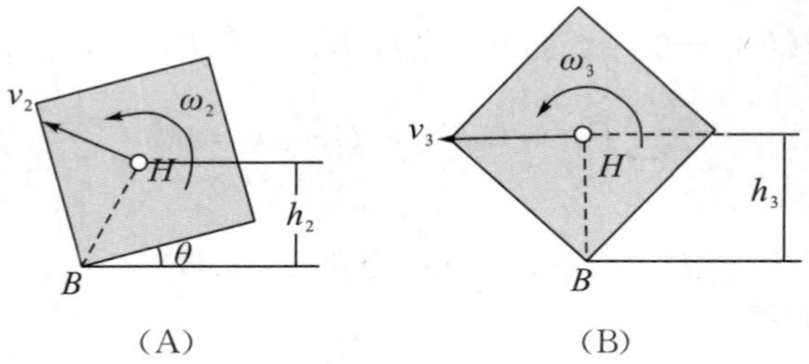

例 7－19 **图**－5

选取 B 点为零势能点，则在该位置货箱势能为

$$V_2 = Gh_2 \tag{p}$$

只有货箱跨过图 5（B）所示位置，才能到达传送带 C。设该位置货箱的动能为 T_3，撞击后，货箱能翻到传送带 C 的条件是 $T_3 \geqslant 0$。货箱的势能为

$$V_3 = Gh_3 \tag{q}$$

根据机械能守恒定律，有

$$T_2 + V_2 = T_3 + V_3 \tag{r}$$

将式（o）~式（q）代入式（r）得到

$$\frac{1}{3}mb^2\omega_2^2 + Gh_2 = T_3 + Gh_3 \tag{s}$$

由此解得

$$T_3 = \frac{1}{3}mb^2\omega_2^2 - G(h_3 - h_2) \tag{t}$$

因此，若要满足 $T_3 \geqslant 0$，需有

$$\omega_2^2 \geqslant \frac{3(h_3 - h_2)g}{b^2} \tag{u}$$

根据图 5（A）的几何关系，有

$$h_2 = \frac{\sqrt{2}}{2}b\sin\left(\frac{\pi}{4} + \theta\right), \quad h_3 = \frac{\sqrt{2}}{2}b$$

将这两式及式（n）代入式（u），得货箱能够达到传送带 C 的条件是

$$v_1^2 \geqslant \frac{8\sqrt{2}}{3}gb\left[1 - \sin\left(\frac{\pi}{4} + \theta\right)\right] \tag{v}$$

即货箱滑到底部，与刚性支承 B 碰撞前至少具有如下速度：

$$v_{1\min} = \frac{2}{3}\sqrt{6\sqrt{2}gb\left[1 - \sin\left(\frac{\pi}{4} + \theta\right)\right]} \tag{w}$$

最后分析撞击前货箱能达到该最小速度的条件。

由问题（1）可知，当 $\theta \leqslant \arctan f_s$，货箱与传送带同速后，将一起以速度 v_0 做匀速运动，此时若 $v_0 > v_{1\min}$，则货箱释放点位置应满足

$$s_{\min} = \frac{v_{1\min}^2}{2a_1} = \frac{4\sqrt{2}b\left[1-\sin\left(\frac{\pi}{4}+\theta\right)\right]}{3(\sin\theta + f\cos\theta)} \tag{x}$$

若 $v_0 < v_{1\min}$，则不管 s 取何值，均无法满足要求。

当 $\theta > \arctan f_s$ 时，货箱与传送带同速后还将继续向下做加速运动，此时若 $v_0 \geqslant v_{1\min}$，则货箱速度未与传送带同步之前已经达到 $v_{1\min}$，s 的表达式同式（x）；若 $v_0 < v_{1\min}$，则货箱与传送带同速之后还需继续向下运动直至速度达到 $v_{1\min}$，并且

$$s_{\min} = s_1 + s_2 = \frac{v_0^2}{2a_1} + \frac{v_{1\min}^2 - v_0^2}{2a_2} \tag{y}$$

将式（a），式（e）和式（w）代入式（y），得到

$$s_{\min} = \frac{4\sqrt{2}b\left[1-\sin\left(\frac{\pi}{4}+\theta\right)\right]}{3(\sin\theta - f\cos\theta)} - \frac{v_0^2 f\cos\theta}{g(\sin^2\theta - f^2\cos^2\theta)} \tag{z}$$

【解题技巧分析】本题是包含摩擦力的动力学问题，还涉及冲击过程分析。题目中有两个控制变量，即传送带的速度和倾角，分析中需要分别考虑。另外，货箱在传送带上的运动又有加速阶段、减速阶段或匀速运动阶段。在分析中有可能出现考虑不全面的情况。实际上，当物体放到传送带上前后，传送带的速度会发生变化。但是，如果货箱是连续地轻放到传送带上并且驱动电机的功率是稳定的，那么传送带的速度可近视看作常量。在考虑货箱运动到底部与刚性支承 B 撞击时，冲量的方向不好确定，解题中利用完全非弹性碰撞和对冲击点 B 的动量矩守恒的条件巧妙避开了这个问题。

例 7－20　（第 10 届全国周培源大学生力学竞赛题，2015 年）

动物园要进行猴子杂技表演，训猴师设计了如下装置：在铅垂面内固定一个带有光滑滑槽，半径为 R 的圆环，取一根重为 P，长为 $l=\sqrt{3}R$ 的均质刚性杆 AB 放置在圆环滑槽内，以便重为 Q 的猴子能够沿杆行走，已知 $P=2Q$。

（1）当猴子在图（a）所示位置（距离杆 AB 的端点 A 为 d 的位置）时，试求杆的平衡位置。(用杆 AB 与水平线的夹角 θ 表示)

（2）设两只重量均为 Q 的猴子同时进行训练。训猴师首先让猴甲静坐在杆 AB 的 A 端，并且使猴甲与杆组成的系统处于平衡，然后，让猴乙从杆的 B 端无初速地沿杆向猴甲运动，如图（b）所示。试问猴乙应该如何走法才能不破坏原系统的平衡状态？

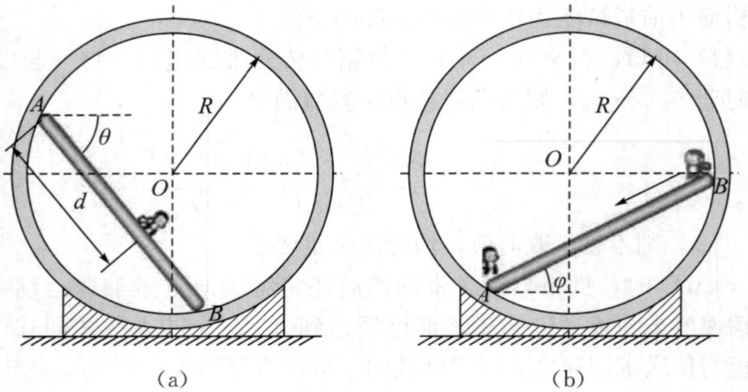

例 7—20 图

解 (1) 利用虚位移原理求系统的平衡位置。建立坐标系如图 (c) 所示，用 K 表示猴子的位置。由于 A，B 处为理想约束，约束力 N_A 和 N_B 在相应的虚位移不做功，因此系统只有重力做功。设 AB 杆的质心为 C，则圆心 O 到杆 AB 质心 C 的距离为

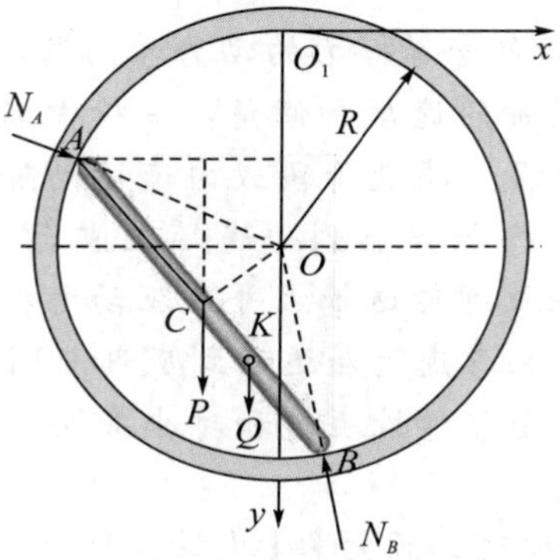

例 7—20 图 (c)

$$OC = \sqrt{OA^2 - AC^2} = \sqrt{R^2 - \left(\frac{\sqrt{3}}{2}R\right)^2} = \frac{1}{2}R$$

$$y_C = R - R\sin(\theta - 30°) + \frac{\sqrt{3}}{2}R\sin\theta$$

显然$\angle OAC = 30°$，所以质心 C 的坐标为

$$\begin{aligned} y_C &= O_1O + AC\sin\theta - OA\sin(\theta - 30°) \\ &= R + \frac{\sqrt{3}}{2}R\sin\theta - R\sin(\theta - 30°) \end{aligned} \tag{a}$$

点 K 的坐标为

$$y_K = R + d\sin\theta - R\sin(\theta - 30°) \tag{b}$$

由式 (a)，(b) 计算变分得

$$\delta y_C = \left[\frac{\sqrt{3}}{2}R\cos\theta - R\cos(\theta - 30°)\right]\delta\theta \tag{c1}$$

$$\delta y_K = [d\cos\theta - R\cos(\theta - 30°)]\delta\theta \tag{c2}$$

由虚位移原理，系统平衡时有

$$P\delta y_C + Q\delta y_K = 0 \tag{d}$$

将式（c1），（c2）代入得

$$\tan\theta = \frac{2d - \sqrt{3}R}{3R} \tag{e}$$

也可根据系统的平衡，列写静力学平衡方程求解平衡位置 θ 角。

（2）根据第（1）题的结论，当猴甲静坐在杆 A 端时，$d=0$，代入式（e）可得猴甲与杆组成的系统平衡时杆的初始位置角 $\varphi_0=30°$（见图（d））。取 B 点为原点，s 轴沿 BA 方向，设猴乙的加速度为 $\ddot{s}$，则作用在猴乙上的惯性力大小为

$$F_I = \frac{Q}{g}\ddot{s} \tag{f}$$

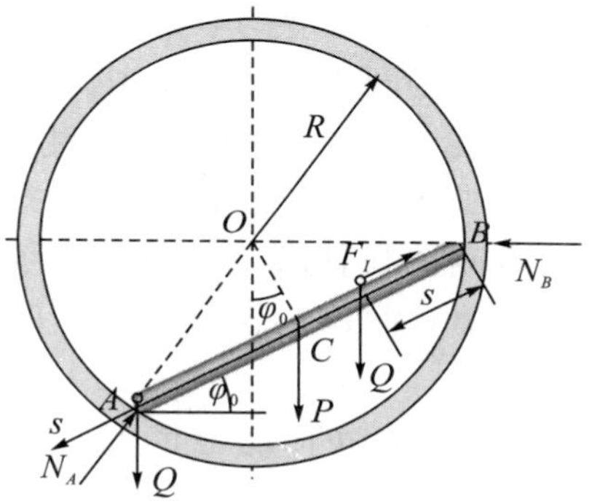

例 7—20 图（d）

当猴乙运动到杆上任意位置时，其惯性力方向及系统受力如图（d）所示。对猴—杆系统运用达朗贝尔原理，有

$$\begin{aligned}\sum M_O(F) = 0: RF_I\sin\varphi_0 - Q(R - s\cos\varphi_0) + \\ QR\sin(60° - \varphi_0) - P\frac{R}{2}\sin\varphi_0 = 0\end{aligned} \tag{g}$$

注意到 $\varphi_0=30°$，$P=2Q$，并将式（f）代入整理得

$$\ddot{s} + \frac{\sqrt{3}g}{R}s = 2g \tag{h}$$

这就是为保持原猴甲—杆系统平衡状态不变的情况下，猴乙的运动应满足的微分方程，该方程的通解为

$$s = A\cos\sqrt{\frac{\sqrt{3}g}{R}}t + B\sin\sqrt{\frac{\sqrt{3}g}{R}}t + \frac{2\sqrt{3}R}{3} \tag{i}$$

式中 A 和 B 为积分常数，可由初始条件确定。当 $t=0$ 时，猴乙在杆的 B 端，而且初速度为 0，所以初始条件为：当 $t=0$ 时，

$$s = 0,\quad \dot{s} = 0 \tag{j}$$

由此可求得积分常数

$$A = -\frac{2\sqrt{3}R}{3}, \quad B = 0 \tag{k}$$

将式（k）代入式（i），可得猴的运动方程为

$$s = \frac{2\sqrt{3}R}{3}\left(1 - \cos\sqrt{\frac{\sqrt{3}g}{R}}t\right) \tag{l}$$

当猴乙按照上述规律运动时，不会破坏原猴甲—杆系统的平衡状态。

【解题技巧分析】本题前半部分为静力学问题，虽然可以列写静力学平衡方程确定杆 AB 的平衡位置，但方程中会涉及约束力，相对繁琐。如果使用虚位移原理求解约束系统的平衡问题，可以在求解时避免计算约束力的麻烦。本题后半部分为动力学问题，运用动静法得到了满足题设条件的猴乙的运动微分方程。在对猴子进行训练时，猴子沿杆 AB 行走，要求严格遵循方程（l）所给出的运动规律，否则无法成功地完成表演。

例 7－21　（第 11 届全国周培源大学生力学竞赛题——提高题，2017 年）

如图（a）所示，质量均为 m 的圆轮和细直杆 AC 固结成一组合体。其中，杆 AC 沿圆轮径向，O 为轮心，C 点为轮与杆的固结点，也是组合刚体的质心。初始时刻，组合刚体静止于水平面，左边紧靠高度为 r 的水平台阶。在图示不稳定平衡位置受微小扰动后向右倾倒，以 φ 表示组合刚体在杆端 A 与地面接触之前的转动角度（参见图(b)）。圆轮的半径为 r，组合刚体对轴 O 的转动惯量为 J_O。忽略各处摩擦，试求解下列问题：

（1）圆轮与台阶 B 点开始分离时刻的角度 φ 的大小。

（2）组合刚体的角速度与角度 φ 的关系。

（3）圆轮右移的距离 S 与角度 φ 的关系。

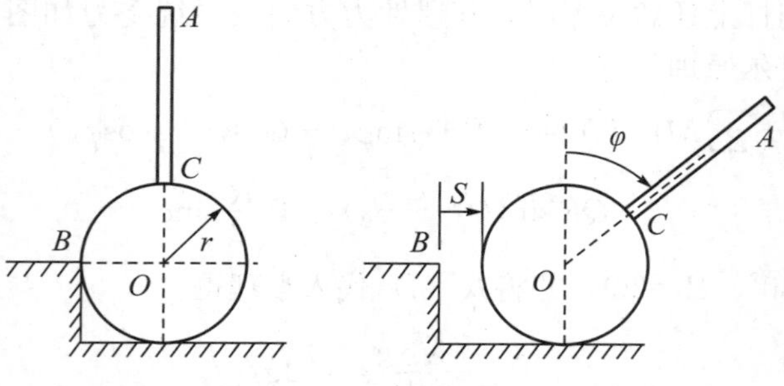

(a) 初始位置　　(b) 运动后的位置

例 7－21 图

解　（1）组合刚体在 B 点脱离接触前绕 O 做定轴转动。由动能定理，有

$$\frac{1}{2}J_O\dot{\varphi}^2 = 2mgr(1-\cos\varphi)$$

即

$$\dot{\varphi}^2 = \frac{4mgr(1-\cos\varphi)}{J_O} \tag{a}$$

式（a）两端对时间求导数，得到圆轮的角加速度为

$$\ddot{\varphi} = \frac{2mgr\sin\varphi}{J_O} \tag{b}$$

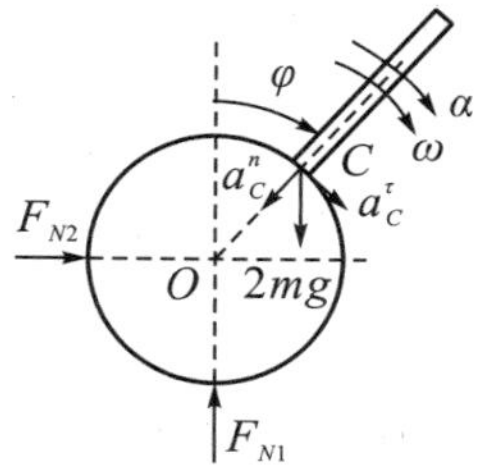

（c）系统受力及系统质心 C 的加速度

例 7－21 图

由质心运动定理（参见图（c）），有

$$F_{N2} = 2m(-a_C^n\sin\varphi + a_C^\tau\cos\varphi) \tag{c}$$

式中 $a_C^n = r\dot{\varphi}^2$，$a_C^\tau = r\ddot{\varphi}$，将式（a），式（b）代入，再代入式（c），得到

$$F_{N2} = \frac{4m^2r^2g}{J_O}\sin\varphi(3\cos\varphi - 2)$$

在式（c）中令 $F_{N2}=0$，得到球与台阶 B 点分离的角度为

$$\varphi_0 = \arccos\frac{2}{3}$$

代入式（a），得到对应的角速度为

$$\omega_0 = 2\sqrt{\frac{mgr}{3J_O}} \tag{d}$$

（2）当 $\varphi \leqslant \varphi_0$ 时，$\omega = 2\sqrt{\frac{mgr}{J_O}(1-\cos\varphi)}$；当 $\varphi > \varphi_0$ 时，组合刚体与台阶脱离接触，参见图（d），开始运动的第二阶段：平面运动，外力沿竖直方向，故系统的水平方向动量守恒，质心 C 的水平速度不变，等于脱离接触前瞬时质心的速度，所以

$$v_{Cx} = r\omega_0\cos\varphi_0 = \frac{4r}{3}\sqrt{\frac{mgr}{3J_O}}$$

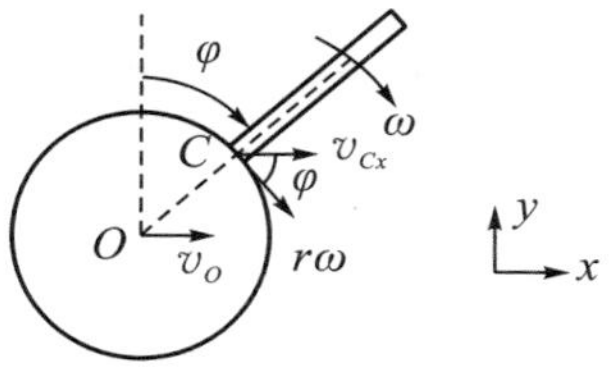

（d）系统质心 C 的速度

例 7－21 图

脱离接触后，$\varphi > \varphi_0 = \arccos\frac{2}{3}$。以 O 点为基点，由基点法，质心 C 的速度为

$$v_C = v_O + v_{CO}$$

投影到 x 轴，y 轴方向，有

$$\begin{aligned} v_{Cx} &= v_O + r\omega\cos\varphi = r\omega_0\cos\varphi_0 \\ v_{Cy} &= -r\omega\sin\varphi \end{aligned} \tag{e}$$

由动能定理，有

$$\frac{1}{2}J_C\omega^2 + \frac{1}{2}\times(2m)\times(v_{Cx}^2 + v_{Cy}^2) = 2mgr(1-\cos\varphi) \tag{f}$$

将 $J_C = J_O - 2mr^2$ 及式（e）代入式（f），解得

$$\omega = \frac{2}{3}\sqrt{\frac{9mgr(1-\cos\varphi) - 2mr^2\omega_0^2}{J_O - 2mr^2\cos^2\varphi}},\quad \varphi > \arccos\frac{2}{3} \tag{g}$$

综上分析，组合刚体的角速度与角度 φ 的关系为

$$\omega = \begin{cases} 2\sqrt{\dfrac{mgr}{J_O}(1-\cos\varphi)}, & \varphi \leqslant \arccos\dfrac{2}{3} \\ \dfrac{2}{3}\sqrt{\dfrac{9mgr(1-\cos\varphi) - 2mr^2\omega_0^2}{J_O - 2mr^2\cos^2\varphi}}, & \varphi > \arccos\dfrac{2}{3} \end{cases}$$

式中 $\omega_0 = 2\sqrt{\dfrac{mgr}{3J_O}}$。

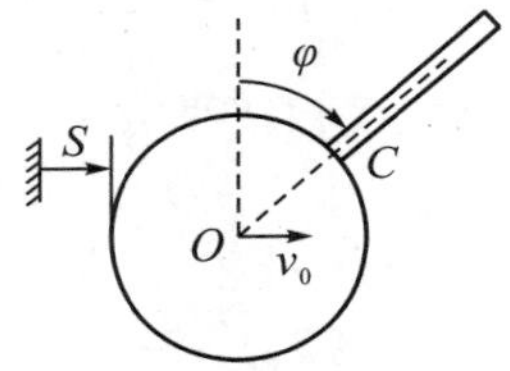

（e）轮心移动的距离

例 7-21 图

（3）当 $\varphi \leqslant \varphi_0$ 时，$S=0$，参见图（e）；当 $\varphi > \varphi_0$ 时，圆盘向右做平面运动，注意到

$$v_O = \frac{\mathrm{d}S}{\mathrm{d}t} = \frac{\mathrm{d}\varphi}{\mathrm{d}t}\frac{\mathrm{d}S}{\mathrm{d}\varphi} = \omega\frac{\mathrm{d}S}{\mathrm{d}\varphi} \tag{h}$$

根据式（e），有

$$v_O = r\omega_0\cos\varphi_0 - r\omega\cos\varphi \tag{i}$$

由（h），（i）两式可得

$$\frac{\mathrm{d}S}{\mathrm{d}\varphi} = \frac{r\omega_0\cos\varphi_0}{\omega} - r\cos\varphi$$

再将式（g）代入，并从 $\varphi_0 = \arccos\dfrac{2}{3}$ 到 φ 积分，可得：当 $\varphi > \varphi_0$ 时，圆轮右移的距离 S 与角度 φ 的关系为

$$S = r\omega_0\int_{\varphi_0}^{\varphi}\sqrt{\frac{J_O - 2mr^2\cos^2\theta}{9mgr(1-\cos\theta) - 2mr^2\omega_0^2}}\,\mathrm{d}\theta - r\left(\sin\varphi - \frac{\sqrt{5}}{3}\right)$$

【解题技巧分析】对于平面运动刚体动力学问题，通常使用质心运动定理和相对质心的动量矩定理建立运动微分方程，有时结合使用动能定理，能够使分析得到简化。本题组合刚体的运动有两个阶段，由定轴转动向平面运动的转化点（位置参数或时间参数）的确定是解答本题的关键步骤。

例 7－22　（第 11 届全国周培源大学生力学竞赛题——提高题，2017 年）

如图（a）所示，边长为 h、质量为 m 的均质正方形刚性平板置于水平面上，且仅在角点 A，C 和棱边中点 B 处与水平面保持三点接触。位于水平面上的小球以平行于 AC 棱边的水平速度 v_b 与平板发生完全弹性碰撞，碰撞点至角点 A 的距离以 b 表示。已知平板关于通过其中心的铅直轴的转动惯量为 $J=mh^2/6$，在 A，B 和 C 三点处与水平支承面的静摩擦系数和动摩擦系数均为 μ。忽略碰撞过程中的摩擦力冲量，试求：

（1）碰撞结束瞬时，平板的速度瞬心位置；

（2）若 $b=5h/6$，计算碰撞结束瞬时平板的角加速度；

（3）设小球的质量等于 $m/21$。碰撞后，板在水平面内绕 B 点转动，则碰撞点的位置 b 和碰撞前小球速度应满足的条件。

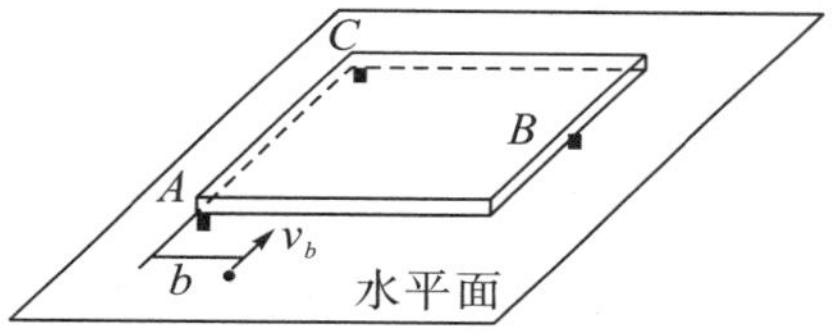

（a）系统初始状态

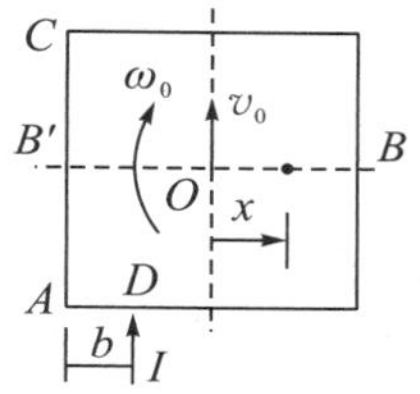

（b）方板角速度和 O 点速度

例 7－22 图

解　（1）两物体碰撞后及速度突变都发生在水平面内，在铅直方向方板仍然处于平衡状态，方板受到的重力与 A，B，C 三点的法向约束力形成平衡关系，根据空间力系的平衡方程，容易确定其大小分别为 $F_{AN}=F_{CN}=mg/4$，$F_{BN}=mg/2$，支承面对方板的水平约束力只有摩擦力，在碰撞阶段摩擦力冲量忽略不计。研究方板，记碰撞冲量为 I（参考图（b）），则

$$mv_0=I$$
$$J_O\omega_0=I\left(\frac{h}{2}-b\right) \tag{a}$$

$J_O=mh^2/6$，由式（a）解得

$$v_0=\frac{I}{m},\quad \omega_0=\frac{6I}{mh^2}\left(\frac{h}{2}-b\right)$$

碰撞结束时，方板做平面运动的速度瞬心位于通过点 B'和点 B 的直线上，由 $v_0=x\omega_0$ 得

$$x=\frac{h}{3}\left(1-\frac{2b}{h}\right)^{-1},\quad b\neq\frac{h}{2} \tag{b}$$

式中 x 为速度瞬心到板的中心 O 的距离，以速度瞬心在 O 的右侧为正（见图（b））。当 $b=h/2$ 时（此时，碰撞冲量通过板的质心），板做平移。

（2）将 $b=5h/6$ 代入式（b），得 $x=-h/2$，板做逆时针转动。此时，板的速度瞬心位于其 AC 棱边中点。碰撞结束瞬时，板的角加速度由动量矩定理确定如下：

$$J_O\alpha = M_O \tag{c}$$

板在水平面受到 3 个滑动摩擦力 $F_A=F_C=\mu mg/4$ 和 $F_B=\mu mg/2$ 作用，见图（c）。

将 $J_O=mh^2/6$，$M_O=F_Ah+F_B\frac{1}{2}h=\frac{1}{2}\mu mgh$ 代入式（c），得到

$$\alpha = 3\frac{\mu g}{h}$$

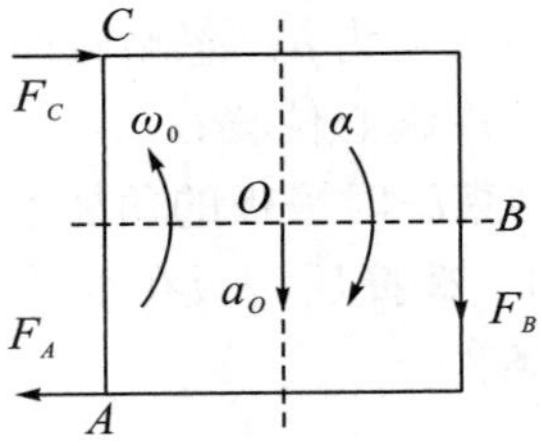

（c）碰撞结束时板平面内的受力图（瞬心在 AC 中点）

例 7－22 图

（3）由题设，碰撞后 B 点速度 $v_B=0$，根据上面的分析，此时应在式（b）中令 $x=h/2$，由此可解得 $b=h/6$。忽略摩擦力冲量，碰撞前后由小球和方板组成的系统对 B 点的动量矩守恒（参考图（d）），有

$$\frac{m}{21}v_b\cdot\frac{5}{6}h = J_B\omega_0-\frac{m}{21}v_b'\cdot\frac{5}{6}h \tag{d}$$

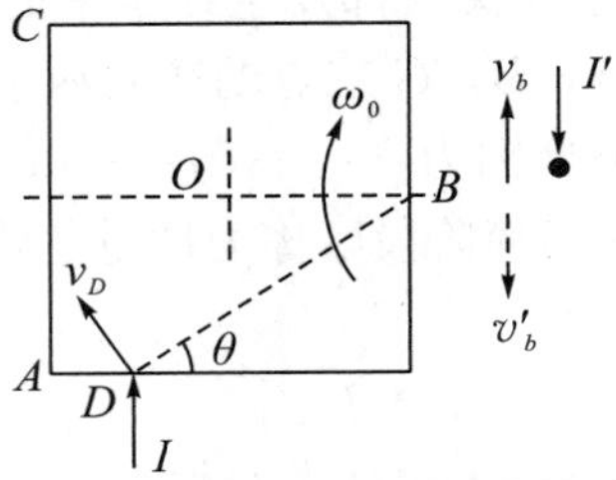

（d）板在水平面内绕 B 点转动

例 7－22 图

式中

$$J_B = J_O+\frac{mh^2}{4}=\frac{5mh^2}{12} \tag{e}$$

而 v_b' 为小球碰撞后的速度。由于是完全弹性碰撞，所以碰撞前后，D 点法向相对速度的大小不变，即

$$v_b = v_b'+(BD\cos\theta)\omega_0$$

注意到 $BD\cos\theta=h-AD=5h/6$，有

$$v_b' = v_b - (BD\cos\theta)\omega_0 = v_b - \frac{5}{6}h\omega_0 \tag{f}$$

将式（f）代入式（d）解得

$$\omega_0 = \frac{3v_b}{17h} \tag{g}$$

B 点静止不动，其静摩擦力满足如下条件：

$$\sqrt{(F_B^n)^2 + (F_B^\tau)^2} \leqslant \frac{\mu mg}{2} \tag{h}$$

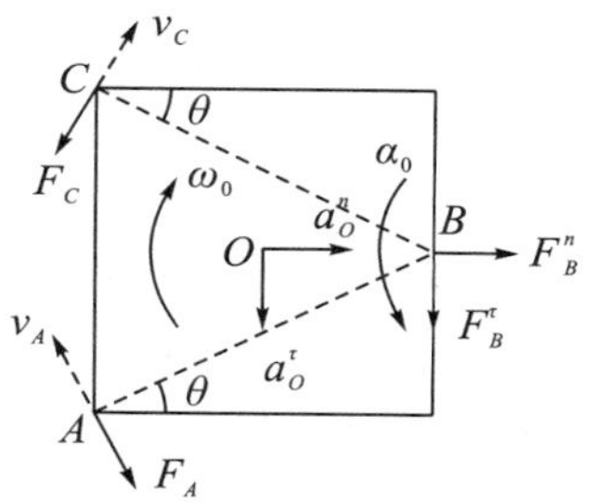

（e）碰撞结束时板平面内的受力

例 7—22 图

参考图（e），注意到 $F_A = F_C = \mu mg/4$，在图示瞬时，由质心运动定理和对 B 点的动量矩定理，有

$$\begin{aligned} ma_O^n &= F_B^n \\ ma_O^\tau &= \frac{\mu mg\sqrt{5}}{5} + F_B^\tau \\ J_B\alpha_0 &= M_B = \frac{\mu mgh\sqrt{5}}{4} \end{aligned} \tag{i}$$

式中 $a_O^n = \frac{1}{2}h\omega_0^2$，$a_O^\tau = \frac{1}{2}h\alpha_0$，$J_B = \frac{5mh^2}{12}$，将其代入式（i）解得

$$\alpha_0 = \frac{3\sqrt{5}\mu g}{5h}, a_O^\tau = \frac{3\sqrt{5}\mu g}{10} \tag{j}$$

$$F_B^n = \frac{1}{2}mh\omega_0^2, F_B^\tau = \frac{\sqrt{5}\mu mg}{10} \tag{k}$$

将式（g）代入式（k），然后再将式（k）代入式（h）得到

$$v_b \leqslant \frac{34}{3}\sqrt{\frac{\sqrt{5}\mu gh}{10}}$$

碰撞结束时，由于角加速度 α_0 与角速度 ω_0 方向相反，板做减速转动，$\omega < \omega_0$，$a_O^n < \frac{1}{2}h\omega_0^2$，所以 $F_B^n < \frac{1}{2}mh\omega_0^2$。可见，板在停止转动之前，其 B 点的摩擦力不会超过临界值，故 B 点不会有相对滑动，即保持静止不动。

【解题技巧分析】本题主要研究静止方板在不同的位置受到平面内碰撞可能带来的

两种运动形式：平面运动和定轴转动。推导关于速度瞬心的位置参数 x 与碰撞点几何参数 b 的关系是本题解题的关键步骤。其中关于碰撞后方板做定轴转动的分析需要一定的解题技巧，B 点作为静止不动的点需要同时满足两个条件：速度为零的运动学条件与摩擦力小于临界值的动力学条件。

例 7－23　（第 12 届全国周培源大学生力学竞赛提高题，2019 年）在真空中处于失重状态的均质球形刚体，其半径 $r=1\text{m}$，质量 $M=2.5\text{kg}$，对直径的转动惯量 $J=1\text{kg}\cdot\text{m}^2$，球体固连坐标系 $Oxyz$ 如图（a）所示。另有质量 $m=1\text{kg}$ 的质点 A 在内力驱动下沿球体大圆上的光滑无质量管道（位于 Oxy 平面内）以相对速度 $v_r=1\text{m/s}$ 运动。初始时，系统的质心速度为零，质点 A 在 x 轴上。

（1）试判断系统的自由度；

（2）当球体初始角速度 $\omega_{x0}=0$，$\omega_{y0}=0$，$\omega_{z0}=1\text{rad/s}$ 时，求球心 O 的绝对速度 v_O，球体的角速度沿 z 轴分量 ω_z，质点 A 的绝对速度 v_A 和绝对加速度 a_A；

（3）当球体初始角速度 $\omega_{x0}=1\text{rad/s}$，$\omega_{y0}=0$，$\omega_{z0}=0.4\text{rad/s}$ 时，求球体的角速度 ω 和球体的角加速度 α。（提示：建立另一个动系 $Ox'y'z'$，使质点 A 始终在 Ox' 轴上，z' 轴与 z 轴重合）

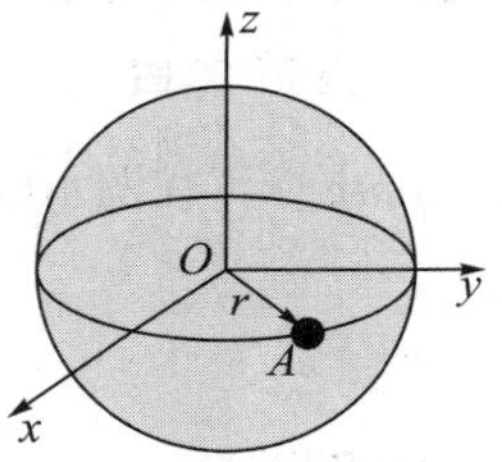

（a）质点—球体系统

例 7－23 图

解　（1）如果球形刚体和质点 A 组成的系统不受任何约束，则一共有 9 个自由度（刚体 6 个自由度加上质点 3 个自由度）。由于题给系统受到两个几何约束，即

$$x_A^2+y_A^2=r^2, z_A=0$$

和一个运动约束：由系统质心速度等于零给出的完整约束条件，即

$$M\boldsymbol{v}_O+m\boldsymbol{v}_A\equiv 0$$

所以，系统只有 6 个自由度。

（2）无外力，初速度为零，系统质心速度恒为零，质心加速度也为零，即

$$\boldsymbol{v}_O=-\frac{m}{M}\boldsymbol{v}_A=-\frac{2}{5}\boldsymbol{v}_A \tag{a1}$$

$$\boldsymbol{a}_O=-\frac{2}{5}\boldsymbol{a}_A \tag{a2}$$

因此 O 点的速度、加速度分别与 A 点的速度、加速度平行，并且方向相反。以 $Oxyz$ 为动系，由速度合成定理和加速度合成定理，有

$$\boldsymbol{v}_A=\boldsymbol{v}_e+\boldsymbol{v}_r \tag{b1}$$

$$\boldsymbol{a}_A=\boldsymbol{a}_e+\boldsymbol{a}_r+\boldsymbol{a}_C \tag{b2}$$

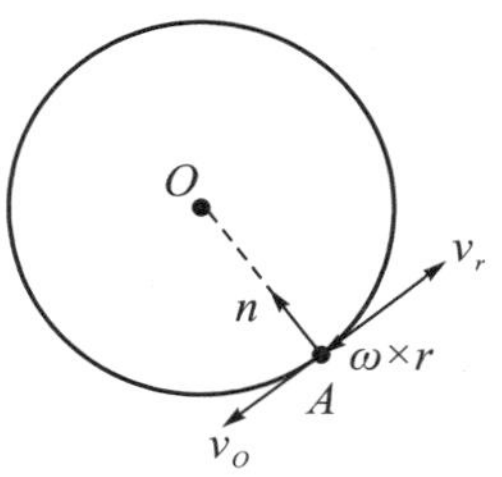

（b）速度

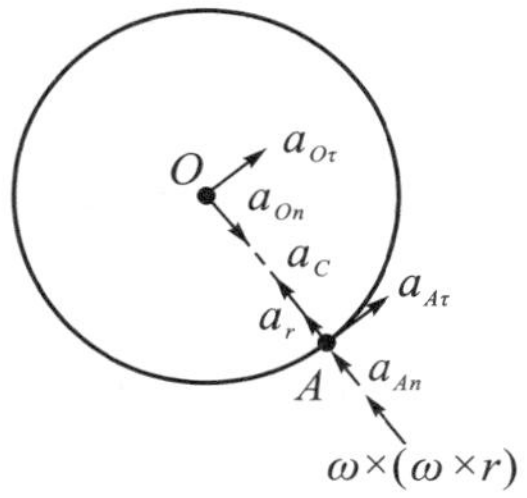

（c）加速度

例 7—23 图

式中 $\boldsymbol{a}_C=2\boldsymbol{\omega}\times\boldsymbol{v}_r$ 为科氏加速度，$a_r=\dfrac{v_r^2}{r}=1$。以 O 为基点，牵连速度和牵连加速度（参见图（b）和（c））分别为

$$\boldsymbol{v}_e=\boldsymbol{v}_O+\boldsymbol{\omega}\times\boldsymbol{r} \tag{c1}$$

$$\boldsymbol{a}_e=\boldsymbol{a}_O+\boldsymbol{\omega}\times(\boldsymbol{\omega}\times\boldsymbol{r})+\boldsymbol{\alpha}\times\boldsymbol{r} \tag{c2}$$

将式（a1）代入式（c1），再代入式（b1），得到

$$\boldsymbol{v}_A=\frac{5}{7}(\boldsymbol{\omega}\times\boldsymbol{r}+\boldsymbol{v}_r) \tag{d}$$

式中 $\boldsymbol{\omega}$ 为动系 $Oxyz$ 的角速度矢量，$\boldsymbol{r}=x\,\boldsymbol{e}_x+y\,\boldsymbol{e}_y$ 是固连坐标平面 Oxy 内 A 点的矢径，其长度等于球体的半径 r。系统对球心 O 的动量矩为

$$\boldsymbol{L}_O=\mathrm{diag}(J,J,J)\boldsymbol{\omega}+\boldsymbol{r}\times m\,\boldsymbol{v}_A=J\boldsymbol{\omega}+\frac{5}{7}m[\boldsymbol{r}\times(\boldsymbol{\omega}\times\boldsymbol{r})+\boldsymbol{r}\times\boldsymbol{v}_r] \tag{e1}$$

式（e1）右端第三项 $\boldsymbol{r}\times\boldsymbol{v}_r$ 为常矢量，方向始终平行于 Oz 轴。系统质心速度 $v_C=0$，根据式（4—3—4）有

$$\frac{\mathrm{d}\boldsymbol{L}_O}{\mathrm{d}t}=m\,\boldsymbol{v}_C\times\boldsymbol{v}_O=0 \tag{e2}$$

这表明系统动量矩 $\boldsymbol{L}_O$ 为常矢量，根据式（e1），$\boldsymbol{\omega}$ 必须为常矢量，否则系统动量矩 $\boldsymbol{L}_O$ 将发生改变，证明如下：

①若 $\boldsymbol{\omega}=\boldsymbol{\omega}_0+\zeta\,\boldsymbol{e}_z$，则 $\Delta\boldsymbol{L}_O=\zeta\left(J+\frac{5}{7}mr^2\right)\boldsymbol{e}_z\equiv0$，所以 $\zeta=0$。

②若 $\boldsymbol{\omega}=\boldsymbol{\omega}_0+\eta\,\boldsymbol{e}_x+\xi\,\boldsymbol{e}_y$，则

$$\Delta\boldsymbol{L}_O=\left[\eta\left(J+\frac{5}{7}my^2\right)-\frac{5}{7}\xi mxy\right]\boldsymbol{e}_x+\left[\xi\left(J+\frac{5}{7}mx^2\right)-\frac{5}{7}\eta mxy\right]\boldsymbol{e}_y\equiv0$$

该式对任意 x，y 值都成立，必有 $\eta=\xi=0$，所以球体角速度 $\boldsymbol{\omega}=\boldsymbol{\omega}_0=\boldsymbol{e}_z$，动系的 z 轴保持方向不变，而角加速度

$$\boldsymbol{\alpha}=\frac{\mathrm{d}\boldsymbol{\omega}}{\mathrm{d}t}=0 \tag{h}$$

注意到 $\boldsymbol{\omega}\times r$ 与 $\boldsymbol{v}_r$ 平行，所以 A 点的绝对速度 v_A 沿大圆的切线方向，如图所示。将 $\boldsymbol{\omega}=\boldsymbol{\omega}_0=\boldsymbol{e}_z$ 代入式（d）和式（a1），并代入数值 $r=1$，$v_r=1$，得到

$$v_O=\frac{4}{7}\mathrm{m/s},v_A=\frac{10}{7}\mathrm{m/s},\omega_z=1\mathrm{rad/s} \tag{i}$$

下面求 A 点的绝对加速度。因为球体的角加速度 $\alpha=0$，将式（c2）代入式（b2），得到

$$a_A=a_O+\omega\times(\omega\times r)+a_r+a_C \tag{j}$$

根据式（a2），有

$$a_{O\tau}=-\frac{2}{5}a_{A\tau}$$

根据式（j），又有

$$a_{A\tau}=a_{O\tau}$$

所以 $a_{A\tau}=a_{O\tau}=0$，再将式（a2）和式（j）投影到法线 n 的方向，再代入数值 $r=1$，$v_r=1$，$\omega=1$，$a_r=1$，得到

$$a_A=\frac{20}{7}\mathrm{m/s^2},a_O=-\frac{8}{7}\mathrm{m/s^2}$$

（3）建立另一个动系 $Ox'y'z'$，使质点 A 始终在 Ox' 轴上，z' 轴与 z 轴重合，如图（d）所示，动系 Ox′y′z′的角速度矢量记为

$$\boldsymbol{\Omega}=\boldsymbol{\omega}+\frac{v_r}{r}\boldsymbol{e}_3=\boldsymbol{\omega}+\boldsymbol{e}_3$$

它与球体的角速度 $\boldsymbol{\omega}=\omega_1\boldsymbol{e}_1+\omega_2\boldsymbol{e}_2+\omega_3\boldsymbol{e}_3$ 不同。根据式（e1）并注意到 $\boldsymbol{r}=r\boldsymbol{e}_1$，$\boldsymbol{v}_r=v_r\boldsymbol{e}_2$，有

$$\boldsymbol{L}_O=J\boldsymbol{\omega}+\frac{5}{7}mr^2\omega_2\boldsymbol{e}_2+\frac{5}{7}m(r^2\omega_3+v_rr)\boldsymbol{e}_3 \tag{k1}$$

代入数值 $J=1$，$m=1$，$r=1$，$v_r=1$，化简为

$$\boldsymbol{L}_O=\boldsymbol{\omega}+\frac{5}{7}\omega_2\boldsymbol{e}_2+\frac{5}{7}(\omega_3+1)\boldsymbol{e}_3 \tag{k2}$$

根据相对导数和绝对导数公式，有

$$\frac{\mathrm{d}\boldsymbol{L}_O}{\mathrm{d}t}=\frac{\tilde{\mathrm{d}}\boldsymbol{L}_O}{\mathrm{d}t}+(\boldsymbol{\omega}+\boldsymbol{e}_3)\times\boldsymbol{L}_O \tag{k3}$$

将式（k2）代入，得到

$$\frac{\mathrm{d}\boldsymbol{L}_O}{\mathrm{d}t}=\frac{1}{7}[7(\dot{\omega}_1-\omega_2)\boldsymbol{e}_1+(12\dot{\omega}_2-5\omega_1\omega_3+2\omega_1)\boldsymbol{e}_2+(12\dot{\omega}_3+5\omega_1\omega_2)\boldsymbol{e}_3] \tag{k4}$$

根据式（e2），有

$$\begin{cases}\dot{\omega}_1=\omega_2\\ \dot{\omega}_2=\dfrac{5}{12}\omega_1(\omega_3-0.4)\\ \dot{\omega}_3=-\dfrac{5}{12}\omega_1\omega_2\end{cases} \tag{m1}$$

下面求解微分方程组（m1）。令

$$w=\omega_3-0.4,\dot{w}=\dot{\omega}_3$$

将式（m1）改写成

$$\begin{cases}\dot{\omega}_1=\omega_2\\ 12\dot{\omega}_2=5\omega_1w\\ 12\dot{w}=-5\omega_1\omega_2\end{cases} \tag{m2}$$

由此可得

$$\dot{\omega}_2\omega_2 + \dot{w}w = 0 \tag{m3}$$

对该式积分，并利用初始条件，得到

$$\omega_2^2 + w^2 = 0$$

这要求 $\omega_2 = w = \omega_3 - 0.4 \equiv 0$，所以微分方程组（m1）的解为 $\omega_1 = 1$，$\omega_2 = 0$，$\omega_3 = 0.4$，球体的角速度矢量为 $\boldsymbol{\omega} = \boldsymbol{e}_1 + 0.4\,\boldsymbol{e}_3$，其相对导数等于零，即

$$\frac{\widetilde{\mathrm{d}}\omega}{\mathrm{d}t} = 0$$

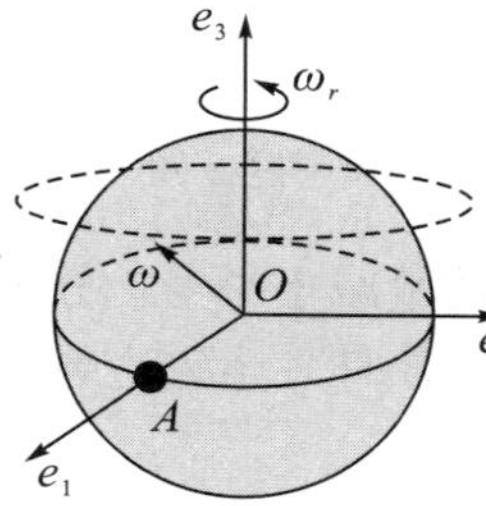

（d）运动参考系

例 7—23 图

也即球体的角速度矢量在动系中的分量不变，但 $\boldsymbol{e}_1$，$\boldsymbol{e}_2$，$\boldsymbol{e}_3$ 的方向在持续变化，球体的角加速度为

$$\boldsymbol{\alpha} = \frac{\mathrm{d}\boldsymbol{\omega}}{\mathrm{d}t} = \frac{\widetilde{\mathrm{d}}\boldsymbol{\omega}}{\mathrm{d}t} + (\boldsymbol{\omega} + \frac{v_r}{r}\boldsymbol{e}_3) \times \boldsymbol{\omega} = \boldsymbol{e}_3 \times \boldsymbol{\omega} = \boldsymbol{e}_2$$

这表明虽然球体的角速度大小 $\omega = \sqrt{29}/5$ 不变，却以相对角速度 $\omega_r = v_r/r = 1$ 绕 $Ox'y'$ 平面法线 $\boldsymbol{e}_3$ 方向旋转，如图（d）所示。如果球体初始角速度沿 $\boldsymbol{e}_3$ 方向，则 $\boldsymbol{e}_3$ 方向不变，将再一次得到球体角加速度为零的结论。

【解题技巧分析】本题是综合性题目，解题中用到了下列知识点：刚体的自由运动，约束与系统的自由度，动量定理、动量矩和角速度矢量在动系中的表达，相对导数与绝对导数，角速度的矢量加法，相对动点的动量矩定理。其中，本例题求解中重要的一步是论证角速度矢量的相对导数等于零。

从 2017 年第 11 届全国周培源大学生力学竞赛开始，竞赛题分为基础题和提高题两部分，基础题竞赛内容基本属于普通高等学校基础力学教学大纲规定的教学内容，提高题竞赛内容往往超出了普通专业基础力学教学大纲规定的教学内容的范围。如果希望取得更好的竞赛成绩，那么应该拥有较宽阔、较扎实的基础力学知识。

思考题

1. 如果不改变习题 7－1 中链条左端放置的位置，假设链条长度不足圆柱一半周长，如何利用链条张力方程（见书后参考答案），求平衡时链条的最短长度？

2. 如图所示均质细杆 AB，A 端借助无重滑轮可沿倾角为 θ 的轨道滑动。不计摩擦，杆在自重作用下从静止开始滑动。问初瞬时杆与铅垂线的夹角 α 等于多少，才能使杆的运动为平动？

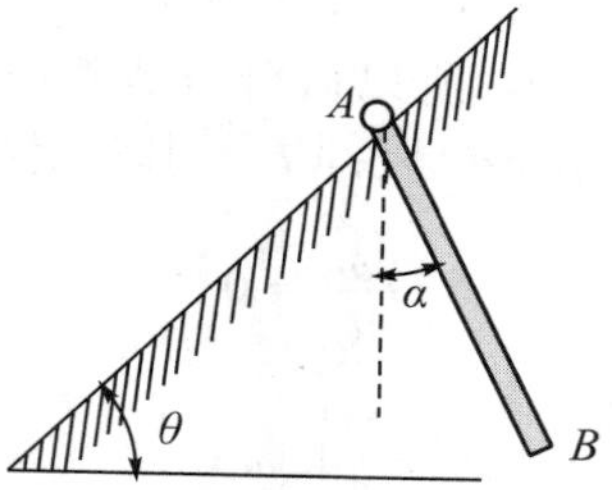

思考题 2 图

3. 在例 7−3 中，如果虫子的质量减小一半，分析结果会发生怎样的变化？

4. 在例 7−4 中，如果质点与 AB 杆发生完全弹性碰撞，如何分析碰撞结束瞬时质点 D 的速度？

5. 在例 7−7 中，如果假定杆件是均质杆，刚性杆件的质量如何影响质点 C 的加速度？

6. 在例 7−9 中，当 AB 杆运动到水平位置时，既然两杆系统的质心位于 A 点，为什么系统质心的加速度并不等于两杆连接点 A 的加速度？

7. 在例 7−13 中，为什么说如果圆环的整个运动过程都是纯滚动，那么圆环沿直线回滚是绝无可能的？

8. 在例 7−18 中，当杆 AB 到达水平位置时，该瞬时质心 C 离地面的高度是否等于零？

9. 在例 7−19 中，如果需要确定刚性支承 B 作用在货箱撞击冲量 I 的大小和方向，该如何分析？

习　题

7−1　一根均质的链条放在半径为 r 的固定圆柱上，链条曲线所在的竖直平面与圆柱轴线垂直，设链条的一端刚好在水平直径处，另一端下垂长度为 h（参见下图），链条与圆柱之间的摩擦系数为 μ，求平衡时：

(1) θ 处链条的张力；

(2) 下垂长度 h 的最大值。

(提示：设链条单位长度重量为 w，取微段链条作受力分析)

【解题技巧分析】对于平面运动刚体动力学问题，通常使用质心运动定理和相对质心的动量矩定理建立运动微分方程，有时结合使用动能定理，能够使分析得到简化。本题组合刚体的运动有两个阶段，由定轴转动向平面运动的转化点（位置参数或时间参数）的确定是解答本题的关键步骤。

例 7－22　（第 11 届全国周培源大学生力学竞赛题——提高题，2017 年）

如图（a）所示，边长为 h、质量为 m 的均质正方形刚性平板置于水平面上，且仅在角点 A，C 和棱边中点 B 处与水平面保持三点接触。位于水平面上的小球以平行于 AC 棱边的水平速度 v_b 与平板发生完全弹性碰撞，碰撞点至角点 A 的距离以 b 表示。已知平板关于通过其中心的铅直轴的转动惯量为 $J=mh^2/6$，在 A，B 和 C 三点处与水平支承面的静摩擦系数和动摩擦系数均为 μ。忽略碰撞过程中的摩擦力冲量，试求：

（1）碰撞结束瞬时，平板的速度瞬心位置；

（2）若 $b=5h/6$，计算碰撞结束瞬时平板的角加速度；

（3）设小球的质量等于 $m/21$。碰撞后，板在水平面内绕 B 点转动，则碰撞点的位置 b 和碰撞前小球速度应满足的条件。

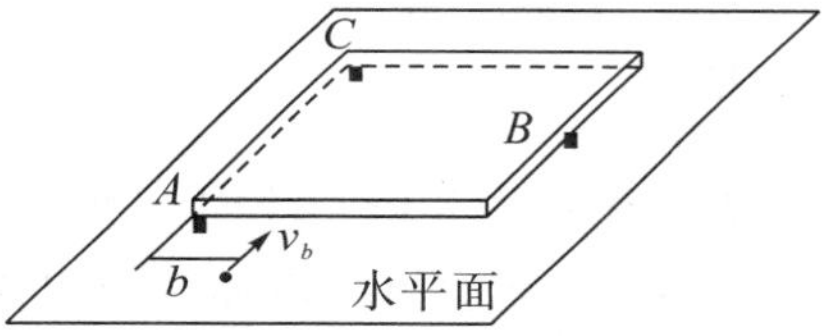

（a）系统初始状态

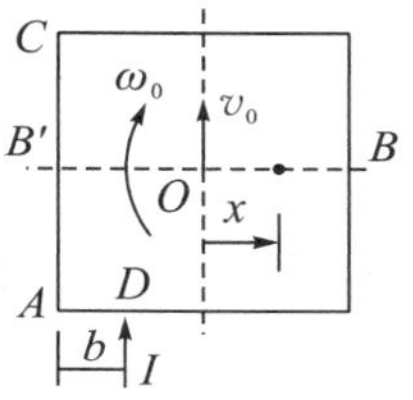

（b）方板角速度和 O 点速度

例 7－22 图

解　（1）两物体碰撞后及速度突变都发生在水平面内，在铅直方向方板仍然处于平衡状态，方板受到的重力与 A，B，C 三点的法向约束力形成平衡关系，根据空间力系的平衡方程，容易确定其大小分别为 $F_{AN}=F_{CN}=mg/4$，$F_{BN}=mg/2$，支承面对方板的水平约束力只有摩擦力，在碰撞阶段摩擦力冲量忽略不计。研究方板，记碰撞冲量为 I（参考图（b）），则

$$
\begin{aligned}
mv_0 &= I \\
J_O\omega_0 &= I\left(\frac{h}{2}-b\right)
\end{aligned}
\tag{a}
$$

$J_O=mh^2/6$，由式（a）解得

$$
v_0=\frac{I}{m},\quad \omega_0=\frac{6I}{mh^2}\left(\frac{h}{2}-b\right)
$$

碰撞结束时，方板做平面运动的速度瞬心位于通过点 B' 和点 B 的直线上，由 $v_0=x\omega_0$ 得

$$
x=\frac{h}{3}\left(1-\frac{2b}{h}\right)^{-1},\quad b\neq\frac{h}{2}
\tag{b}
$$

式中 x 为速度瞬心到板的中心 O 的距离，以速度瞬心在 O 的右侧为正（见图（b））。当 $b=h/2$ 时（此时，碰撞冲量通过板的质心），板做平移。

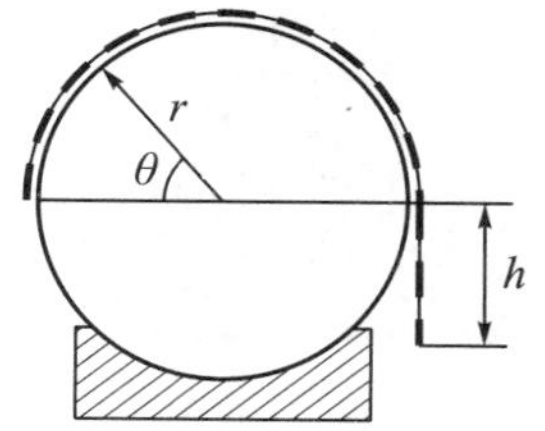

习题 7—1 图

7—2　已知动点在平面内运动，其切向和法向加速度都是非零的常量，求动点轨迹曲线上任意点的曲率半径 ρ。

7—3　质量为 M、半径为 R 的细圆环平放于光滑水平面上，质量为 m 的质点 A 以不变的相对速度 v 沿着圆环运动。如果初始时刻质点和圆环都静止，试问该系统有几个自由度？并求：

（1）圆环中心 O 和质点 A 的运动轨迹；

（2）圆环的角速度 ω。

7—4　如图，质量为 m、半径为 r 的均质细圆环置于光滑水平面上，在其顶端质量为 m 的虫子 A 突然以大小不变的相对速度 u 在圆环上爬动，假设系统初始静止，求圆环运动开始时的角速度和质心 C 的速度。

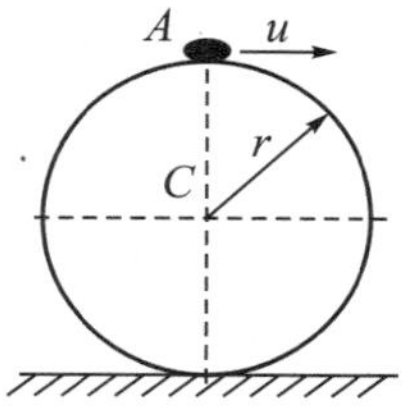

习题 7—4 图

7—5　（第二届全国青年力学竞赛题，1992 年）如图所示，AB 是半径为 R 的一段均质细圆弧，可绕其中点的固定水平轴 O 转动。求此圆弧绕轴 O 微幅摆动的周期 τ。

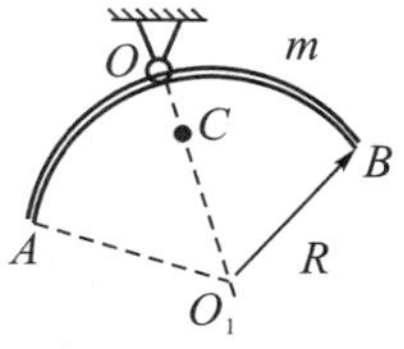

习题 7—5 图

7—6　（第 3 届全国周培源大学生力学竞赛题，1996 年）重 W 的均质矩形块放置在水平地面上，摩擦系数为 μ。受力如图，求 P 的作用点 h 的取值在什么范围，才能使矩形块沿地面滑动而不会倾倒？

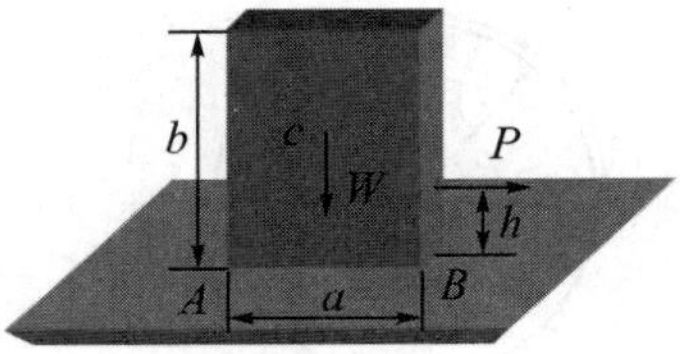

习题 7-6 图

7-7 （第 3 届全国周培源大学生力学竞赛题，1996 年）质量为 M 的薄方盘上有一半径为 R 的光滑圆槽，方盘的质心在圆心 O 点，在圆槽内有一质量为 m 的小球 B，该系统静止地放置在光滑的水平面上。现给小球一沿圆周切线方向的冲击，使小球突然有一沿圆周切线方向的初速度 v_0。试分析求解此后系统的运动：

（1）系统质心做（ ）运动，其速度大小为（ ）；

（2）在系统质心平动坐标系观察，方盘质心 O 做（ ）运动，小球 B 做（ ）运动；

（3）方盘质心 O 和小球 B 相对于系统质心平动坐标系的速度大小为（ ）；

（4）方盘对小球的作用力大小为（ ）。

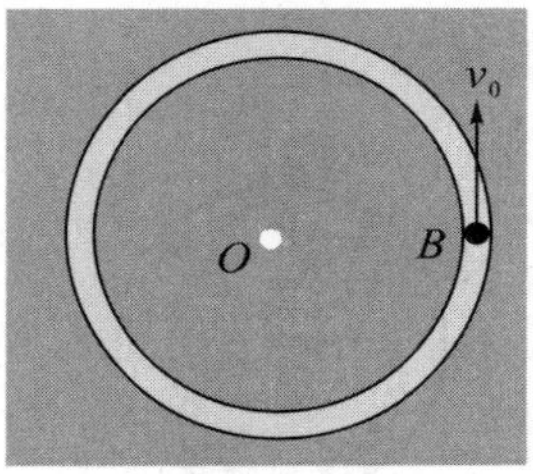

习题 7-7 图

7-8 （第 4 届全国周培源大学生力学竞赛题，2000 年）图示系统在铅垂面内运动，刚性杆 1，2，3，4 长度均为 a，质量不计。均质刚杆 AB 质量为 $M=2m$，长为 L。C，D 两质点的质量均为 m。设系统做微小运动，试写出系统的运动微分方程组以及杆 2 与杆 3 的相对运动规律。

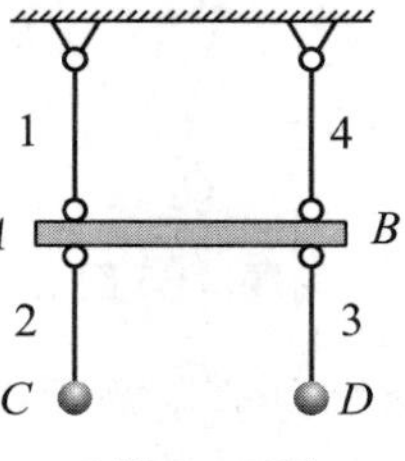

习题 7-8 图

7-9 （第 11 届全国周培源大学生力学竞赛题——基础部分，2017 年）

如图所示，正方体边长为 c，其上作用 4 个力 F_1，F_2，F_3，F_4，各力大小关系为 $F_1=F_2=F_a$，$F_3=F_4=F_b$。试计算以下问题，并将结果填在相应的空内：

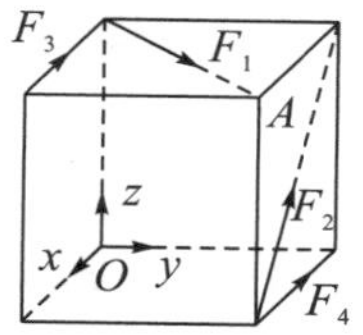

习题 7-9 图

(1) 力系对 OA 轴之矩的大小为（　）；

(2) 若此力系可简化为一个力，则 F_a 与 F_b 的数量关系为（　）；

(3) 若 $F_a = F_b$，力系简化为一力螺旋，则其中的力偶矩等于（　）。

7-10　（第 11 届全国周培源大学生力学竞赛题——基础部分，2017 年）

如图所示，小车上斜靠着长为 l、质量为 m 的均质杆 AB，其倾角以 θ 表示。杆处于铅垂平面内，B 端与小车壁光滑接触，A 端与小车底板的摩擦角为 $\varphi_m = 30°$。小车由动力装置驱动（图中未画出），沿水平直线轨道向左运动，且其运动可以被控制。小车运动过程中，杆 AB 相对于小车始终保持静止，试计算以下问题，并将结果填在相应的空内：

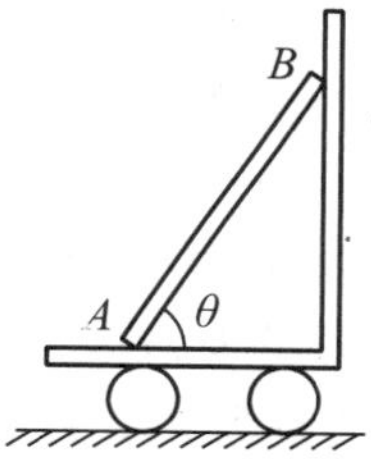

习题 7-10 图

(1) 若小车做匀速运动，则倾角 θ 要满足的条件为（　）；

(2) 若小车做加速度向右的减速运动，则小车加速度 a 与倾角应满足的条件为（　）。

7-11　（第 11 届全国周培源大学生力学竞赛题——基础部分，2017 年）

如图所示，两均质轮 A 和 B 的质量同为 m，半径同为 r。轮 A 位于水平面上，绕于轮 B 的细绳通过定滑轮 C 后与轮 A 的中心相连，其中 CA 段绳水平，CB 段绳铅直。不计定滑轮 C 与细绳的质量，且设细绳不可伸长。系统处于铅垂平面内，自静止释放。试计算以下问题，并将结果填在相应的空内。（重力加速度用 g 表示）

(1) 若轮 A 又滚又滑，则系统的自由度等于（　）；

(2) 若轮 A 与水平支承面光滑接触，则轮 B 下落的高度与时间的关系为（　）。

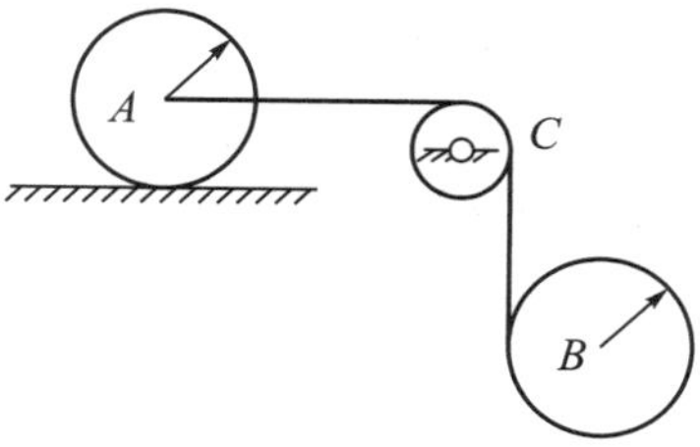

习题 7-11 图

7－12 （第 11 届全国周培源大学生力学竞赛题——基础部分，2017 年）

如图所示，圆形细环管在相连部件（图中未画出）带动下沿水平直线轨道纯滚动，管内有一小壁虎，相对于环管爬行，壁虎可视为一点，在图中以小球 A 代替。图示瞬时，壁虎与环管的中心处于同一水平线上，壁虎相对环管的速率为 u，大小不变，相对速度的方向朝下，环管中心 O 点的速度向右，速度大小也为 u，加速度为零。环管中心圆的半径等于 R。试计算以下问题，并将结果填在相应的空内：

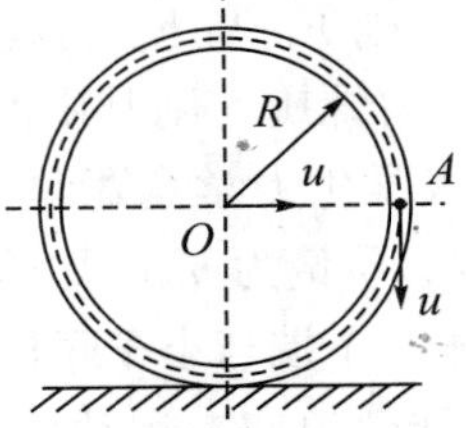

习题 7－12 图

（1）在此瞬时，壁虎相对地面的速度大小为（　）；

（2）在此瞬时，壁虎相对地面的加速度大小为（　）；

（3）在此瞬时，壁虎相对地面的运动轨迹上所处位置点的曲率半径为（　）。

7－13 （第 12 届全国周培源大学生力学竞赛题——基础部分，2019 年）

图示铅垂平面内的系统，T 形杆质量为 m_1，对质心 C 的转动惯量为 J_1；圆盘半径为 R，质量为 m_2，对质心 O 的转动惯量为 J_2；杆和圆盘光滑铰接于 O 点，$CO=s$。设重力加速度为 g，地面与盘间的静摩擦系数为 μ_0，动摩擦系数为 μ，忽略滚动摩阻。

（1）如图，盘以匀角速度 ω 沿水平地面向右做纯滚动，主动力偶矩 $M_1=0$。为使杆保持与铅垂方向夹角 θ（$0\leqslant\theta<\pi/2$）不变，问需在杆上施加多大的力偶矩 M_2？并求此时地面作用于盘的摩擦力 F。

（2）当盘上施加顺时针的常力偶矩 M_1，同时力偶矩 $M_2=0$，杆做平动，分析圆盘的可能运动，并求此时杆与铅垂方向夹角 θ、盘的角加速度 α 及地面对盘的摩擦力 F。

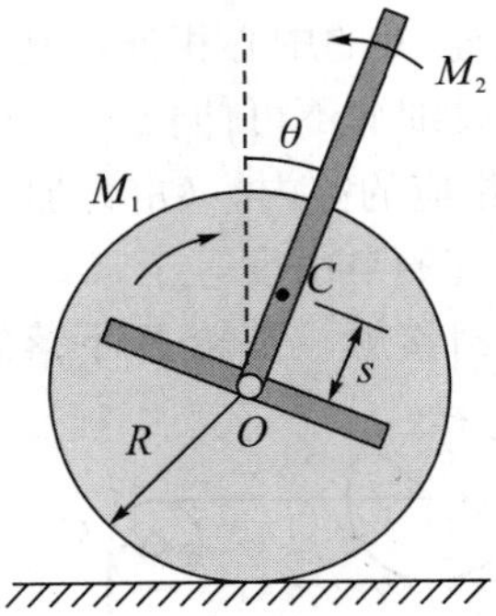

习题 7－13 图

习题参考答案

第1章

1—1　略

1—2　固有频率 $\omega_n=\sqrt{\dfrac{2kg}{3Q+8P}}$；物块 B 的最大位移为 $\dfrac{8P}{k}$；加速度 $a_B=-\dfrac{8Pg}{3Q+8P}$

1—3　$u_{Cx}=-0.22\text{m/s}(\leftarrow),u_{Cy}=-\dfrac{1}{2}\sqrt{3}v=-2.64\text{m/s}(\downarrow);\omega=3.21\text{rad/s})$

1—4　摩擦力 $F_s=0$

1—5　(1) $F_{Ax}=0,F_{Ay}=\dfrac{M}{L}-qL-P,F_B=2P+\dfrac{5}{2}qL-\dfrac{2M}{L},F_C=\dfrac{M}{L}+\dfrac{1}{2}qL$

(2) $F_{Ax}=0,F_{Ay}=\dfrac{3}{2}qL-\dfrac{M}{L},M_A=qL^2-M,F_B=\dfrac{M}{L}+\dfrac{1}{2}qL$

1—6　$F_{Ay}=\dfrac{7P+6Q}{4},F_{Cy}=-\dfrac{3P+6Q}{4}(\downarrow),F_K=\sqrt{2}P,F_{Cx}=\dfrac{P-6Q}{4},F_{Ax}=\dfrac{2Q-P}{4}$

1—7　$F_{Bx}=P=500\text{N}$，$F_{By}=P=500\text{N}$，$F_{BA}=700\text{N}$(支持力)，$F_{BC}=100\text{N}$(拉力)

1—8　$F_B=1050\text{N}$，$F_{Ax}=F_T=1200\text{N}$，$F_{Ay}=150\text{N}$，$F_{BC}=-1500\text{N}$（压力）

1—9　$\dfrac{M\sin(\theta-\varphi_m)}{r\cos\theta\cos(\beta-\varphi_m)}\leqslant P\leqslant\dfrac{M\sin(\theta+\varphi_m)}{r\cos\theta\cos(\beta+\varphi_m)}$

1—10　$\theta=\arccos\dfrac{2}{3}$

1—11　$F_{Ax}=-24\text{kN}$（$\leftarrow$），$F_{Ay}=-1.625\text{kN}$（$\downarrow$），$M_A=56\text{kN}\cdot\text{m}$

1—12　$F_{Ax}=100\text{kN}$，$F_{Ay}=-40\text{kN}$（$\downarrow$），$M_A=-240\text{kN}\cdot\text{m}$（顺时针方向）

1—13　物块 A 的水平位移为 $\dfrac{m_Bl}{2(m_A+m_B)}$

第2章

2－1　$x_D=25\cos\omega t$，$y_D=15\sin\omega t$，运动轨迹为椭圆

2－2　$v_A=0.5\text{m/s}$，$a_A^n=0.416\text{m/s}^2$，$a_A^\tau=0.83\text{m/s}^2$

2－3　$v_2=0.346\text{m/s}$，$a_0=0.0154\text{m/s}^2$

2－4　$a_D=\left(\dfrac{8\sqrt{3}R}{9L}-\dfrac{1}{3}\right)R\omega^2$，方向向上

2－5　$a_M=(u^2/r)+2\omega u$，方向指向圆槽的圆心

2－6　$v=0.62\text{m/s}$

2－7　$v=2.5\text{cm/s}$，$a=0.4\text{cm/s}^2$

2－8　$v_C=75\text{cm/s}$

2－9　$\omega_1=r\omega_0/d$，$\alpha_1=\sqrt{3}r\omega_0{}^2(d+r)/3d^2$

2－10　$v_A=2r\omega$，$v_B=2\sqrt{3}r\omega/3$，$a_A=4r\omega^2$

2－11　$v=10\text{cm/s}$，$a=34.64\text{cm/s}^2$

2－12　$v=2\text{cm/s}$，$a=0.53\text{cm/s}^2$

2－13　$x_A=(R+r)\cos\left(\dfrac{1}{2}\alpha t^2\right)$，$y_A=(R+r)\sin\left(\dfrac{1}{2}\alpha t^2\right)$，$\varphi_A=\dfrac{1}{2}\left(1+\dfrac{R}{r}\right)\alpha t^2$

2－14　$\alpha_2=-\dfrac{v^2}{r\sqrt{l^2-r^2}}$，逆时针

2－15　AB 杆的角加速度 $\alpha_{AB}=(\dot{\varphi}^2-\omega^2)\tan\varphi$，$\dot{\varphi}=\dfrac{r\cos\theta}{l\cos\varphi}\omega$，

B 轮的角加速度 $\alpha_B=[r\omega^2\cos(\theta+\varphi)+l\dot{\varphi}^2]/R\cos\varphi$

2－16　参考答案：(1) $\omega=1.5\text{rad/s}$，$v_r=1\text{m/s}$

(2) $\alpha=2.97\text{rad/s}^2$（逆时针），$a_r=2.35\text{m/s}^2$

(3) $v_{O1}=1\text{m/s}$，$a_{O1}=3.81\text{m/s}^2$

2－17　$\omega_{AB}=\dfrac{\sqrt{3}}{3}\text{rad/s}$，$\alpha_{AB}=0.65\text{rad/s}^2$

2－18　$v_B=0.69\text{m/s}$，$a_B=7.62\text{m/s}^2$

2－19　在位置（a）BC 杆做瞬时平动，$\omega_{CD}=\omega/2$，$\alpha_{CD}=0$；

在位置（b）C 点为 BC 杆速度瞬心，$\omega_{CD}=0$，$\alpha_{CD}=-4\sqrt{7}\omega^2/7$（逆时针）

2－20　$\omega_{AB}=1\text{rad/s}$，$\alpha_{AB}=4.73\text{rad/s}^2$；$v_B=0.173\text{m/s}$，$a_B=1.06\text{m/s}^2$；$v_C=0.1\text{m/s}$，$a_C=0.58\text{m/s}^2$

2－21　$v_C=v_A=l\omega_0$，$a_C=2.08l\omega_0^2$

2－22　$v_C=\dfrac{3}{2}r\omega_0$，$a_C=\dfrac{\sqrt{3}}{12}r\omega_0^2$

2－23　$v_F=2l\omega_0$，$\alpha_{O_1B}=0$，$a_F=\dfrac{2\sqrt{3}}{3}l\omega_0^2$（↑）

2－24　$\omega_{AB}=\frac{2}{3}\sqrt{3}\,\text{rad/s}$，$\omega_{BC}=\frac{4}{3}\sqrt{3}\,\text{rad/s}$，$\alpha_{AB}=\frac{4}{3}\sqrt{3}\,\text{rad/s}^2$

2－25　$\omega_{O_1E}=\frac{3v}{4R}$（顺时针），$\alpha_{O_1E}=\frac{\sqrt{3}v^2}{8R^2}$（顺时针）

2－26　$\omega_{OB}=1.8\text{rad/s}$（逆时针），$\alpha_{OB}=3.36\text{rad/s}^2$（顺时针）

2－27　（1）$\omega_{AB}=1.5\text{rad/s}$（顺时针），$\omega_{BD}=\frac{\sqrt{3}}{4}\text{rad/s}$（逆时针）；

（2）$a_B=135\text{cm/s}^2$（↓）；（3）$\alpha_{BD}=\frac{9\sqrt{3}}{8}\text{rad/s}^2$（逆时针）

2－28　（1）连杆 AB 的角速度 $\omega_{AB}=\omega$，磙子 B 的角速度 $\omega_B=\frac{\sqrt{3}\omega l}{R}$；

（2）连杆 AB 的角加速度 $\alpha_{AB}=\sqrt{3}\omega^2$，磙子 B 的角加速度 $\alpha_B=\frac{3l\omega^2}{R}$

2－29　（1）$\omega_A=3\omega$，$\omega_{BC}=\frac{3}{2}\omega$；（2）$\alpha_{BC}=0$，$a_C=21r\omega^2$

2－30　（1）$\omega_{AB}=2\text{rad/s}$，$\alpha_{AB}=16\text{rad/s}^2$；（2）$a_B=-4\sqrt{2}\text{m/s}^2$（↓）

2－31　$v_C=r\omega_0$（←），$a_C=r\alpha_0$（←），$\omega_D=\frac{r}{R}\omega_0$，$\alpha_D=\frac{r}{R}\alpha_0$

2－32　（1）$v_G=\sqrt{3}\omega R=0.866\text{m/s}$，$a_G=0.134\text{m/s}^2$；
（2）轮的角速度 $\omega_G=3.464\text{rad/s}$，$\alpha_G=0.536\text{rad/s}^2$

2－33　（1）$v_2=0.692\text{m/s}$，$a_2=0.8\text{m/s}^2$；
（2）$v_r=1.2\text{m/s}$，$a_r=1.385\text{m/s}^2$

第 3 章

3－1　$F_{Ax}=-F_{Bx}=-1\text{kN}$，$F_{Ay}=7\text{kN}$，$F_{By}=3\text{kN}$

3－2　$F_{Bx}=\frac{1}{2h}\left[F_2(2h-b)-F_1a\right]$

3－3　$\theta_1=\arccos\frac{2M}{3mgl}$，$\theta_2=\arccos\frac{2M}{mgl}$

3－4　$M_A=7\text{kN}\cdot\text{m}$

3－5　$P=1865\text{N}$

3－6　$F_{Dx}=\frac{2M+3Fa}{2b}$，$F_{Dy}=\frac{3}{2}F$

3－7　结构（a）中 $F_{Ax}=-57.73\text{N}$(←)，$F_{Ay}=-100\text{N}$(↓)，$M_A=0$；
结构（b）中 $F_{Ax}=75\text{N}$，$F_{Ay}=-100\text{N}$(↓)，$M_A=-300\text{N}\cdot\text{m}$(顺时针)

3－8　$N_A=-3.526\text{kN}$(受压)，$N_B=2.828\text{kN}$，$N_C=-3.337\text{kN}$(压)

3－9　$F_1=0$

3－10　$F_1=-202\text{kN}$（受压），$F_2=50\text{kN}$，$F_3=100\text{kN}$

3－11　$F_1=-16.66\text{kN}$（受压），$F_2=-66.67\text{kN}$（受压），$F_3=50\text{kN}$

3－12　$N_{AB}=8\text{kN}, N_{BF}=-2\text{kN}$(受压)，$N_{EF}=-8.944\text{kN}$(受压)

3－13　$\dfrac{\cos 2\theta}{\cos\theta}=\dfrac{l}{2R}$

3－14　$M=\dfrac{450\sin\theta(1-\cos\theta)}{\cos^3\theta}(\text{N}\cdot\text{m})$

3－15　保持平衡的最大角度 $\theta_{\max}=8.6°$

3－16　$M=1575\text{N}\cdot\text{m}, f_B=0.75$

3－17　$370\text{N}\leqslant P\leqslant 833\text{N}$

3－18　（1）当 $\tan\alpha>f$ 时，$\dfrac{Qr}{a(\sin\alpha+f\cos\alpha)}<P<\dfrac{Qr}{a(\sin\alpha-f\cos\alpha)}$；

（2）当 $\tan\alpha\leqslant f$ 时，$P\geqslant\dfrac{Qr}{a(\sin\alpha+f\cos\alpha)}$

3－19　$\varphi_{\max}=\arctan\dfrac{a}{2c}$

3－20　$P=14.83\text{N}, \theta=33.5°$

3－21　机构平衡时 $F=144.9\text{N}$

3－22　能平衡，两脚与地面的摩擦力大小均为 $F_{SA}=F_{SB}=72.17\text{N}$

3－23　$F_2=900\text{N}$

3－24　$F_{Ax}=10\text{kN}, F_{Ay}=31.32\text{kN}, M_A=-5.36\text{kN}\cdot\text{m}$(顺时针方向)，$F_D=10\text{kN}$

3－25　$F_{Ax}=0, F_{Ay}=31\text{kN}, M_A=37\text{kN}\cdot\text{m}, F_B=18\text{kN}$

3－26　$F_{Ax}=0, M_A=30\text{kN}\cdot\text{m}, F_D=20\text{kN}$

3－27　$M_2=150\sqrt{3}\text{N}\cdot\text{m}$

第4章

4－1　(a) $T=\dfrac{2\pi l}{a}\sqrt{\dfrac{m}{k}}$；(b) $T=\dfrac{2\pi l}{a}\sqrt{\dfrac{m}{3k}}$

4－2　(1) 圆柱体做自由小幅振动时的运动方程：$\theta=A\sin(\omega t+\beta)$；

(2) 圆柱体的固有频率：$\omega=\sqrt{\dfrac{2g}{3(R-r)}}$

4－3　(1) 固有频率：$\omega=20\text{rad/s}$；(2) 周期 $T=\dfrac{2\pi}{\omega}=0.314\text{s}$；

(3) 系统势能的最大值 $V_{\max}=0.505\text{J}$

4－4　(1) $y=\dfrac{m\pi^2v^2d}{kl^2-m\pi^2v^2}\sin\left(\dfrac{\pi}{l}vt\right)$；(2) $v_{cr}=\dfrac{l}{\pi}\sqrt{\dfrac{k}{m}}$

4－5　$T=2\pi\sqrt{\dfrac{3m}{11k_1}}$

4—6　$T=2\pi\sqrt{\frac{m_1+m_2}{2(k_1+k_2)}}$

4—7　$T=2\pi\sqrt{\frac{l\delta_{st}(2m+9M)}{3ag(m+2M)}}$

4—8　$T=2\pi\sqrt{\frac{a}{gf}}$

4—9　(1) $x_C=-0.1\text{m}$；(2) $\alpha=32.43\text{rad/s}^2$，$\ddot{x}_C=10\text{m/s}^2$，$\ddot{y}_C=0$

4—10　张力 $T=57.5\text{N}$

4—11　$a_O=\frac{(F_2-F_1)R+(F_1+F_2)r}{J+mR^2}R$

4—12　$a_C=3.48\text{m/s}^2$

4—13　$t=\sqrt{\frac{m(r^2+2e^2)}{2M}}$

4—14　$a=\frac{3F-3f_k(P_1+P_2)}{3P_1+P_2}g$

4—15　(1) $T=1722\text{N}$；(2) $a_C=1.67\text{m/s}^2$ (←)，$\varphi=11.06\pi$ (rad)

4—16　$J=1059.6\text{kg}\cdot\text{m}^2$

4—17　$\omega=\frac{J+ma^2}{J+mx^2}\omega_0$

4—18　$d=\frac{2}{3}l$

4—19　$v=\sqrt{\frac{2ghJ}{J+mr^2}}$，$\omega=mr\sqrt{\frac{2gh}{(J+mr^2)J}}$

4—20　$\alpha=-20\text{rad/s}^2$，减速转动

4—21　$\omega_B=\frac{J\omega}{J+mR^2}$，$v_B=\sqrt{2gR+\frac{J\omega^2}{m}\left[1-\left(\frac{J}{J+mR^2}\right)^2\right]}$，$\omega_C=\omega$，$v_C=2\sqrt{Rg}$

4—22　$F_N=36.3\text{N}$

4—23　$F_N=\frac{4+3\sin^2\theta}{(1+3\cos^2\theta)^2}mg$

4—24　(1) $\alpha=\frac{2(M-m_1gR\sin\theta)}{(3m_1+m_2)R^2}$，

(2) $F_{Ox}=\frac{m_1}{3m_1+m_2}\left(\frac{3M}{R}\cos\theta+\frac{1}{2}m_2g\sin2\theta\right)$

4—25　$\omega=6.24\text{rad/s}$，$\alpha=23.64\text{rad/s}^2$，$N=3.94\text{N}$

4—26　$f=\left(1+\frac{12a^2}{l^2}\right)\tan\theta$

4—27　$\alpha_1=\frac{2M-m_2gr}{(m_1+3m_2)r^2}$，$F_T=\frac{m_2(6M+m_1gr)}{2(m_1+3m_2)r}$

4—28　$v_A=\frac{2}{3}\sqrt{3gh}$，$F_T=\frac{1}{3}mg$

4—29　微幅振动方程为 $J\dot{\varphi}+(ka^2+Pb)\varphi$

4—30　(1) $\omega=\sqrt{\dfrac{3g(1-\cos\theta)}{l}}, \alpha=\dfrac{3g}{2l}\sin\theta$，

$F_{Bx}=\dfrac{3}{4}mg(3\cos\theta-2)\sin\theta, F_{By}=\dfrac{1}{4}mg(1-3\cos\theta)^2$；

(2) B 端脱离墙壁时的 $\theta=\theta_1=\arccos\dfrac{2}{3}=48.19°$；

(3) 杆着地时 $\omega=\sqrt{\dfrac{8g}{3l}}$，$v_C=\dfrac{1}{3}\sqrt{7gl}$

4—31　摩擦力 $F=\dfrac{1}{3}mg\sin\theta$(沿 θ 增大的切线方向)，法向约束 $F_N=\dfrac{7}{3}mg\cos\theta$

4—32　$\omega=\sqrt{\dfrac{3g}{2l}}$，$B$ 端脱落后，杆 AB 在平面内运动，杆质心沿抛物线轨迹运动，运动方程为

$x_C=\sqrt{\dfrac{3gl}{2}}t$，$y_C=-l-\dfrac{1}{2}gt^2$

4—33　$a_{BC}=r\omega^2\cos\omega t, F_{Ox}=-(m_2+\dfrac{1}{2}m_1)r\omega^2\cos\omega t(\leftarrow)$，

$F_{Oy}=m_1g-\dfrac{1}{2}m_1r\omega^2\sin\omega t$，

$M=\left(\dfrac{1}{2}m_1g+m_2r\omega^2\sin\omega t\right)r\cos\omega t$

4—34　$a_B=-\dfrac{m_1\sin2\theta}{2(m_2+m_1\sin^2\theta)}g(\leftarrow)$

4—35　(1) $v_C=\sqrt{\dfrac{4gs}{7}}$)，$a_C=\dfrac{2g}{7}$；(2) 两轮间绳子的张力 $F_T=\dfrac{5}{7}P$

4—36　(1) 轮心 B 的加速度 $a_B=\dfrac{2M}{7mr}$；

(2) 轮间水平绳子的张力 $F_T=\dfrac{6M}{7r}$

4—37　(1) 重物 A 匀速上升时，绳索拉力 $F_T=P$，力偶矩 $M=rP$；

(2) 重物 A 以匀加速度 a 上升时，绳索拉力 $F_T=P\left(1+\dfrac{a}{g}\right)$，力偶矩 $M=rP\left(1+\dfrac{a}{g}\right)$；

(3) 重物的速度 $v=\sqrt{\dfrac{4(M-rP)hg}{3rP}}$，加速度 $a=\dfrac{2(M-rP)g}{3rP}$，支座 O 处的约束力 $F_{Ox}=-\left(\dfrac{P}{3}+\dfrac{2M}{3r}\right)\cos\beta(\leftarrow), F_{Oy}=\left(\dfrac{P}{3}+\dfrac{2M}{3r}\right)(1+\sin\beta)$

4—38　(1) $a_B=\dfrac{8m_3g}{3m_1+4m_2+8m_3}$，$a_C=\dfrac{4m_3g}{3m_1+4m_2+8m_3}$；

(2) $F_{DB}=\dfrac{(3m_1+4m_2)\ m_3g}{3m_1+4m_2+8m_3}$，$F_{AE}=\dfrac{3m_1m_2g}{3m_1+4m_2+8m_3}$

4-39　$v=2\cos\varphi\sqrt{\dfrac{kR^2}{m}+gR}$，$F_N=2kR\sin^2\varphi-mg\cos2\varphi-4(mg+kR)\cos^2\varphi$

第 5 章

5-1　$\omega^2=3g\dfrac{b^2\cos\varphi-a^2\sin\varphi}{(b^3-a^3)\sin2\varphi}$ $(b>a)$；当 $b=a$，对任意 ω，恒有 $\varphi=45°$

5-2　(1) $\omega^2=\dfrac{2[mgl\sin\varphi+k(l_1\sin\varphi-l_0)l_1\cos\varphi]}{ml^2\sin2\varphi}$；

(2) $\omega^2=\dfrac{3[(M+2m)gl\sin\varphi+2k(l_1\sin\varphi-l_0)l_1\cos\varphi]}{(M+3m)l^2\sin2\varphi}$

5-3　$\omega^2=\dfrac{(m_1+0.5m_2)g}{m_1(a+l\sin\varphi)}\tan\varphi$

5-4　(1) $F_x=\dfrac{(m_1\sin\theta-m_2)m_1g}{m_1+m_2}\cos\theta$；

(2) $F_x=\dfrac{(m_1\sin\theta-m_2)m_1g}{m_1+m_2+0.5m_3}\cos\theta$

5-5　(1) $e_1=2/3$；(2) $e_2=1$

5-6　(1) $\alpha=47\text{rad/s}^2$；(2) $F_{Ax}=-95\text{N}$，$F_{Ay}=138\text{N}$

5-7　(1) $a_c=2.8\text{m/s}^2$；(2) $a_c=2.45\text{m/s}^2$

5-8　(1) $\alpha=1.1g/b$；(2) $a_A=1.76g$

5-9　$a=\dfrac{8P}{11m}$

5-10　$N_{GE}=\dfrac{4m_1m_2l_2g}{(m_1+m_2)l_1\sin\theta}$

5-11　$F_{Ax}=0$，$F_{Ay}=(m_B+m_C)g+\dfrac{2(M-m_CgR)m_C}{(m_B+2m_C)R}$，

$M_A=(m_B+m_C)gl+\dfrac{2(M-m_CgR)m_Cl}{(m_B+2m_C)R}$

5-12　$\alpha=\dfrac{(m_Br-m_AR)g}{J+m_AR^2+m_Br^2}$，$F_{Ox}=0$，

$F_{Oy}=(m_A+m_B+m_O)g-\dfrac{(m_Br-m_AR)^2g}{J+m_AR^2+m_Br^2}$

5-13　$\alpha=\dfrac{2f_kg}{(1+f_k)r}$

5-14　$F=196\ (2-3\cos\varphi)$ (N)；$\varphi=0$ 时，$F_{min}=-196\text{N}$（压力）；$\varphi=\pi$ 时，$F_{max}=980\text{N}$（拉力）

5－15　$\alpha=51.3\text{rad/s}^2$

5－16　（1）$\alpha_{AB}=-\frac{12}{7}\text{rad/s}^2$（顺时针），$\alpha_{BC}=\frac{32}{7}\text{rad/s}^2$

（2）$F_{Ax}=-\frac{24}{7}\text{N}$（←），$F_{Ay}=235.2\text{N}$

5－17　$a_1=\frac{5T}{4m}$，$a_2=-\frac{T}{4m}$（←），$\alpha=\frac{3T}{2mr}$

5－18　$F_{Dx}=6.96\text{N}$，$F_{Dy}=31.2\text{N}$

5－19　略

5－20　$M=\frac{\sqrt{3}}{4}r[(m_1+2m_2)g-m_2r\omega^2]$，$F_{Ox}=-\frac{\sqrt{3}}{4}m_1r\omega^2$（←），

$F_{Oy}=(m_1+m_2)g-\frac{m_1+2m_2}{4}r\omega^2$

5－21　$v_A=-\frac{2I}{4m_1+m_2}$（←）

5－22　$a_A=4.76\text{m/s}^2$，$a_B=1.4\text{m/s}^2$，$a_C=3.08\text{m/s}^2$

5－23　$\ddot{x}+\left(\frac{k}{m}-\omega^2\right)x=g\sin\omega t+l\omega^2$；相对振动的条件：$\frac{k}{m}>\omega^2$

5－24　$\ddot{\theta}=(x_0\omega^2\sin\omega t\cos\theta-g\sin\theta)/l$

5－25　$\alpha=\frac{MRr}{Jr^2+2J_AR^2}$

5－26　$T=2\pi\sqrt{\frac{\rho^2+(r-d)^2}{gd}}$

5－27　必须 $m_1>\frac{4m_2m_3}{m_2+m_3}$，重物 A 刚好能下降；

张力 $T=\frac{8m_1m_2m_3g}{m_1(m_2+m_3)-4m_2m_3}$

5－28　$\alpha_1=8\frac{M_1(4m_2+3m_3)r_2-M_2m_3r_1}{[(4m_1+3m_3)(4m_2+3m_3)-m_3^2]r_1^2r_2}$，

$\alpha_2=8\frac{M_2(4m_1+3m_3)r_1-M_1m_3r_2}{[(4m_1+3m_3)(4m_2+3m_3)-m_3^2]r_1r_2^2}$

5－29　$m_B>m_A$，并且 $\rho^2>\frac{M+2m_B}{2(m_B-m_A)}r^2$

第 6 章

6－1　$m\ddot{x}_1+\frac{1}{4}kx_1-kx_2=0$；$m\ddot{x}_2-\frac{1}{4}kx_1+kx_2=0$，

这里 $x_1=0$ 为物体 A 的平衡位置，$x_2=0$ 为物体 D 的平衡位置

6－2　$ml^2\ddot{\varphi}_1=-mgl\varphi_1+kh^2(\varphi_2-\varphi_1)$；

$ml^2\ddot{\varphi}_2=-mgl\varphi_2-kh^2(\varphi_2-\varphi_1)$

6－3　$l\ddot{\theta}+\frac{m}{m+M}\ddot{x}\cos\theta+g\sin\theta=0$；$\dot{x}+\frac{1}{2}l\dot{\theta}\cos\theta=$ 常数

6－4　$a_{AB}=\frac{m_2 g\sin 2\alpha}{2(m_1+m_2\sin^2\alpha)}$；$a_{Cr}=\frac{(m_1+m_2)g\sin\alpha}{m_1+m_2\sin^2\alpha}$（沿 BA 方向）

6－5　$v_r=\sqrt{\frac{2(M+2m)gh}{M+2m\sin^2\alpha}}$；

$\omega=\frac{2m\cos\alpha}{R}\sqrt{\frac{2gh}{(M+2m)(M+2m\sin^2\alpha)}}$

6－6　$(1-\cos\theta)\ddot{\theta}+\frac{1}{2}\sin\theta\dot{\theta}^2-\frac{g}{2R}\sin\theta=0$

6－7　$(l+r\theta)\ddot{\theta}+r\dot{\theta}^2+g\sin\theta=0$

6－8　$a_O=\frac{[Jg+P_2(R+r)R]Qg}{Jg(P_1+P_2+Q)+P_1Qr^2+P_2[P_1R^2+Q(R+r)^2]}$，

$a_{CD}=\frac{(P_1Rr-Jg)Qg}{Jg(P_1+P_2+Q)+P_1Qr^2+P_2[P_1R^2+Q(R+r)^2]}$

6－9　$s_D=\frac{3}{16}gt^2$，$s_B=\frac{1}{8}gt^2$，$x_A=\frac{\sqrt{3}}{48}gt^2$

6－10　$\alpha_{\mathrm{I}}=\frac{m_2-m_3}{r_1(m_2+m_3+1.5m_1)}g$（逆时针方向），

$a_{\mathrm{II}}=\frac{m_3+3(m_1+m_2)}{3(m_2+m_3+1.5m_1)}g$（向下），$a_{\mathrm{III}}=\frac{m_2+3(m_1+m_3)}{3(m_2+m_3+1.5m_1)}g$（向下）

6－11　$a_1=\frac{2m_2m_3-m_1(m_2+4m_3)}{m_1m_2+4m_1m_3+m_2m_3}g$，

$a_2=\frac{m_1m_2+m_2m_3-2m_1m_3}{m_1m_2+4m_1m_3+m_2m_3}g$，$a_3=\frac{3m_1m_2}{m_1m_2+4m_1m_3+m_2m_3}g$

6－12　（1）系统的运动微分方程为 $r^2\dot{\theta}=$ 常量，$2\ddot{r}-r\dot{\theta}^2+g=0$；

（2）小球 A 沿半径 r_C 做圆周运动的条件：小球 A 的初始径向速度等于零，初始角速度为 $\dot{\theta}_0=\sqrt{g/r_C}$

6－13　$9\ddot{\theta}+\ddot{\varphi}+6g\theta=0$，$3\ddot{\theta}+2\ddot{\varphi}+2g\varphi=0$

6－14　$l\ddot{\theta}+r\ddot{\varphi}\cos(\varphi-\theta)-r\dot{\varphi}^2\sin(\varphi-\theta)+g\sin\theta=0$，

$\left(m+\frac{M}{2}\right)r\ddot{\varphi}+ml\ddot{\theta}\cos(\varphi-\theta)+ml\dot{\theta}^2\sin(\varphi-\theta)+mg\sin\varphi=0$

6－15　$m_2\ddot{x}-m_2x\dot{\theta}^2+k(x-l_0)-m_2g\cos\theta=0$，

$(m_1l^2+m_2x^2)\ddot{\theta}+2m_2x\dot{x}\dot{\theta}+(m_1l+m_2x)g\sin\theta=0$

6－16　取 $x=0$ 为系统静平衡位置，

$m\ddot{x}+kx-\frac{1}{2}ml\ddot{\theta}\sin\theta-\frac{1}{2}ml\dot{\theta}^2\cos\theta=0$，

$\frac{1}{3}l\ddot{\theta}-\frac{1}{2}\ddot{x}\sin\theta+\frac{1}{2}g\sin\theta=0$

6—17　运动微分方程为

$\frac{\mathrm{d}}{\mathrm{d}t}[J_O\dot{\theta}+m\,(l+x)^2\dot{\theta}]=0$，$m\ddot{x}+kx-m(l+x)\dot{\theta}^2=0$；

一次积分：

$J_O\dot{\theta}+m\,(l+x)^2\dot{\theta}=C_1$，$m\dot{x}^2+kx^2+[J_O+m\,(l+x)^2]\dot{\theta}^2=C_2$，式中 C_1，C_2 为积分常数，由初始条件确定

6—18　取圆盘中心的位移 x_A，x_B 为广义坐标，系统的运动微分方程为

$\frac{3}{2}m\ddot{x}_A+kx_A-kx_B=2mg\sin\theta$，$\frac{3}{2}m\ddot{x}_B+kx_B-kx_A=0$

6—19　系统的运动微分方程为

$\left(\frac{3}{2}m_1+m_2\right)r\ddot{\theta}_1+m_2r\ddot{\theta}_2-m_2g=0$，$m_2r\ddot{\theta}_1+2m_2r\ddot{\theta}_2-m_2g=0$，

角加速度为

$\alpha_1=\ddot{\theta}_1=\frac{m_2g}{(3m_1+m_2)r}$，$\alpha_2=\ddot{\theta}_2=\frac{3m_1g}{2(3m_1+m_2)r}$)

6—20　系统做微幅振动的微分方程为

$(m_3+\frac{1}{2}m_2+\frac{4}{3}m_1)\ddot{y}+2m_1g\,\frac{y}{l}+4ky=0$

代入各参数的数值得到 $\ddot{y}+212y=0$。这里 y 是物体 C 在竖直方向的位移（单位：m），$y=0$ 是物体 C 的静平衡位置

6—21　系统微幅振动的微分方程为

$(M+m)\ddot{x}+mb\ddot{\theta}\cos\theta-mb\dot{\theta}^2\sin\theta+2k(x-e\sin\omega t)=0$，

$mb\ddot{\theta}+m\ddot{x}\cos\theta+mg\sin\theta=0$

6—22　系统的运动微分方程为

$3\ddot{x}_1+200x_1-200x_2=0$，$\ddot{x}_2+200x_2-200x_1=0$，

x_1，x_2 分别为 B 轮轮心和物块 M 相对于其静平衡位置的位移

第 7 章

7—1　(1) θ 处链条的张力 $T=\frac{wr}{1+\mu^2}[2\mu(e^{\mu\theta}-\cos\theta)+(1-\mu^2)\sin\theta]$，

(2) 平衡时下垂长度 h 的最大值：$h_{\max}=\frac{2\mu(1+e^{\mu\pi})}{1+\mu^2}r$

7—2　$\rho=\rho_0e^{2c\varphi}$，ρ_0 是轨迹曲线上初始（$\varphi=0$）位置的曲率半径。

7—3　系统有 3 个自由度。

(1) 系统的质心静止不动，圆环中心 O 和质点 A 的运动轨迹是以系统的质心 C 为

圆心的圆周，半径分别为 $r_1=OC=\dfrac{m}{m+M}R$，$r_2=AC=\dfrac{M}{m+M}R$；

(2) 圆环的角速度为 $\omega=\dfrac{1}{2+\mu}\dfrac{v}{R}$，$\mu=\dfrac{M}{m}$，与 OC 转动的方向相反

7－4　$\omega=\dfrac{1}{3r}u$，$v_C=\dfrac{1}{3}u$

7－5　$\tau=2\pi\sqrt{\dfrac{2R}{g}}$

7－6　当 $\mu W<P\leqslant\left(\mu+\dfrac{a}{b}\right)W$ 时，$0\leqslant h<h_{\max}=\dfrac{b}{2}\left[1-\dfrac{W}{P}\left(\mu-\dfrac{a}{b}\right)\right]$；

当 $P>\left(\mu+\dfrac{a}{b}\right)W$ 时，$\dfrac{b}{2}\left[1-\dfrac{W}{P}\left(\mu+\dfrac{a}{b}\right)\right]<h<h_{\max}$

7－7　(1) 系统质心 C 沿 y 方向做匀速直线运动，其速度大小为 $v_C=\dot{y}_C=\dfrac{m}{M+m}v_0$；

(2) 在系统质心平动坐标系观察，方盘质心 O、小球 B 以 C 为圆心做相对圆周运动；

(3) 方盘质心 O 和小球 B 相对于系统质心平动坐标系的速度大小分别为

$$v_{rO}=\frac{d}{R}v_0,v_{rB}=\left(1-\frac{d}{R}\right)v_0,d=OC=\frac{m}{m+M}R\ ;$$

(4) 方盘对小球的作用力大小为 $N_B=\dfrac{Mm}{(M+m)\ R}v_0^2$

7－8　系统的运动微分方程为 $\begin{cases}4\ddot{\varphi}_1+\ddot{\varphi}_2+\ddot{\varphi}_3+4g\varphi_1/a=0\\ \ddot{\varphi}_1+\ddot{\varphi}_2+g\varphi_2/a=0\\ \ddot{\varphi}_1+\ddot{\varphi}_3+g\varphi_3/a=0\end{cases}$；

杆 2 与杆 3 的相对运动方程为 $\ddot{\theta}_r+g\theta_r/a=0$，$\theta_r=\varphi_2-\varphi_3$，式中 φ_1，φ_2，φ_3 分别为杆 1，杆 2，杆 3 的转角

7－9　(1) $M_{OA}=\dfrac{\sqrt{6}}{6}F_ac-\dfrac{2\sqrt{3}}{3}F_bc$；(2) $F_b=\dfrac{\sqrt{2}}{4}F_a$；(3) $M=\left(\sqrt{2}-\dfrac{1}{2}\right)Fc$

7－10　(1) $\arctan\left(\dfrac{\sqrt{3}}{2}\right)\leqslant\theta<90°$；(2) 若 $\arctan\left(\dfrac{\sqrt{3}}{2}\right)\leqslant\theta<60°$，则

$a\leqslant\left(\dfrac{2\sqrt{3}}{3}-\cot\theta\right)g$；若 $60°\leqslant\theta<90°$，则 $a\leqslant g\cot\theta$

7－11　(1) 3；(2) $\dfrac{3}{8}gt^2$

7－12　(1) $\sqrt{5}u$；(2) $\dfrac{4u^2}{R}$；(3) $\dfrac{5\sqrt{5}}{8}R$

7－13　(1) $M_2=m_1gs\sin\theta$，$F=0$；

(2) 圆盘不打滑（纯滚动）时，$\mu_0\geqslant\dfrac{RM_1}{[J_2+(m_1+m_2)R^2]\ g}$，

$\theta=\arctan\left[\dfrac{RM_1}{[J_2+(m_1+m_2)R^2]g}\right]$，$\alpha=\dfrac{M_1}{J_2+(m_1+m_2)R^2}$，$F=\dfrac{(m_1+m_2)RM_1}{J_2+(m_1+m_2)R^2}$；

圆盘打滑（又滚又滑）时，$\mu_0<\dfrac{RM_1}{[J_2+(m_1+m_2)R^2]g}$，$\theta=\arctan(\mu)$，

$\alpha=\dfrac{M_1-\mu(m_1+m_2)gR}{J_2}$，$F=\mu(m_1+m_2)g$

参考文献

[1] P. G. 柏格曼. 相对论引论 [M]. 周奇，郝苹，译. 北京：人民教育出版社，1961.

[2] 朱照宣，周起钊，殷金生. 理论力学（上、下册）[M]. 北京：北京大学出版社，1982.

[3] 马尔契夫. 理论力学 [M]. 3 版. 李俊峰，译. 北京：高等教育出版社，2006.

[4] 李俊峰等. 理论力学 [M]. 北京：清华大学出版社，2001.

[5] 哈尔滨工业大学理论力学教研室. 理论力学（上、下册）[M]. 6 版. 北京：高等教育出版社，2002.

[6] 武清玺，徐鉴. 理论力学 [M]. 3 版. 北京：高等教育出版社，2016.

[7] 哈尔滨工业大学理论力学教研室. 理论力学（Ⅰ、Ⅱ）[M]. 8 版. 北京：高等教育出版社，2016.

[8] 刘延柱，杨海兴. 理论力学 [M]. 北京：高等教育出版社，1991.

[9] 西北工业大学理论力学教研室. 理论力学（上、下册）[M]. 西安：西北工业大学出版社，1993.

[10] 贾启芬，刘习军. 理论力学 [M]. 北京：机械工业出版社，2017.

[11] K. 马格努斯，H. H. 缪勒. 工程力学基础 [M]. 张维等，译. 北京：北京理工大学出版社，1997.

[12] R. C. Hibbeler. 动力学 [M]. 12 版. 李俊峰，吕敬，袁长清，译. 北京：机械工业出版社，2014.

[13] 王铎. 理论力学试题精选与答题技巧 [M]. 哈尔滨：哈尔滨工业大学出版社，1999.

[14] 王铎，程靳. 理论力学解题指导及习题集 [M]. 3 版. 北京：高等教育出版社，2005.

[15] 程靳. 理论力学思考题解及思考题集 [M]. 哈尔滨：哈尔滨工业大学出版社，2000.

[16] 陈明，程燕平，刘喜庆. 理论力学习题解答 [M]. 哈尔滨：哈尔滨工业大学出版社，2002.

[17] 江晓仑. 理论力学一题多解范例 [M]. 北京：清华大学出版社，2007.
[18] 高云峰，蒋持平. 全国大学生力学竞赛题详解及点评 [M]. 2 版. 北京：机械工业出版社，2010.
[19] 密歇尔斯基. 理论力学习题集 [M]. 50 版. 李俊峰，译. 北京：高等教育出版社，2013.